머리말

3D Printing Guide

3D 프린팅이 열풍이 불었던 최근 몇 년 전 세계는 환호했고, 우리 국민들도 예외는 아니어서 원하는 대로 만들어 주는 요술방망이를 기대했다.

3D 프린팅 업계의 성장도 눈부셨다. 업체들도 두 배에 가까운 성장을 보이는가 하면 수십 개의 3D 프린터 제조 업체들이 생겨났고, 천만 메이커스 양성이라는 정부의 정책 속에서 교육기관, 메이커스, 피규어 업체 등 새로운 직업군이 생겨났다.

3D 프린터로 제작할 수 있는 것은 기존에 아니라 건축, 의료, 패션, 금형, 우주항공, 음식  !업분야는 물론 호기심을 끌었던 권총뿐ㄴ 고 있다.

2015년에도 3D 프린팅 업계의 성장세는 이어졌지만 예전과 같은 폭발적 성장을 기대하기는 힘들었다고 말한다. 현재의 상황은 가트너의 하이프사이클 이론에서 볼 수 있듯이 기술촉발 단계와 피크 단계를 거쳐 관심이 정체되는 단계에 와 있는 것이 아닌가 하는 우려들도 제기되고 있다. 그러나 모든 기술들이 그렇듯이 메인스트림으로 발전하기 위해서는 급격한 성장과 안정의 단계를 거치면서 발전되어가고, 3D 프린팅의 현주소는 그 선상에 서 있을 뿐이다.

정부에서는 3D 프린팅 관련 기술 로드맵을 2014년 말 만들고 10년 동안의 타임 스케줄을 만들었다. 15대 과제 10대 분야를 선정하고, 분야별 글로벌 선도기업을 만들겠다는 비전도 세우고 있다. 이 책에서는 이러한 로드맵에 대해 자세히 조명하고자 했다.

지난 해 쏟아진 것은 3D 프린팅 관련 업체만이 아니다. 관련 협회, 조합, 학회 등이 10여개가 넘어서고 있고, SNS나 블로그 등을 통해 쏟아지는 정보는 다른 어떤 분야 보다 더 많이 빠르게 전파되고 있다.

3D 프린팅 관련 서적도 입문서에서 활용서에 이르기까지 수십 여종에 이르고 있다. 이러한 속에서 〈3D 프린팅 가이드〉는 업계의 트렌드, 관련 업체 정보, 관련 제품 정보 등을 한 눈에 볼 수 있는 가이드북으로서 자리매김 하고자 한다.

그리고 *CAD&Graphics*(캐드앤그래픽스)라는 월간지를 기반으로 하고 있는 만큼 다른 책자에서는 다루기 힘든 산업분야의 고급 기술이나 정보 등도 소개해 나갈 것이며, 매년 업데이트 해 나갈 계획이다.

올해 〈3D 프린팅 가이드 V2〉에서는 V1에서 다루었던 3D 프린팅에 대한 내용에 더하여 새로운 기술과 제품, 정보들을 위주로 소개하고자 했으며, V1에서는 다루지 않았던 3D 스캐닝 분야의 정보들을 추가했다.

또한 3D 프린팅 분야에서 활동하고 있는 인물들 소개에도 지면을 할애했다. 이러한 노력들은 지속적으로 계속 될 것이며, 일회성으로 끝나는 것이 아니라 꾸준히 업데이트 하고 새로운 것들을 발굴하는 방향으로 지속될 것이다. 이들 정보는 캐드앤그래픽스 지면과 홈페이지(www.cadgraphics.co.kr), 〈3D 프린팅 가이드〉 홈페이지(www.3dprintingguide.co.kr)를 통해서 공유될 것이다.

이제 3D 프린터는 합리적 소비자들의 지갑을 열고 자기에게 맞는 산업구조와 비즈니스 모델을 만들고 있다. 천만상상을 현실로 만드는 3D 프린터, 그 성장의 길목에서 〈캐드앤그래픽스〉와 〈3D 프린팅 가이드〉는 함께 할 것이다.

최경화 국장
캐드앤그래픽스

CONTENTS
3D Printing Guide

PART 4 주요 3D 프린팅/스캐닝 소프트웨어 소개

PART 5 주요 3D 프린터 및 관련 제품 소개 (제품명 가나다순)

CONTENTS
3D Printing Guide

PART 6 주요 3D 스캐너 제품 소개

PART 7 주요 3D 프린팅 소재 소개

PART 8 3D 프린팅 관련 기관 및 업체 디렉토리

PART 9 주요 3D 프린터/스캐너 관련 제품 리스트

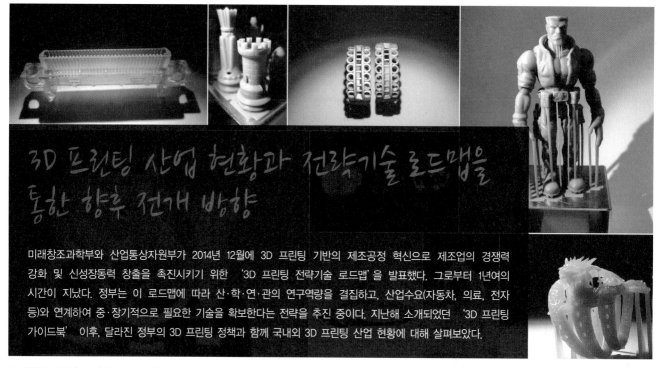

3D 프린팅 산업 현황과 전략기술 로드맵을 통한 향후 전개 방향

미래창조과학부와 산업통상자원부가 2014년 12월에 3D 프린팅 기반의 제조공정 혁신으로 제조업의 경쟁력 강화 및 신성장동력 창출을 촉진시키기 위한 '3D 프린팅 전략기술 로드맵'을 발표했다. 그로부터 1년여의 시간이 지났다. 정부는 이 로드맵에 따라 산·학·연·관의 연구역량을 결집하고, 산업수요(자동차, 의료, 전자 등)와 연계하여 중·장기적으로 필요한 기술을 확보한다는 전략을 추진 중이다. 지난해 소개되었던 '3D 프린팅 가이드북' 이후, 달라진 정부의 3D 프린팅 정책과 함께 국내외 3D 프린팅 산업 현황에 대해 살펴보았다.

■ 박경수 기자 kspark@cadgraphics.co.kr

3D 프린팅 전략기술 로드맵의 주요 추진 과제

3D 프린팅에 대한 관심이 전 세계적으로 확대되기 시작한 것은 2012년에 크리스 앤더슨(Chris Anderson)의 '메이커스(MAKERS)'란 책이 출간돼고 미국에서 베스트셀러로 뽑히면서 관심이 모아졌고, 2013년 2월에 미국 버락 오바마 대통령이 국정연설에서 3D 프린터를 언급하면서 큰 파장을 불러 왔다.

우리 정부도 3D 프린팅 관련 대책 마련에 나서 올해부터 '창의 메이커스(Makers) 1천만명 양성' 계획과 함께 찾아가는 현장방문 기업지원 서비스 '3D 프린팅 모바일 팩토리'가 진행중이다. 또한 그 일환으로 3D 프린팅 기술기반의 권역별 제조혁신지원센터 구축 및 한국교통대학교 3D 프린팅 기술교육 등 구체적인 방안들이 실시되고 있다.

이처럼 로드맵 사업이 탄력을 받게 되면서 기존에 공급자 중심의 기술개발 한계를 탈피해 정부는 시장선점과 수요창출이 유망한 '3D 프린팅 10대 핵심 활용분야'를 도출하는 한편, 이를 육성하기 위한 15대 전략기술 개발 계획을 발표했다.

10대 핵심 활용분야는 3D 프린팅 후발주자인 우리나라가 앞으로 10년간 집중 투자해야 할 분야를 선정한 것으로, 2020년 글로벌 시장을 선도하는 Top3의 기술경쟁력 확보를 목표로 의

비 전
3D프린팅 기반 제조업 경쟁력 강화 및 新성장동력 창출

목 표
"2020年, 글로벌 시장 선도 Top 3 기술경쟁력 확보"

〈 10대 핵심 활용분야 육성 〉

치과용 의료기기	인체이식 의료기기	맞춤형 치료물	스마트 금형	맞춤형 개인용품
3D 선사부품	수송기기 부품	발전용 부품	3D프린팅 디자인 서비스	3D프린팅 콘텐츠 유통 서비스

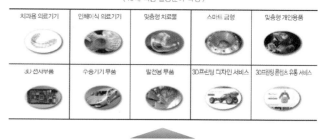

〈 15대 전략기술 개발 〉

장 비	소 재	소프트웨어
대형 금속구조물용 프린터	생체적합성 소재	변환 합성 기반 비정형 입체 3D모델링 소프트웨어(SW)
복합가공(AM/SM)용 프린터	맞춤형 금속분말 소재 및 공정기술	개방형 협업·저작 솔루션
공정혼합용 다중복합 선택적 레이저 소결 기술(SLS)프린터	세라믹 소재 및 공정기술	입체(3D) 프린팅 시뮬레이터
고속/고정밀 광조형 프린터	복합기능성 고분자 소재	지능형 출력·계획 관리 솔루션
정밀검사 및 역설계용 스캐너	능동형 하이브리드 스마트소재	저작물 관리·활용 오용방지 솔루션

※ 상기15대 전략기술 외 장비·소재·소프트웨어별 핵심 요소기술 존재

▲ 3D 프린팅 전략기술 로드맵의 비전 및 목표

출처 : 3D 프린팅 전략기술 로드맵(미래창조과학부 및 산업통상자원부 연구개발사업 연구보고서), 2014. 12

▲ 10대 핵심 활용분야 로드맵

료, 금형 등 몇 가지 과제들이 먼저 추진됐다. 이번 10대 분야 선정은 글로벌 시장전망과 국내 산업구조 분석, 전문가 및 수요업계 의견 등이 종합적으로 검토됐다.

이로써 의료, 뿌리산업, 문화체육/국방, 전기/전자, 수송기기, 에너지 등 8개 제품군과 디자인, 유통 등 2개 서비스군이 최종 선정됐다. 정부는 단기('15~'17)에는 기존 시장에서 부가가치 창출에 집중하고, 중기('18~'20)와 장기('21~'24)에는 새로운 비즈니스 창출 및 미래시장 주도권 확보에 주력할 방침이다.

또한, 이를 위해 분야별(장비, 소재, 소프트웨어)로 단기 또는 중장기적으로 확보해 할 15대 전략기술도 선정해 10대 핵심 활용분야와 연결해 추진 중이다. 장비는 자체적인 주도권 기술 확보에 목표를 두고 있고, 소재는 금속/고분자/세라믹/창의소재 중심으로 개발하고 있다. 또한 소프트웨어는 핵심기술 국산화 및 생태계 활성화 방향으로 추진 중이다.

로드맵에 따라 정부는 단기('15~'17)에는 선진국 대비 미비한 분야의 추격형 기반기술을 확보하는데 주력할 방침이다. 중기('18~'20)에는 국내 실정에 맞는 상업화 기술에 초점이 맞춰져 있고, 장기('21~'24)에는 시장상황에 맞춰 신개념의 도약형 선

도기술까지 확보할 계획이다. 또한 정부는 한국형 3D 프린팅 육성을 위한 표준화 기반조성 작업을 위한 로드맵 구성도 착수한 상태다.

3D 프린팅 '창의 메이커스 1,000만' 양성 교육 스타트

이외에도 미래창조과학부와 정보통신산업진흥원은 미래 성장 동력으로 부상한 3D 프린팅에 대한 인식 확산과 저변 확대를 위해 창조경제혁신센터를 중심으로 '3D 프린팅 창의성 및 전문 교육'을 7월 1일부터 8월 21일까지 실시했다. 이번 교육에서만 약 2400명을 선발하여 창의성 교육 분야와 전문 교육 분야로 나뉘어 실시됐는데, 2015년 말까지 약 5000명 이상을 대상으로 실시할 계획이다.

미래창조과학부 관계자는 "이번 교육으로 3D 프린팅에 대한 인식 확산과 저변 확대를 통한 창조 경제 발판이 더욱 튼실해질 것으로 기대한다"며, "앞으로도 창조경제혁신센터 등 공공 인프라와 연계된 3D 프린팅 교육 프로그램을 추진함은 물론, 민간 기구와 협력적인 분위기를 구축하여 2020년까지 '창의 메이커스 1000만 교육'을 차질 없이 추진할 계획"이라고 밝혔다.

정부는 2015년 4월에 수립한 '3D 프린팅 산업 발전전략(국과심)'의 후속조치로 국민교육과 장비보급, 콘텐츠 활용 계획을 우선 추진 중이다. 오는 2020년까지 초·중·고교생(230만명), 일반인(47.6만명), 예비창업자(4만명), 공무원(13.3만명), 정보소외계층(장애인/새터민/제대군인, 1.5만명) 등 교육 대상별 필요에 따른 맞춤형 교육을 추진해 1천만명에 대해 3D 프린팅 활용교육을 실시할 방침이다.

각급 초·중·고등학교에 2015~2016년까지 3000개를 시작으로, 2017년까지 전체 학교의 50%인 5885개를 보급 확대를 추진('13년 기준, 전체 초·중·고는 11,771개교)하고 있다. 이를 위해 과학관, 도서관 등과 같은 무한상상실과 초·중·고등학교에 2015년 70개를 시작으로 2016~2017년에 227개까지 3D 프린터 보급사업을 지원해나갈 예정이다. 또한 지자체 및 지역 SW진흥원, 민간기업 협력을 통해 초기 17개 광역시를 중심으로 2017년까지 130개에 달하는 전국 단위의 국민체험·활용 인프라(셀프제작소)를 구축하기로 했다.

정부는 3D 프린팅 전략기술 로드맵을 3D 프린팅 산업 육성을 위한 국가 차원의 집중투자 및 이를 위한 R&D사업 추진의 근거자료로 활용할 계획이다. 이를 통해 성장 잠재력이 높은 3D 프린팅 유망분야의 기술경쟁력을 강화해 제조업 혁신 및 창조경제 활성화에도 견인차 역할을 할 것으로 기대하고 있다. 특히 치과용 의료기기, 스마트 금형, 발전용 부품 같은 분야에서는 글로벌 시장점유율 Top5 품목을 10개 확보한다는 방침을 세웠고, 주요 분야별(장비, 소재, 소프트웨어)로 글로벌 선도기업 3개를 육성한다는 계획도 발표했다.

국내 3D 프린팅 산업, 잠시 흐렸다 맑을 전망

이처럼 정부가 3D 프린팅 관련 다양한 지원 정책을 발표하면서 국내 3D 프린팅 장비 업체는 물론 3D 프린팅 재료 및 서비스 제공 업체들도 앞다퉈 새로운 비즈니스 모델 발굴을 위해 분주한 모습이다. 지난해처럼 올해도 3D 프린팅을 주제로 한 세미나, 포럼, 전시회 등이 한 달이 멀다 하고 여기저기서 열리고 있어 3D 프린팅에 대한 관심이 여전히 뜨거운 것을 알 수 있다.

하지만 정부의 국내 3D 프린팅 산업 발전을 위한 로드맵 전개에도 불구하고 지난해와 달리 올해 국내 3D 프린팅 업계는 3D 프린팅 시장의 수요 대비 과도한 물량 공급으로 업계 수익

성이 좋지만은 실정이다.

월러스 리포트(2014)에 따르면, 전 세계 3D 프린팅 산업용 시장은 시장점유율 1, 2위를 다투고 있는 스트라타시스(54.7%)와 3D시스템즈(18.0%) 등 2개 회사가 독점 체제를 유지하고 있는 가운데, 개인용 시장도 스트라타시스가 인수한 메이커봇(25%)과 3D시스템즈의 Bits From Bytes 및 Cubify(25%), 그리고 중국의 Beijing Tietime(25%) 등 3개 업체가 전체 시장의 75%를 차지하고 있다. 여기에 HP, 오토데스크 등 IT 거대 기업들이 3D 프린팅 시장으로 진출을 서두르고 있어 향후 3D 프린팅 시장에 거대한 지각변동이 예상된다.

국내 3D 프린팅 제조 업계 역시 춘추전국시대를 방불케 하고 있다. 기존의 성공적인 사업 구조를 바탕으로 신규 사업에 진출한 기업과 처음부터 3D 프린팅이라는 새로운 영역에 도전장을 던진 스타트업이 강하게 맞서고 있다. 선발주자로 캐리마, 인스텍 등의 업체를 꼽는다면, 후발주자로 로킷(Rokit), 오픈크리에이터스, TPC메카트로닉스, 쓰리디벨로퍼(3Developer), 오티에스(OTS), 센트롤 등을 들 수 있다.

이들 업체들은 치기공 모델이나 의수 같은 등 의료 분야는 물론 주얼리 가공, 디자인, 자동차, 건축, 제조, 항공/우주, 주조 등 다양한 산업 분야로 활발하게 비즈니스를 전개하고 있다. TPC메카트로닉스는 전문가용/산업용 3D 프린터 파인봇(Finebot) FB-Z420을 비롯해 범용 제품인 FinBot FB-9600과 교육용 제품인 FB-ACADEMY를 내놓고 시장 공략에 나섰다. 로킷은 푸드 3D 프린터인 초콜릿 전용 CHOCO SKETCH를 출시로 관심을 끈데 이어 엔지니어링 플라스틱 3D 프린터를 데스크톱 버전으로 개량한 에디슨 프로 AEP로 해외시장 진출에도 나섰다.

챕시바는 주얼리 전용 3D 프린디 MIICRAFT와 교육용 3D 프린터 E1을 출시했고, 미레교역온 3D 프린팅 브랜드인 3Developer를 홍보하는 한편, 데스크톱 3D프린터 Ultimaker2와 소형화된 Ultimkaer2 Go로 경쟁에 나섰다. 캐리마는 최근 0.001mm로 1시간에 60cm를 프린팅할 수 있는 움트라급 속도의 극세밀한 3D 프린팅 신기술을 발표해 관심을 모았다.

센트롤은 주물사 프린터 개발로 새로운 산업분야에 국산 제품이 진입하는 전기를 마련했다. 이외에도 많은 국내 3D 프린팅 업체들이 새로운 제품과 서비스로 국내는 물론 해외시장 진출에 나서고 있어 관련 분야의 시장 전망을 밝게 하고 있다.

3D 프린팅 재료, 3D 프린팅 시장의 다크호스로 등장

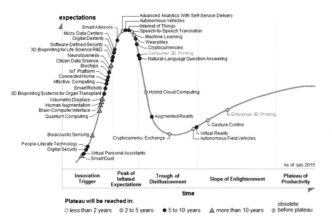

출처 : 가트너(2015년 8월)

▲ 2015년도 신기술 하이프 사이클(Hype Cycle for Emerging Technologies, 2015)

최근 정보기술 리서치 및 자문업체인 가트너(Gartner)가 '2016년 10대 전략기술 동향'을 발표하면서 '3D 프린팅 재료'를 10대 전략기술 동향 후보로 선정해 눈길을 끌고 있다. 가트너는 2011년부터 매년 '10대 전략기술 동향'을 선정해 왔는데, 이번에는 디바이스 메시(Device Mesh), 앰비언트 사용자 경험(Ambient User Experience), 지능형 기기(Autonomous Agents and Things) 등을 비롯해 3D 프린팅 재료를 목록에 올렸다. 지난 2014년과 2015년에 '3D 프린팅'이 선정됐던 것과는 조금 달라진 모습이다.

현재 3D 프린팅은 자동차를 비롯해 의료, 패션, 항공/우주, 건축, 엔터테인먼트, 소비자가전 등 거의 모든 산업 분야에서 사용될 만큼 핫(Hot)한 아이템으로 떠올랐다. 특히 초창기 개발된 3D 프린팅 기술 관련 원천특허권이 만료되고 IT 기술이 발달하면서 3D 데이터 제작 및 보급이 전방위적으로 진행되고 있다.

이로써 FDM, SLS 방식의 3D 프린팅 장비 외에도 2016년에는 초고속 광경화 방식으로 불리는 DLP 방식의 장비들도 쏟아져 나올 전망이다. 여기에 3D 프린팅 주 재료로 사용되어 온 플라스틱 재질 외에 탄소섬유, 유리, 니켈합금, 생물학적 소재 등 다양한 물질들을 활용할 수 있게 되면서 다양한 소재 사용에 대한 수요층이 빠르게 늘고 있다.

이에 대해 가트너는 "항공, 의료, 자동차, 에너지 및 군수사업 같은 분야에서 3D 프린팅 수요를 이끌고 있다"며, "2019년에는 3D프린터로 인쇄할 수 있는 재료가 더욱 커질 것이다"라고 전

표 1. 3D 프린팅 세계시장 현황 및 전망 (단위 : 억 달러)

연도	2013	2014	2015	2016	2017	2018	CAGR(연평균성장률)
3D 프린팅 산업 관련 세계 시장 합계	307	40	53	70	94	125	33%
제품 관련 시장	15.5	20.2	26.8	35.4	47.3	63.2	
서비스 시장	15.2	19.8	26.2	34.6	46.2	61.7	

* 출처 : 3D 프린팅전략기술로드맵, Wohlers Report 2014, 기타연도는 CAGR 기준 추정치
* 제품 관련 시장 : 소재, 기타 상품들로 형성되는 시장(소프트웨어, 핵심부품 등 포함)
* 서비스 시장 : 출력 서비스, 저작물, 컨설팅, 교육훈련, 유지관리 등의 서비스 포함

표 2. 국내 3D 프린팅 관련 투자 규모 (단위 : 백만원)

부 처 명	2011년		2012년		2013년		합 계	
	정부	민간	정부	민간	정부	민간	정부	민간
중 소 기 업 청	380	2	265	3	541	15	1,186	20
산업통상자원부	–	–	435	2	–	–	435	2
미래창조과학부	–	–	–	–	270	2	270	2
교육과학기술부	100	–	159	–	–	–	259	–
합 계	480	2	859	5	811	17	2,150	24

출처 : 3D 프린팅전략기술로드맵, NTIS자료

망했다. 또한 가트너는 "기업용 3D 프린터 출하량이 연간 64% 이상 성장할 것"으로 예상하고 "3D 프린팅을 위한 제조 라인과 공급망 정비를 위한 재검검이 필요한 시점"이라고 분석했다.

한편, 지난 6월에 일산 킨텍스에서 열렸던 '인사이드 3D 프린팅 컨퍼런스 & 엑스포 2015'에서 한국을 방문한 월러스 리포트(Whoers Report)의 테리 월러스(Terry Wohlers) 대표는 전 세계 3D 프린팅 시장의 매출 규모가 2014년 30억 7000만 달러(약 3조 4000억원)에서 2018년에는 128억 달러(약 14조 2000억원)까지 성장할 것으로 예상했다. 또한 2020년에는 매출 규모가 210억 달러(약 23조원)까지 확대될 것으로 내다봤다.

테리 월러스 대표는 '3D 프린팅의 새로운 지평(The Next Frontier in 3D Printing)'을 주제로 한 기조연설에서 "적층가공 기술과 3D 프린팅에 대한 관심이 어느 때보다 높아졌다. 앞으로는 적층가공과 기계제조 두 가지 모두에서 사용할 수 있는 하이브리드 시스템에 주목해야 한다"고 말했다. 또한 "제품 판매 대수로만 보면 저가용 제품이 주목되지만 매출로 보면 산업용 제품에 더 많은 관심을 가지게 될 것이다"라고 말해 3D 프

린팅이 소비자 시장 보단 산업 시장에서 더 활발한 움직임이 기대된다.

3D 프린팅, 새로운 기회의 창구로

1986년 3D 프린팅 개념이 처음 소개되었을 때만 해도 혹평이 쏟아졌다. 초기만 해도 단순 시제품 제작에 주로 사용됐지만 이제는 첨단 ICT와 융합하면서 장비와 소재 기술이 크게 발달했다. 3D 프린팅은 기존 산업의 패러다임을 변화시켜 기업의 제조경쟁력을 강화해줄 촉매제 역할을 담당할 것으로 기대를 모으고 있다.

국내에서 3D 프린팅 관련 투자 규모는 2011년부터 2013년까지 정부와 민간을 합쳐 21억 7400만원이 투자된 것으로 보인다. 최근에는 생산기술연구원에 5년간 450억원 등 많은 투자가 이루어지고 있지만 선도국 대비해서는 취약한 수준으로 적극적인 지원이 필요한 실정이다.

앞서도 살펴본 바와 같이 3D 프린팅을 활발하게 사용하고 있는 분야는 단연 의료 업계다. 의료·바이오 분야에서는 인공골이나 인공관절, 인공치아 등을 세라믹 소재(알루미나, 지르코니 등)를 활용해 개개인의 체형에 맞는 '개인 맞춤형 다품종 소량생산'이 가능한 의수족이나 치아교정 생산 장비로 3D 프린팅을 적극 활용하고 있다. 특히 세라믹 3D 프린팅 기술이 전 세계적으로 연구개발 초기 단계여서 3D 프린팅 소재의 역할과 비중이 커지고 있어 이에 대한 집중 투자와 개발 필요한 실정이다.

미국의 로컬모터스(Local Motors)는 2014년 국제생산기술박람회에서 3D 프린팅으로 만든 전기자동차 스트라티(Strati)를 선보여 주목을 받았다. 이 회사는 40개 부품을 사용해 44시간 만에 완성된 차를 제작해 눈길을 끌었다. Ford, GM, Forrari, BMW 등 해외 자동차 업계에서도 3D 프린터를 활용해 부품을 생산하거나 고객이 주문한 자동차를 만들기 위한 맞춤형 시트 제작에 사용하고 있다.

항공/우주를 비롯해 제조업에서도 메탈이나 강화유리 같은 새로운 소재를 이용한 생산 방식으로 변화의 움직임이 가속화되고 있다. 이외에도 패션을 비롯해 인테리어용품, 공예품, 액세서리 등에 이르기까지 3D 프린팅은 다양한 산업으로 빠르게 확산 중이다.

미국이나 독일, 중국 등 세계 각국에서는 이미 3D 프린팅 기술 개발과 육성을 위해 정부가 직접 나서는 한편, 3D 프린팅 산업 확대를 위해 민관 협업을 통한 연구개발과 인프라 구축에 박차를 가하고 있다. 우리나라도 지난해부터 국내 실정을 고려한 3D 프린팅 전략기술 로드맵을 확정 짓고 업계를 선도할 3D 프린팅 기술 개발에 박차를 가하고 있어 향후 3D 프린팅 시장 선점을 위한 무한경쟁에 나섰다.

현재 국내 3D 프린팅 제조업체는 하드웨어 장비 개발에만 초점을 맞추고 있는데, 3D 프린터를 다양하게 활용하기 위해서는 3D 데이터를 처리할 수 있는 소프트웨어의 개발도 병행되어야 한다. 또한 3D 프린터의 보급 확산이 늘면서 제품 디자인에 대한 특허 및 저작권 침해 문제도 불거지고 있어 이에 대한 보완책 마련도 중요해지고 있다. 무엇보다 일관성 있는 3D 프린팅 정책이 추진되어야 하고 3D 프린팅 산업 활성화를 위한 인프라를 구축하기 위해 모두 다 함께 노력해야 할 때다.

■ 참고 자료

– 3D 프린팅 산업 발전전략(안), 관계부처 합동(미래창조과학부, 산업통상자원부) 2014. 4
– 3D 프린팅 전략기술 로드맵 공청회 개최, 미래창조과학부 2014. 11. 25
– 3D 프린팅 전략기술 로드맵(미래창조과학부 및 산업통상자원부 연구개발사업 연구보고서), 2014. 12
– 세라믹 3D 프린팅 기술현황과 육성 전략, 한국산업기술평가원, PD ISSUE REPORT, 2015 VOL 15-8
– 창조경제시대 창의 비즈니스 모델 탐색, 한국산업기술평가원, PD ISSUE REPORT MAY 2015 VOL 15-5
– 3D 프린팅 Conference 및 해외 선진기관 방문을 위한 해외출장 결과 보고, 한국산업기술평가관리원, 2015.5
– 미래창조과학부 '3D 프린팅 창의성 및 전문 교육' 실시, 2015.6.25
– 3D 프린팅 주요현황 요약, 한국전시문화산업협동조합
– 가트너(www.gartner.com) '2006년 10대 전략 기술 동향 (Gartner Identifies the Top 10 Strategic Technology Trends for 2016)' 발표, 2015. 10. 6
– 3D Printing _ 미국, 일본, 중국 정부의 3D 프린터 지원 정책, CAD&Graphics.co.kr 2014년 12월호
– Focus _ 인사이드 3D 프린팅 컨퍼런스 & 엑스포 2015, CAD&Graphics.co.kr 2015년 7월호
– 3D Printing _ 자동차 산업과 관련된 3D 프린팅 기술 동향, CAD&Graphics.co.kr 2015년 9월호
– Here's Why 3D Printing Needs More Metal, Fortune, 2015. 11. 11
– Wohlers Associates Publishes 20th Anniversary Edition of Its 3D Printing and Additive Manufacturing Industry Report, 2015. 4. 6

3D 프린팅의 과거, 현재 그리고 미래

최근 3D 프린팅에 대한 이야기는 많지만, 3D 프린팅 기술이 어떻게 사용되고 있으며 잠재력과 당면과제는 무엇인가에 대해서는 흔히 들을 수 없었다. 3D 프린팅 기술이 소비자와 기업에 가져오는 기회는 무엇인가? 이러한 질문들에 답하기에 앞서 3D 프린팅의 시장과 역사, 잠재력에 대해 먼저 알아봐야 한다.

■ 제시 해링턴 우(Jesse Harrington Au) | 오토데스크 메이커 애드버킷 프로그램 매니저(Maker Advocate, Program Manager, Autodesk)

3D 프린팅의 역사

1984년에 나타난 스테레오리소그라피(Stereolithography)는 최초의 3D 프린팅 방식이다. 레이저 프린팅 방식으로 재료에 레이저를 한 층씩 투사해 경화시켜 주로 시제품을 신속하게 제작하는데 사용되었다. 또한, 기업들이 제품 제작 비용과 시간을 투자하기 전 디자인을 테스트하는 용도로도 사용되었다.

이제는 시제품 제작을 넘어 완성품 프린트로 나아가고 있다. 항공 및 자동차 산업의 경량 재료 제작부터 주얼리와 의류 디자인 및 생산을 위한 여러 방법까지 매일 새로운 사용법이 나타나고 있다.

3D 프린팅의 역사는 거의 30년이 되어가지만, 3D 프린터는 겨우 20만대만 산업 제조업체에게 팔렸다. 최근에서야 메이커 봇(MakerBot)의 등장으로 소비자들도 보다 저렴한 하드웨어를 구매할 수 있게 되었다.

아직 3D 프린팅 기술의 평균 실패율이 최대 75%로, 4번 중 1번 꼴로 성공하는 것으로 미루어 짐작하건데 아직 가야 할 길은 멀다. 그러나 시작이 미약하다고 미래까지 가능성이 없는 것은 아니다. 적층 제조 기술이 디자인과 창조 방법을 혁신화시킬 가능성은 무궁무진하다.

3D 프린팅 시장

3D 프린팅 시장은 전 세계에 펼쳐져 있다. 미주 지역은 전체 구매의 42%를 차지하고 있고, EMEA(유럽, 중동, 아프리카)가 31%, 아시아태평양 지역이 27%로 그 뒤를 잇고 있다. 프린터 가격이 낮아지고, 소비자가 구매하기 시작하면서 3D 프린팅 시장의 수익은 2014년 총 33억 달러로 2013년보다 34% 성장했다.

시장 조사기관인 카날리스(Canalys)에 따르면, 2014년 전 세계적으로 약 133,000대의 3D 프린터가 판매됐는데, 이는 전년도대비 68% 증가한 수치다. 시장 수익은 관련 자재 및 서비스도 포함하고 있다.

제조사와 기업들은 3D 프린팅 산업을 대규모 사업으로 신장시키고 있다. 카날리스의 추산에 따르면, 2014년 4분기에 판매된 3D 프린터 중 가격이 1만 달러 이하인 제품이 4분의 3을 차지했다. 4분기에만 전 세계적으로 41,000대가 판매되어 총 시장 수익이 분기별 최초 10억 달러를 넘어섰다. 이는 전 분기대비 24% 상승한 것이다.

빌랄 갈리브(Bilal Ghalib) 같은 제조자가 시장 성장에 일조하고 있다. 빌랄은 중동 지역을 여행하며 무료 소프트웨어로 스캔하고 프린트해 몸에 잘 맞는 의족을 만들었다. 이처럼 3D 프린팅 시장 성장의 대부분이 의료와 항공 산업에서 이뤄지고 있기 때문에 3D 프린팅이 자원 부족 지역에 혁신을 가져오고 개발도상국에 저비용 대안 솔루션을 제공할 수 있으리라고는 전에는 생각조차 하지 못했다.

▲ 자신의 디자인을 테스트하는 빌랄

3D 프린팅의 현재

FDM(용융증착모델링, Fused Deposition Modelling)이 가장 많이 아는 흔한 3D 프린팅 방식이다. 자가복제 즉, 본인의 부품을 프린트할 수 있는 프린터를 개발하고자 한 영국의 랩랩(Rep Rap) 프로젝트가 진행됐다. 이를 1990년대 초반 하드웨어 제조업체이자 유명한 메이커봇 데스크탑 프린터 소유사이기도 한 스트라타시스(Stratysys)가 대중화했다.

대부분의 FDM 프린트는 플라스틱 펠라멘트인 PLA를 뜨거운 압출기에 통과시켜 빌드 플랫폼(모델 조형판)에 한번에 한 층씩 쌓고, 각각의 층이 아래층에 접합하며 경화된다. FDM은 가장 적용하기 쉬운 방식으로 장난감 같은 소규모 애플리케이션부터 신속한 시제품 제작까지 어디에나 사용할 수 있다. 다양한 차종을 설계하고 양산하는 로컬 모터스는 FDM 파생 방식을 이용해 최초의 3D 프린트 자동차를 만들었다.

▲ 로컬 모터스 3D 프린트 자동차 '스트라티(Strati)'

6.5x13inch 풋 베드 레이저 컷터에 커스텀 하드웨어를 장착해 이를 FDM프린터와 비슷한 대형 3D 프린터로 만들어 3D 프린트로 출력한 자동차를 탄생시켰다. 3D 프린트의 시각화 및 최적화를 쉽게 하기 위해 자동차 디지털 정보를 3D 프린터와 연결하는데 오토데스크 3D 프린팅 플랫폼인 '스파크(Autodesk Spark)'를 이용했다.

FDM과 대조적으로, DLP(디지털 라이트 프로세싱, Digital Light Processing)는 포토폴리머(광경화성 수지)를 이용해 광원으로 수지에 조형 디자인을 투사한다. 움직일 수 있는 투명한 트레이에 수지를 담아 수지 표면에 광원을 투사한 후 트레이 위 빌드 플랫폼에서 경화시킨다. 이러한 방법으로 적층 경화시키면 최종 디자인이 출력된다.

DLP는 고해상과 정밀성이 필요한 부품을 만들 수 있다. 주얼리 회사인 슬라이스랩(SliceLab)은 복잡한 디자인에 DLP를 사용한다. 공동 창립자인 디에고 타키올리(Diego Taccioli)와 아서 아줄라이(Arthur Azoulai)는 오토데스크의 3D 프린터인 '엠버(Ember)'를 사용해 3D 프린트 몰드를 만들어 순은 같은 금속을 주조했다. 이들의 정교한 펜던트와 귀걸이, 목걸이 디자인은 복잡한 기하학적 무늬가 있어 낮은 화상도의 프린터로는 완성할 수 없었을 것이다.

▲ 슬라이스 랩의 3D 프린트 몰드

LS(레이저 신터링, Laser Sintering)는 플라스틱과 수지에서 나아가 금속 같은 분말 재료를 사용한다. 분말 재료를 레이저의 극한 고열로 녹여 고체 디자인을 완성한다. 한번에 한 층씩 소결되면 롤러로 빌드 플랫폼의 디자인을 펴서 각 층이 접합된다.

LS는 DLP보다 더욱 강력한 부품을 만들지만 분말 재료의 소결점을 꾸준히 유지하기 위해 빌드 챔버가 완전히 봉합되어야만 한다. 게다가, 고온으로 작업하기에 냉각 시간도 길어진다. 주로 산업용 애플리케이션에 사용되며, 현재 금속을 프린팅 할 수 있는 유일한 방식이다.

엘론 머스크가 창립한 최신 로켓과 우주선을 설계 제조하는 스페이스 X(Space X)는 이를 이용해 탑승 로켓의 부품을 만든다. 제너럴 일렉트릭(General Electric)도 LS을 이용해 경량 티타늄 제트 엔진 터빈 블레이드를 생산한다.

3D 프린팅의 가장 최신 형태는 CLIP(Continuous liquid Interface Production)이다. 2013년 카본 3D(Carbon 3D)라는 회사가 현존 방식보다 25~100배 더 빠른 새로운 방식을 개발했다. 수지에 산소층을 더하는 방식으로 트레이 바닥 부분으로 UV빛이 끊임없이 통과하는 동안 산소가 주입되어 수지의 경화를 막는다.

각 층별로 레이저를 투사하는 SLA프린팅 방식과는 달리 CLIP는 플랫폼이 상하로 움직이는 동안 끊임없이 이미지를 투사하기에 프린팅을 멈출 수 없다. 즉, 적층방식이 아니기 때문에 구조적으로 튼튼할 뿐만 아니라 고해상의 출력물을 얻을 수 있다. 실제로 이 출력물은 기존의 3D 프린트 결과물보다는 주물 방식으로 만들어진 형태에 훨씬 가깝다.

포드는 시제품 제작에 CLIP도입을 선언한 최초의 회사 중 하나다. 이 방식으로 만드는 자동차 부품은 엘라스토머 그로밋(Elastomer Grommets)으로 자동차 바디 사이 공간에서 내부 금속 조각이나 다른 날카로운 것들로부터 배선장치를 보호하는 부품이다.

3D 프린팅의 미래

저렴해진 기술 비용과 용이해진 사용법으로 디자인과 제조의 새로운 시대가 열려 예상하지 못했던 새로운 산업 분야에서의 적용이 계속 나올 것이다. 예를 들어, 패션 디자이너들은 수년 동안 자신의 디자인에 3D 프린팅을 이용하고 있으며, 모든 종류의 체인메일 변형 디자인에서 3D 프린팅을 더욱 부드럽게 하고 움직임대로 자연스럽게 흐를 수 있게 하기 위해 지속적으로 노력하고 있다.

이와 같이 폴리머 대신 유기물, 겔, 섬유를 사용하는 3D 룸 기술(Loom Technology)이 발달하고 있다. 적층 로봇을 사용해 탄소섬유, 시멘트, 심지어 철강으로 큰 구조물을 프린트하는 등 긴축 분야에서도 성장 가능성이 있다.

적층 제조의 진정한 미래는 이전에 만들 수 있었던 것보다 더욱 강력하고 경량 형태의 창조에 있다. 생성 디자인 소프트웨어가 평방미터당 원하는 무게 및 압력이나 프로젝트를 더욱 효율적으로 완성시킬 수 있도록 수백 개의 디자인 옵션을 낼 수 있는 구조적인 분석 같은 데이터를 받아들일 수 있는 복잡한 알고리즘을 사용해 이 불가능한 형태를 창조할 것이다. 그 혁신의 잠재성으로 3D 프린팅은 우리 미래에 가장 혁신적인 (Disruptive) 기술이 되고 있다.

3D 프린팅의 확산과 과제 그리고 전망

3D 프린터는 음식, 옷, 건축물, 장난감, 액세서리, 전자제품, 자동차, 항공기 등 각 산업 분야에 활용되고 있다.
기존의 3D 프린터가 시제품 제작에 활용되었다면 지금은 3D 프린터로 실제 사용할 수 있는 제품을 만들어 내고
있는 추세이다. 3D 프린터의 각 산업분야 활용은 점점 더 확대될 것이다.

■ 이기훈 | 쓰리디아이템즈의 대표로, 국가인적자원컨소시엄 운영위원 및 한국3D프린팅협회 교재 개발위원으로 활동하고 있다.
저서에는 '세상을 변화시키는 새로운 혁명 3D 프린터 A to Z', '카카오스토리 마케팅' 등이 있다.
E-mail | positivehoon@naver.com
홈페이지 | http://3ditems.net

프로토타이핑에서 거의 모든 것의 3D 프린팅까지

3D 프린터는 RP(Rapid Prototype)란 이름으로 불리며 주로
제조산업의 프로토타이핑에 쓰였던 기계다. 몇 년 전부터 프로
토다이핑 제작 이외의 용도로 시용된 시례들이 소개되기 시작
하였고, 최근에는 실로 다양한 산업분야에서 3D 프린터가 쓰
이고 있다. 음식, 의류, 장난감, 피규어, 그릇, 신발, 로봇, 건축
등 3D프린터가 사용되지 않은 산업분야를 찾기가 어려울 정도
이다. 3D 프린터 기술이 발달하면서 출력물의 퀄리티가 좋아
졌고, 각 산업분야에 유용하게 쓰일 수 있는 다양한 소재가 개
발되었기 때문이다.

말랑말랑한 소재, 단단한 소재, 나무, 금속, 투명한 소재, 전
기가 통하는 소재, 색이 변하는 소재, 세라믹 소재, 음식 소재,
시멘트 소재, 세포 소재 등이 개발되었고, 판매 중인 3D 프린
터 소재도 수 백 가지 이상이다.

3D 프린터의 가격이 하락하고, 언론 등의 매체에서 3D 프린

▲ 초콜릿(출처 : www.bitrebels.com)

터를 많이 소개한 덕에 사용자가 늘어나기도 했을 것이다. 3D 프린터는 맞춤 제작이나 소량 제품 생산에 딱 맞는 기계이다. 특정한 산업분야가 맞춤 생산이 유리하거나 또는 맞춤 생산으로 혁신할 수 있다면 그 분야에서, 거의 모든 산업에서 3D 프린팅 기술을 유용하게 활용할 것이다. 일례로 식품 업계에서는 이미 다양한 소재를 사용한 3D 프린터를 사용하여 맞춤형 식품을 생산하고 있다.

얼굴을 3D 스캐너로 스캔한 후 초콜릿 3D 프린터를 사용하여 얼굴 모양 초콜릿을 만드는가 하면, 설탕 3D 프린터로 설탕 공예품을 제작한다. 키와 몸무게, 질병 등의 몸 상태를 입력하면 맞춤 영양성분으로 구성된 음식이 프린트되는 푸드 프린터도 개발 중에 있다. 식품 업계에 3D 프린터의 본격적인 도입 시도가 얼마 되지 않은 것을 감안하면 여러 가지 활용 방법이 빠른 속도로 모색되고 있는 것이다.

주얼리 분야에서는 금속 3D 프린터로 액세서리를 출력하여 약간의 후가공 후 바로 제품으로 판매한다. 또한 온라인 상에서는 소비자가 직접 액세서리를 간단한 프로그램으로 설계하면 금속 3D 프린터로 출력하여 배송해주는 사이트도 운영 중이다. 그릇을 만드는 공예업체에서는 세라믹 소재로 그릇을 3D 프린팅한다. 많은 시간을 들여 숙련도를 높여야 하는 장인의 솜씨가 무색해질 정도다.

또 국내 의료계에서는 성형수술에 3D 프린터를 이용한 시술 사례가 점차 늘고 있다. 치과에서는 이미 많은 곳에서 보형물 제작에 3D 프린터를 사용하고 있다. 그밖에 로봇 산업, 드론 산업에서도 3D 프린터를 활발하게 사용 중이다.

▲ 3D 프린팅 집(출처 : http://3dprint.com)

건축 업체에서는 3D 프린터를 이용하여 단시간에 집 한 채를 지어내기도 한다. 한 마디로, 거의 모든 산업 분야에 3D 프린팅 기술이 활용되고 있는 것이다.

3D 프린터를 이용한 교육과 연구 필요

필자가 주목하고 있는 분야는 교육 분야이다. 3D 프린터로 출력한 것을 커리큘럼에 이용하는 것이다. 3D 프린터를 이용한 교육은 각 산업분야 3D 프린터의 활용의 전제 조건이라고도 할 수 있을 만큼 중요한 부분이다. 더 나아가 3D 프린터를 이용한 수업은 학생들에게 직접 결과물을 만져볼 수 있는 체험을 제공하고 창조적인 생산활동을 가능하게 해 준다.

필자가 운영하는 회사에서는 대형 3D 프린터 제작과 3D 프린팅 교육을 겸하고 있다. 성인 대상의 3D 프린팅 교육을 진행하면서 앞으로의 3D 프린팅이 변화시킬 각 산업분야에 대비하는 이들에게 교육을 진행하고 있다.

또한 'Makers Empire'라는 이름의 손쉬운 3D 모델링 소프트웨어와 학생들 대상의 3D 프린팅 교재를 이용하여 학생들의 3D 프린팅 교육도 진행 중이다. 무엇을 만들지에 대한 아이디어와 3D 설계, 3D 프린팅을 포함한 교육이다. 또한 특정 산업분야에 특화된 맞춤형 소재의 3D 프린터를 개발 중이기도 하다.

현재 시장에서는 의료와 주얼리 산업분야를 대상으로 전략적인 맞춤형 3D 프린터가 제작되어 판매되고 있다. 앞으로 특정 산업분야 맞춤형 소재가 개발되고 해당 산업분야 맞춤형 3D 프린터가 제작되는 경우도 많아질 것이다. 특히 의류산업의 경우 아직 효율적인 소재나 3D 프린팅 방식의 연구가 필요하다.

앞으로 3D프린터의 소재는 훨씬 더 다양해질 것이다. 오래전 3D 프린터의 1차 활용이 프로토타입 제작이었다면 지금은 실제 사용되는 제품을 출력하는 방향으로 3D 프린터가 활용이 변하고 있다. 3D 프린터의 기술이 발달하고 소재가 다양해지면 제품공정 중 조립단계가 불필요해진다고 한다. 조립이 필요한 거의 모든 제작공정에 3D 프린터가 도입될 수도 있다고 본다. 3D 프린터는 우리 의식주를 포함한 우리가 이용할 거의 모든 제품, 산업분야에 관여할 것이다.

▲ Makers Empire(출처 : http://makersempire.com)

미국, 일본, 중국 정부의 3D 프린터 지원 정책과 육성 방안

3D 프린터 산업이 정책적, 기술적으로 아직 걸음마 단계에 있는 한국에 비해 중국 등의 나라에서는 정부 차원에서 3D 프린터를 지원하는 정책과 육성 방안을 앞다투어 내놓았다. 미국, 일본, 중국 정부의 3D 프린터 산업 육성 방안을 통해 외국의 3D 프린터 산업에 대해 짚어본다.

■ **주승환(William SH Joo)** | 부산대학교 연구교수로 산자부 및 미래부의 3D 프린팅 기술로드맵 수립위원 및 오브젝트빌드 기술고문/부회장을 맡고 있다. 네이버 카페 한국 3D 프린터 유저 그룹을 운영하고 있으며, 오픈소스 3D 프린터 윌리봇을 개발한 바 있다.
카페 | http://cafe.naver.com/3dprinters, E-mail | jshkoret@naver.com

미국 정부의 지원 정책

미국 정부는 3D 프린터 산업에 대한 기대치를 굉장히 높게 설정하고 있다. 3D 프린터 산업은 생산하고 작동하는 인력 외에는 다수의 고용이 필요가 없기 때문에 인건비로 인해 이전했던 생산 공장이 다시 돌아올 것이라고 생각하고 있다. 이는 미국 제조업의 부활을 위한 방안이라고 여겨진다.

이 기대는 대통령의 의지로도 알 수 있다. 2013년 오바마 대통령의 의회연설 내용을 요약하면 "3D 프린팅은 모든 생산 방식을 바꿀 혁신 기술이다. 3D 프린팅 기술을 통해 중국을 비롯해 아시아로 이전한 제조업을 미국으로 불러들이고, 국가체질을 첨단 산업 위주로 바꾸어놓겠다"고 했다. 이 야심 찬 계획이 아래와 같이 진행되고 있다.

2012년 3월에는 최대 15개 국방부 직할 부대 및 기관이 참여하고 10억 달러를 투자하는 '제조업 혁신 국가 네트워크' 법령 초안을 국회에 제출했다. 국방부, 에너지, 상무부, 국립과학재단의 3천만 달러 기금으로 3D 프린팅 특화 기관을 설립할 계획이며 향후 9천만 달러 수준으로 기금을 확대할 예정이다. 2014년에도 계속적인 정책이 발표되고 있다. 뒤에서 자세히 다룬다.

대표적인 것이 미국 제조업 고도화(Advanced Manufacturing)이다. 2012년 8월에는 이 프로그램 산하에 오하이오 주에 국립첨삭가공혁신연구소 NAMII(National Additive Manufacturing Innovation Institute)를 설립하고, 3D 프린터 기술의 R&D를 총괄하기로 발표했다. NAMII는 오바마 정부의 첫 민관 공동 제조혁신재단이며 정부가 3,000만 달러, 참여 컨소시엄이 4,000만 달러 투자했다. 이는 제조업의 쇠퇴로 추락한 미국 중서부 지역의 사양화된 공업지대(Rust Belt)를 3D 프린터를

통해 부흥시키겠다는 전략이다. 이미 NAMII를 벤치마킹하여 3곳의 AMII(Additive Manufacturing Innovation Institute)를 추가하는 작업 본격화하고 진행 중이다.

2014년에 NAMI는 America Makes Institutes로 명칭을 변경하고, 미국 백악관에서 Maker's fair를 개최하기도 하였다.

표 1. 주요국의 3D 프린팅 정책동향

□ 영국, 일본 등은 3D프린팅을 제조혁신의 핵심수단으로 집중 육성 중이다.

국가명	주요정책
(미국)	○ 중국, 인도 등 저임금 국가로 이전된 제조업의 부활을 위해 3D프린팅 기술개발 및 인프라 조성에 집중 투자 • 오바마 대통령은 3D프린팅산업육성을 위해 10억 달러 투자발표 ('12.3월) • 3D프린팅 기술발전을 위한 전문 연구기관(NAMII)설립('12.8월) • 3D프린팅 테크벨트 건설(7천만불) : 오하이오-웨스트버지니아
(중국)	○ 산·학 협력 가속화 및 산업표준 제정을 위한 3D프린팅 기술산업연맹을 설립, 대학-기업을 연계한 기술개발 추진 • '국가발전 연구계획' 및 '2014년 국가과학기술 프로젝트 지침'에 3D프린팅을 포함시켜 기술개발에 총 4,000만 위안 투자(4개 프로젝트 추진중) • 3D프린팅 혁신센터(R&D) 구축 : 총 10개 구축 예정
(영국/EU)	○ '20년까지 GDP중 제조업 비중을 늘리기 위해(16%→20%) 3D프린팅 기술을 주요 수단으로 설정, 전략 개발 및 투자 논의 중 • (英)정부 산하 기술전략위원회, 연구위원회에 3D프린터 기술분야 18개 R&D 프로젝트 지원(840만 파운드, '13.6월) • (英)초중등 교육과정 '디자인과 기술' 과목 도입, 장비 공공구매 유도 • (獨)프라운호퍼 인공혈관 제조기술개발 추진, 11년 프린팅 성공
(일본)	○ 미국 및 유럽에 비해 뒤처진 3D프린터 산업을 추격하기 위해 소재부문 기술개발에 집중 투자(5년간 총 30억엔) • 모래형 소재 및 해당 소재 출력용 프린터 개발중 ('13.5월~) • 경쟁력 강화방안 및 기술로드맵 발표 예정 ('14.4월) • 중등, 대학 장비구입 보조금 '20년까지 22.8조원 재원 마련 추진

출처 : 2014년 4월 3D 프린팅 산업발전전략 미래부, 산자부

ORNL(Oak Ridge National Lab, 미국 오크리지 국립 연구소)는 MDF(Manufacturing Demonstration Facility, 제조 데모 시설) 설립을 통한 산업계의 3D 프린팅 기술 개발을 지원하고 있다. MDF는 3D 프린팅 기술 개발만을 위한 연구시설은 아니며, 기존 제조 기술과 공정 제어기술 등도 병행하여 연구한다. MDF와는 별도로 ORNL에서는 미국 정부의 지역 발전 프로그램에 참여하고, 테네시(Tennessee) 주 동부 20개 카운티

Local Motors and the US Department of Energy's Oak Ridge National Laboratory (ORNL)

그림 1. 3D 프린터로 제작된 자동차
출처 : https://localmotors.com/localmotors/the-3d-printed-car-aka-direct-digital-manufacturing

의 적층 가공 클러스터 구축 사업에도 참여했다.

대표적인 예로 록히드마틴(Lockheed Martin) 사와 전투기용 공기 누출 감지 브라켓(Bracket)을 적층 가공 방식(EBM)으로 개발하여 기존 기술 보다 50%의 비용을 절감했다.

2014년 10월에는 Local Motors라는 회사와 공동 연구하여 3D 프린팅 된 자동차를 출시하였다. 자동차 제조 공정에서 새로운 시도를 하는 것으로 보일 것이다.

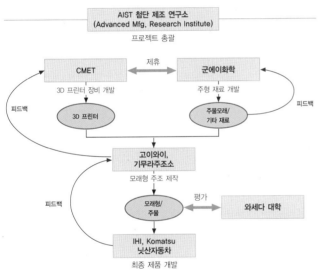

그림 2. 2013년 일본의 3D 프린팅 산업 육성 연구방안

일본 정부의 3D 프린터 산업 육성 방안

2013년 5월, 일본의 경제산업성(經濟産業省)은 산하의 산업기술 종합연구소(AIST)와 3D 프린터 업체 시메트, 닛산자동차, 와세다대학 등이 참여하는 주물사(沙型) 제작이 가능한 3D 프린터 개발 과제 출범했다. 금형이나 목형 대신 주물사를 제작하는 프린터이다. 2017년까지 일본 차세대 3D 프린터 목표는 사형 제조 속도를 10배까지 끌어올리고, 즉 100L(100×100 ×10cm) 사형을 1시간 내에 적층, 월 3000대 규모의 고급 자동차용 실린더 주물사를 생산하는 것이다. 현재 1억 엔대의 가격

은 독일 제품의 1/5 수준으로 낮춘다. 대당 2천만 엔(2억 2000 만 원) 중소기업도 부담 없이 구입할 수 있도록 만들어, 현재 주물 산업의 쇠퇴기를 겪고 있는 일본 주물 산업 규모는 약 11 조원 정도의 규모의 사업을 육성하자는 방안이다. 결론적으로, 경제산업성 측은 "차세대 3D 프린터를 보급해 아시아 최고 수준의 일본주물 산업을 부활시키겠다"고 말했다.

- ■ 프로젝트 총괄 : 산업기술 종합 연구소
- ■ 적층 조형 장치 개발 : CMET
- ■ 주형 재료 개발 : 군에이 화학
- ■ 사형 주물 제작 : 고이와이, 기무라주조소
- ■ 최종 제품 제작 : IHI, 닛산 자동차, 고마스(Komatsu)
- ■ 3D 프린터 기술 개발 : 와세다대학

그림 3. 일본 고이와이사의 주물 제품, 3D 프린팅 제품
출처 : 고이와이사 홈페이지

현재 주물사 프린터를 응용할 수 있는 분야는 무궁무진하다. 현재 국내에서는 생산기술연구원 인천본부에 설치가 되어 사용이 많이 되고 있다. 리버스 엔지니어링, 건설기계·선박용 디젤엔진의 실린더 헤드, 자동차용 실린더 등이다.

2014년 일본은 신모노주구리 보고서를 작성했다. 정밀한 공작기계로서의 육성과 개인의 제조 도구로서의 제품으로 육성한다는 방안이다. 기존에 절삭 방식의 정밀 공작 기계로 세계 시장을 장악했던 일본은 3D 프린터를 새로운 공작기계로써, 다시 한 번 세계 시장 장악을 목표로 하고 있다. 또한, 새로운 개인 제조 도구로써의 시장의 등장을 눈 여겨 보고 여기까지 육성을 하겠다는 새로운 방안을 제시한다. 특히 일본은 R&D 과제와는 별도로 일본·미국·유럽·중국·한국 등 주요국의 3D 프린팅 기술 특허·논문 및 R&D 동향 조사를 병행하고, 2014년 4월 일본의 경쟁력 강화 및 대응 방안을 도출할 예정이

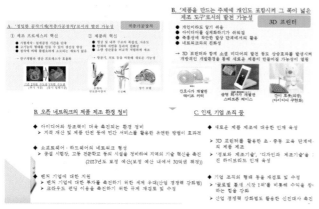

그림 4. 2014년 일본의 3D 프린터 양성 정책

출처 : 경제산업성의 신모노주꾸리 보고서

다. 2013년에는 특허 동향을 정리한 리포트를 발표했다.

중국의 3D 프린터 산업 육성 방안

중국의 제조업은 전세계에 모든 제품을 공급하고 있다. 중국 정부는 3D 프린터가 발달하여 누구나 제조업에 접근할 수 있다면 더는 중국의 값싼 노동력에 의존을 하지 않게 되고, 결국 중국의 제조업은 위기를 느낄 것이라 예상했다.

일부 중국의 계획은 2013년 8월 베이징에서 열린 3D 프린팅 컨퍼런스에서 AMA(Asian Manufacturing Association, 중국 무역 단체이면서 아시아제조업협회)의 대표인 관 루오준(Luo Jun)에 의해 발표되었다. 그는 중국의 3D 프린팅 산업이 3년 내에 100억 위안(약 1조 6500억 원)의 매출을 달성할 것이라 하는데, 이것은 2016년 미국의 홀러스리포트(Wohlers Report)가 예측한 2016년 50억 달러의 1/3, 2015년 37억 달러의 절반 수준이다. 이 보고서에 의하면, 2012년 미국이 전세계 20억불의 시장에서 60%를 차지하고, 중국이 1.53억 달러를 차지한 것을 알 수 있다. 중국 정부의 노력을 자세히 알아보면, 우리나라와 많이 다른 것을 알 수 있다. 중국의 과학기술부는 '국가 기술발전 연구계획 및 2014년 국가과학기술 제조영역 프로젝트 지침'에 3D 프린터를 처음으로 포함하고, 총 4000만 위안(약 72억 원) 규모의 연구 자금을 지원했다. 총 4개 R&D 과제이며 3D 프린터 기술에 기초한 항공기술, 고정밀 부품 제조 연구 개발 등이다.

이는 대형 항공 우주 부품의 레이저 용융 시스템을 개발 및 적용하여 제품 생산을 하고, 복잡한 부품 및 금형 제조를 위한 대형 레이저 소결(SLS) 장비의 개발 및 응용 제품을 개발하는 것이다.

또한 복잡한 부품구조통합설계를 위한 높은 온도와 압력의 확산 접합장비의 개발 및 응용, 가전 업계의 3D 프린터 기반의 사용자 정의 핵심 기술의 개발 및 응용도 육성을 할 예정이다. 한편 공업정보화부는 3D 프린터 산업 육성을 위한 표준 수립, 규제 정비 준비 중에 있다. 또한 기술 혁신 세제 혜택 등의 전략 방안도 수립 중이다.

정부 이외의 분야는 대학·공기업 중 화중과기대학(华中科技大学), 북경항천(우주)항공대학(北京航天航空大學), 청화 대학(清華大學), 서북공업대(西北工業大学), 서안교통대학(西安交通大學), 중항레이저(中航激光) 등의 기관이 높은 기술력을 보유한 것으로 평가된다.

청화대학은 이대로 높은 기술 수준을 계속 유지하고 있으면, 뒤에서 언급하는 베이징타이얼 타임사의 기술을 지원할 정도로 우수한 기술력을 보유하고 있다.

2012년 10월 3D 프린팅 기술산업연맹을 설립하고 산·관·학 협력 가속화 및 산업표준 제정을 추진했다. 연맹에는 중국 내 3D 프린터 관련 교육 기관, 협회, 기업 등 10개 정도의 회원사가 참여하고 있다.

지방 정부와 중앙정부는 장쑤성의 난징(江蘇省南京), 쓰촨성의 솽류(四川省雙流), 산둥성의 칭다오(山東省靑島), 광둥성의 샹저우(廣東省香洲) 등에서 3D 프린터 산업 단지와 R&D 센터를 구축할 예정이다.

중국 정부(China Ministry of Industry and Information Technology)가 작년에 투자한 중국 3D 프린팅 기술 산업 연합(China 3D printing Technology Industry Alliance) 프로젝트 중앙정부가 2억 위안을 지원하고, 지방정부가 매칭 펀드를 제공하여 조성하는 것이다. 10개의 연구센터를 조성하는 프로젝트로 난징에 2014년 3월에 설립되었다.

중국의 3D 프린터 기술 현황

우리나라의 3D 프린터 산업은 정책적·기술적으로 중국에 뒤떨어져 있다. 국산 제품은 아직 개인용 프린터 시장이 주류이고 이제 산업용 시장으로 걸음마를 하고 있는 반면, 중국 제품은 이미 개인용 프린터를 거쳐 산업용 프린터 시장으로 발전하고 있다. 특히 베이징 티어타임(Tiertime) 사는 세계 시장 점유율이 4%를 차지할 만큼 크게 성장했다.

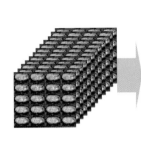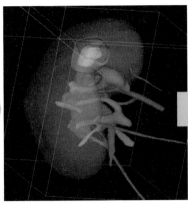

의료 분야의 3D 프린팅 적용 현황과 발전 전망

'제3차 산업혁명' '제조업의 민주화' 등 수사를 한 몸에 받으면서 등장한 3D 프린터는 아직도 의료 분야에서는 굼뜨게만 움직이고 있다. 하지만, 공간 정보를 중시하는 의료 분야에서 3D 프린터가 경제 수준이 용인하는 수준으로 떨어진다면, 화학적 결합이 일어날 것이라 예측된다. 이 글에서는 3D 프린터에 대한 역사, 확대 배경, 의료 분야의 적용 방안, 3D 프린터의 기술적 장단점과 함께 서울아산병원 적용사례, 향후 활용 전망 등을 통한 의료응용 가능성 등에 대해 살펴보고자 한다.

■ **김남국** | 서울아산병원, 울산대학교 의과대학 융합의학과 조교수. 1991년 산업공학으로 CAD/CAM을 접하고, 이를 기반으로 1998년 3D 의료 영상 및 3D 프린터 회사 사이버메드(CyberMed)를 창업해 기술이사, 대표이사를 역임하였다. 2004년부터 서울아산병원에서 폐영상, 뇌영상, 심장영상 처리, 의료영상 가이드 로봇, 컴퓨터 보조 수술 및 3D 프린터 의료 응용 등에 관련된 연구를 하고 있다.
E-mail | namkugkim@gmail.com

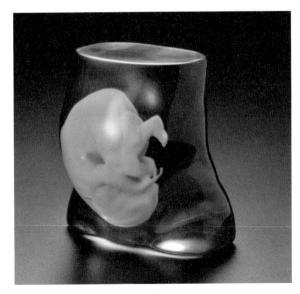

▲ 파소텍이 상품화한 3차원 태아 복제본

"3D 프린터는 우리가 모든 것을 만드는 방식을 혁명적으로 변화시킬 잠재력이 있다."

- 오바마 미합중국 대통령

최근 3D 프린팅이 다양한 의료 분야로 확대될 수 있었던 배경

일본 정부의 전폭적인 지원을 받고 있는 파소텍(Fasotec)과 히루 레이디스 클리닉(Hiroo Ladies Clinic)은 임산부의 MRI와 CT 촬영 이미지를 사용해 태아의 3D 복제본을 만드는 방법을 개발했다. 이 3D 프린터를 이용한 모델은 이미 산부인과 의원에서 상업화되어 있는, 산모에게 주는 태아의 렌더링된 초음파 촬영 사진 또는 비디오 시장을 대체하려고 기획된 것이다. 그러나 이 복제본은 가격이 아직은 1275달러이고, 열쇠고리와 휴대폰 고리로 제작하려면 추가 비용까지 발생한다. 더 큰 문제는 3D 프린터 모델이 더 예쁘다고 하기 어려울뿐더러 대부분은 컴퓨터 그래픽으로 만들어진 것이다. 오해를 없애기 위해서 덧붙여 설명하자면, 파소텍은 일본에서 간 등의 수술에 적용되는 3차원 프린팅 모델을 임상에 적용하고 있는 좋은 회사이지만, 여기에서는 3D 프린터 기술을 잘못 적용하면 어떤 일이 생길지에 대한 간단한 사례로 들어 보았다.

이런 3D 프린팅 기술은 이미 가까이 와 있다. 이 기술은 합성수지, 금속, 목재, 고무 및 바이오 재료 등의 다양한 소재를, 만들고자 하는 형상의 설계에 맞추어 2차원의 층을 쌓아서 제조하는 방법(적층제조법, additive manufacturing)으로 형상화하는 것이다. 기존의 밀링(milling) 등 제조 공정에서 선반 등을 이용하여 가공재료를 점차 제거해 가면서 제품을 만들어 내는 제거 제조법(reductive manufacturing)과는 반대의 개념으로 볼 수 있다. 사실, 이 제거 제조법은 수천 년 동안 인간의 삶을 지배해온 아주 오래된 아이디어이다. 원시시대 화살촉부터 2만 개 이상의 부품으로 이루어져 있는 자동차에 이르기까지, 다양한 재료나 부품들을 드릴링, 성형 및 형단조(Stamping) 등의 제거 제조법 등을 통해 가공하였다. 제거 제조법을 기반으로, 인류의 진보에 따라서 복잡한 구조를 갖는 대형 제품들은 이런 부품들을 조립하는 형태로 제조하게 된 것이다.

반면, 3D 프린터는 3D Systems(쓰리디시스템즈)의 설립자인 찰스 헐이 1984년 3D 프린터를 발명한지 31년이 된, 제조업의 관점에서는 비교적 신생기술이다. 초기에는 건축이나 자동차 시제품 제작 등의 분야에서 모델을 만들기 위해 주로 사용되어 왔지만, 캐드 소프트웨어 및 ICT 기술력의 발전과 함께 연구자, 개발자, 작업자 및 기업가 등이 모두 연결되는 이른바 초연결 사회가 형성되면서 획기적인 기술혁신을 이끌고 있다. 특히, 적층 제조법이 제조공정을 간단하게 하고, 탁상 제조 수준으로 쉽게 만들고, 이에 인터넷의 발달, 협업 및 오픈 소스 커뮤니티 문화, 소프트웨어 및 컴퓨팅 파워 등 획기적이 기술 발전에 힘입어, 일반인이 직접 제작을 할 수 있는 가능성을 보여 주었다.

하지만, 3D 프린터가 생긴지 30여 년이나 되었고 처음부터 주목을 받아왔다는 점에 비해서 지금에 와서야 이렇게 제조업을 벗어나 다양한 분야로 파급된 것은 역시 2014년까지 풀린 대부분의 원천 특허에 있다고 할 수 있다. 곧 중저가형 일반 소비자가 쓰는 3D 프린터가 물밀듯이 나올 것이라 예측된다. 따라서 의료에 쓰일 만큼 타 의료기술 대비 경제적 비교우위를

가지게 될 것으로 보인다. 이에 의료계도 대비가 필요한 사항이고, 세계적인 북미방사선학회(RSNA)에는 일주일간 3D 프린터 의료응용 세션이 생길 정도로 주목을 받고 있는 상황이기도 하다.

병원 곳곳을 바꿀 3D 프린팅

4차 종합병원은 환자를 치료하는 곳이기도 하지만, 젊은 의사 교육 및 수많은 의료기기, 환자치료법, 신약 등을 실험하고 연구하는 공간이기도 하다. 병원 내에서는 수많은 이종기술이 접목되어서 환자를 치료, 교육, 실험 및 연구가 진행되고 있다. 이 중에 먼저 실험도구 제작부분을 살펴보겠다.

서울아산병원에서는 심장 이식 후 폐기되는 질환을 가지고 있는 심장의 관상동맥을 혈관 내 영상, CT 간의 영상 및 병리 간에 정확하게 정합할 수 있는 혈관 고정용 틀을 제작하고 있다. 처음에는 논문에서 본 것을 그대로 캐드로 작업하여 모델링하였다. 심장마다 관상동맥의 크기가 항상 일정하지 않을 것이라 생각되고, 항상 관상동맥이 있는 블록의 크기를 똑같이 자르기도 어려워서 길이를 조절할 수 있게 고정틀을 설계하였다. 또한 혈관 내에 혈압이 in-vivo 시와 같이 유지되어야 혈관벽이 펴져서 혈관 내 영상과 CT 영상 및 병리간에 같은 혈관벽 형상을 볼 수 있기 때문에, 압력을 유지하기 위해 혈관 문합을 쉽게 하고 혈압을 유지하기 위해서 이미 카테터 시술에서 사용되는 부품이 쉽게 결속되도록 접속부위 걸이를 설계하였다. 또 포르말린 픽스를 쉽게 하기 위하여 순환이 되도록 외형 틀을 설계하였다. 또한, 혈관 내 영상 및 CT 영상 등을 맞추기 위해서 마커를 고정틀에 음각하였고, 이를 기준으로 한번에 병리 시편을 균일하고 많이 내기 위해 병리과를 위한 맞춤형 칼날 틀(7층 칼날틀)도 만들었다.

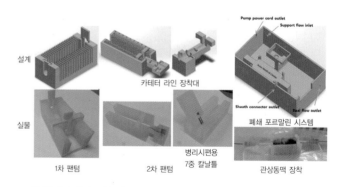

▲ 이식된 심장 혈관 체취 및 영상촬영 및 정합용 고정틀 제작

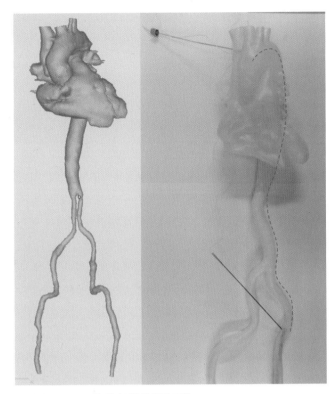

▲ 심장 RF Ablation용 환자 맞춤형 혈관 모형

뿐만 아니라 심장 RF Ablation을 할 수 있는 혈관중재 시술용 환자 맞춤형 혈관 모형을 제작하여 실제 사용하고 있는 기능성 RF Ablation 카테터를 넣어서, 실제로 환자 혈관 모형의 특정 위치에 RF 카테터의 팁이 잘 위치하고 있는지를 실험하기 위해 실물 크기의 투명하고 말랑한 소재의 팬텀을 제작하였다.

서울아산병원의 3D 프린팅 임상 적용 사례

서울아산병원 비뇨기과(김청수 교수), 건강의학과(경윤수 교수), 융합의학과(김남국 교수) 등은 3D 프린터를 십여 개의 신장암의 부분절제술 사례에 적용하였고, 현재 유용성 평가를 통한 논문화와 후속연구를 하고 있다.

수술장에서 2D CT 이미지를 이용하여 절제할 종양을 찾는 것보다 3D 모델을 가지고 수술을 할 경우 의료진 간의 더욱 명확한 의사소통이 가능하고, 훨씬 정확하게 찾을 수 있음은 물론 환자에게도 효과적인 설명이 가능하다. 제작 비용도 가급적이면 절감하려고 노력하였다. 또한 간담췌 외과, 간이식, 자궁경부암, 폐암 등 많은 다양한 장기의 암 수술 및 이식 수술에 적용하기 위해 노력하고 있다.

의료용 3D 프린팅에 요구되는 인프라 및 기술

서울아산병원의 의학적 요구수준에 맞추기 위한 3D 프린터 기술도 이런 임상적 니즈를 잘 파악하고 이를 긴밀하게 피드백하여 3D 모델링 및 제작을 하여야 하는 것이 중요하다.

시작은 자료의 획득이다. 의료 분야는 다행히 3차원으로 환자의 공간정보를 얻을 수 있는 CT와 MRI 같은 의료영상장비가 있다. 또한 3D 카메라, 스캐너, MicroCT/MRI 등 수많은 장비를 사용하고 있다. 이런 데이터를 잘 얻고 처리할 수 있어야 한다.

현재 가장 큰 문제는 소프트웨어다. 특히 다른 3D 프린터 분야와 비슷하지만, 의료용으로 환자 맞춤형 모델을 만들 수 있는 의료영상 기반 3D 모델러, 캐드 소프트웨어, 워크플로우를 고도화하기 위한 형상 공유를 위한 클라우드 솔루션 등 다양한 도구가 필요하다.

3차원 모델을 결정하였더라도, 다양한 재질을 프린트할 수

의료 영상　　　　　　의료 영상　　　　　　3D 프린팅　　　　　　수술장 적용

▲ 서울아산병원의 신장암 부분절제술 응용 사례

있는 다양한 프린터가 필요하다. 경조직 모델을 제작할 시 뼈와 비슷한 느낌이 나는 재질을 출력할 수 있는 파우더 방식의 바인더젯부터, 점막 접촉과 피부접촉이 가능한 소재를 출력할 수 있는 생적합 프린터, 다양한 투명, 강도, 색깔의 재료를 혼합할 수 있는 멀티젯 프린터, 의료용 금속을 바로 출력할 수 있는 프린터 등 다양한 프린터를 목적에 맞게 사용해야 한다. 게다가 금속 프린터 같은 경우 생적합 특성을 얻기 위해서 후처리 등이 필요하므로 관련 시설도 필요하다.

의료 분야는 재료도 매우 중요한 상황이다. 지금까지는 3D 프린터로 직접 찍을 수 있는 재료는 점막 접촉은 24시간, 피부 접촉은 한 달이 가능하다고 FDA에서 승인된 MED610밖에 없다. 더 다양한 재료 개발이 필요한 시점이고, 현재는 3D 프린터로 몰드를 만들고 캐스팅하는 것이 하나의 대안이다.

이를 위해 의료영상에서 해부학 및 질병 형상을 이해하고 이를 기반으로 영상 처리를 할 수 있는 전문가, 컴퓨터 보조 설계 전문가, 3D 프린터 제작 전문가, 제작된 모델을 다양한 재질로 캐스팅할 수 있는 후처리 전문가, 생적합 소재 전문가 등 다양한 수준의 전문적인 인력과 작업공간이 필요하다.

3D 프린팅의 향후 의료 활용 전망 : 맞춤 장기로 사람을 살린다

"앞으로는 타인의 장기를 이식 받으러 기다릴 필요가 없어진다. 자신의 생체정보에 기초한 인체장기를 3D 바이오 프린터로 제조해 이식 받는 시대가 온다"는 이야기로 전 세계가 들썩이고 있다. 1955년 신장 이식으로 장기이식의 시대를 열었고, 1990년 노벨생리의학상을 받은 Joseph Edward Murray 이래로 인류는 기증자 제한이 없는 장기이식에 대한 갈망을 가지게 되었고, 이는 의학적으로 중요한 연구주제가 되어 왔다.

전통적 제조업의 개념을 바꿔놓고 있는 3D 프린터는 제조업을 넘어 바이오 및 장기이식 분야에서도 적극적으로 적용되고 있다. 인간이 만든 기계가 인간의 장기를 만드는 세상이 도래할 수 있다는 파급효과를 고려할 때, 어떻게 보면 3D 프린터의 가장 중요한 응용분야라고 생각된다.

웨이크포레스트 재생의학연구소의 안소니 아탈라 박사팀은 인공 스케폴드(지지체) 위에서 세포들을 배양하는 방식을 창안했다. 생분해성 폴리머나 콜라겐으로 제작된 스케폴드는 세포가 튼튼해져서 자립이 가능할 때까지 일시적으로 달라붙어 있

는 기반이 된다. 아탈라 박사는 1999년부터 2001년까지 실험실에서 배양한 인공 방광을 보스턴아동병원의 어린이 환자 7명에게 이식하는데 성공했다. 이 방광은 실험실에서 배양된 최초의 인공장기였고 단 두 가지의 세포로 이루어져 있다.

미국 캘리포니아 샌디에이고에 있는 올가노보(Organovo)에서는 현대 생체의공학의 정수라 할 수 있는 인간의 간, 아니 적어도 간의 기초가 되는 구조물을 3D 프린터로 제작하고 있다. 이는 인간의 간에서 떼어낸 조직의 표본과 거의 똑같다. 게다가 이는 실제 인간의 세포로 만들어졌다. 이런 식으로 세계 각국의 생체공학자들은 이미 3D 프린터를 활용해 인체의 여러 부위를 인쇄하기 시작했다. 심장판막, 귀, 뼈, 관절, 무릎 연골, 혈관, 피부 등의 인공 인체 시제품들이 세상에 나왔다.

또한, 신약 평가 시 사람이 먹어보기 전에는 신약이 사람(장기)에 어떤 영향을 미치는지 확인할 신뢰성 높은 방법은 없다. 특히, 실험동물과 인간 사이에는 엄청난 차이가 있어서 동물 실험으로도 해결이 불가능한 점이 많아 신약 실험에 어마어마한 시간과 돈을 낭비하게 된다. 따라서 3D 프린팅을 이용하여 인간 세포로 이루어진 신약 실험용 인공장기 등을 제작하려는 시도도 되고 있다.

현재 바이오프린팅 분야에 가장 큰 문제는, 조직을 성장시키기 위해 영양분과 산소를 공급해 줄 혈관 제작이다. 핏줄과 세포 사이를 잇는 가느다란 혈관인 모세혈관을 만드는 것이 이 분야에서 가장 넘어야 할 문제이다.

3D프린터, 비즈니스 - 미래 의학발전 전망

모두들 3D 프린터의 미래가 밝다고 하고 정부나 학계 모두 집중을 하고 있지만, 정작 3D 프린팅에 열광해야 할 사용자들은 시큰둥하기만 하다. 말로는 미래 먹거리요 제조업의 혁신이라지만, 실제 변화를 체험하지는 못하고 있기 때문이다. 이유가 뭘까?

3D 프린팅이 기술적으로나 문화적으로 우리 삶에 스며들 정도로 무르익지 않았기 때문이다. 또한 3D 프린터가 지금도 개발중인 기술이고, 향후 성장 가능성을 보고 높게 평가되고 있기 때문일 것이다. 특히 HP나 마이크로소프트 등과 같은 대기업들의 참여 의향, 3D 프린터, 스캐너, 바이오프린터 등 연계 기술의 발전, 자가조형기술을 이용한 4D 프린터 기술 연구, 100배 빠른 프린팅, 클라우드 프린팅, 3D 프린터 모델 공유 및

검색 엔진 기술 등 지금도 수많은 가능성들이 제시되고 있다.

또한 앞에서도 언급했듯 3D 프린터가 발명된 지 30여 년이 넘어서 대부분의 원천 특허가 2014년까지 풀린 덕에, 3D 프린터가 보급되는데 가장 걸림돌이 되어 왔던 특허 문제가 해결되었다. 이로 인해 기술 개발을 촉진하여 가격을 위시한 많은 문제점들이 해결할 것으로 예상되지만, 지금은 쓸 만한 프린터는 비쌀 뿐더러 많은 한계를 가진다.

심지어 비싼 프린터를 가지고 있더라도 이를 잘 활용하게 해주는 소프트웨어가 부족하여 잘 쓰지 못하는 것이 현실이다. 또한 지금 쓸 만한 프린터의 재료비는 대부분 1kg당 30~40만 원 이상이고, 한번에 제작하는 크기도 제한되어 있으며, Z축을 쌓는 시간이 아무리 빨라도 시간당 3cm를 넘기 힘들다.

그리고 생체적합 재료를 직접 찍는 프린터는 아주 적거나 한계가 많고, 대부분의 의료에서 사용되는 재료를 사용하려면 캐스팅을 해야 하는 실정이다.

우리나라는 산업적으로 전방산업이 발달된 핸드폰, 전자, 자동차, 조선, 반도체 등을 빼고 나머지 분야는 너무나 열악하다. 이는 국산 의료기기뿐 아니라

▲ 미국 캘리포니아주 샌디에이고에 소재한 재생의학기업인 올가노보(Organovo) 회사 및 연구실

3D 프린터 분야에서도 피해갈 수 없는 것이 현실이다.

지금 국내에서 3D 프린터를 만드는 회사들은 대부분 저가로 만들기 쉽고, 방식적으로도 한계가 많은 FDM 방식에 치중하고 있다. 3D 프린터 재료 분야로 가면 상황은 더 열악하다.

국내의 3D 프린터를 이용한 의료응용으로는 고가의 장비를 이용한 치기공 분야, 치과 임플란트, 임플란트 가이드 및 구강악안면 수술 분야에 복잡한 경조직 모델 수술용 모델 제공 서비스가 대세이다.

하지만 의학적 숙련도가 높은 이미지 편집자(방사선사나 연구원)가 모델을 정밀하게 만들고, 이를 의사가 온라인 상에서 컨펌하고, 이를 고성능의 프린터로 출력하여 서비스하는 모델은 국내외적으로 부족한 실정이다.

비즈니스 관점에서는 Shapeways(쉐이프웨이즈, www.shapeways.com)처럼 전문적인 디자이너가 디자인을 하고 좋은 장비를 갖는 회사나 기관에 의뢰하여 출력하여 소량 생산하거나, Materialise(머터리얼라이즈)처럼 필요한 3D 프린터 소프트웨어 플랫폼을 제공하는 것이 성공적이라고 평가된다. 특히 임플란트 가이드를 서비스하던 머터리얼라이즈가 기존 의료용 3D 프린터 플랫폼을 이용하여 비의료용으로 사업을 확장하는 모델은 매우 의미심장하다.

자동차 산업분야 3D 프린팅 기술 동향

제3의 산업혁명으로 불리는 3D 프린팅 산업. 2000년대 후반부터 전세계적인 미래유망기술로 주목 받기 시작했다. 심지어 2012년 2월 미국의 오바마 대통령은 연두 국정연설에서 3D 프린팅 산업의 중요성을 언급했다. 이로써 3D 프린팅이 일반인들에게 널리 알려지고 산업 전반에 중요한 화두로 떠올랐다.

■ 주승환(William SH Joo) | 부산대학교 연구교수로 산자부 및 미래부의 3D 프린팅 기술로드맵 수립위원 및 오브젝트빌드 기술고문/부회장을 맡고 있다. 네이버 카페 한국 3D 프린터 유저 그룹을 운영하고 있으며, 오픈소스 3D 프린터 윌리봇을 개발한 바 있다.
카페 | http://cafe.naver.com/3dprinters
E-mail | jshkoret@naver.com

3D 프린팅이란?

3D 프린팅은 3D로 디자인된 디지털 도면 정보를 3D 프린팅에 입력하여 입체적인 형태로 출력하는 기술이다. 플라스틱, 금속, 석재, 종이 등 거의 대부분의 소재와 색상을 구현할 수 있다. 3D 프린팅을 지칭하는 용어는 크게 3가지이다. 과거에는 RP(Rapid Prototyping, 쾌속 조형), 요즘에는 학문적으로는 AM(Additive Manufacturing, 적층 가공)을 주로 쓰고 일반적으로는 3D 프린팅이라는 용어를 많이 사용한다.

RP는 디자인이나 기능성을 검토하기 위한 시제품 제작을 중심으로 한 개념이다. 초기의 개념으로 요즘에는 잘 쓰지 않으며, 과거에 서적이나 논문에서 사용하는 용어이다.

AM은 기존의 재료를 자르거나 깎아내는 방법(Subtractive Manufacturing, SM)에서 벗어나 다양한 적층 방법을 통해 3

차원의 입체물을 제조하는 방법으로, 제조 공정의 단순화가 가능하다. 기존 생산방식 대비 에너지를 50% 절감할 수 있으며, 원소재를 최대 90%까지 절감할 수 있다. 또 재료인 분말을 재사용할 수 있다는 장점이 있다. 고가의 금속 분야에 많이 사용하고 있다.

기존의 작업 방식인 '용해/주조 → 단조 → 소재(판재, 주조재) → 가공(절단 → 접합 → 열처리 → 표면처리) → 제품'에 비해 '원소재(분말, 와이어) → 제품'으로 진행되는 단순한 구조이다. 최근에는 실제 사용 가능한 제품을 바로 제조하는 개념으로도 사용된다. 미국재료시험학회(American Society for Testing and Materials, ASTM)가 표준 분류를 하였고, 현재 세계 표준기구인 ISO와 공식적인 표준으로 만드는 작업을 진행 중이다. 우리나라도 세계적인 표준에 맞추어 표준화 작업을 진행하고 있다.

3D 프린터는 대중적인 용어로 RP, AM을 수행하는 기계를 말한다. 디지털 디자인 데이터를 이용하여 소재를 적층(積層)하고 3차원 물체를 제조하는 프로세스(1988년 미국 3D Systems 사에서 최초 상용화)이다. 재료를 자르거나 깎아 생산하는 절삭가공과 대비되는 개념으로 공식용어는 적층제조(Additive Manufacturing, AM)이다.

▲ 3D 프린팅 과정(출처 : 3D프린팅 국가기술로드맵)

재료를 적층(Additive)하는 방식으로 제조를 하는 3D 프린팅 기술은 1984년 미국의 '척 헐'이라는 발명가에 의하여 최초로 개발된 오래된 기술이나 최근 핵심기술에 대한 특허만료와 관련부품, 소재 및 응용기술의 발전에 힘입어 상용화 기술이 급속히 성장하고 있으며, 세계 각국에서는 차세대 핵심기술로 선정하고 육성하고 있는 분야다. 우리나라도 3D 프린팅의 중요성을 인식하고 지난 2014년 4월 관계부처 합동으로 3D 프린팅산업 발전전략을 수립하고 기반조성, 인력양성, 기술개발을 추진하고 있다.

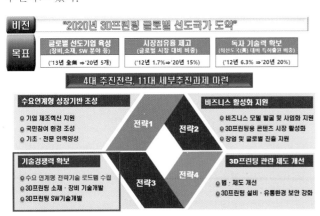

▲ 3D 프린팅 산업 발전 전략(출처 : 미래부, 산업통상자원부)

3D 프린팅 기술의 새로운 도전

최근 3D 프린팅 관련 기술은 기본특허만료와 참여기업의 확대에 힘입어 활발한 연구로 새로운 방식에 대한 많은 도전이 진행되고 있다. Mark-1, Voxel-8, Carbon3D 등은 전통적인 3D 프린터를 뛰어넘는 새로운 소재를 사용하는 프린터를 제안

했고 복합 가공 방식의 Lasertec 65 3D, S-Max, M-Flex, Lumex Avance-25 등은 기존 산업과의 융합을 통한 경쟁력 혁신을 시도하고 있다.

이는 국가 기술로드맵에서 제시한 복합가공 형식의 개발 방향과 일치하고 있으며 일본, 한국 등 전통적으로 공작기계 기술이 뛰어난 나라를 중심으로 절삭과 합친 3D 프린팅 방식으로 진행이 되고 있다.

분야	항목	기술 내용
장비 (5)	대형 금속 구조물용 프린터	1미터 이상의 대형 부품 제작이 가능한 전략 금속 3D프린팅 장비
	복합가공(AM/SM)용 프린터	절삭 가공(SM)과 3D프린팅(AM)이 동시에 가능한 복합 가공기로 하이브리드 출력 대응 등 신공정 기술 적용 및 기존 공정 대체 가능한 3D 프린터
	공정혼합형 다중복합 SLS 프린터	복합소재 적용 고속 프린터로, 다양한 물성을 적용하기 위한 이종 소재의 적용이 가능하며, 고속 제작이 가능한 3D프린터
	고속/고정밀 광조형 프린터	사진의 해상도에 가까운 플라스틱 구조물을 고속으로 조형할 수 있는 고해상급 프린터
	정밀검사 및 역설계용 스캐너	μm급 정밀도를 가지는 초정밀 스캐닝 장비

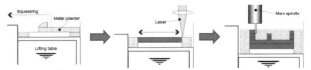

▲ 3d 프린팅 분야 국가 기술 로드맵, 복합가공분야의 기술을 언급하고 있다.(출처 : 미래부, 산업통상자원부)

절삭가공과 3D 프린팅을 하나로

디엠지-모리(DMG-MORI)는 절삭 가공기 분야 세계적인 선도 기업이다. 최근 디엠지-모리에서 보여준 신 모델 Lasertec

• Metal Laser Sintering Hybrid Manufacturing : Laser sintering + Milling

▲ 마쓰우라 공정. 10회 적층 후에 밀링 작업으로 정밀도를 높인다.(출처 : www.matsuura.co.jp)

Deep ribs （L×D > 17）

Thin ribs （L×D > 24）

Complicated geometries

▲ 기존방식으로 가공이 어려운 분야를 마쓰우라 기계가 가공한 예(출처 : 마쓰우라 홈페이지)

◀ 3D 프린팅 방식으로 제작한 GE 사의 항공기 노즐

65 시리즈는 3D 프린팅의 비즈니스 발굴 측면에서 시사하는 바가 크다. 3D 프린팅 기술은 기술의 인지도에 비해 산업적 파급력이 미약하다. 이는 신기술이 기존의 시장에서 겪는 진입장벽이며 기존공법과의 융합과정에서 시장의 요구를 반영하지 못하는 문제일 것이다.

모리는 기존 절삭 가공기의 기술에 3D 프린팅 헤드를 결합하고 제어방식을 통합하여 기존의 절삭 가공기에 3D 프린팅의 장점을 접목하여 경쟁력을 강화하였다. 최근에는 다른 업체인 마작사도 제품을 출시했으며, 공작기계 업체인 일본의 소딕사와 마쓰우라도 복합 가공 형태의 정밀한 3D 프린팅 기계를 제작했다. 고정밀 가공이 힘든 분야뿐만 아니라 원스톱으로 등각냉각 금형을 완성하면서 바로 산업 현장에 적용하는 분야까지 진출하고 있는 실정이다.

자동차 산업에서의 3D 프린팅 적용사례

자동차 산업은 우리나라의 대표적인 산업으로 현재 중국업체의 추격으로 어려움을 많이 겪고 있다. 이에 대한 해결책이 3D 프린팅을 통한 새로운 기술 개발 및 새로운 제조 방식 도입이다.

또한, 현재 미국을 중심으로 새로운 자동차 제조 방법에 대한 시험이 진행되고 있다. 미국 에너지성의 ORNL을 통해서 연구가 진행이 되다가, 현재는 민간 업체의 중심으로 상업화가 진행되면서 소규모의 자동차 제조 회사의 출현한다거나 심지어 개인이 직접 자동차를 생산하고 있다.

3D 프린팅 기술의 자동차 산업 응용 기술 개발 급증

로컬모터스(Local Motors)

로컬모터스는 2014 국제 생산기술 박람회에서 3D 프린팅으로 만든 전기 자동차 스트라티(Strati)를 선보였다. 이 회사는 40개 부품을 사용하여 44시간 만에 완성된 차를 제작했고 향

▲ Local Moters의 스트라티(Strati)
(출처 : https://localmotors.com/localmotors)

◀ 울산시와 Local Motors의 합작
MOU(출처 : 울산시)

후 10년간 100개 공장설립 계획을 세웠다. 최근에는 국내에 울산시와 해외 공장 건설 MOU를 맺어 최초의 해외 공장이 설립될 예정이다.

ORNL(미국 에너지성 산하의 연구소)

2015년 1월 디트로이트 모터쇼에서 ORNL(미국 오크리지 국립연구소)가 셸비(Shellby) 자동차를 만들어 출시했다. 국책 연구소인 ORNL은 최근에 미래의 생산 공장 모델인 MDF(Manufacturing Demonstration Facillity)를 미국 내 설립하여 미래의 자동차 공장의 시설을 만들어 연구를 하고 있다. 특히 이 공장에 오바마 대통령이 직접 방문하여 격려를 했다.

MDF에서 스트라티(Strati)와 셸비(Shellby) 자동차가 제조되었다. 미래의 자동차 공장의 모델로 지어진 건물이다.

▲ Shellby 자동차의 완성 모습. 오 ▲ 미국 MDF(Manufacturing Demonstration
바마 대통령이 방문하여 격려하고 있 Facillity). 미래의 자동차 제조 공장 시설이 내
다.(출처 : 미국 ORNL 연구소)　부에 있다. (출처 : ORNL 연구소 홈페이지)

자동차 전용 대형 3D 프린터

CI는 미국 신시내티에 있는 자동차 용 공작기계 생산 전문업체로 미국 에너지성과 ORNL 연구소와 공동 연구로 대형 자동

▲ BAAM 재료(출처 : CI 사 홈페이지) ▲ 자동차용 대형 3D 프린터 BAAM(Big
Area Additive Manufacturing). 미국 CI
사 제품이다.
(출처 : www.e-ci.com/baam-3d-car)

◀ 자동차용 3D 프린터 사진
(출처 : CI 사 홈페이지)

차 개발 용 프린터를 개발했다. 이 제품으로 스트라티(Strati),
셸비(Shellby) 등을 제작을 하였다. 현재 산업용 프린터로 판
매를 하는 제품이다. 재료는 ABS, PPS, PEKK, Ultem과 카본
파이버, 유리 파이버를 섞어서 사용한다.

다이버전트 마이크로팩토리사

2초에 제로백이 가능한 자동차로 Divergent Microfactories
사의 블레이드(Blade)라는 이름으로 출시가 되었다. 조립이 간
단한 기술을 이용하여 자동차를 개발했고, 대량생산 체제가 아
닌 저 예산 자동차 공장의 건립을 제안하여 대기업 위주의 자
동차 시장에서 개인 맞춤형 자동차 공장의 설립을 가능하게 한
것이 특징이다. 즉 정부 위주의 개발에서 이제는 개인 기업 위
주의 시장으로 변화를 알려주는 예라 할 수 있다.

▲ 출처 : 다이버전트 마이트로 팩토리사

BMW

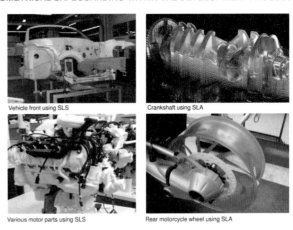

SELECTIVE LASER MELTING (SLM).
PARTS 2011 - APPLICATIONS.

▲ 3D 프린팅 금속 부품 적용 예(출처 : 한국3D프린팅연구조합 강민철 박사)

APPLICATIONS
GEOMETRICAL SAFEGUARDING WITHIN THE DEVELOPMENT PROCESS.

Vehicle front using SLS Crankshaft using SLA
Various motor parts using SLS Rear motorcycle wheel using SLA

▲ 3D 프린팅 부품 적용 예(출처 : 한국 3D 프린팅 연구 조합 강민철 박사)

BMW에서는 프라운호퍼 ILT연구소와 함께 복잡한 형상 및
경량화가 어려운 부품에 3D 프린팅의 새로운 가공 방법을 응
용하는 연구가 활발히 진행되고 있다. 최소의 기능적 구조를
나노미터 단위로 구현하고 다양한 부품들을 3D 프린터로 개발
하여 응용하고 있다.

Ferrari

페라리는 엔진 블록 재생산을 위한 알루미늄 합금 Casting
용 Sand Component를 개발했다. 독일, 일본에서는 일반적으
로 이루어지고 있지만 국내에는 아직 도입이 되지 않았다. 주
물의 대표적인 기업으로는 독일의 ACtech, 일본의 고이와이사
가 있다. 일본의 경우 8대의 기계가 설치되어 있다. 혼다자동
차는 자동차 레이싱 F1 경기팀도 1대를 직접 구매하여 사용하
고 있으며 자동차 경주용 엔진 및 제품 개발 등에 획기적인 개
발 속도를 자랑하고 있다.

Rolls-Royce

롤스로이스는 단종된 Classic Car의 전장 부품을 3D 프린팅
공법을 이용하여 다시 제조하여 교체 수리하는 서비스를 제공
하고 있다.

람보르기니

람보르기니는 스포츠카 ‘Aventador’ 시제품 제작으로 시간
및 비용을 각각 1/6, 1/8로 절감했다.

포드

포드는 실린더 헤드, 브레이크 로터, 후륜 엑셀 등의 시제품 제작기간을 1~2개월 단축했다.

GM

지엠은 2014년 쉐보레 말리부의 모형을 3D 프린터로 제작했다. 그리고 Radiator Grill, Air Duct, Blower 등 흡기 및 HVAC 시제품 제작으로 개발기간 단축시켰다.

국내 자동차 산업의 3D 프린팅 활용 사례

국내 자동차 산업에서 3D 프린팅을 활용하여 신제품 개발기간을 단축한 사례가 급증하고 있다. 3D 프린터를 활용하여 만든 시제품의 제작건수가 2011년 2119건에서 2159건으로 49%가 증가했다. 현대모비스의 경우 헤드램프, 대시보드, 에어백 등 다양한 시제품을 저비용으로 단기간에 제작에 성공했다. 헤드램프 시제품의 경우 제작 시간과 비용이 각각 1/30, 1/12 수준으로 절감한 것으로 나타났다.

재미 있는 사례로는 개인 자동차 부품 개발 판매가 이베이 (eBay)에서 시작이 된 사실이다. 볼보, 포드사의 자동차 부품을 25~35불, 2만 5000원에서 3만 원 대에 판매를 시작을 한 것이다. 현재는 SLS 플라스틱 부품이지만, SLS 프린터가 보편화되면 금속 부품도 개인이 제작 판매를 하는 시대가 올 것이다. 가장 쉽게 접근할 수가 있는 것이 주물사 프린터이다. 고이와이사, ACtech이 주로 하고 있지만, 조만간 개인이 현대자동차 부품, 벤츠 부품을 직접 만들어서 장착하거나 판매를 하는 시대가 몇 년 내로 올 것이다.

▲ 출처 : eBay   ▲ 출처 : eBay

주물 분야에서 자동차 부품 시장 진입 사례

독일의 ACtech

ACtech는 최초로 독일 EOS 사의 S750을 도입해서, 페놀이 함유된 주물사로 3D 프린팅으로 자동차용 주물제품을 정밀하

게 생산하기 시작했다. 2~3일 내에 시제품을 제작했으며 EOS 사의 초기의 작업으로 주물사 프린팅에 대한 많은 특허를 EOS 사와 공동으로 소유한다.

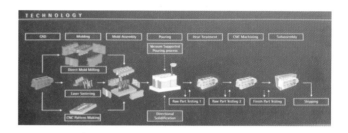

모델링과 몰드 제작에 3D 프린팅 기술을 도입하여 속도와 생산성을 향상시켰다.

일본 고이와이사

고이와이는 독일에서 ACtech와 동일한 기술을 도입하여, 일본의 대표적인 주물 업체로 성장했다. 자동차용 부품을 전문적으로 생산하는 3대째 하는 회사이다. 현재는 기술이 향상이 되

▲ 고이와이사의 자동차용 부품 생산 사례(출처 : 고이와이 설명 자료)

▲ 고이와이는 젊은 인력과 여성 인력 활용이 되기 시작했다.(출처 : 고이와이사 카탈로그와 홈페이지)

▲ 고이와이의 제품은 5일 이내 완성한 제품으로 기존 작업 시간을 1/10로 줄인 것이 특징이다.(출처 : www.tc-koiwai.co.jp)

어 일본뿐만 아니라 아시아 지역의 타타자동차에 부품을 공급하고 인도에 지사를 둘 정도로 성장했다. 일본은 고이와이뿐만 아니라 혼다 자동차의 경우도 주물사 프린터 EOS S750을 활용하여 F1 경주대회 시제품 제작 시, 수리 및 개발 시간을 단축한 예로 유명하다.

국내 사례

EOS 사의 S750 제품이 10년 전부터 생산기술연구원에 설치되어 운영되고 있다. 센트롤이라는 회사가 미국, 독일에 이어 한국에서 국산화에 성공을 했다. 이 제품은 일본에서도 현재 개발 중인 제품으로, 빠른 기술 개발로 세계 시장을 선도할 수 있는 좋은 기회다. 센트롤은 2015년 이 제품을 국산화하여 1/10의 가격으로 시판을 하고 있는 국내 회사다. 주물사 원료를 EOS사에서 국내에서 사용하는 제품을 이용하여 프린터를 국산화해 한양대, 생산기술연구원 등에 납품을 하였다. 현재, 국

▲ 국내 시판중인 SLS 주물사 3D 프린터(출처 : 센트롤)

▲ 국산 주물사 3D 프린터로 만든 부품(출처 : 센트롤)

▲ 국내 생산 주물사 3D 프린터로 만든 지동차용 주물 예

내 대기업 계열의 중공업업체와 20여 개의 주물 코어를 2~3개로 만드는 작업을 진행 중이다.

자동차 산업과 3D 프린팅의 발전 전망

3D 프린팅 기술은 시작품의 제작비용절감과 제작시간을 단축할 수 있어 초기에는 개발용 시제품 제작용으로 사용되었다. 그러나 점차 복잡한 형상의 부품제작이 가능하고 고가재료를 사용하는 부품의 재료비 절감, 다품종 소량생산이 용이한 점 등의 장점으로 응용범위가 점차 확대되고 있다. 자동차 제조업에서의 응용도 활발하게 확대되고 있다. 또한 애프터(after) 마켓시장이라고 볼 수 있는 서비스와 튜닝산업에서의 3D 프린팅 활용이 시작되고 있다. 자동차 관련 제품시장의 경우, 2018년 약 30억, 25년 약 70억 달러 규모로 성장하고 있다.

3D 프린팅 분야의 기술은 단점을 보완하기 위한 가공속도 향상과 기존 가공방식과의 융합을 통한 하이브리드형 3D 프린팅 기술 개발로 산업현장으로 급속히 확산될 전망이며 정부가 추진중인 제조혁신 3.0의 핵심도구가 될 것이다.

3D 프린팅 기반 친환경 자동차부품 응용 생산기술 개발 사업이 국내에서는 활발히 진행이 되고 있다. 친환경 자동차 산업에서 차체 경량화와 개발주기 단축을 위해 3D 프린팅 기술이 주목 받고 있다. 자동차 산업에서 3D 프린팅 기술을 응용한 자동차 부품의 경량화 기술 개발 사례 및 신제품 개발기간 단축 사례가 급증하고 있다.

3D 프린팅 산업과 자동차산업의 융합으로 개발기간 및 비용절감, 차체경량화, 소재부품의 절감을 추구하는 자동차 산업의 발전에 3D 프린팅 산업이 기여할 수 있기를 기대해 본다.

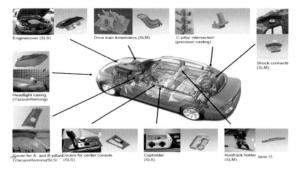

▲ 친환경 경량 자동차 부품 개발의 실제 적용 사례

이 글은 한국산업기술평가관리원 윤기원 정보가전 PD의 글을 바탕으로 쓰여졌다.

· 3D CT, Scan Data

· CAD/CAM Data

· 모델링/시뮬레이터

· 슬라이서

· 의료용 3D 프린터 전용 통합 APPLICATION

의료용 3D프린터
전용 Parameter
- 가공설정
- 수축, 환경
- 최적화

· 출력

복합가공 금속 프린터와 주물사 3D 프린터의 국내외 동향

3D 프린팅 기술이 발전함에 따라, 다양한 산업분야에서의 패러다임 변화를 촉진시키는 제3의 산업혁명으로 발전할 것으로 주목받고 있다. 이글에서는 3D 프린팅 시장의 현황 규모를 진단하고 전망을 살펴본다. 그리고 3D 프린팅 방식의 종류와 함께 새롭게 등장한 복합 가공 3D 프린터에 대해 알아보도록 하겠다.

■ 주승환(William SH Joo) | 부산대학교 연구교수로, 산자부 및 미래부의 3D 프린팅 기술로드맵 수립위원 및 오브젝트빌드 기술고문/부회장을 맡고 있다.
네이버 카페 한국 3D 프린터 유저 그룹을 운영하고 있으며, 오픈소스 3D 프린터 윌리봇을 개발한 바 있다.
카페 | http://cafe.naver.com/3dprinters
E-mail | jshkoret@naver.com

3D 프린팅은 디지털디자인 데이터를 가지고 소재를 적층(積層)하여 3차원물체를 제조하는 프로세스이다. 대표적으로 7가지 방식으로(ASTM, ISO) 분류되며, 국내산업 여건 및 기술적 필요성을 고려하여 6가지 방식에(Sheet Lamination 제외) 집중하고 있다.

재료를 자르거나 깎아 생산하는 절삭가공(Subtractive Manufacturing)과 대비되는 개념으로 공식용어는 적층제조(AM, Additive Manufacturing)이다. 3D 프린팅은 개인용에 가까운 개념이고 적층제조(Additive Manufacturing)는 산업용에 많이 쓰인다. 두 용어는 사실상 같은 용어이다.

기술분류	기술개요	소재	주요 공정
Material extrusion	필라멘트 소재를 노즐을 통하여 가소화 시킨 후 시킨 후 압출(Extrusion)시켜 형상 제조	polymer (Thermoplastic)	FDM Personal 3D 프린터
Material jetting	액상의 소재를 다수개의 미세노즐을 통해 분사하여 분말소재를 선택적으르 결합시켜 형상 제조	Photopolymer	Polyjet (Objet)
Binder Jetting	액상 결합제를 다수개의 미세노즐을 통해 분사하여 분말소재를 선택적으로 결합시켜 형상 제조	Plaster, polymer, Metal, Ceramic	3DP, CJP
Sheet lamination	판재형태의 소재를 원하는 단면으로 가공하고 접착하여 형상 제조	Paper, Metal, Foam	LOM, VLM
Photo-polymerization	액상의 폴리머를 광에너지를 이용하여 선택적으로 경화시켜 형상제조	Photopolymer	SLA, DLP
Powder bed fusion	파우더 챔버내에서 놓은 열에너지원(레이저)를 이용하여 선택적으로 소결/용해시켜 형상 제조	Metal, Polymer, Ceramic powder	SLS, DMLS
Directed energy deposition	금속표면에 레이저를 조시하여 국부적으로 으로 용해된 pool을 구성하고, 여기에 분말을 공급하여 형상 제조	Metal powder	LENS, DMT

▲ ASTM의 대표적인 7가지 3D 프린팅 방식(출처 : 박근 교수님 강의집)

3D 프린팅 기술이 발전함에 따라, 다양한 산업분야에서의 패러다임 변화를 촉진시키는 제3의 산업혁명으로 발전할 것으로 여겨지고 있다.

제조업분야에서는 기존에 시작품 제작에 주로 활용되던 한계를 탈피하고, 2차 공정과 연계한 완제품 제작에 활용되고 있다. 특히 뿌리산업과의 연계기술 개발을 통해 기존 제조공정의 효율화 및 고도화를 추구하고 있다. 사형 프린팅 적용 사형주조기술, 등각 냉각회로를 적용한 금형 프린팅기술, 프린팅 제품의 표면처리기술 등이 있다.

의료분야에서는 소재의 발달과 3D 프린팅의 특성인 개인 맞춤형 제작이 가능한 장점으로 인해 활발한 연구가 진행되고 있으며, 환자 맞춤형 치료물 및 의료기기 제작 등에 적용이 확대되고 있다. 인공관절(슬관절, 고관절 등), 수술용 가이드 및 수술기구, 환자맞춤형보조기, 교정용기구, 외부부착보형물, 인체 삽입 스텐트 등이 사용된다.

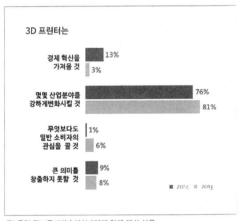

< 독일에서 3D 프린터는 어떤 의미를 가지는가 >

주) 독일 정보통신기술분야 320개 업체 대상 설문
〈 자료 : ARIS, BITKOM 〉
▲ 독일 정보통신기술분야 320개 업체 대상 질문(출처 : ARIS, BITKOM)

또한 다양한 비(非)제조업분야에서도 활용되어 해당산업의 패러다임의 변화를 가져오고 있다. 대형 프린팅을 적용한 건축물제작, 패션, 피규어, 온라인콘텐츠 등에 쓰일 뿐 아니라 물류시스템 및 부품 A/S에서 유통구조의 변화를 가져오고 있다.

세계 3D 프린팅 시장 규모

3D 프린팅 시장은 일반기계 설비시장에 비해 규모가 작다. 하지만 장비의 성능향상, 가격하락 및 관련 서비스산업 발전에 힘 입어 고속성장할 것으로 전망된다. 3D 프린팅 시장은 제품

과 서비스를 포함하여 2016년 70억 달러에서 20년 210억 달러까지 성장할 것으로 전망되고 있다.

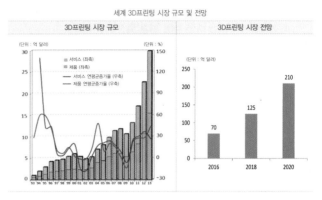

▲ 세계 3D 프린팅 시장규모 및 전망(출처 : Wohlers Reprot 2014에서 제공한 표 재가공)

국내 3D 프린팅 시장 현황 및 전망

월러스 리포트(Wohlers Report)에 의하면 국내 산업용($5000 이상) 3D 프린터 누적(1988~2013년) 설치대수 비율은 세계시장의 약 2.5%이다. 2013년 판매된 장비 대수는 공개되어 있지 않으나 세계시장대비 비율은 누적대수와 비슷한 수준인 약 2500대로 추정되고 있다. 국내 3D 프린팅 시장은 2013년 이후 급격한 성장세에 있으나, 대부분 성능이 검증된 해외 업체의 산업용 프린터를 대상으로 한 판매/유지보수에 집중되고 있으며, 국내 업체의 시장 점유율이 10%에 불과한 실정이다.

국내 업체에서 개발한 3D 프린터의 경우, 주로 중소/벤처기업 중심으로 제품이 개발되어 상용화 초기 단계에 진입한 상태이다. 대부분의 기업이 ME 방식의 저가형 개인용 프린터를 판매하는 반면, 일부 기술 집약형 중소기업에서 PP(DLP) 방식과 DED 방식의 프린터를 판매하고 있다. 현재는 SLS/SLM 프린터까지 개발되어 상용화가 이루어졌다.

국내 3D 프린팅 시장은 장비시장 기준으로 2012년 300억 원으로 집계 되었으며, 이를 근거로 연평균 성장률 기준으로 산정하였을 경우 2014년 590억 원, 2016년 1160억 원으로 추정된다. 그러나 3D 프린터 1위 기업인 스트라타시스코리아(Stratasys Korea)에 따르면 2014년 국내 3D 프린팅 장비시장은 전년대비 80% 성장한 900억 원에 가깝게 나타나 기존의 전망치를 크게 상회하여 향후 더욱 빠른 속도로 시장이 확대될 전망이다.(출처 : 이데일리, 2015. 1. 19)

금속 3D 프린팅 방식

금속 3D 프린팅의 방식에는 두 가지 가공 방식이 있다. 직접 프린팅을 하는 직접 방식과 간접적으로 틀을 만들어 주물을 붙이는 간접 방식이다. 직접 방식을 먼저 알아보고 간접 방식에 대해서 알아보자.

표 1. 간접방식과 직접방식

	간접방식 (SLS/3DP/PEF/BindJet)	직접방식(PEF/SLS/SLM/DED/ MWAM/EBM/EBF3)
공통장점	■ 기존 사업 대체 : 목형, 금형 ■ 설계변경시 금형 수정 간편, 비용 절감 ■ 제품 제작기간 단축 ■ 고급 숙련공 대신 일반 운용 인력으로 가능, 인원 절감 ■ 금형, 목형 보관 물류 비용 감소	
장점	■ 주조결함 최소화 (원활한 설계, 통기도) ■ 표면조도 우수, 추가 가공 불필요 ■ 설계와 동일한 주형, 정밀부품가능 ■ 복잡한 사형 제작이 가능하여 고부가가치 제품 생산 가능	■ 소규모 생산시 가격 경쟁력 우수 ■ 기존 주조법에 대비 기계적 특성 우수(열처리시) ■ 소재 낭비가 없다.(스크랩) ■ 내부를 중공화 또는 Honeycomb 화로 경량화 및 구조강성 향상 ■ 복잡한 형태 생산 가능 (Conformal Cooling) ■ 표면적이 넓게 가공 가능 : 의료용 임플란트
단점	■ 대량 생산 시, 전통제조 방식 대비 가격상승 ■ 고가의 장비가격 ■ 높은 재료비, 운용 인력 필요	■ 금속소재 한정, 고가의 재료비 ■ Thermal Stresses/ Distortion-후처리 필요 ■ 소형 사이즈, 크기에 제한 ■ 고가의 장비 가격, 운용인력 ■ 공정의 데이터 베이스화 필요
회사	■ PBF/SLS : EOS ■ 3DP/Binder Jet : Voxiljet, ExOne , 3D Systems	■ ConceptLaser ■ EOS ■ ARCAM(EBM) ■ 3D Systems ■ SLM

직접 방식은 크게 두 가지다. 분말 베드에서 에너지 원으로 녹여서 붙이는 PBF(Powder Bed Fusion) 방식과 분말을 용접처럼 옆에서 공급을 해서 한 층씩 쌓아 나가는 방식인 DED(Direct Enegy Deposition) 방식이 있다.

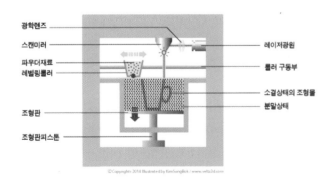

▲ PBF 방식 (출처 : 3D Solution Veltz3D / 헵시바)

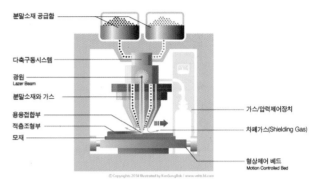

▲ DED 방식(출처 : 3D Solution Veltz3D / 헵시바)

현재 이 두 가지 방식 모두 국산화가 되었다. 주물사 프린터는 센트롤에 의해 국산화가 되었고, DED는 인스텍, PBF 방식 메탈 프린팅은 센트롤에 의해 국산화가 되어 판매까지 되고 있다.

현재 우리가 사용하는 방식은 직접방식이다. 최근에 개발 및 출시 경향은 많이 변하고 있다. 크게 두 가지로 진행이 되고 있는데, 유럽을 중심으로 한 속도 향상 경쟁과 일본과 한국을 중심으로 한 복합가공 방식으로 진행이 되고 있다. 국내에서는 금형 및 의료용에서 정밀도가 높은 제품을 선호하기 때문에, 복합 가공 방향이라 할 수 있다. 공작기계의 경쟁력을 생각하면 일본이나 한국에서 하는 방식이 세계 시장에서 호응을 얻을 수 있다.

구입시에도 이 방향으로 진행을 하는 것이 좋다고 볼 수가 있다. 또한 국가 로드맵, 디지털 생산 방식으로 변화는 전세계의 추세를 보더라도 이 방향이 맞다.

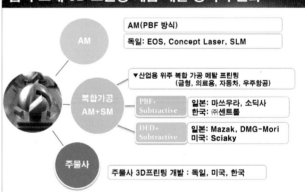

이 방식의 장점은 내부의 정밀도도 유지할 수 있다는 것이다. 기존 적층 방식의 경우는 제품 제작이 끝나고 후처리를 하는데 반해 이 경우에 내부의 곡면 등에서 정확한 정밀도를 가지지 못하는 단점이 있으나 이 방식의 경우는 내부의 정밀도도 유지를 할 수 있는 장점이 있다.

표 2. 금속 프린팅 방식 개요(출처 : 한국3D프린팅연구조합 강민철 이사 강의집)

	간접방식	Powder Bed Fusion 직접방식	Direct Enegy Deposition 직접방식(OPTOMEC)	MWAM/EBF3 직접방식
기본 원리	사형 적층하여 주형을 만들어 금속을 만드는 주물방식(Sand casting) Binder Jet(3DP/Inkjet) 방식 : 퓨란계열수지, PBF(SLS) 방식두 가지이다. EOS 750(페놀수지)	분말을 레이저(SLM) 또는 EBM(Elecron Beam Melting)으로 금속분말을 녹여서 적층하는 방식. 고정밀, 속도가 늦다.	고출력 레이저를 사용하여 적층과 정에서 금속분말을 공급하여 조형하는 방식 /FDM 방식과 비슷 PBF에 비해 고가, 저정밀, 속도가 빠르다.	MWAM : DED 방식에서 분말 대신 메탈 Wire/레이저 대신 용접기를 사용 EBF3 : 전자빔 사용, Wire
최종 금속 재표	주물 Sand Casting에 쓰이는 모든 금속	8가지 금속 타이타늄, Superalloy, Co-Cr 강. 스테인레스 강주로 구형화 분말로 한정	분말 야금용 일반분말, 타이타늄, Superalloy, Cr-Mo강, 스테인레스강, 일반 분말을 사용	티타늄 등 모든 용접와이어 가능
현재 응용 분야	다품종 작은 프로토타입 또는 초정밀제품 우주, 항공, 국방무기 및 금형 주조로 불가능한 형태의 제품 및 대형 제품(최장 3미터)	고속냉각용(Conformal Cooling) 금형제작 치과용 Coping 생산, 생체용 임플란트에 적합(EBM), 산업용 특수소형부품, 금형제조 등 기존주조방식으로 성형이 불가능한 소형제품에 적합	금형수리, 금형제작, 부품보수수리 합금 설계에 응용 용접자동화에서 응용이 된 분야	대형제품 제작에 사용 고속/후가공 필요 항공기 부품, 롤스로이스사에서 사용
	간접방식 : 3D Systems, Voxiljet, ExOne, EOS S750(PBF) 직접방식(PBF) : Concept Laser EOS, 3D Systems, SLM Arcam(EBM)		Optomec사의 LENS Trumpf사의 Welding Line	Sciaky

이는 국가기술 로드맵에서 제시한 복합가공 형식의 개발방향과 일치를 하고 있고, 일본, 한국 등의 전통적으로 공작기계 기술이 뛰어난 나라를 중심으로 절삭과 합친 3D 프린팅 방식으로 진행이 되고 있다. 이게 하나의 전세계적인 추세이다.

최근에 나온 정부 과제 중에서 1번의 표면 정밀도 7㎛ 대형 부품 직접 제작용 금속프린터 개발의 경우도 복합가공방식의 경우를 나타내고 있다.

분야	항목	기술 내용
장비 (5)	대형 금속 구조물용 프린터	1미터 이상의 대형 부품 제작이 가능한 전략 금속 3D프린팅 장비
	복합가공(AM/SM)용 프린터	절삭 가공(SM)과 3D프린팅(AM)이 동시에 가능한 복합 가공기로 하이브리드 출력 대응 등 신공정 기술 적용 및 기존 공정 대체 가능한 3D프린터
	공정혼합형 다중복합 SLS 프린터	복합소재 적용 고속 프린터로, 다양한 물성을 적용하기 위한 이종 소재의 적용이 가능하며, 고속 제작이 가능한 3D프린터
	정밀검사 및 역설계용 스캐너	㎛급 정밀도를 가지는 초정밀 스캐닝 장비

▲ 3D프린팅 분야 국가기술 로드맵, 복합 가공분야의 기술을 언급하고 있다.(출처 : 미래부, 산자부)

공고과제

번호	과제유형	과제명	2015년도 정부출연금
1	혁신 제품형	표면정밀도 7㎛급 대형부품 직접 제작용 금속 3D 프린터 개발	20억원 이내
2		개인 맞춤형 치과 보형물 제작용 3D 프린팅 장비 및 적합소재 개발	6억원 이내
3	원천 기술형	3차원 구조체 일체형 3D 전자회로 프린팅 장비 및 소재 개발	10억원 이내
4		3D 프린팅 장비, 소재, 출력물의 성능 및 품질 평가 체계 개발	4억원 이내

* 과제별 지원기간 등은 과제별 특성에 따 달리함(과제제안요구서(RFP) 참조)
* 지원대상 과제별 과제제안요구서(RFP)는 산업기술지원 사이트(iteech.keit_re.kr 또는 www.keh,re,kr) 참조
* 과제제안요구서(RFP) 내용의 총사업비 및 총수행기간 등은 평가위원회에서 조정 가능함

▲ 2015년 국가 3D 프린팅 개발 과제(출처 : 정부 공시)

일본의 3D 프린터 개발 전략인 TRAFAM의 경우도 주물사 프린터와 복합 가공 메탈 프린터를 개발을 목표를 하고 있는데, 이 경우에도 복합 가공 방식을 선택하고 있다. 특히 일본의 경우는 아직도 주물사 프린터를 개발하지 못하고, 330억을 투자한 정부 과제로 2013년부터 진행을 해오고 있다. 주물사 프린터의 경우는 국내가 일본보다 앞서 있고, 복합 가공 3D 프린터의 경우는 아직 일본처럼 제품이 나오지 않고 있다.

이는 국가기술 로드맵에서 제시한 복합가공 형식의 개발방향과 일치한다. 일본, 한국 등 전통적으로 공작기계 기술이 뛰어난 나라중심으로 절삭과 합친 3D 프린팅 방식으로 진행되고 있다.

주물사 3D 프린터

❖ 독일,미국,한국 – 전세계에서 3개국 개발/일본 개발 중

▲ 주물사 프린터의 경향. 한국이 일본을 앞선 유일한 분야이다.

절삭가공과 3D 프린팅을 하나로

DED방식의 복합가공 3D 프린터의 경우는 일본 업체들이 앞서고 있다. 디엠지-모리는 절삭 가공기 분야에서 세계적인 선도기업이다. 최근 디엠지-모리에서 보여준 신모델 Lasertec65 시리즈는 3D 프린팅의 비즈니스 발굴 측면에서 시사하는 바가 크다. 3D 프린팅 기술은 기술의 인지도에 비해 산업적 파급력이 미약하다. 이는 신기술이 기존의 시장에서 겪는 진입장벽이며 기존공법과 의융합 과정에서 시장의 요구를 반영하지 못하는 문제일 것이다. 모리는 기존 절삭 가공기의 기술에 3D 프린팅 헤드를 결합하고 제어방식을 통합하여 기존의 절삭 가공기에 3D 프린팅의 장점을 접목하여 경쟁력을 강화했다. 최근에는 다른 업체인 마작사도 제품을 출시를 했다. 현재 센트롤에서도 국내 업체와 개발 협의 중에 있다. 또한 국책 과제로 선정이 되어 국내 업체에서 개발이 진행되고 있다.

최근에는 PBF 제품이 출시가 되었다. 공작기계 업체인 일본의 소딕사와 마쓰우라가 복합가공형태의 정밀한 3D 프린팅 기계를 제작하였는데, 고정밀 가공이 힘든 분야까지 진출하여, 원스톱으로 등각냉각 금형을 완성하고 바로 사업현장에 적용하는 분야까지 진출하고 있다.

▲ DMG-Mori 사 제품

- 5축 밀링 머신과 적층가공이 통합
- 작업 공간 : 직경 600mm, 높이 400mm, 최대 600kg
- 적층 벽두께 : 0.1mm부터 5mm
- 다른 powder bed보다 10배 빠른 작업 속도

▲ 마작사의 제품

- 5축 밀링 머신과 파이버 레이저 통합
- 선삭 및 머시닝이 가능한 복합기에 3D 적층을 적용하여 리드 타임(lead time) 단축
- 가공 공정을 개편한 DONE IN ONE 콘셉트 등을 강조

최근에는 공작기계업체인 일본의 소딕사와 마쓰우라사가 복합가공 형태의 정밀한 3D 프린팅 기계를 제작했다. 고정밀 가공이 힘든 분야뿐만 아니라 원스톱으로 등각냉각 금형을 완성하면서 바로 산업현장에 적용하는 분야까지 진출하고 있다. 마쓰우라 제품은 국내에 2대가 설치되어 있는 것으로 알려져 있다. 대부분 금형 업체에서 사용을 하고 있다.

▲ 마쓰우라사의 복합 가공기 사진(출처 : www.matsuura.co.jp)

· Metal Laser Sintering Hybrid Manufacturing : Laser sintering + Milling

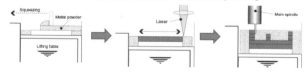

▲ 10회 적층 후에 밀링 작업으로 정밀도를 높인다.(출처 : www.matsuura.co.jp)

Deep ribs （L×D > 17）　Thin ribs （L×D > 24）　Complicated geometrie

▲ 기존 방식으로 가공이 어려운 분야를 마쓰우라 기계가 가공한 예(출처 : 마쓰우라 홈페이지)

▲ 소딕사의 복합가공 3D 프린터(출처 : 소딕사 홈페이지)

■ 2014년 10월에 판매개시
■ 가격 6500만엔
■ 연간 60대 이상
■ 설계, 정밀가공, 사출성형 기술에 금속 3D 프린팅을 이용한 금형 제작기술까지 접목
■ 'CAD/CAE/CAM → NC장치/금속3D 프린팅 → 사출성형'의 'One Stop Solution'

한국의 경우, 센트롤이 복합가공 방식 3D 프린터를 출시한다. 임플란트 제작 전용 의료용 전용 프린터와 산업용 금형 전용 프린터 2종류가 출시될 예정이다. 국내에서는 최초 개발이자 세계의 전체적인 개발 방향과 부응하는 방식이기도 하다. 의료용 복합가공 3D 프린터는 세계 최초의 프린터가 될 것이다. 2016년에는 400×400mm의 프린터를 출시할 예정이다.

주물사 프린터에 이어 새로운 제품 개발을 통해 세계 수준의 기술 향상및 미국에서 실제 생산되는 GE 사의 공장 같은 생산 3D 프린팅 업체를 국내에 유치하는 게 목표이다.

◀ 출시 예정인 센트롤 복합가공 메탈 프린터(출처 : 센트롤)

센트롤 의료용 복합가공 3D 프린팅

❖ 의료용 3D 프린터 전용 Application 및 가공공정

▲ 의료용 복합가공 메탈 3D 프린터(출처 : 센트롤)

사양을 자세히 보면 절삭 공정에 자동으로 공구 툴을 바꾸는 장치및 스핀들의 속도가 일본 제품에 비해 우수하며, z축의 길이도 매우 길어진 것을 볼 수가 있다.

Specification	SENTROL Hybrid 3D H250 Advence	Specification	SENTROL Hybrid 3D H250
Effective building	250 x 250 x 330 mm	Effective building	250 x 250 x 330 mm
Building speed (material- dependent)		Building speed (material- dependent)	
Layer thickness (um) (material-dependent)	Metal < 50	Layer thickness (um) (material-dependent)	Metal < 50
Printing type	PBF + CNC milling	Printing type	PBF + CNC milling
Precision optics	F-theta-lens	Precision optics	F-theta-lens
Motion control	Laser Scan speed : up to 6 m/s X, Y, Z, add C Axes	Motion control	Laser Scan speed : up to 6 m/s X, Y, Z, add C Axes
Power supply	100 A	Power supply	100 A
Software	통합 제어 프로그램	Software	통합 제어 프로그램
Network	Ethernet	Network	Ethernet

Main spindle /Automatic tool changer	
Max roatation speed	45000min-1 , 60,000 option
Max main spindel torque	0.8Nm
Number of tools	20
Tool holder method	Dual face contact holder

NC unit SENTROL 300	
Control axes	XYZU main spindle +B
Min. setting unit	0.1 um
Min. drive unit	0.02 um

▲ 국내 개발되는 의료용과 금형용 메탈 3D 프린터의 사양(출처 : 센트롤)

기존 방식 금속 프린터 현황

지금까지 복합가공 방식의 메탈 3D 프린터에 대해 설명했다. 이번에서는 기존 방식을 사용하는 금속 3D 프린터 업체의 현황에 대해서 알아보자.

대표적인 메탈 3D 프린터 업체로는 EOS, Concept Laser사, 그리고 속도 면에서 우수한 SLM사가 있다. 전부 독일 업체로 국내에도 설치가 되어 있다. 특별한 경우를 제외하고 구입시에는 복합가공 방식의 3D 프린터를 구입하는 것이 장기적인 기술 방향으로 좋을 것 같다.

국내에서는 개발이 완료되어 곧 출시가 될 예정이다. 국내의 경우 전자빔(electron beam)을 사용하는 곳은 생산기술연구원

강원 본부와 의료업체인 메디세이 2곳이다.

EOS 기술현황(PBF 방식)

EOS(Electro Optical Systems)는 1989년 독일에서 설립된 3D 프린터 제조업체이다. 초창기 레이저 기술에 기반한 SLA, SLS 기술 기반의 3D 프린터로 라인업을 구성했다. 그 후, 1995년 DMLS 기술을 도입하여 금속 3D 프린터 상용화에 성공했다.

금속 3D 프린팅 업계 시장 점유율 1위로 3D 프린팅 장비(폴리머, 모래, 금속), 3D 프린팅용 소재 및 소프트웨어를 개발 및 판매하고 있다. EOS의 주력 3D 프린팅 엔진인 DMLS(Direct Metal Laser Sintering) 기술은 1989년 핀란드 Electrolux Rapid Development Company의 Olli Nyrhila가 고안한 기술로서, 1994년 EOS-Electrolux 간 DMLS 기술 특허사용 라이선스를 체결하고 1995년 DMLS 시스템(EOSINT M 시리즈) 상용화에 성공하여 현재에 이르고 있다. AlSi, Co-CrMo, Tooling Steel, Ni Alloy, Ni-Cr Alloy, STS, Ti6Al4V 등의 소재를 사용할 수 있고, 소재별 생산변수(parameter) 세트는 2012년 완성되어 2000~1만 500유로의 가격에 판매되고 있다.

EOS는 Cookson Precious Metal과 제휴를 통해 귀금속 3D 프린터인 Precious M080을 개발하여 3D 프린팅을 이용한 액세서리 제작에 활용하고 있다. 한편, 국내 치과 임플란트 제조업체인 E Master는 EOSINT M280 장비를 도입하여 치과용 임플란트 코핑을 생산하고 있다.

▲ EOS 사 M400 시리즈

Current materials
MTT

Material name	Material type	Typical applications
Stainless Steel	1.4404 (316L) stainless steel	functional prototypes
Tool Steel	1.2344 (H13) tool steel	Injection moulding tooling; functional prototypes
CpTi	Commercially Pure Titanium	Implants and medical devices
Ti64	Ti6Al4V	Implants and high performance functional components
Ti6Al7Nb	Ti6Al7Nb	Implantable devices
Aluminium	Aluminum Silicon Alloy	Functional prototypes and series parts;
Cobalt Chrome	CoCrMo superalloy	Functional prototypes and series parts; medical, dental

▲ 주로 사용되는 메탈 프린터의 소재(출처 : MTT사 홈페이지)

M400은 EOS 제품 중에서는 제일 큰 사이즈다. 현재는 M280이 주로 판매가 됐다. 두 번째 시장 점유율 업체인 Concept Laser사의 경우, EOS보다 큰 사이즈가 나오고 있다. 최근에는 대형 사이즈의 3D 프린터를 출시했다.

▲ EOS M 400 제조 규격 : 400×400×400mm(출처 : EOS사 홈페이지)   ▲ EOS DMLS 장비로 제작한 액세서리 – Cookson Precious Metals M080(출처 : EOS사 홈페이지)

Concept Laser社 Metal 3D Printer

	X line 1000R	X line 2000R
Dimensions(W×H×D)	4,415×3,070×3,900-4,500mm	5,235×3,655×3,304-3,904mm
Machine weight	8,000 kg (net weight)	9,200 kg (net weight)
Operating conditions	15 - 30℃	15 - 25℃
Build envelope(X×Y×Z)	630×400×500mm	800×400×500mm
Layer thickness	30 - 200 μm	30 - 150 μm
Production speed	80 cm³/h	120 cm³/h
Laser system	Fibre laser 1kW	2 fibre laser with 1kW
Max. scanning speed	7 m/s	
Focus diameter	approx. 100 - 500 μm	

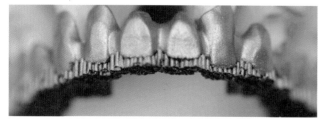

▲ EOSINT M280 장비를 활용해 제작한 Dental Implant Coping – E Master(출처 : EOS사 홈페이지)

3D프린팅연구조합

■ 사이즈
- M400 시리즈 : 400mm×400mm×400mm(15.8×15.8×15.8in)
- M280 시리즈 : 250mm×250mm

■ 레이저 파워
- M400 Yb-fibre laser : 1 kW
- M280 : 400W

■ Xy scan 속도와 레이저의 초점 사이즈는 동일
- F-theta-lens up to 7.0 m/s(23 ft/s)
- Focal diameter
- M400 approx. 90μm(0.0035 in)
- M280 100~500um

소프트웨어는 가능한 메탈 금속이 많아질수록 고가의 정책을 유지하며 동일한 소프트웨어를 사용하고 있다. 적층 시, 산화방지와 질화방지(티타늄)를 위한 가스제어를 통해서 금속 프린팅이 가능하도록 하고 있다.

EOS사의 경우 같은 방식으로 플라스틱, 주물사 프린터를 판매하고 있다. 플라스틱의 경우는 엔지니어링 플라스틱까지 지원을 하는 것이 특징이다.

EOS Plastic Laser Sintering System EOSINT P 800은 최상위 기종이다. Super engineering plastic(High Performance Polymers)인 PPEK HP3가 가능한 시스템으로 체임버의 온도조절이 385°C 가능한 것이 가장 큰 특징이다. 스캐닝 속도는 6m/sec으로 스캐너 2대가 동시에 진행한다. 플라스틱의 성능이 기존 PA 계열보다 두 배 이상 향상되었고 의료용 임플란트 등도 적용이 가능하여 빠른 시일 내 국산화가

EOS offers a wide range of application-optimized plastic powder materials for EOSINT P systems

Name of material	Material type	Typical applications
ALUMIDE®	Aluminium-filled PA 12	Dimensional accurate, high machnable illustrative models, tooling inserts, jig manufacture
CarbonMide®	Carbon fibre filled PA 12	Light weight, mechanically stressed, functional parts
PA 2200/2201	Polyamide 12	Illustrative models, functional parts/end products, spare parts
PA 2202 black	Pigment-filled PA 12	Functional parts, mechanical highly stressed parts in design quality, spare parts
PA 2210 FR	Flame-retardant polyamide 12	Functional parts with requirements on fire protection**
PA 3200 GF	Glass-filled polyamide 12	Housing components, mechanically and short-term thermally heavily used parts, wear resistant parts
PEEK HP3	Polyaryletherketone	Parts with requirements on high temperature, flame retardation, wear and chemical resistance
PrimeCast® 101	Polystyrene	Lost patterns, master patterns for plaster/ vacuum casting
PrimePart®	Polyamide 12	Functional, mechanically stressed parts/end products, illustrative models, spare parts*
PrimePart® DC	Polyamide 11	End products, mechanically stressed parts, impact resistant components

* same as PA 2200/2201, but reduced refreshment rate
** up to UL 94/V0

Further materials are under development

▲ EOS 사의 플라스틱 소재(출처 : EOS사 홈페이지)

필요하다. 국내에서 플라스틱 제품이 개발이 되어 일정 기간이 지나면 국산화될 것으로 보인다. PA아미드 나일론 계열에 카본이나 알루마이드를 넣는 경향과 유리섬유(Glassfiber)를 넣은 것이 일반적이나, 신기술은 PEEK 등의 고 기능성 플라스틱을 넣고 가공하는 공정이 현재 최고의 기술이다.

이 외에 최근에 상장된 SLM사가 있다. 이 회사의 특징은 멀티레이저로 속도를 향상시킨 것을 꼽을 수 있다. 복합가공 방식이 아닌 경우 기술적으로는 이 회사의 기술 방향이 앞서 가는 것으로 여겨진다.

▲ DED 방식의 대표적인 업체 옵토맥사 제품

대형 금속 프린터 프린팅 사이즈

주변에서 최대 프린팅 사이즈에서 대해서 여러 가지를 물어본다. 현존하는 대형 사이즈의 메탈 프린터에 대해 상업용 위주로 설명하겠다. 출력할 수 있는 최대 사이즈에 대해서 알아보는 것도 의미가 있는 일이다. 최대 출력 크기도 같이 알아보자.

IN625로 얇은 두께의 로켓을 3D 프린팅한 사례가 있는데, 길이가 822x546x210mm이고 프린팅 시간은 341시간, 무게는 73kg이다. 필자가 본 금속 3D 프린팅 분야에서는 제일 큰 것으로 여

겨진다. 중국에서도 대형 사이즈를 프린팅한 것을 보여주나, 이는 상업용이 아닌 연구 결과 위주로 나온 것이라서 정확한 보도라고 하기엔 무리가 있다. 그래서 미국의 사례를 소개한다.

중국의 현존 최대 사이즈 프린터(DED 방식)
(출처 : 북경일보)

▲ 중국에서 찍은 대형 사이즈 티타늄 프린팅 예

▲ 대형 사이즈 로켓 메탈 3D 프린팅의 예(출처 : www.efesto.us)

▲ IN718 금속을 활용한다. 우주항공의 연소기 부품(Combustor Case)으로, 주면에 18가지의 디자인이 되어 있다. 사이즈가 600mm 직경, 180mm 높이고 132 시간을 프린팅했다. 무게는 16Kg(출처 : www.efesto.us)

WORLD'S LARGEST ARGON CHAMBER INDUSTRIALLY HARDENED STANDARD LMD SYSTEM

EFESTO
A Metalworking Revolution

3D Metal Printing Solutions & Services
Repair, Prototyping, Hybrid Manufacturing, FGM, R&D

PROFESSIONAL GRADE LASER METAL DEPOSITION	EFESTO 557	EFESTO 535	EFESTO 434	EFESTO 222
Construction	Stainless Steel	Stainless Steel	Stainless Steel	Stainless Steel
Laser Build Envelope (mm)	1500 x 1500 x 2100	1500 x 900 x 1500	1200 x 900 x 1200	600 x 600 x 600
Controlled Chamber	< 5 PPM Oxygen	< 5 PPM Oxygen	< 5 PPM Oxygen	< 5 PPM Oxygen
Fiber Laser Power	3KW/4KW++	1KW/4KW	1KW/3KW	1KW/2KW
Tilt/Rotate Table	Yes	Yes	Yes	No
Axes of Motion	5	5	5	3
Large Access Doors	Front & Back	Front & Back	Front & Back	Front
Special Configurations	Yes	Yes	No	No
Production capable/Duty	Yes/Heavy	Yes/Heavy	Yes/Med-Heavy	Yes/Medium
Turnkey Delivery/Install	Worldwide	Worldwide	Worldwide	Worldwide

▲ EFESTO 사의 DED 제품 카탈로그 현존 최대 사이즈(출처 : EFESTO사 홈페이지)

금속을 찍을 수 있는 모든 프린터의 최대 출력 사이즈다.(2014.12.12 기준)
- EOS M 400 : 400 × 400 × 400mm
- Concept Laser X line 1000R : 630 × 400 × 500mm
- SLM Solutions SLM® 500 HL : 500 × 280 × 325mm
- Ex One M-Print : 800 × 500 × 400mm
- 3D Systems ProX 300 : 250 × 250 × 300mm

구입시 참조하기 바란다. 우리나라의 금속 가공업체도 새로운 시장에 대한 준비를 했으면 하는 마음에 현존하는 금속 프린터의 최대 출력 사이즈에 대해서 알아보았다.

맺음말

미국에서는 가공용으로 금속 3D 프린터가 엄청나게 팔리고 있다고 한다. 한편, 중국은 최근에 3D 프린터를 40대 이상 구매를 했다고 하니 가히 3D 프린팅 생산 경쟁시대라 불러도 될 듯하다. 그러나 아직 우리나라는 갈 길이 멀다.

메탈 3D 프린터가 제대로 활용되지 못하는 것을 보고, 제1차 산업혁명 때 구한말에 우리나라에 증기기관 군함이나 기계가 하나도 없었던 악몽이 다시 생각난다. 제3의 산업혁명인 이 시대에 우리도 이 산업의 진출방향에 대한 진지한 연구가 되어야 할 것 같다.

구한말 서양문물을 20년 빨리 받아들인 메이지 일왕의 일본 정부가 증기기관 군함을 무명의 회사인 미쓰비시사에 증기기관군함 3대를 주문하면서, 미쓰비시는 세계적인 기업으로 등장한다. 그로 인해 일본은 또한 선진국으로 변화한다. 이후 새로운 군함을 건조하면서 세계적인 강대국으로 급부상한다. 현재가 그런 시기인 듯 하다. 우리의 준비가 필요한 이유가 여기에 있다. 조용한 아침의 나라 참 듣기가 싫은 말이다.

▲ 3D 프린팅 방식으로 대량 생산하는 GE 사의 항공기 노즐

메탈 프린티의 응용이 시제품 제작에서 생산으로 넘어가고 있다. GE사의 경우, 생산 공장에 직접 적용이 되고 있다. 예를 들어, 비행기 제트 엔진의 노즐 말이다. 미국의 모리스테크놀로지사를 인수한 후에 이 회사의 기술을 바탕으로 생산을 시작했다. 우리나라도 시제품 제작에서 벗어나 본격적인 생산 응용이 필요

한 상황이다. 현재 우리나라는 복합 가공 방식을 활용한 국산 제품의 장점을 이용하여 이와 같은 공장의 설립이 지금 시급한 실정이다.

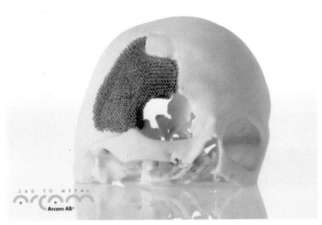

▲ 두뇌 임플란트 예(출처 : Arcam 사 홈페이지)

그 외에 국내에서는 여러 가지 응용이 진행이 되고 있다. 3D 프린팅을 활용한 의료기술의 유용성과 잠재력을 볼 때 앞으로

시장성이 매우 높을 것으로 평가되고 있으며, 최근 관련 연구도 적극 추진 되고 있다. 더욱이 의료분야에서 3D 프린팅 기술을 응용한 사업화 사례도 증가하고 있어 3D 프린팅의 전망이 밝다.

치과분야 임플란트 전문기업에서 3D 프린팅 활용 수술가이드 제작 솔루션을 개발하고 임상 적용을 통해 시장 진입 단계에 있다.

정형외과분야 인공관절 전문기업인 코렌텍에서는 3D 프린팅 응용 관절수술 기구제작 솔루션을 개발하여 사업화를 시도 중이다.

의료분야 3D 프린팅 응용시술 프로세스, 일부 장비·소재 그리고 소프트웨어 솔루션은 개발이 추진되고 있으나 아직은 개발 초기단계로 수입 의존적 구조를 벗어나지 못해 국내 개발 및 제조 경쟁력 확보를 위한 지원이 시급하다.

해외의 경우 3D 프린팅 공장이 GE, 고이와이, ACtech 등에서 설립이 되어 성공적이다. 우리나라도 빠른 공장 설립이 필요한 시기임에는 분명하다.

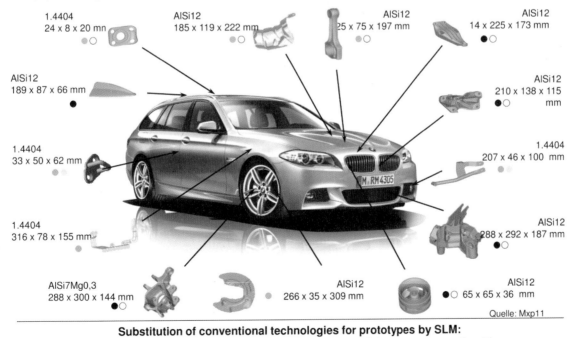

3D 프린팅 금형 제작이 사출 성형 산업에 미치는 영향

제조업계에서 금형을 툴링하는 데에는 디자인의 오류로 금형을 바로잡거나 원하는 부품 디자인 및 품질이 나올 때까지 몇 번이고 반복하여, 시간과 비용이 낭비되기 일쑤다. 스트라타시스는 이 같은 문제점의 대안으로 3D 프린팅 기술인 폴리젯 기술을 제시하고 있다. 이번 호에서는 기존의 시제품 제조 방식과 폴리젯 방식을 비교해 보고, 적절한 재료를 선택하는 방법과 우수 사례를 살펴 본다.

■ 자료 제공 : 프로토텍, 02-6959-4113, www.prototech.co.kr

사출 성형(IM)이란 플라스틱 재료를 금형의 캐비티로 주입하고 캐비티의 구성대로 플라스틱이 굳으면 금형에서 분리하는 공정으로, 매우 정밀하며 주로 복잡한 3차원의 최종 사용 부품 및 제품을 대량 생산할 때 자주 활용되는 방법이다. 그러나 이 공정에 필요한 금형을 만드는 일은 결코 간단하지 않으며, 비용과 시간도 많이 든다.

하드툴링 금형은 일반적으로 공구강을 CNC 밀링머신으로 가공해 만들거나 방전가공(EDM)으로 만든다. 양산에 적용될 경우 수백 만 회를 쓸 수 있지만 값이 수 십만 달러에 이른다. 게다가 이런 금형을 만드는 데 수 일, 수 주를 넘어 수 개월까지 소요되기도 한다. 사출 성형 부품이 수만 개 가량 필요하다면 소프트 툴링도 대안이 될 수 있다. 알루미늄으로 제작하기 때문에 보통 2500달러에서 2만 5000달러로 상대적으로 저렴하고, 시간도 2~6주 정도로 덜 소요된다.

하지만 금형을 제작하는 데에는 디자인의 오류로 금형을 바로잡거나 원하는 부품 디자인과 품질이 나올 때까지 몇 번이고 반복하여 시간과 비용이 추가되기 일쑤다. 제조업계에서는 이

같은 문제점을 염두에 두고 3D 프린터로 제작한 금형을 이용해 기능성 IM 시제품을 만들기 시작했다.

떠오르는 대안, 폴리젯 3D 프린팅 금형 제작

폴리젯(PolyJet) 기술은 스트라타시스의 Objet 3D 프린터에 탑재되는 3D 프린팅 기술로, 기업이 사내에서 쉽고 빠르게 사출 금형을 제작하는 대안이 될 수 있다. 폴리젯 프린팅은 액상의 광경화성 수지를 층층이 적층하여 원하는 구성으로 3D 물체를 만든다. 이렇게 만든 물체를 자외선을 쏘어 경화시킨다. 단단하게 굳으면 금형을 즉시 IM 장비에 넣고 최종 제품에 사용되는 재료를 사용해 시제품을 만들 수 있다. 이 정밀 시제품은 실제 완제품과 거의 차이가 없기 때문에, 제조업체는 이를 통해 완제품에 가까운 성능 데이터를 얻을 수 있다.

폴리젯 사출 성형은 중간 정도의 수량 및 대량 생산에 쓰이는 소프트 및 하드 툴을 대체하기에는 적합하지 않다. 그보다는 소프트 툴 금형과 3D 프린팅 시제품 사이를 좁힌다고 보는 것이 적합하다. 〈표 1〉에 시제품 개발 과정에서 PolyJet 기술

표 1. 폴리젯 프린팅 대비 전통적 시제품 제조 방식의 차이점

시제품 제작 방법	부품의 최적 수량	시제품 제작 재료	평균 금형 원가	평균 원가/부품	평균 시간/부품
3D 프린팅	1~10	FDM 또는 폴리젯 플라스틱	N/A	높음	높음
기계 밀링	1~100	열가소성수지	N/A	높음	보통
실리콘 몰딩	5~100	열경화성수지	낮음	보통	높음
폴리젯 3D 프린팅 금형을 이용한 사출성형	10~100	열가소성수지	낮음	보통	보통
소프트 툴을 이용한 사출성형	100~20000 이상	열가소성수지	높음	낮음	매우 낮음

이 적합한 분야를 알 수 있다.

FDM과 레이저 소결 공정이 열가소성 수지를 이용해 시제품을 만들기는 하지만 기계적 특성은 실제 사출 성형 부품에는 미치지 못한다. 그 이유는 시제품 제작에 쓰이는 공정이 다르고, FDM과 레이저 소결 시제품 제작에 쓰이는 재료가 사출 금형 최종 부품에 쓰이는 재료와 다르기 때문이다.

폴리젯 금형 제작의 이점
■ 폴리젯 금형은 초기 제작 비용이 상대적으로 낮다. 그러나 폴리젯 금형은 쓰이는 열가소성 수지의 유형과 금형의 복잡도에 따라 차이는 있지만 최대 100개까지 부품을 만들기에 적합하다. 따라서 부품당 원가는 보통이다.
■ 폴리젯 금형 만들기는 비교적 빠르게 진행된다. 재래식 금형이 수일에서 수 주까지 걸리는 반면 폴리젯 금형은 몇 시간이면 된다.
■ 디자인 변경이 필요할 경우 최소 비용으로 사내에서 새로운 금형을 다시 만들 수 있다. 이것은 폴리젯 3D 프린팅 속도와 더불어 디자이너와 엔지니어에게 더 큰 유연성을 제공한다.
■ Digital ABS 재료로 만든 금형은 30마이크론 두께의 층으로 정밀하게 쌓인다. 정확도는 0.1mm에 달한다. 이 같은 생산 방식은 표면 마감이 매끄러워서 대부분 후가공이 필요 없다.
■ 복잡한 모양이나 얇은 벽, 세부묘사도 금형 디자인에 쉽게 프로그램해 넣을 수 있다. 게다가 이들 금형은 더 단순한 모형보다 제작 비용도 낮다.
■ 폴리젯 금형을 만드는 데에는 사전 프로그래밍이 필요 없다. 또한 일단 캐드 디자인 파일이 로드되면 3D 프린팅 공정은 별도의 작업자 없이도 스스로 운영된다.
■ 폴리젯 금형을 이용해 하나의 부품을 사출 성형하는 시간은 상대적으로 짧다. 단, 기존 성형보다 짧지는 않다.

재료 선택

폴리젯 금형으로 사출 성형을 할 때는 적절한 재료의 선택이 성패를 가른다. IM 금형에는 디지털 ABS가 제격이다. 강성과

인성을 모두 갖춘 데다 내열성도 높기 때문이다. 경성재료인 FullCure 720이나 Vero 같은 다른 폴리젯 제품도 IM 금형만큼 성능이 뛰어나다. 그러나 모양이 복잡한 부품에 쓸 때에는 디지털 ABS로 만든 것만큼 수명이 길지는 않다. 사출 성형 부품 만들기에는 적당한 성형 온도(300도 미만)와 우수한 흐름 거동을 지닌 것이 가장 좋다. 대표적 재료는 다음과 같다.

■ 폴리에틸렌(PE)
■ 폴리프로필렌(PP)
■ 폴리스티렌(PS)
■ 아크릴로니트릴 부타디엔 스티렌(ABS)
■ 열가소성 탄소체(TPE)
■ 폴리아미드(Pa)
■ 폴리옥시메틸렌 또는 아세탈(POM)
■ 폴리카보네이트-ABS 블렌드(PC-ABS)
■ 유리섬유강화 폴리프로필렌 또는 유리섬유강화 레진(G)

250도가 넘는 공정 온도가 필요한 플라스틱이나 공정 온도에서 점성이 높은 플라스틱은 금형의 수명을 단축시키고 경우에 따라 완제품의 품질에도 영향을 둔다.

〈그림 1〉에는 툴링 방법별 부품 생산량이 나와 있다.

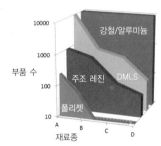

그림 1. 재료 급별 예상 부품 수(수치는 IM 부품의 모양과 크기에 따라 달라진다.)

■ A
• 폴리에틸렌(PE)   • 폴리프로필렌(PP)
• 폴리스티렌(PS)   • 아크릴로니트릴 부타디엔 스티렌(ABS)
• 열가소성 탄소체(TPE)
■ B
• 유리섬유강화 폴리프로필렌(PP+G)   • 폴리아미드(Pa)
• 아세탈(폴리옥시메탈[POM])
• 폴리카보네이트-ABS 블렌드(PC+ABS)
■ C
• 유리섬유강화 폴리아미드(PA+G)   • 폴리카보네이트(PC)
• 유리섬유강화 아세탈(POM+G)
■ D
• 유리섬유강화 폴리카보네이트(PP+G)
• 폴리페닐렌 옥사이드(PPO)   • 폴리페닐렌 설파이드(PPS)

〈표 2〉의 비용편익분석을 보면 폴리젯 금형으로 사출 성형을 할 때와 알루미늄 금형으로 사출 성형을 할 때가 어떻게 다른지 알 수 있다.

표 2. 소요 시간과 비용을 기준으로 한 비용 편익 분석(알루미늄 금형 대비)

	알루미늄		디지털 ABS		
	비용	리드 타임	비용	리드 타임	부품
POM으로 만든 팬 로터	1670 달러	7일	960 달러	1일	■ Objet500 Connex ■ 810gr RGD535 ■ 1408gr RGD515 ■ 100gr 서포트
PP로 만든 6개조 아이스크림 스푼 세트	1400 달러	30일	785 달러	7시간	■ Objet260 Connex ■ 400gr RGD535 ■ 480gr RGD515 ■ 100gr 서포트
만든 냉바개	1900 달러	4일	530 달러	13시간	■ Objet350 Connex ■ 500gr RGD535 ■ 876gr RGD515 ■ 100gr 서포트

〈표 2〉에서 보듯 시간 절감은 수 일에서 수 주까지 매우 컸다. 또한 금형 제작 비용도 보통 40~70% 낮았다.

현장 시험

스트라타시스는 아일랜드 브레이에 소재한 세계적인 의료기기/포장용기 정밀 플라스틱 제품 제조업체 Nypro Healthcare와 함께 다음과 같은 중요한 특징을 지닌 코어와 캐비티를 쾌속 조형으로 만든 후 여러 차례 시험을 벌여 그 성능을 평가했다.

- ■ 기어
- ■ 연동 다리
- ■ 래칫
- ■ 특징물

여러 차례 시험 가운데 하나에서 디지털 ABS로 만든 단일 폴리젯 금형을 이용해 샘플 ABS 부품을 사출 성형했다. 이 때 최대압, 쿠션, 코어 및 캐비티 온도 같은 파라미터를 추적했다. 〈표 3〉에는 금형이 최적화된 후 첫 25회 사출에 쓰인 사출 성형 파라미터가 나와 있다.

표 3. Nypro 사출 성형 부품의 ABS 시험 데이터

ABS – 공정 변수 2013년 6월 12일				
사출 번호	F/H 온도 (°C)	M/H 온도 (°C)	사출 압력(바)	쿠션 (mm)
1	54.3	59	880	9.19
2	18.1	38.1	887	9.12
3	51.2	42	892	9.21
4	48.4	37.9	894	9.2
5	49	40.5	896	9.18
6	49.6	38.2	894	9.24
7	49.6	39.8	897	9.25
8	50.9	37.6	891	9.15
9	53.9	38.1	894	9.17
10	53.6	40.2	884	9.14
11	54.8	44.0	890	9.27
12	53.3	40.8	882	9.26
13	55.1	41.8	884	9.24
14	53.1	41.7	884	9.07
15	57	42.1	897	9.22
16	48.2	43.7	893	9.19
17	52.7	41.9	891	9.22
18	55.4	42.3	882	9.15
19	55.7	42.9	884	9.2
20	56.3	47.9	884	9.26
21	57.3	46.8	886	9.29
22	55.1	47.6	882	9.23
23	56.2	43.6	885	9.23
24	55.1	45.2	884	9.19
25	57.5	47.1	882	9.22

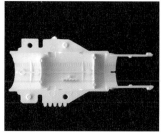 

그림 2. Nypro가 폴리젯 금형으로 만든 사출 성형 부품의 시험을 위해 만든 구성품   그림 3. 완성된 샘플 부품

시험 완료 직후, 사출 압력과 쿠션이 일정하고 금형 냉각 절차를 적용했을 때 코어와 캐비티 안의 온도가 58도를 넘지 않은 것으로 보아 금형의 상태는 안정적이었다. 또한 사출 성형된 시제품의 품질은 Nypro의 기준에서 '우수' 판정을 받았다. Nypro는 시험에 대해 "이번 서출 성형 시험은 매우 성공적이었다고 볼 수 있다. 코어와 캐비티를 프린팅하는 공정은 시간과 초기 기능성 평가, 툴링 시간 절감 측면에서 우세하다고 할 만하다"고 분석했다.

우수 사례 가이드라인

사출 금형 설계는 그 자체가 예술로서 오랜 경험 및 사출 성형 공정에 대한 심도 있는 이해가 필요하다. 폴리젯 금형의 제작과 사용에서 디자인 요소는 전통 방식의 금형과 기본적으로

는 같지만 몇 가지 차이가 있다. 금형설계자는 재래식 강철 금형 설계 대신 폴리젯 금형을 만들 때 다음과 같은 변화를 고려해야 한다.

금형 설계

■ 부품 디자인이 허용하는 한 최대한 구배각을 넓힌다. 이렇게 하면 부품을 떼내기 쉽고 떼어낼 때 툴에 가해지는 응력이 줄어든다.
■ 게이트 크기를 늘려 전단 응력을 낮춘다.
■ 게이트는 캐비티로 들어오는 용융액이 금형의 작거나 얇은 부위를 침범하지 않을 만한 곳에 둔다.
■ 터널 게이트와 포인트 게이트는 사용하지 않는다. 대신 스프루 게이트나 엣지 게이트처럼 응력을 낮춰 주는 게이트를 이용한다.

금형 제작

폴리젯 3D 프린팅이 제공하는 기회를 최대한 이용하고자 한다면 다음 가이드라인을 참고하기 바란다.

■ 부드러운 면을 얻으려면 글로시 모드로 출력한다.
■ 광택 있는 면이 최대가 되도록 Objet Studio 소프트웨어에서 부품의 방향을 조정한다.
■ 금형은 폴리머 재료가 프린팅 라인과 같은 방향으로 흐르도록 방향을 설정한다.

그림 4. 디지털 ABS와 20% GF 나일론 부품으로 만든 폴리젯 사출 금형

그림 5. 성형 기계에 놓인 폴리젯 금형 인서트. 왼쪽이 코어, 오른쪽이 캐비티다.

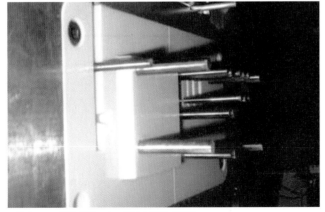

그림 6. 3D 프린팅 인서트에 고정된 이젝션 시스템

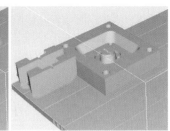

그림 7. 광택 있는 면이 최대가 되도록 Objet Studio 소프트웨어에서 부품의 방향을 조정한다. 금형이 Y축 방향이 되면 서포트 재료가 스레드를 구성하며(왼쪽), 금형이 Z축 방향이 되면 서포트 재료 없이 스레드가 자동으로 구성된다.(오른쪽)

금형 마감

폴리젯 금형의 한 가지 큰 장점은 몇 시간 만에 설계와 구현, 사용이 가능하다는 것이다. 대부분은 후처리 작업이 필요치 않지만 다음의 경우 추가 마감 작업이 필요할 수도 있다.

■ 금형이 이젝션 시스템에 고정된다. 이젝터 핀과 이젝터 핀홀이 밀착하게 하려면 홀을 STL 파일 안으로 프로그램하되 직경을 0.2-0.3mm 줄인다. 그리고 금형이 굳으면 홀을 최종 크기에 맞춰 넓힌다.
■ 인서트가 베이스에 고정된다.
■ 표면의 추가 평활이 필요하다.

금형 개구부를 가로질러 표면을 가볍게 사포로 밀어도 좋다. 예를 들어 큰 코어로 금형을 만들기 전에 가벼운 평활 작업을 해 두면 부품을 떼내기가 수월해진다.

장착

■ 독립 금형은 베이스 프레임에 국한되지 않아 나사나 양면 테이프로 일반 또는 강철 기계 후판에 직접 장착이 가능하다.
■ 〈그림 5〉의 금형 인서트는 볼트로 베이스 금형에 고정한다.

어느 장착 옵션이든 표준 스프루 부싱을 이용해 노즐과 프린팅된 금형이 맞닿지 않게 하는 것이 중요하다. 대안으로, 일반 강판에 있는 스프루로 금형 러너의 중심을 잡아도 된다.

사출 성형 공정

폴리젯 금형을 처음 이용할 때 가장 좋은 순서는 다음과 같다.

■ 처음에는 천천히 짧게 주입한다. 채우는 시간은 용융액이 금형에 들어가며 굳지 않을 정도까지 길게 해도 된다. 주입 크기는 캐비티가 90~95% 정도 찰 때까지 계속한다.

■ 홀딩 공정에서는 실체 사출 압력의 50~88%만 이용하고 싱크 마크가 생기지 않도록 홀딩 시간을 조정한다.

■ 처음에는 일반적으로 계산된 체결압 값(사출압 x 추정 부품 면적)을 적용한다.

■ 폴리젯 금형은 열 전도율이 낮아 냉각을 오래 해야 한다. 작거나 두께가 얇은 부품(벽 두께 1mm 이하)은 처음 냉각 시간을 30초로 하고 필요에 따라 조정한다. 큰 부품(벽 두께 2mm 이상)은 90초부터 시작하고 필요에 따라 조정한다. 냉각 시간은 사용되는 플라스틱 수지에 따라 달라진다.

■ 출력된 코어의 부품이 지나치게 수축하지 않도록 최소 냉각을 권장한다. 냉각이 지나치면 부품을 탈거할 때 금형에 응력이 가해져 손상이 생길 수 있다.

■ 성형 사이클이 끝날 때마다 금형의 표면을 압축 공기로 냉각하는 것이 중요하다. 이렇게 하면 부품 품질과 금형의 수명을 연장할 수 있다. 대신 자동 금형 냉각 장치를 써도 된다.

그림 8. 금형 구성품의 마감 공정

그림 9. 양면 데이프로 금형 기계의 후핀에 부착힌 독립형 금형

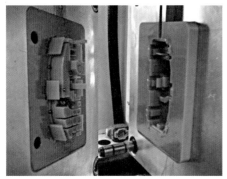

그림 10. 금형 인서트는 일반 강철 베이스 위에 놓고 기계 나사로 고정함

그림 11. 금형에 장착한 냉각 고정장치. 금형이 열리면 압축 공기가 정해진 시간동안 표면에 분사됨

맺음말

폴리젯 3D 프린팅 금형을 이용하면 최종 제품 제조 시 사용하는 IM 공정과 재료를 가지고 시제품을 만들 수 있어 기능성 시험이 크게 향상된다. 기업은 이 기술을 가지고 한층 우수한 성능 데이터를 확보하여 인증 합격 여부를 미리 가늠해 볼 수 있다.

폴리젯 금형은 금속 금형과 성능은 같지만 만들기가 더 저렴하고 쉽고 빠르다. 제조업체는 폴리젯 기술로 기존 방식보다 훨씬 빠르고 저렴하게 시제품을 만들 수 있다. 3D 프린팅을 통해 제조업체는 대량 생산을 시작하기 전에 제품의 성능과 밀착성, 품질을 손쉽게 평가할 수 있다.

밀착성 지표

폴리젯 금형은 다음 재료와 함께 쓰면 밀착성이 좋다.

■ 열가소성 수지
- 적정 성형 온도 300도 미만
- 우수한 흐름 거동
- 대표적 재료:
  - 폴리에틸렌(PE) – 폴리프로필렌(PP)
  - 폴리스티렌(PS) – 아크릴로니트릴 부타디엔 스티렌(ABS)
  - 열가소성 탄소체(TPE) – 폴리아미드(Pa)
  - 폴리옥시메틸렌 또는 아세탈(POM)
  - 폴리카보네이트-ABS 블렌드(PC-ABS)
  - 유리섬유강화 레진

■ 수량
- 소량(5~100)

■ 크기
- 중간 크기 부품 165 cm³
- 50~80톤 성형 기기
- 수동 핸드 프레스도 쓸 수 있음

■ 디자인
- 디자인 반복이 다수 필요함

■ 시험
- 기능성 확인이 필요함
- 적합성 시험(예 : UL 또는 CE)이 필요함

국내 건축설계사무실의 3D 프린터 활용과
중국 3D 프린팅 공장 방문기

2015년 3월 ELstudio는 지난 20년간 건축분야에서의 3D 프린팅 적용사례를 인포그래픽으로 공개하였다. 이에 따르면 미국, 유럽과 중국을 중심으로 3D 프린팅 건축이 연구, 개발되고 있으며 초기에는 콘크리트와 인조석을 활용하는 방식에서 최근에는 진흙, 플라스틱, 모래 등 다양한 재료가 사용되고 있음을 알 수 있다.

국내 건축분야에서는 2000년대 중반에 이르러 학계와 설계사무소에 3D 프린터가 보급되고 활용되기 시작하였다. 최근 들어 산업계는 물론 사회전반에 뜨거운 관심을 받고 있는 3D 프린팅이 건축분야에 도입된 지 10년이 지났음에도 그 활용방법과 기술은 크게 달라 보이지 않는다. 이러한 시점에 국내 설계사무소에서의 3D 프린팅 적용사례를 통해 디자인에 있어서의 활용방안과 한계를 알아보고, 최근 필자가 방문한 중국 3D 프린팅 건설 업체인 윈선(WINSUN, www.yhbm.com)의 3D 프린팅 건설 현황을 살펴보고자 한다.

■ 정성철 | 범건축종합건축사사무소 설계본부 소장으로, 정림건축 연구기반 디자인팀 NUDL에 근무한 바 있으며 연세대학교 공학대학원을 졸업하였다. 현재는 디지털 기술을 통하여 건축의 형태, 공간, 기술, 기능적 논리를 구축해 나아가고 있다.
E-mail | scjung@baum.co.kr

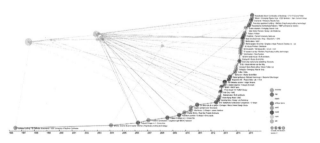

▲ 1996년 이후 3D 프린팅 건축 현황, ELstudio(출처 : http://www.3dprinting architecture.net)

국내 설계사무실에서의 3D 프린터 활용 사례

디지털 기술과 건축 환경의 변화

2000년 이후 국내에서도 3차원 디지털 도구와 기술의 발전으로 디자인에 대한 개념과 사고가 확장되고, 디지털 도구의 생성적이고 창조적인 특징과 연계하여 곡면으로 대표되는 비정형 건축 디자인과 시공 사례가 나타나기 시작했다. 이러한 배경에서 몇몇 대형설계사무실은 디지털 건축에 관한 연구와 실무를 병행하는 조직을 만들게 되었다.

필자가 근무한 설계사무소에서도 연구기반 디자인팀(Non-Uniform Design Laboratory)을 구성하여 3D 설계를 바탕으로 새로운 디자인 방법론과 첨단기술을 적극 활용하였다. 새로운 건축 디자인 방식으로 CAD/CAM을 통한 조형기술의 하나인 3D 프린팅을 활용하게 되었는데, 이미 20년 전부터 제조업을 비롯한 다양한 분야에서 사용해 왔던 기술이었다.

3D 프린터를 활용한 디지털 패브리케이션 선행연구

비정형 건축물 구현에 앞서 디지털 제작 기술의 선형연구 가운데 하나로 3D 프린팅을 실험하였다. 건축물이 아닌 곡면형상으로 패턴이 입혀진 두 가지 형상의 장식용 조명을 디자인하였는데, 이는 기존은 아날로그적인 방법으로 제작이 불가능하며, 디지털 생산기술이 전제된 디자인이다. 스탠드형과 테이블형의 두 가지 조명 제작을 위한 3D 프린팅 프로세스는 다음과 같다.

디자인 모델링 → 등기구 선정 → 종이모형테스트 → 3D 프린터와 재료 선정 → 3D 데이터 변환(SAT) → 모델링 체크 → 조명 성형 → 후처리 작업 → 스탠드 디자인 및 제작 → 조립 및 설치

조명 디자인 과정에서는 전구의 크기, 광원의 노출 정도, 고정 방식 등이 고려되었으며, 패턴은 3D 프린터 장비가 표현 가능한 해상도를 근거로 크기, 두께, 밀도를 결정하였다. 3D 프린터는 호서대학교 벤처 산학협력단의 연구장비 공동이용 운영센터를 통해 SLS-HIQ를 사용하였다. SLS(Selective Laser Sintering, 선택적 레이저 소결 조형) 방식은 백색의 분말 타입 재료인 Polyamide를 180도 이상의 고온에서 레이저로 가능, 소결하여 적층하는 방식이다. 3D 프린팅과 후처리에는 3~4일이 소요되었고, 후처리 시간은 조절이 가능하나 급격한 냉각방식은 성형 품질이 저하될 수 있기에 유의해야 한다. 3D 프린팅을 하는데 수백만 원의 견적 비용이 있었으나, 산학협력 클러스터사업 신청과 참여로 일정금액 지원 받을 수 있었다.

▲ 3D 프린팅 조명 패브리케이션(정림건축, 2008)

건축 모형 제작

설계사무소에서 3D 프린팅을 활용하던 초기에는 외부 3D 프린터 전문기업이나 산학연구기관의 장비를 활용하였다. 설계사무소에서 생성한 3D 모델 데이터를 전문가에게 제공하고 3D 프린팅 모델 제작을 의뢰하는 방식이었다. 대부분의 3D 프린팅은 건축모형 제작에 활용하였는데, 건축 모형을 제작함에 있어서 프로젝트 진행과정과 제작시기에 따라 3D 프린팅을 하는 목적과 용도가 달랐다.

태권도 테마파크의 경우 디자인 결정 단계에서 건축물 매스와 외장 패턴의 비교를 위해 활용하였고, 국립생태원은 구조와 외피 패턴의 스케일 검토와 모듈 조정에 참고하였으며, 최종

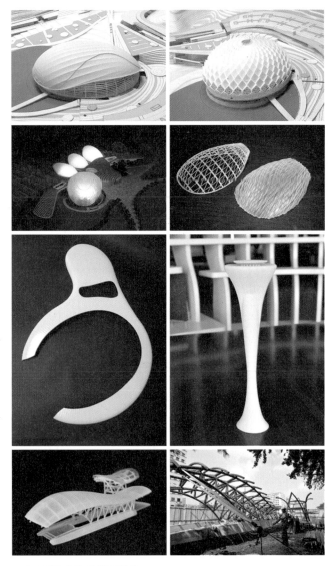

▲ 3D 프린팅 모형 사례(정림건축)

모형의 조명 효과를 위해서 반투명한 재질의 재료를 사용하였다. 화성경기장에서는 일정한 곡률을 가지는 곡면형 지붕의 형상 이해와 돌출 이음매 패턴 디자인 검토에 활용하였다. 경기장 내에 설치하는 성화대는 발주처 보고와 공장 제작 시 형상을 이해하고 제작에 참고하기 위한 용도로 활용하였다. 국회의사당역 지하철 출입구는 반투명한 재질로 구조체와 지붕재를 분리 제작하였다. 철골 구조 부재 조립단계에서는 전문업체가 복잡한 구조 형상을 이해하고 구조체의 분할과 조립방식을 결정하기 위한 협의에 사용하였으며, 시공단계에서는 기단부와 지붕마감재 접합을 위한 시공 공정 검토에 활용하였다.

프로젝트 진행단계에 따라 다양한 용도로 3D 프린팅을 이용하였는데, 기존의 수작업으로는 제작하기 어려운 곡면의 비정형 건축물이나 조형물을 단일 색상으로 적용하여 제작하였다. 또한 최종 결과물의 표면 마감 품질 확보를 위하여 주로 SLS, SLA 방식으로 제작하였고, 반투명한 모형의 경우 폴리젯(PolyJet) 방식의 FullCure 재료를 사용하였다. 3D 프린터 장비사용과 후처리는 숙련도가 필요하기에 모두 외부 전문가의 도움을 받았다.

보급용 3D 프린터의 활용 방안과 한계

최근 많이 사용하고 있는 저가형 3D 프린터는 압출적층방식(FDM, Fused Deposition Modeling)으로 2009년 스트라시스(Stratasys)가 보유한 특허가 만료되면서 일반에게 보급이 확산되었다. FDM 방식은 열가소성 플라스틱을 노즐 안에서 녹여 적층하면서 모형을 만든다.

저가형 데스크톱 3D 프린터를 개인이 직접 사용할 수 있게 되면서 산업용 장비를 활용하는 것보다 다양하고 편리하게 3D 프린팅을 할 수 있게 되었다. 필자가 사용하고 있는 보급형 데스크톱 3D 프린터(에디슨 플러스 싱글)를 이용한 모형 사례를 통하여 건축설계 분야 3D 프린터 활용 방안을 정리하면 다음과 같다.

첫째, 3D 프린팅을 하기 위해서는 일정 두께 이상의 3D 모델링 데이터를 STL 포맷으로 변환하고, 3D 프린터 소프트웨어에서 불러들여 출력용 파일(G코드)을 생성한다. 설계사무소에서 많이 사용하고 있는 캐드, 스케치업, 라이노, 레빗(애드인), 3D 맥스 등과 같은 소프트웨어를 활용하여 디자인하고 생성한 3D 모델링 파일은 STL로 저장, 호환 가능하기 때문에 3D 프린팅

과 연계하여 작업하기에 유용하다.

둘째, 기존 모형제작 방식과 비교하여 보급형 3D 프린터 활용의 가장 큰 장점은 디자인에 따라 다양한 형상 재현이 가능하다는 것이다. 건축물의 경우 불규칙하거나 곡면형 표면이 가능하고 내부 공간 계획에도 참고하여 사용할 수 있다. 또한 한옥의 기와나 벽돌 등 모듈형 자재를 적용한 파라메트릭 디자인 구현도 가능하다. 프린팅 후 간단한 후처리 작업으로 원하는 색상으로 채색하거나 표면의 질감도 표현할 수 있다.

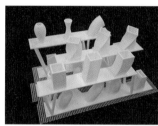

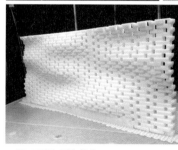

▲ 3D 프린팅 모형 사례

셋째, 건축 설계와 시공단계에 따라 다양한 활용이 가능하다. 앞서 설명한 것과 같이 디자인 검토 및 의사결정 단계에서 사용하고, 프로젝트 진행 과정에서 설계자는 물론 프로젝트 참여자가 복잡한 형상을 이해하고 관련 내용을 상호 협의하는데 이용할 수 있다. 제작과 시공단계에서는 디테일과 시공성 검토에 활용 가능하다. 제주 곶자왈 빌리지 프로젝트에서는 철재 곡면 거푸집의 단계별 시공과 복잡한 접합부분 디테일 검토 등 형상 구현을 위한 사전 시공성 검토에 활용하였다.

▲ 곶자왈 거푸집 3D 모델링 ▲ 곶자왈 3D 프린팅 모형 ▲ 곶자왈 펜션 거푸집 시공

이 밖에도 3차원의 복잡한 건축물이나 커튼월 디자인, 모듈형 외피의 접합 디테일 검토 등 건축물 전체나 일부분에 활용할 수 있다. 프린팅의 특성 상 한번 모델링한 데이터는 동일한

모형이나 스케일을 조정하며 반복적으로 모형 제작에 사용할 수 있다. 또한 건축 이외의 인테리어 조명이나 소품 디자인 등 다양한 부분에 사용 가능하다.

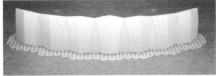

▲ 복잡한 형상의 건축물, 커튼월 파사드 디자인(범건축)

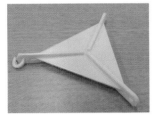

▲ 모듈형 외장재 디테일 연구용 모형　▲ 3D 프린팅한 인테리어 조명과 소품

넷째, 프린팅 장비의 관리와 사용에 있어서 즉각적인 대응이 가능하다. 직접 장비를 사용하면서 경험한 다양한 결과물과 사례 기록은 노하우가 되어 3D 프린팅 장비를 보다 유용하게 사용하는데 도움이 된다. 프린팅 재료는 다양한 색상의 플라스틱 재질과 탄성, 광택의 특성을 가지는 여러 가지 재료를 선택할 수 있다. 또한 석재, 나무, 금속 등 나양한 실감을 가시는 재료도 개발, 공급되고 있다.

14-0523 Curved Mass

장비	에디슨 플러스 (싱글)
재료	PLA (FDM 방식)
프로파일	3Dison Pro V8.0 200
베이스	사용
서포터	NONE
채우기(%)	50
레이어높이(mm)	0.2
쉘	1
출력속도(mm/s)	60
여유시간속도	80
출력온도	210
출력시간	8시간 2분
출력사이즈(mm)	91.3 × 82.5 × 100.0
기타	음각 그라데이션 시험

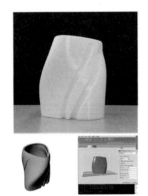

▲ 3D 프린팅 결과 기록지

보급형 3D 프린터는 저렴한 비용으로 개인이나 설계사무소에서 다양한 방식으로 활용이 가능하다는 장점이 있는 반면에 몇 가지 해결해야 할 문제점도 가지고 있다.

첫째, 사용자의 숙련도이다. 3D 프린터를 사용하기 위해서는 3D 모델링 데이터가 필요하고, 이는 사용자의 3D 모델링 소프트웨어 활용능력을 전제로 한다. 장비를 활용하기 위해서는 기본적인 교육이 필요하며, 장비에 따라 직접 수작업으로 해야 하는 노즐 청소와 교체, 베이스패널 위치 설정과 재료 설치는 어느 정도의 숙련도를 요구한다.

둘째, 장비와 재료의 불완전함이다. 기계적 장치가 가지는 오류는 예측과 확인이 어렵다. 3D 프린터 장비의 직접적인 고장보다는 플라스틱 재료를 녹여가며 적층하는 방식이 가지는 원초적인 문제라 할 수 있다. 노즐 구멍의 막힘과 노즐 위치에 따라 프린팅 에러가 발생하기도 하며, 저가용 재료의 경우 녹는 온도에 따른 부적합한 경화와 비탄성 특성이 원인이 되기도 한다.

셋째, 프린팅 속도와 시간의 문제이다. 앞 페이지의 그림에서 프린팅 기록 사례를 보면 91×82×100mm 크기의 원통형 모형을 프린팅하는데 8시간이 소요되었다. 유사한 품질과 완성도를 가지는 일반적인 모형 제작 시간을 감안하면 상당히 오랜 시간이 소요되기 때문에 충분한 여유 시간을 가지고 프린팅하거나 스케일을 조정하여 크기를 축소해야 하는 경우가 있다.

넷째, 형상의 크기와 정밀도의 문제이다. 필자가 사용하는 상비의 성무 최대 제삭 사이즈는 225×145×150mm이다. 설계사무소에서 제작하는 일반적인 모형의 스케일을 1/100~1/500이라고 하면 프린팅으로 제작 가능한 건축물의 최대 높이는 15~75m이다. 따라서 제작하는 스케일에 따라 고층건물이나 프린팅 범위를 벗어나는 크기의 지형은 제작이 어렵다. 이런 경우 모델을 분리하여 프린팅한 후 접합하는 방식으로 제작해야 한다. 스케일을 축소하여 프린팅할 경우에는 장비의 정밀도에 따라 커튼월 창호바와 같은 세밀한 건축 요소 표현이 어려울 수 있다.

물론 이와 같은 문제점들은 현재에도 공급되고 있는 고급형 장비를 사용하게 되면 많은 부분이 해결 가능하며, 기술의 발전과 보급형 3D 프린터의 성능향상에 따라 차츰 해소될 것이라 예상된다. 2014년 2월 특허가 만료된 SLS 방식과 같은 주요 특허의 만료, 액상수지를 산소로 굳히는 1000배 빠른 프린터와 새로운 재료의 개발, 일반에게 확산되고 있는 메이커스 운동, 정부의 3D 프린팅 산업 지원정책 등 잇따르는 3D 프린팅 산업 환경의 변화는 건축 설계와 시공분야에도 점점 더 큰 영향을 미치게 될 것이라 예상된다. 최근 3D 프린터의 국내 보급 확산과 대중화에 따라 건축주가 설계사무소에 3D 프린팅한 모형을 요청하는 경우가 생기고 있다. 이와 같은 산업기술과 환경의 변화에 건축업계는 적극적으로 대응할 필요가 있다.

중국 3D 프린팅 건설 업체인 윈선을 찾아가다

이 내용은 중국의 3D 프린팅 건축 업체인 윈선과 MOU를 체결한 국내 기업 케이디씨(KDC) 코퍼레이션의 홍보 담당자 인터뷰 내용과 지난 2015년 5월에 중국 장쑤성 쑤저우 공업단지 내에 위치한 윈선 공장 방문을 바탕으로 작성되었다.

건축시공 분야에서 3D 프린팅에 대한 관심과 도입배경은 설계분야와 다소 차이가 있다. 디자인의 다양성이 설계분야의 주요 관심사라면 시공분야는 공정의 변화이다. 공정의 변화는 자동화와 공장제작을 통한 시간, 인건비, 재료의 절감이라 할 수 있다.

3D 프린팅 건설은 미국을 비롯하여 유럽과 중국 등지에서 활발한 연구가 이루어지고 있으며, 미국 남부 캘리포니아 대학교(USC) Behrokh Khoshnevis 교수 연구팀의 로보틱 컨스트럭션 시스템(Robotic Construction System)인 컨투어 크래프팅(Contour Crafting), 영국 러프버러(Loughborough) 대학교 소속의 IMCRC(Innovation Manufacturing and Construction Research Centre)의 프리폼 구조체(Freeform Construction), 이탈리아 출신으로 영국 모노라이트(Monolite)의 설립자인 Enrico Dini가 개발한 D_shape, 스페인 바르셀로나에 소재한 IAAC(Advanced Architecture of Catalonia)의 미니빌더스(Minibuilders), 네덜란드 설계사 더스(Dus)의 카머 메이커(Kamer maker)를 활용한 3D 커널 하우스와 얀야프 라이세나르스(Janjaap Ruijssenaars)의 뫼비우스 하우스, 슬로베니아의 건설기업인 BetAbram의 P 시리즈 3D 프린터, 중국 윈선(Winsun)의 3D 프린팅 건설이 대표적인 연구와 진행 프로젝트들이다. 그 가운데 중국의 윈선은 크레인 형태의 대형 3D 프린터로 5층 규모의 건축물을 건설하여 많은 주목을 받았다.

▲ 쑤저우 3D 프린팅 공장 건물의 내 · 외부 전시장

중국 윈선의 3D 프린팅 건설 현황

윈선은 2002년 설립 이후 GRC, SRC, FRP, CMS 등과 같은 다양한 건축 자재 개발과 제조를 통하여 3D 프린팅 기술을 축적해 왔다. 2005년에 3D 프린팅 노즐과 자동 재료 공급 시스템을 개발하였고, 2008년에는 첫 번째 3D 프린팅 벽체 시공에 성공하였다고 보도되었다. 장비와 재료 개발 과정에는 미국 남부 캘리포니아 대학이 개발 중인 컨투어 크래프팅(Contour Crafting) 기술을 참고하였고, 일부 재료는 주문 제작하는 방식이 도입되었다.

2014년 3월에는 건설 및 산업 폐자재, 유리섬유가 혼합된 시멘트 재료와 4대의 대형 3D 프린터를 사용하여 24시간만에 전체면적 200m2의 주택 10채를 건설하였다. 주택 한 채당 비용은 4800달러였고, 이후 상하이 공업단지에서 사무실로 사용될 예정이라고 한다. 그러나 외부에 적재된 불량 제작물을 살펴보면 모든 3D 프린팅과 설치 과정이 한 번에 성공하지 않았음을 예상할 수 있다.

▲ 자재 성형 장비

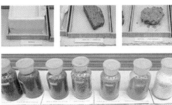
▲ 3D 프린팅용 재활용 원자재   ▲ 공장내부 3D 프린터

▲ 24시간 내 출력한 건물 10개동(2014년)   ▲ 3D 프린팅 및 시공 불량 제작물

윈선은 2015년 1월 18일 글로벌 컨퍼런스를 개최하며, 10,000m² 규모의 본사 건물을 30일만에 프린팅했다고 주장하였고, 2층 빌라와 5층 규모의 연립주택을 공개하였다. 언론 발표에 따르면 두 건축물 모두 구조와 마감재 제작에 3D 프린팅 기술이 사용되었다고 한다. 2층 빌라는 연면적이 1,100m2로 모듈방식으로 조립하여 3일만에 완공했고, 전체 공사비는 16만 1000달러라고 밝혔다. 5층 연립주택은 하루 1개 층씩 출력하여 6일만에 공사를 완료하였다고 한다. 그렇지만 공장 외부에 전시된 건축물들을 살펴보면 구조체 접합부분 처리가 미흡하고 전시에 필요한 부분만 마감이 되어 있어 실제 거주가 어려운 상태였다. 공장 제작의 준비기간과 운반 및 설치기간을 고려하면 윈선의 발표보다 더 많은 공사 기간이 필요할 것이라 판단된다.

▲ 주택(방문자 찻집 예정)　　▲ 2층 고급주택　　▲ 5층 연립주택

글로벌 컨퍼런스 이후 윈선은 대만의 부동산 개발사와 10채의 생산조건으로 계약을 체결했고, 이집트 정부와도 주택 2만채 생산에 대한 계약을 체결한 상태라고 한다. 윈선과 MOU를 체결한 국내기업 케이디씨는 첫 번째 3D 프린팅 사업으로 중국 강소성에 연면적 13,000m2의 공장과 사무동을 건설할 예정이며, 올해 상반기에 완공할 목표라고 한다. 현지의 설명에 따르면 현재 고층 건축물 건설을 위한 연구와 개발이 진행되고 있으며, 세계 각국의 기업, 단체와의 기술 협력과 프로젝트 계약 협의가 진행 중이라고 한다.

▲ 이집트 주택 건설을 위한 견본 시공(벽체, 내부마감, 가구)

윈선 3D 프린팅 건설의 기술적 특징

윈선의 3D 프린팅 건설 방식은 공장제작과 현장설치의 건식 공법이다. 윈선이 보유하고 있는 4대의 3D 프린터는 최근 공장 증설로 폭 10m, 길이 150m, 높이 6m의 공간 규모에서 작동되

며 FDM 방식으로 재료를 분사, 적층한다. 대형 3D 프린터 한 대의 가격은 약 50억 원이며, 구매자 요청 시 추가 제작하여 활용하거나 판매하고 있다. 프린팅에 사용하고 있는 재료는 건설 폐자재, 유리섬유, 모래와 특수 경화재를 배합한 혼합 시멘트이며, 기존 일반 콘크리트보다 50% 가볍고 방수와 통기 성능을 가진다고 한다. 혼합 시멘트는 적정 시간에 급속 경화하여 다음 층을 지지하게 되는데 이러한 특성이 재료 기술의 핵심이라 할 수 있다.

▲ 3D 프린팅 공장제작과 현장 설치 과정

외부에 전시된 건축물들의 구조는 모두 3D 프린팅하였고, 12층 규모까지 시공이 가능하다고 밝히고 있다. 구조 설계와 안정성은 중국 칭화 대학 등과 공동으로 연구개발하고 있다고 한다. 수직 적층방식의 3D 프린팅을 함에 있어서 벽체 단면 내부에는 사선으로 엇갈리는 패턴을 직조하고, 그 사이 공간에 구조 보강재와 단열재를 넣을 수 있도록 하여 중국 정부가 요구하는 구조 성능과 설계기준을 충족시켰다고 한다. 윈선의 홈페이지에서 구조 성능에 관한 일부 시험성적서를 확인할 수 있다. 벽체의 경우 구조 설계에 띠라 내부에 철근을 포함하기도 하고, 기둥은 거푸집 역할을 히며 일체형으로 시공된다.

▲ 사선 단면 패턴의 벽체　　▲ 거푸집 일체형 기둥

▲ 벽체 내부 단열재　　　　▲ 운반용 매입고리

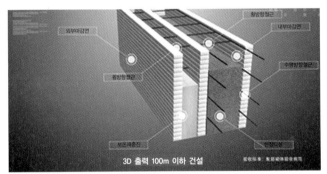

▲ 3D 프린팅 벽체 구성도

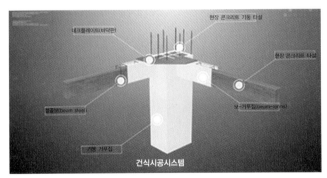

▲ 3D 프린팅 기둥 구성도

공장 외부에 전시되고 있는 단층과 소규모 주택의 경우 바닥 슬래브와 벽체 지붕을 일체화하여 3D 프린팅하였다. 2층 고급 주택과 5층 연립주택은 슬래브와 발코니, 보, 내부의 주요 기둥은 거푸집 탈착 자국이 남아 있는 것으로 보아 언론보도와 달리 벽체 부분에 한정하여 3D 프린팅하고 시공한 것으로 판단된다. 모듈형 벽체가 서로 접합되는 부분은 고무재질의 완충재를 사용하여 충진하였고, 공간벽 쌓기 시 발생하는 창문틀 상부의 비워진 부분은 별도의 채움과 마감 처리가 필요하다.

5층 연립주택의 마감재는 3D 프린팅으로 제작한 자재가 사용

▲ 구조 일체형 소규모 주택　▲ 프린팅과 RC 복합 구조　▲ 벽체 접합부 완충재

되었고, 구조채와 마감재 사이에 뿜칠형 단열재로 시공하였다. 적층형으로 제작되는 벽체는 공법적 특성을 살려 일정한 패턴 디자인이 가능하다. 그렇지만 각 구조체간의 접합부분과 마감면은 제작물의 정밀도가 낮고, 디테일이 고려되지 않아 별도의 마감처리가 필요해 보였다. 전기 설비는 일반적인 RC 공법과 마찬가지로 공장제작 시 벽체 매입이 가능하도록 고려되었다.

▲ 뿜칠형 단열재　　　　　▲ 3D 프린팅 벽체 패턴

▲ 구조체 접합부와 마감면　　▲ 매입형 전기설비

원선측은 3D 프린팅 건설을 통해 30~60%의 재료절감, 50~70%의 공사기간 단축, 50~80%의 인건비를 줄일 수 있다고 주장한다. 그러나 아직 구체적으로 공개된 자료는 없으며, 구조와 내구성에 대한 기준과 접합 디테일은 보완이 필요해 보

인다. 관계자의 설명에 따르면 현재까지는 다량의 동일한 건축물 보다는 고유한 아이덴티티를 필요로 하는 건축물에 적용하는 것이 유리하다고 한다. 따라서 실제 프로젝트 적용 시 비용을 포함한 여러 가지 측면에서 고려가 필요하다.

3D 프린팅 건설기술과 국내외 연구 현황

지난 2월 28일 중국 정부는 2015년부터 2016년까지 국가 3D 프린팅 제조업 발전추진계획을 시행할 것이라 발표했다. 한국무역협회 상해지부가 최근 발표한 중국 3D 프린팅 시장보고서에 따르면, 해당 시장의 규모와 성장 속도가 이미 세계 최고 수준을 달리고 있는 것으로 나타났다. 2014년 중국 우주 항공 연구소 팀과 3D 프린팅 제조업체인 Tiertime은 미국 NASA와 함께 우주 공간에서 3D 프린팅을 실험하기도 했다. 중국의 3D 프린팅 건설 분야를 선도하는 원선은 앞으로 제조 과정의 자동화를 추진하고 중국 전역에 100여 개의 재활용 공장을 지을 것이라고 했다.

▲ 우주에서의 3D 프린팅 실험(출처 : http://3dprint.com/7077l/tiertime-microgravity-printer)

우리 정부도 2014년 6월 '창의 메이커스 1000만명 양성계획, 제조혁신지원센터 구축·운영계획'을 발표했다. 국내 건설 산업 분야에서의 3D 프린팅 활용은 기계, 제조, 의료, 항공 등 타 산업분야에 비해 아직은 점유율이 낮고, 3D 프린팅 건설기술은 연구단계에 머무르고 있다.

3D 프린팅 건설을 위해서는 크게 세 가지 주요 기술이 필요하다. 자동화 기술과 장비, 건축용 프린팅 재료, 건축화 프린팅 알고리즘이다. 지난 6월 5일 미국에서 열린 재난 대응 로봇 대회인 '다르파 로보틱스 챌린지(DRC)'에서 카이스트에서 개발한 인간형 로봇 '휴보'가 1위를 차지했고, 국내 기업의 산업용 로봇 기술은 세계 5위의 수준이다. 이러한 면에서 3D 프린팅 산업에서 하드웨어에 해당하는 로보틱스 기반 자동화 기술의 개발환경은 어느 정도 확보된 상태라 할 수 있다.

원선과 MOU를 체결한 케이디씨는 자체 프로젝트를 통해 3D 프린팅 기술 습득과 보급에 나서고 있으며, 국내 대학과 연구기관, 중대형 건설사들도 연구와 시범사업을 검토하고 있다. A 건설사는 3D 프린팅 재료로 사용되고 있는 자재 샘플을 확보하여 재료 성분 분석과 급속 경화 기술에 대한 연구를 진행하고 있으며, B 건설사는 해외 건설 프로젝트에 적용을 검토하고 있다. 대학과 연구기관에서도 각기 프린팅 장비, 소프트웨어, 재료에 대한 연구가 진행 중이며 시범 프로젝트를 검토하고 있다. 해외에 비해 다소 늦게 출발한 국내 3D 프린팅 건설 분야가 글로벌 경쟁력을 위해서는 정부의 지원과 산학협력으로 시너지 효과를 창출해야 하는 시점이다.

3D 프린팅 건축의 의미와 전망

원선의 3D 프린팅 건설 기술은 현재까지는 공장제작, 현장 설치와 일부 구조에 한하여 복합구조를 적용하는 측면에서 기존 PC(Precast Concrete) 공법과 유사하다 할 수 있다. 3D 프린팅 구조에 있어서는 아직 국제 기준의 구조 안전과 성능 인증에 대한 제도가 마련되지 못했고, 정밀도와 효율성 향상이 필요해 보인다. 그럼에도 정부지원과 지속적인 대규모 투자, 시대 환경이 요구하는 기술이라는 측면에서 계속 주목하고 참고할 필요가 있다. 원선이 연구하고 있는 친환경적이고 해당 지역에서 공급 가능한 재료가 개발되어 빈곤 저소득층이나 개발도상국에서 저렴한 비용으로 주택 문제를 해결하는 방안이 실현된다면 향후 세계 건설 산업에 보다 큰 변화를 가져올 것이라 예상된다.

이제 3D 프린터는 산업계와 사회 전반에 다양하게 활용되고 있을 뿐만 아니라 전문가가 아닌 학생이나 개인이 직접 3D 프린터를 제작하여 사용하고 판매하기도 한다. 최근에는 3D 프린팅 데이터(파일)를 온라인에서 거래할 수 있는 유통 플랫폼(www.3dp.re.kr) 서비스도 시작하고 있고, 특정 환경에 반응해 형태를 변형하는 4D 프린팅 기술이 발표되는 등 3D 프린팅 기술과 환경은 빠르게 발전, 변화하고 있다.

국내 건축계에 BIM(Building Information Modeling) 도입이 설계사무소에서 시작하여 시공 현장으로 이어지는 것과 유사하게 3D 프린팅 활용 역시 설계사무소에서 먼저 시작되었고, 관련 기술이 발전함에 따라 3D 프린팅 건설로 이어질 것이라 예상한다.

머티리얼라이즈의 건축, 패션, IoT 분야 3D 프린팅 활용 사례

3D 프린팅은 다양한 분야에서 복잡하고 새로운 디자인을 구현하거나 제품 개발 과정을 혁신하는데 도움을 주고 있다. 이 글에서는 해외 사례를 통해 건축, 패션, IoT와 만난 3D 프린팅에 대해 살펴 본다.

■ 자료 제공 : 머티리얼라이즈, www.materialise.co.kr

아디다스 Futurecraft : 궁극적인 3D 프린팅 개인 맞춤 런닝화

아디다스는 Futurecraft(퓨처크래프트) 3D로 미래의 퍼포먼스 런닝화를 공개하였다. 독특한 3D 프린트된 런닝화의 중창은 개개인의 발에 맞춰 쿠셔닝이 맞춤 제작되었다. Futurecraft 시리즈의 일부로 미래를 앞서는 계획은 제조의 모든 구성 요소에 대한 혁신을 이끌고자 하는 디자인의 핵심인 장인 정신과 오픈 소스 콜라보레이션에 가치를 두고 있다.

아디다스 제품을 신고 걸어간다는 상상을 해보자. 매장 내의 런닝 머신에서 가볍게 뛰고 즉각적으로 3D 프린팅된 런닝화를 받아 볼 수 있다면 어떨까? 이것이 바로 아디다스 3D 프린팅 중창의 포부이다. 신축성이 있고 운동 선수의 발자국을 베낀 듯한 통기성 있는 중창으로 압점과 정확한 컨투어의 매칭은 미래 운동 선수의 달리기 경험 향상에 대한 가능성을 가져다준다. 기존의 데이터 소싱과 풋스캔 기술과 연결은 바로 매장내에서 피팅에 대한 독특한 기회를 제공한다.

모든 운동 선수들에게 궁극적인 맞춤 경험을 제공하기 위하여 아디다스는 재료와 공정의 독특한 조합을 만들었다. 이 생산의 획기적 혁신은 런닝화의 기준을 다음 단계로 발전할 수 있도록 하며 전례가 없는 개개인의 요구에 맞춘 지원과 모든 발에 있어 쿠셔닝을 제공하여 최고로 기록을 낼 수 있도록 도와준다.

"Futurecraft 3D는 시제품이며 앞으로의 계획이다. 아디다스는 완전히 새로운 방법으로 유일무이한 재료와 공정의 조합을 사용하였다. 3D 프린팅 중창은 훌륭한 런닝화를 만들 수 있게 하는 것 뿐만 아니라 성능 데이터를 사용하여 진정으로 맞춤 경험을 할 수 있도록 하며 어떤 운동 선수의 요구를 충족시켜준다."라고 아디다스 AG의 상임 이사인 Eric Liedtke가 말하였다.

아디다스 Futurecraft 3D를 위하여 머티리얼라이즈 (Materialise)는 편한 무게에서 런닝화를 지탱할 수 있는 3D 프린팅 중창의 경량 구조 생성과 함께 아디다스를 지원하였다. Materialise의 디자인 & 엔지니어링 팀은 3-matic^{STL}을 사용하여 구조를 생성, 견고함과 힘의 절충없이 중창의 신축성을 향상하였다. 중창은 내구성이 있으며 최초의 완전한 탄력성을 자랑하는 3D 프린팅 재질로 소비재 제품에 사용된 TPU 재질로 Materialise의 보증된 제조 공정을 통해 레이저 신터링으로 제작되었다. 3D 프린팅 자동화 및 컨트롤 소프트웨어인 Streamics는 전체 생산 공정에 대한 전반적인 현황을 제공하며 최종 용도 소비재 생산에 절대적으로 필요한 추적과 반복을 가능하게 한다.

Futurecraft 3D 이야기는 아디다스 Futurecraft 시리즈의 첫 장으로 모든 생산 분야를 넘어선 혁신에 대한 브랜드의 전념을 증명한다.

아디다스의 크리에이티브 디렉터 Paul Gaudio는 "Futurecraft는 아디다스의 모래 상자이다. 이는 어떻게 우리 스스로 매일 도전하며 기술에 대한 한계를 넘을 수 있게 해준다"라면서, "재료와 공정의 혁신을 이끔으로써 지금 현재의 익숙함을 미래로 가져오는 것이다. 수공예와 새로운 제조 기술의 무한한 가능성과 함께 시제품 제작 퀄리티의 만남이며 Futurecraft는 빠르고, 미가공이며 실질적인 단순한 요소로 최대의 효과를 나타낸다. 이는 아디다스의 디자인 접근 법법이다."라고 말했다.

아디다스가 창의적 콜라보레이션인 Futurecraft 비전을 정의한 바와 같이 Futurecraft 3D는 아디다스와 Materialise의 오픈 소스 파트너십을 통해 가능해졌다.

사그라다 파밀리아, 3D 프린팅을 만나다

스페인 바르셀로나에 위치한 시그리디 피밀리아(Sagrada Familia, 성가족 대성당)는 세계적으로 유명한 건축물로, 2001년 3D 프린팅 기술을 만났다. 사그라다 파밀리아 재단은 안토니 가우디가 채 끝내지 못한 사그라다 파밀리아 건축을 머티리얼라이즈(Materialise)의 매직스(Magics) 소프트웨어와 함께 서서히 완성해 가고 있다.

가우디는 성당을 디자인할 때 그의 아이디어를 3D 모델로 조형하였다. 사그라다 파밀리아 재단은 다양한 프로토타입을 제작하여 복잡한 디자인을 시각화하고, 새로운 파트들이 어떻

게 전체 건축물에 적합한지 계산하였다. 그러나 복잡한 가우디의 디자인을 손으로 모델링하는 작업은 상당한 시간과 비용이 소요되었다.

3D 프린팅 기술이 대두되고 나서 사그라다 파밀리아 재단은 더 이상 2D 디자인을 이용하지 않는다. 사그라다 파밀리아 재단 측은 "3D 프린팅은 기발하고 뾰족한 형태와 나선형의 탑을 완벽하게 재현할 수 있는 이상적인 방법"이라며 "건축용 파일은 대부분 크기도 크고 복잡하여 작업하기가 힘들지만, 머티리얼라이즈의 Magics를 이용하면 다루기 어려운 stl 파일도 쉽게 제작할 수 있다"고 밝혔다.

사그라다 파밀리아 재단은 사그라다 파밀리아의 데이터를 준비하기 위하여 전문적인 소프트웨어를 필요로 했고, 이에 Magics 소프트웨어가 사그라다 파밀리아 건설에 적합한 소프트웨어라고 판단했다. 이렇게 Magics는 13년 동안 사그라다 파밀리아 건축을 지원하고 있다.

모델의 크기가 너무 커 하나의 파트로 프린팅하기 어려운 경우가 있다. 이럴 때에는 다수의 파트로 나누어 프린팅할 수 있다. 파트들이 올바른 방향으로 조립될 수 있도록 Magics의 Cut & Punch 기능은 각 파트에 연결 핀들과 구멍들을 생성한다. 사그라다 파밀리아 재단은 이 기능을 활용하여 각 파트를 오차 없이 알맞게 접합할 수 있다.

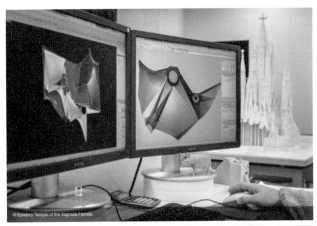

사그라다 파밀리아 재단은 머티리얼라이즈의 ColorJet 프린팅 기술을 사용하여 모델을 디지털 프로토타이핑한다. 재단은 "ColorJet 프린팅 기술은 다양하고 복잡하거나 손으로는 제작할 수 없는 크기의 모델까지 지원하여 사그라다 파밀리아 건설에 적합하다"고 전했다.

Magics는 2026년 완공을 목표로 사그라다 파밀리아 건축을 지원하고 있다.

키플링, 로고 속 원숭이에 생명을 불어넣다

1987년 창립된 벨기에의 가방 및 액세서리 브랜드 키플링(Kipling)의 마스코트는 원숭이다. 혹자는 원숭이 열쇠 고리가 없는 가방은 키플링 가방이 아니라고도 한다.

키플링은 머티리얼라이즈와 손을 잡고 'Monkey Madness' 콜렉션의 'City Jungle Shopper'를 제작하였다. 이 때 키플링은 완전히 구부러질 수 있는 3D 프린팅 소재 TPU 92A-1로 자사의 트레이드마크 원숭이를 제작하였다.

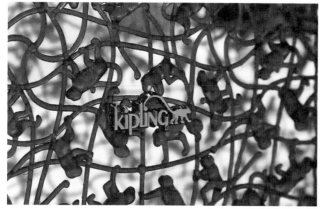

▲ City Jungle Shopper 가방

머티리얼라이즈는 2D의 원숭이 실루엣을 3D 모델로 변환했고, 3-matics 소프트웨어를 이용하여 네 개의 3D 패턴을 설계하였다. 키플링은 이 네 가지 프로토타입 디자인 중 하나를 선택하였고, 이는 곧 'Monkey Madness' 콜렉션에 적용되었다.

키플링의 JURGEN DERYCKE PR & 디지털 마케팅 매니저는 "머티리얼라이즈의 3D 프린팅 기술을 통해 키플링의 원숭이 가방이 3차원으로 진화하였다. 키플링은 언제나 가방에 혁신을 불어넣고자 노력했고, 이 측면에서 City Jungle Shopper 가방이 성공을 거둔 것 같아 무척 기쁘다"고 밝혔다.

키플링과 머티리얼라이즈는 원숭이 꼬리를 서로 맞닿게 하여 바람개비를 연상시키는 패턴을 사용하여 가방을 제작하기로 결정했다. 적합한 패턴이 설정된 후 전체적 안정감을 위하여 바닥과 위에 테두리를 추가하였다. 그리고 완성된 가방은 단 한 번에 프린팅되었다.

머티리얼라이즈는 자사의 두 가지 재질로 두 가지 타입의 가방을 제작하였다. 하나는 완전히 구부러질 수 있는 재질인 TPU 92A-1이고, 다른 하나는 기존에 사용되던 에폭시 재질이다.

이 프로젝트를 통해 머티리얼라이즈는 전체적 3D 프린팅 공정에 대한 전문성을 입증하게 되었다.

웨어러블 테크놀로지와 3D 프린팅의 만남, '시냅스 드레스'

네덜란드의 패션-테크 디자이너인 Anouk Eipprecht는 2014년 샌프란시스코에서 개최된 'Intel Development Forum'에서 패션 디자인과 엔지니어링을 접목한 '일렉트로닉 꾸뛰

르(Electronic Couture)' 장르의 하나로 '시냅스 드레스'를 선보였다. 시냅스 드레스는 인텔 에디슨 마이크로컨트롤러를 탑재했고, 머티리얼라이즈의 유연한 소재인 TPU 92A-1으로 디지털 설계 및 3D 프린팅되었다.

시냅스 드레스는 인체의 전기 신호에 의해 드레스의 LED가 작동되도록 설계되었다. 입은 사람의 경험을 기반으로 바이오 센서에 연결된 LED를 통해 착용자의 기분에 따라 LED 색깔이 변화하는 스마트 드레스를 구현했다. 드레스에 포함된 근접 모니터링 센서는 누군가가 착용자의 개인 범위에 접근하면 LED가 반응하는 기능도 포함되어 있다. LED의 밝기는 최대 120W까지다.

드레스와 함께 머리에 착용하는 헤드밴드는 뇌파와 연동하여 착용자의 집중도를 파악할 수 있는 센서가 장착되어 있다. 착용자의 집중도가 80% 이상일 시 반짝이는 조명을 통해 착용자는 집중력을 강화하는 훈련을 진행할 수 있고, 반짝이는 헤드밴드를 보는 사람들은 무언가에 집중하고 있는 착용자를 쉽게 건드릴 수 없을 것이다.

디자이너 Anouk은 "머티리얼라이즈의 디지털 설계와 3D 프

린팅을 통해 심리스하게 드레스를 만들어낼 수 있었다. 드레스 디자인은 더욱 심화할 수 있었고, 드레스 제조는 훨씬 간편해졌다"고 전했다.

이후 Anouk은 2015년 라스베가스에서 개최된 CES2015(국제전자제품박람회)를 통해 거미 형태의 드레스도 공개했다. 시냅스 드레스와 마찬가지로 인텔 에디슨을 장착했고 머티리얼라이즈의 3D 프린터로 출력한 이 거미 드레스는, 착용자가 접근하는 사람에게 싫은 감정을 느끼면 공격형으로 바뀌어 어깨에 있는 거미 다리 부분이 상대방을 공격한다. 반면 착용자가 상대방을 친근하게 느끼면 환영해 준다.

Anouk은 거미 다리 부분을 근접 센서, 호흡 센서 등과 연결하여 착용자의 호흡이 상승할 경우 다리가 위로 올라가 공격형 자세를 취하게 된다. 또한 측면의 거미 눈 부분의 LED는 누군가가 접근할 경우 접근 상대에 따라 불빛을 번쩍여 상대방을 위협한다.

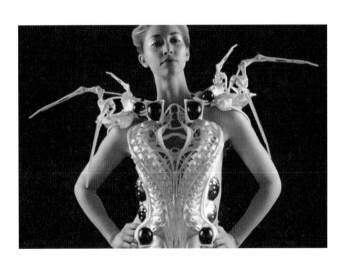

FDM 시대 저물고 SLA 3D 프린터 시대 온다

3D프린터의 대중화를 이끌어 낸 것이 FDM이었지만 재료의 한계와 후처리의 문제를 가지고 있다. 저가형 FDM의 대안으로 제시할 수 있는
보급형 SLA장비가 나오면서 SLA 방식의 3D 프린터 시장이 확대될 것으로 업계에서는 예측하고 있다.

■ 자료제공 : HDC, www.hdcinfo.co.kr

3D 프린터 산업 동향

지금까지의 3D 프린터 산업은 대부분 제품개발 단계의 형상을 확인하는 콘셉트용과 디자인 & 워킹(Working) 목업용 시제품의 형상을 구현하기 위한 장비로서 사용되었다면 Shapeways(shapeways.com), Shanghai Sunshian, FKM 외 전세계 주요 3D 프린팅 서비스센터에서 주로 활용되는 AM(Additive Manufacturing)이라고 불리는 맞춤형 제품 제작을 위한 용도로 더 많이 활용되고 있다.

다시 말하자면, 3D 프린터는 지금까지 제품개발을 위한 엔지니어링(Engineering) 개념으로 활용되어 최종 제품까지 구현이 가능한 장비와 다양한 소재가 개발되어 접목되고 있다.

3D CONTENTS
Manage market for buy or
sell 3D modeling datas
(STL, OBJ, GCODE, MKR, etc)

3D PRINTING
Printing service for 3D Model data

ONLINE MARKET
Online market for 3D Printer

EDUCATION
Educations for Industry
(Handling 3D Printer,
Modeling 3D obeycts)

이제 인터넷과 컴퓨터를 사용한 IT 산업의 비약적인 발전은 전문가 과정에서 3차원 소프트웨어 및 3차원 스캐너를 활용한 역설계 개념의 3D 데이터만으로 활용되었던 과거 전문가 위주의 활용단계를 벗어나 전혀 3D 데이터를 다루지 못하는 일반인 즉, 남녀노소 구분 없이 다양하고 무한한 3D 콘텐츠 시대가 다가오고 있다

3D 콘텐츠 산업의 활성화

CGTRADER
cgtrader.com

SHAPEWAYS
shapeways.com

FKM
fkm-lasersintering.de

ALIBABA
alibaba.com

이것은 3D 프린터를 산업용으로 사용하는 것 외에도 일반인들이 원하는 모형을 만들어 제공하는 서비스 즉, 서비스 플랫폼(Service Platform)의 성장과 온라인 마켓의 동반 확장으로 인해 3D 콘텐츠 산업은 상상할 수 없는 단계의 무한한 가능성을 가지고 있는 산업으로 대두되고 있다.

그러면 현 단계의 3D 프린터는 어디까지 활용되고 있으며 과연 무엇을 만들 수 있을까?

지금까지는 일반인들이 가장 접근하기 쉬운 장비는 FDM 방식의 장비였다.

풍부한 3D 콘텐츠를 활용한 서비스 플랫폼 즉 개인별 맞춤 주문생산이 가능한 산업이 활성화 되기 위해서는 고가의 장비를 사용 가능한 기업체뿐만 아니라 일반인들이 얼마나 쉽게 원하는 디자인을 저비용으로 구현 할 수 있는가? 하는 것이 키포인트라고 생각된다.

최근 오픈 소스를 이용한 많은 FDM 타입의 장비들이 출시되어 있다. 가격적인 측면에서 불과 수십~수백만 원대 장비들이 사용되고 있지만 실질적으로 최종 제품으로 사용하거나 디자인 목업용으로 활용하기에는 3D 프린터에서 제작된 파트를 많은 시간과 전문가적 후처리 프로세스를 통해야만 활용할 수 있는 실정이다

그리고 장비의 운용 또한 쉽지 않아 노즐방식의 특성상 기계적인 유지보수 측면과 소프트웨어의 활용에서 오히려 타 장비에 비해 더 어려운 부분도 있다.

실질적으로 FDM은 가격적인 측면을 제외한다면 현 산업의 목업 단계 및 최종파트로 활용하기에는 많이 부족하다고 인식하고 있을 것이다.

이것은 이제 3D 프린터에 대한 요구가 단지 저렴한 장비 가격뿐만 아니라 실제 출력된 제품표면의 간단한 후처리 과정을

통하여 구매자가 원하는 목적으로 활용할 수 있어야 한다는 것을 의미한다.

만약 누구나 후처리가 필요 없이 표면이 깨끗한 출력물을 제작할 수 있고, 쉽게 다양한 재료를 사용해 주형의 마스터로 활용이 가능하다면 그야말로 제조업의 혁신이 일어날 수 있을 것이다.

초창기에는 산업용 FDM, SLA, SLS방식의 출현과 더불어 저가의 오픈소스를 활용한 FDM방식 장비가 많이 보급되었지만 대부분 제품표면에 대한 문제점으로 인하여 한정적으로 활용되어 왔다. SLA 타입의 장비는 고가의 레이저 방식으로 장비가 비싸고 제작방식의 문제로 수요의 층이 쉽게 확대되기 어려웠고, SLS 타입의 경우 최종 제품으로 사용할 수 있는 엔지니어링 플라스틱과 e-Manufacturing(다품종 소량생산)에 맞게 사용되어 왔으나 이 또한 장비의 가격이 비싸 쉽게 일반인이 사용할 수 있는 장비는 아니었다.

그 이후, 2000년 초반에 소개된 멀티젯(Multi-jet) 방식의 3D 프린터는 다량의 노즐을 통하여 제작사이즈, 여러 가지 재료 사용, 가격적인 측면에서 유리한 위치를 점유하여 그 시장을 쉽게 확대할 수 있었다

그러나 노즐방식의 한계로 디자인 욕구를 충족할 수준의 제품표면은 표현이 힘들어 대부분 컨셉 및 간단한 디자인과 워킹 목업용으로 활용되며 주형의 마스터로 활용하기에 아직 부족한 실정이다.

따라서 멀티젯 방식의 가장 큰 단점은 출력 제품의 품질(Quality)이 SLA에 비해 떨어지고 또한 최종 제품으로 활용하기에는 엔지니어링 플라스틱 물성치를 구현하기 힘들다. 이에 따라 그러므로 후가공 없이 목업용으로 활용하기에도 좋지 않으며 장비가격 및 장비운영비용 측면 또한 일반화되기에는 아직 부족하다.

결과적으로 일반인들이 쉽게 선택 가능한 것은 FDM밖에 없었고 마침 오픈소스로 공개된 장비가 나오면서 조금이라도 관심이 있는 사람이라면 누구나 FDM장비를 제작 가능한 시대가 왔다. 이러한 시장을 바탕으로 저가형 FDM를 구매하여 사용할 수밖에 없었다.

보급형 SLA장비, 고품질 저가 3D 프린터 시대

3D 프린터의 대중화를 이끌어 낸 것이 FDM이었지만 FDM은 근본적으로 깨끗한 면을 얻기 힘든 기구적인 단점을 안고

있으며 재료의 한계와 후처리의 문제를 가지고 있다.

저가형 FDM의 대안으로 제시할 수 있는 것이 바로 보급형 SLA장비이다. 이제 FDM의 시대는 저물고 SLA의 시대가 다가오고 있다.

SLA 타입의 3D프린터는 FDM 타입과 같이 이미 오랜 역사를 가지고 있지만 지금까지는 FDM이나 SLS 타입의 3D 프린터 보다 활용도가 떨어진 것이 사실이다. 그러나 거꾸로 매달려 형상을 출력하는 방식이 나오면서부터 SLA 타입은 새로운 역사를 쓰게 된다.

SLA 타입의 가장 큰 장점은 액상수지를 사용한 레이저 광경화 방식으로 미세한 표현이 가능하고 표면이 다른 방식에 비해 깨끗하다는 것이다.

DLP는 이미 오픈소스로 공개가 되어 있고 저가의 장비들이 나오고 있지만 대중화가 되기에는 빔프로젝션 원리에 기초한 근본적인 단점을 안고 있어 100mm 이하의 파트 즉 주얼리 분야에서 강세를 보이고 있다.

그러나 SLA라고 해서 모두 깨끗한 표면을 가지는 것은 아니다. 기존의 장비는 SLA 장비임에도 불구하고 FDM과 유사한 출력결과물을 보여주는 장비도 많았다.

SLA 장비는 레이저를 활용한 장비이므로 장비의 제작과 운용에 노하우가 필요한 장비이다.

장비 보급에 있어서 장비 운용 노하우를 같이 교육하지 않는다면 장비사용을 위해 많은 시간을 허비해야 될 수 있다.

그러나 최근 깨끗한 출력 품질을

▲ 보급형 고해상도 SLA프린터
XFAB

제공하면서도 가격면에서 대중화가 가능한 천만원대의 SLA 장비가 시장에 선보이고 있어 3D 프린터 시장에 또다른 변화가 예고되고 있다.

3D 스캐닝 기술의 현재와 미래

3D 프린팅 기술이 대중에게 널리 알려지고 보편화되면서 많은 기업에서 3D 프린팅 기술을 도입해 제품 개발 프로세스 및 생산성 향상을 꾀하고 있다. 특히 3D 스캐닝 기술은 3D 디지털 콘텐츠 제작의 한 방법으로 3D 프린팅 시장의 확대를 위해 없어서는 안 되는 중요한 시장이다. 이 글에서는 국내 3D 스캐닝 기술 현황과 앞으로 나아갈 방향에 대해 알아본다.

■ 이지훈 | 쓰리디시스템즈코리아 소프트웨어사업부 부장으로, 아이너스기술을 시작으로 10여년 간 쓰리디시스템즈코리아에 근무하며 소프트웨어 및
3D 스캐너 국내 영업을 총괄하고 있다.
E-mail | james.lee@3dsystems.com

3D 스캐닝 업계의 현황 및 기술 동향
하이브리드 방식의 스캐너 진화

과거에 3D 스캐닝 시장은 기존 접촉식 측정기(CMM) 시장을 대체하고자 하는 움직임에 의해 스캐너의 정밀도를 높이고자 하는 노력이 계속됐고, 이 정밀도는 시장에서 어느 정도 만족할 만한 수준까지 향상됐다. 실제로 3D 스캐너의 최소 정밀도는 5 μm 정도로 매우 정밀한 부품까지 측정이 가능하며, 이러한 기능적 향상으로 접촉식 측정기에서 하고 있던 제품 검사 분야까지도 3D 스캐너가 적용되고 있는 추세이다.

일반적으로 3D 스캐너는 비접촉 방식으로 1회 측정에 무수히 많은 점군 데이터를 획득할 수 있으며, 이렇게 획득된 점군 데이터를 이용해 특정 제품의 3차원 형상을 손쉽게 구현할 수 있다. 비접촉식은 접촉식과 달리 점군 데이터를 획득하기 때문에 역설계 분야에서 가장 폭넓게 사용되고 있으며, 이러한 장점으로 인해 최근에는 접촉식 측정기에 소형 레이저 스캐너 센서를 부착해 접촉식과 비접촉식을 동시에 사용할 수 있는 형태로 발전하고 있다.

이러한 방식을 흔히 하이브리드 방식이라고 이야기하는데, 하이브리드 방식은 접촉식 측정기뿐만 이니리, 디긘절암 형태의 스캐너에도 동일하게 적용되고 있다. 이러한 변화는 기존에 제품 측정 목적으로 접촉식 측정기나 다관절암을 사용하던 고

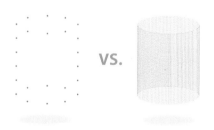

▲ 접촉식 측정기 데이터(점)와 3D 스캐너 데이터(점군)

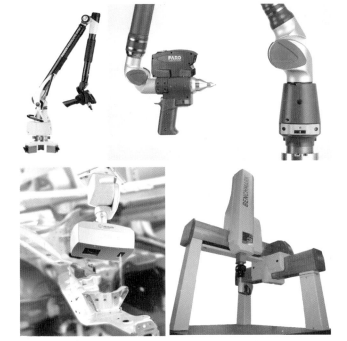

▲ 고정밀 스캐너

▲ 하이브리드 방식

객이 적용 분야 확대를 위해 레이저 스캐너 센서만을 추가 도입해 사용할 수 있기 때문에 수요가 계속 증가할 수 있다고 판단된다.

고정밀 스캐너와 보급형 스캐너의 발전

3D 스캐너는 장비의 가격 및 성능에 따라 하이엔드와 미들엔드, 로엔드로 구분할 수 있다. 하이엔드는 보통 1억원 이상의 고정밀 스캐너를 이야기하고, 미들엔드는 2,000~5,000만원, 로엔드는 1,000만원 이하의 저가형 스캐너를 말한다. 최근에는 미들엔드에도 하이엔드에 준하는 성능을 가지고 있는 장비들이 많이 출시가 되고 있어서 이러한 구분은 현재 많이 사용하지 않고 있다. 다만, 편의상 고정밀 스캐너와 보급형 스캐너로 구분 짓고 있다.

고정밀 스캐너는 최소 정밀도가 10㎛ 정도로, 가격대는 7,000만원~2억원 정도로 다양하게 구성되어 있고, 보급형 스캐너는 최소 정밀도가 50~100㎛ 정도로 가격대는 5,000만원 이하로 구성되어 있다.

고정밀 스캐너는 자체적으로 보유하고 있는 기술력을 바탕으로 정밀도와 카메라 해상도를 계속 향상시키는 방향으로 발전하고 있다. 정밀도는 이미 수년 전부터 비접촉식 스캐너가 구현할 수 있는 최고 수준에 도달했다고 볼 수 있기 때문에 최근에

▲ 보급형 스캐너

는 카메라 해상도를 향상시켜서 좀 더 디테일한 형상까지 스캔이 가능하게 발전하고 있다.

카메라 해상도는 2메가 픽셀부터 16메가 픽셀까지 다양하게 개발되어 있으며, 가장 폭넓게 사용하고 있는 것은 4~5메가 픽셀 정도이며, 16메가 픽셀은 초기 적용 단계로 볼 수 있다. 실제로 카메라 해상도가 높아질수록 획득할 수 있는 포인트 수가 많아지고, 그 만큼 고해상도의 데이터를 쉽게 처리할 수 있도록

PC의 사양도 뒷받침이 되어야 한다.

보급형 스캐너는 수백 만원 대의 저가형 스캐너가 출시되면서 가속화되기 시작했으며 일반인이 간편하게 사용할 수 있는 데스크톱 스캐너와 핸드헬드 스캐너가 많이 사용되고 있다. 고정밀 스캐너와 달리 정밀도는 다소 낮은 편이지만 여러 분야에 쉽게 적용을 할 수 있는 형태로 발전되고 있다. 특히, 컬러 텍스처가 필요한 분야에서는 대부분 보급형 스캐너를 많이 사용하고 있다.

고객 맞춤형 스캐너(Customized Scanner)의 등장

대부분의 3D 스캐너 사용자들은 일반적인 용도로 사용할 수 있는 범용 스캐너를 많이 선호해 왔는데, 최근에는 고객 맞춤형 스캐너(Customized Scanner)를 찾는 사용자들이 점차 증가하고 있다. 고객 맞춤형 스캐너는 기존 범용 스캐너를 기반으로 사용자가 원하는 형태로 구성을 변경해 적용되고 있으며, 스캐너의 성능은 그대로 유지한 상태에서 사용 편의성을 증대시키기 위한 목적으로 변경되고 있다.

예를 들면, 자동화 검사를 위해 여러 대의 스캐너를 장착하고 각각의 측정 데이터가 하나의 소프트웨어에서 정렬되는 형태, 자동 측정을 위해 지그를 제작하여 지그의 위치 좌표를 스캐너가 자동 인식하여 측정하는 형태 등이 있다.

그 중에서도 가장 빠르게 발전하고 있는 부분은 로봇을 이용한 자동 측정 분야다. 이미 몇 년 전부터 많은 스캐너 제조사들이 자사의 고정밀 스캐너를 로봇에 부착한 형태의 스캐너를 개발했으며, 최근 들어 이러한 방식을 선호하는 사용자가 늘어나

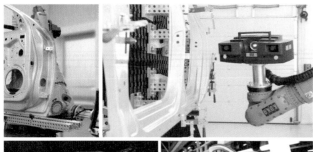

▲ 로봇을 이용한 자동측정 스캐너

면서 가속화되고 있다.

이러한 방식은 스캐너와 로봇 간의 신호를 제어해 스캐너가 이동하는 경로를 로봇이 직접 제어하여 사용자의 개입 없이 자동측정을 하는 방식으로, 주로 공장자동화를 위한 목적으로 많이 적용 되고 있다.

3D 스캐닝 소프트웨어의 현황 및 기술 동향

3D 스캐닝 소프트웨어의 확산

▲ 스캔 데이터로부터 역설계 및 품질검사

3D 스캐닝 소프트웨어를 관련 업계에서는 3차원 스캐닝 솔루션으로 부른다. 대기업을 중심으로 현장 활용 가능성을 시험해 보는 단계에서 이제는 일반화된 기술로서 검증 단계를 끝마친 시장 확장 단계로 넘어가고 있다.

대기업의 신제품 설계 및 제조 단계에서 효과적으로 적용되는 사례를 쉽게 찾아 볼 수 있는 것은 물론, 1차 벤더의 제품 설계 단계에서도 점차적으로 적용이 확대되고 있는 것을 볼 수 있다. 또한 과거에는 단위 조직 내부에서 한정적인 활용에 그쳤던 3차원 스캐닝 솔루션이 이제는 작업 프로세스 간의 연계 활용으로 변화해 가고 있다.

독립 소프트웨어의 중요성 증대

모든 3D 스캐너는 자체적인 구동용 소프트웨어를 갖추고 있다. 일반적인 3D 스캐너의 구동용 소프트웨어는 스캐너를 제어하기 위한 기능과 기본적인 스캔 데이터 처리 기능으로 구성되어 있다. 과거에는 이러한 스캐너 제조업체에서 제공하는 소프트웨어만으로도 기본적인 활용 분야를 위한 데이터 처리 작업이 어느 정도 가능했다.

하지만 최근 들어 활용 분야가 다변화되고 현장에서 요구하는 기능의 수준이 높아짐에 따라 이러한 기본 소프트웨어만으로는 필요한 작업을 모두 수행할 수 없게 됐으며 점차적으로 독립 소프트웨어의 중요성이 증대되고 있는 실정이다. 이러한 독립적인 소프트웨어의 경우는 하드웨어 시장보다 조금 늦게 시장이 형성되었음에도 불구하고 보다 빠른 속도로 시장을 형성

▲ 자동차 외관 역설계

하고 있으며 시장을 대표하는 제품군들이 등장하고 있다.

이러한 독립 소프트웨어로 Rapidform(래피드폼), Geomagic(지오매직), PolyWorks(폴리웍스)가 전 세계 시장을 주도하고 있었다. 하지만 Rapidform과 Geomagic이 3D Systems에 인수 합병된 이후, 새로운 Geomagic 소프트웨어와 PolyWorks가 세계 시장을 주도하는 양강 구조로 변경됐다.

또한 대형 CAD 벤더들도 3차원 스캔데이터 처리 소프트웨어 시장의 매력을 실감하면서 하나 둘씩 3차원 스캔 데이터 처리 모듈을 개발해 시장에 소개하고 있다. 카티아, 크리오, NX, 솔리드웍스 등이 이러한 모듈을 자사의 CAD 패키지의 서브 모듈로 출시했다. 대부분 기능적인 측면에서는 매우 초보적인 상태로, 기존 CAD 기능을 보조해 주는 수단으로 사용하고 있다.

과거 CMM 데이터 기반의 강력한 측정 기능을 제공했던 고전적인 측정 소프트웨어들도 일부이기는 하지만 3차원 스캔 데이터 처리 기능을 제고하기 시작했다. 하드웨어 시장과 마찬가지로 소프트웨어 시장에서도 후발 군소 신규업체들이 등장하고 있으며, 기술적인 장벽이 상대적으로 높은 소프트웨어 시장의 특성을 감안해 볼 때 고객의 요구를 만족할 만한 수준의 제품으로 완성하기까지는 많은 시간이 소요되고 있다.

3D 스캐닝 솔루션에 대한 인식 변화

3D 스캐닝 솔루션 시장이 발전함에 따라 고객이 요구하는 기술적인 수준 또한 성숙되어가고 있다. 초기에 3차원 스캐닝 솔루션이 처음 시장에 소개됐을 때만 하더라도 사용자의 기술적인 이해도가 상대적으로 낮아서 비접촉 측정 자체의 여부나 하드웨어에 대한 측정 정밀도에 국한된 기술적 관심도를 보여왔던 것이 사실이다.

그러나 최근에는 측정 정밀도에 대한 관심이 하드웨어에서 소프트웨어로 옮겨오면서 최종 3차원 스캔 데이터의 정밀도 및

정확도가 소프트웨어에서 수행되는 다양한 스캔 데이터 프로세싱 작업에서 결정적인 영향을 받는다는 사실이 대두되기 시작했다. 아무리 고가의 고정밀 3D 스캐너를 이용해 취득한 데이터라 하더라도 소프트웨어에서 계산 정확도가 보장되지 않으면 최종의 결과를 보장할 수 없다.

여러 방향에서 스캔된 다중 스캔 데이터의 정합 및 병합 과정은 작업 특성상 전적으로 소프트웨어의 능력에 따라서 원시 데이터의 정확도가 그대로 보존될 수도 있고 그렇지 못한 경우에는 원시 데이터의 우수한 정확도가 모두 훼손될 수도 있다. 따라서 사용자는 최종 데이터 정확도를 고찰할 때 반드시 하드웨어뿐만 아니라 소프트웨어에서, 특히 정합 및 병합 과정의 계산 정확도를 검증, 확인해 보아야 한다.

현재 3D 스캐닝 시장 상황과 앞으로 나아갈 방향

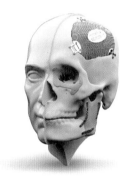
▲ 햅틱 디바이스를 이용한 두개골 모델링

3D 스캐닝 시장은 3D 프린터의 보급과 함께 급속도로 발전되고 있는 상황이다. 대부분의 사용자들이 3D 프린터로 원하는 제품을 출력하기 위한 수단으로 3D 스캐너에 관심을 가지고 있으며, 3D 스캐닝 솔루션을 3D 프린팅을 위한 보조도구로 인식을 하는 경향이 강하지만 3D 스캐닝 솔루션은 3D 프린팅 기술과 공존해야 하는 필수불가결한 요소다.

예전에는 CAD 데이터로부터 직접 3D 프린터로 출력을 하는 경우가 많았지만 최근에는 3D 스캐너를 이용한 역설계 기술이 발전하면서 CAD 데이터가 없는 제품이라도 역설계를 통해 원하는 형태로 CAD 데이터를 생성할 수 있게 되었다. 이렇게 얻어진 CAD 데이터 또는 스캔 데이터를 이용해 3D 프린터로 출력하고자 하는 사용자가 점점 증가하고 있다.

즉, 3D 스캐닝 기술은 3D 프린팅을 위한 콘텐츠 제작에 초점이 맞춰지고 있으며, 3D 콘텐츠가 다양해질수록 3D 스캐닝 및 3D 프린팅 기술이 발전할 수 있는 교두보 역할을 하게 되는 것이다. 여기서 3D 스캐너나 3D 프린터와 같은 하드웨어적인 요소도 중요하지만 콘텐츠의 질을 향상시킬 수 있는 소프트웨어의 역할이 더 중요해지고 있다.

3D 스캐닝과 산업용 로봇을 이용한 치수검사 자동화 솔루션

산업용 고성능 3D 스캐닝 장비의 정밀도와 해상도가 해가 다르게 발전하면서 독일 업체를 중심으로 한 고성능 3차원 스캐닝 장비는 CMM(Coordinate-Measuring Machine)과 더불어 치수검사를 위한 산업체 주요 장비로 자리잡았다. 특히 3D 스캐닝 장비는 생산 현장에서 이용할 수 있다는 장점 때문에 독일 자동차 업계를 중심으로 생산 현장에서 짧은 시간에 대량의 양산품을 검사하기 위한 치수자동검사 시스템에 확대, 적용되고 있다.

■ 황금에스티 메트롤로지 사업부, 02-850-9748, http://metro.hwangkum.com

품질검사를 위한 3D 스캐닝 장비 도입

녹일 업제를 수축으로 한 고성능 3D 스캐닝 장비의 정밀도, 해상노, 측성속노가 비약적으로 발전하면서 지난 10년간 3D 스캐닝 장비는 CMM과 더불어 치수검사의 주요 설비로 자리매김했다. 최근 제조업 분야에서 3D 스캐닝 장비를 도입하는 목적의 95% 이상이 치수검사를 위한 것으로 나타나고 있어 이를 반증한다.

Frost & Sullivan 분석보고서에 따르면, 고성능 3D 스캐닝 장비의 세계시장 규모는 2014년 430만 달러에서 매년 5.4% 성장해 2019년에는 520만 달러에 이를 전망이다. 이는 치수검사 시장의 확대에서 비롯된 것으로 보인다.

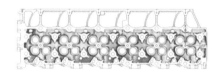

그림 1. 3D 스캐닝 장비를 이용한 고정밀 치수검사

양산품 품질관리를 위한 치수검사 자동화 솔루션 도입 확산

3D 스캐닝 장비를 이용한 치수검사가 CMM에 비해 소요시간이 짧고, 특수시설이 아닌 일반 작업 현장에서 사용할 수 있다는 장점에도 불구하고 포토그래메트리(Photogrammetry, 사진계측)를 이용한 사전 계측과 3D 스캐닝 센서를 사람이 직접 조작해야 한다는 번거로움 때문에 제품의 개발 단계 또는 양산품의 샘플검사에 주로 사용되어 왔다.

2010년 들어 독일 자동차 업체는 차체 생산현장에서 고전적인 검사구를 대체할 3D 자동치수검사 솔루션을 검토하기 시작했으며, 포토그래메트리가 내장된 프린지 프로젝션 형식의 3D 스캐닝 장비가 독일 업체에 의해 개발되면서 독일의 자동차 업계는 3D 스캐닝 장비를 이용한 자동치수 검사로 기존 검사구 및 수동에 의한 3D 스캐닝을 대체하고 있다.

특히 기존 검사구를 이용한 품질관리는 독일 자동차 업계에서는 차체 검사에 더 이상 사용하지 않고 있는 것으로 보인다. 이를 통해 독일 자동차 업계는 검사구 제작에 들어가는 막대한 비용을 절감하면서 품질 검사의 신뢰성도 획기적으로 높이는 일거양득의 효과를 얻고 있다.

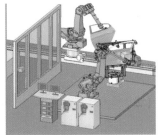

그림 2. 기존 검사구를 자동치수검사 시스템으로 대체

치수검사 자동화 시스템 구성

생산현장의 치수검사 자동화 시스템은 크게 '오프라인 시스템'과 '인라인 시스템'으로 구분된다. 오프라인 시스템은 생산공정과 별개로 독립된 셀로 운영되는 시스템이다. 인라인 시스템은 생산공정과 제품의 정보를 주고 받으며 측정대상물의 이송 및 검사 등 모든 공정이 생산공정과 통합되어 작동한다. 따라서 인라인 시스템의 경우, 오프라인 시스템에 측정 대상물 자동 이송장치, 공정 PLC와의 정보통신, 불량 여부에 대한 정보 제공 등이 추가된다.

〈그림 3〉은 인라인 자동치수검사 절차도로, 시스템의 구성요소는 다음과 같이 구분할 수 있다.

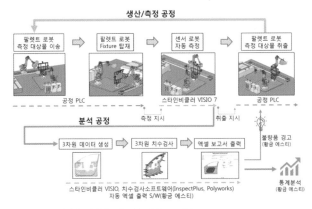

그림 3. 3D 스캐닝을 이용한 자동치수검사 프로세스

- 3D 스캐닝 센서
- 산업용 로봇 및 포지셔너
- 통신 제어반
- 검사 제품 거치용 자동/수동 홀딩 픽스처
- 검사자동화 통합 제어 소프트웨어
- 치수검사 소프트웨어
- 고객사 양식보고서 출력 및 불량 경고 시스템
- 통계적 품질관리

3D 스캐닝 센서

3D 스캐닝 센서는 통합 제어 소프트웨어와 함께 자동치수검사 시스템을 구성하는 핵심 요소다. 〈그림 4〉는 자동차 도어 및 트렁크 리드 측정을 위한 홀딩 픽스처로, 홀딩 픽스처에 부착된 원형 마커를 포토그래메트리를 이용해 사전 계측한 후, 이를 기준으로 3차원 스캐닝 데이터를 정렬한다. 또한 홀딩 픽스처에 대한 정기적인 자동 포토그래메트리 계측을 통해 측정 신뢰성을 유지한다.

그림 4. 포토그래메트리 마커가 부착된 홀딩 픽스처

따라서 포토그래메트리가 내장된 3D 스캐닝 센서는 측정 자동화를 위해 필수적이며, 자동차 차체 검사 시 필수 항목인 갭과 단차, 판넬 바운더리, 홀 등에 대한 정확한 측정을 위해 고해상도의 카메라가 요구된다.

〈그림 5〉는 독일 자이스 옵토테크닉(구 스타인비클러사)가 측정자동화 전용으로 개발한 3D 스캐닝 센서다. 고해상도의 3D 스캐닝을 위해 8M 카메라를 탑재하고 있다. 로봇 이동 시, 주변과의 충돌 위험을 최소화하기 위해 포토그래메트리 센서가 일체형으로 내장되어 있는 매우 콤팩트한 구조로 되어 있다. 또한 로봇에 장착 시 편의성을 높이기 위해 2개의 로봇 플랜지를 갖고 있다.

그림 5. 독일 스타인비클러 검사자동화 전용 3D 스캐닝 센서

검사자동화 통합 제어 소프트웨어

3D 스캐닝을 이용한 검사자동화 시스템은 많은 하드웨어와 외부 소프트웨어가 연동되어 작동하는 시스템으로, 이를 총괄적으로 제어하는 소프트웨어가 필요하다.

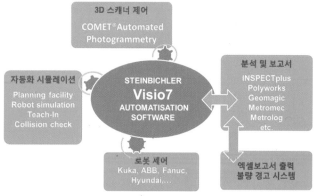

그림 6. 검사자동화 통합 제어 소프트웨어, VISIO 7

〈그림 6〉은 독일 자이스 옵토테크닉의 검사자동화 시스템 소프트웨어인 VISIO 7으로 주요 지원 기능은 다음과 같다.

- 포토그래메트리 및 3D 스캐닝 센서 구동 – 포토그래메트리 및 3D 스캐닝, 로봇 이동 시뮬레이션
- 소프트웨어를 이용한 온라인, 오프라인 로봇 티칭
- 외부 시설과의 충돌 테스트

- 외부 치수검사 소프트웨어 인터페이스(INSPECTPlus, Polyworks Inspector 등)
- 로봇 컨트롤러 인터페이스(KUKA, ABB, FANUC, HYUNDAI 등)
- 공정 PLC와의 인터페이스

고객사 양식 보고서 출력 및 불량 경고 시스템

상용 치수검사 소프트웨어는 치수검사결과를 PDF, CSV 파일 형식으로 출력하는 반면, 대부분의 회사들은 자사 고유양식의 엑셀 파일 형식을 선호한다. 또한 치수검사 결과들을 조합해 각기 다른 합격과 불합격 판정 기준을 적용하므로 이를 상용 치수검사 소프트웨어를 이용해 구현하는 것은 현실적으로 불가능하다.

〈그림 7〉은 황금에스티 메트롤로지사업부 소프트웨어팀에서 개발한 AutoGEN 소프트웨어 개념도로, 치수검사 소프트웨어 결과와 사용자 양식 엑셀파일 매핑 기능, 자동변환, 고객사 기준에 따른 불량품 경고, ZEISS PiWeb과 같은 외부 통계적 품질관리 소프트웨어와의 인터페이스를 제공한다.

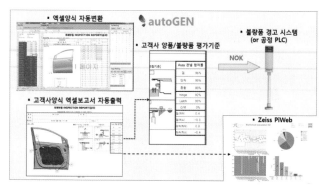

그림 7. 자동 엑셀보고서 출력 및 불량품 경고 시스템

해외 자동차 업체 검사자동화 사례
프린지 프로젝션 형식의 COMETAutomated

〈그림 8〉은 BMW X1, 5-door BMW 1 Series, BMW 2 Series, BMW i3, BMW i8을 생산하는 Leipzig 공장의 차체 생산 라인 및 프레스 라인에 설치되어 있는 차체 판넬 자동치수검사 장비다. BMW는 프린지 프로젝션 형식의 3D 스캐닝 센서와 BMW가 자체 개발한 다목적 홀딩 픽스처를 이용해 차체 부품 및 어셈블리 제품을 검사하며, 구형 검사구 방식 대비 막대한 원가절감뿐만 아니라 더욱 엄격하고 안정된 품질관리가 가능해졌다.

〈그림 9〉는 폭스바겐 Golf와 Passat를 생산하는 Sachen 공장의 차체 생산 라인에 설치되어 있는 자동치수검사 장비로, 실제 설치된 장비의 시뮬레이션 모델이다.

〈그림 10〉은 FIAT의 차체 생산 라인에 설치되어 있는 자동치수검사 장비다. 피아트는 차체 무빙 파트 즉 도어, 후드, 트렁크 리드에 대한 치수검사에 이 장비를 이용하고 있다.

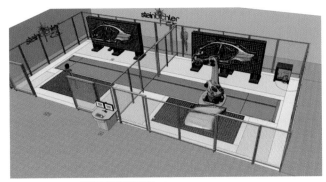
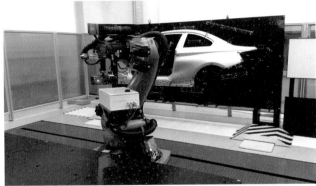

그림 8. BMW 프레스 숍, 바디 숍

그림 10. FIAT 바디 숍

〈그림 11〉은 아우디 핵심 거점 공장의 하나인 Neckarsulm 공장의 차체 생산 라인에 설치된 사례다. 아우디는 다른 독일 자동차 메이커와 마찬가지로 파일럿 차체 개발에도 유사한 자동치수검사 장비를 이용하고 있다.

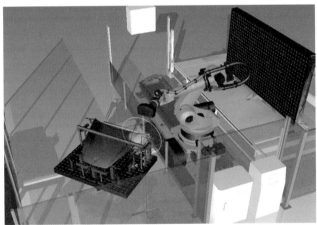
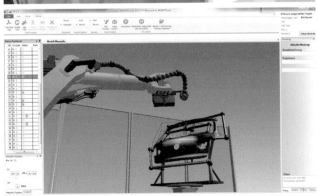

그림 9. 폭스바겐 파일럿, 프레스 숍, 바디 숍

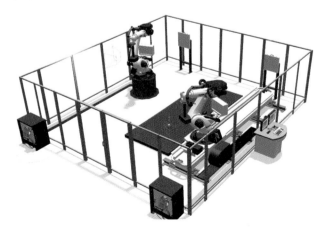

그림 11. 아우디 프레스 숍, 바디 숍

〈그림 12〉는 현대·기아 자동차가 파일럿 차체 개발에 이용하고 있는 자동치수검사 장비 사례다.

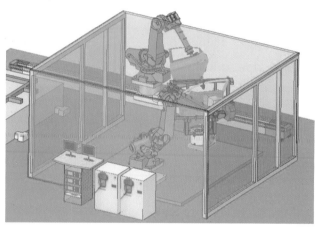

그림 12. 현대·기아 파일럿

레이저 형식의 T-SCAN Automated

대부분의 자동차 업체들은 검사 자동화용으로 프린지 프로젝션 형식의 3D 스캐닝 장비를 선호한다. 하지만 배기계와 같

그림 13. 포레시아, TENNECO(배기계)

이 매우 반짝이는 표면에 대해서는 레이저 형식의 3D 스캐닝 장비가 유리하다.

검사자동화 시스템의 기술개발 동향

검사자동화 시스템의 최근 개발 동향은 3D 스캐닝의 정도와 효율성을 자동화 특성에 맞도록 하드웨어와 소프트웨어를 최적화시키면서 통합 제어 소프트웨어의 사용자 편의성을 향상시키는 방향으로 집중되고 있다.

자동차 차체 검사 분야에 있어 주요 검사 부위인 해밍부, 판넬 바운더리, 각종 홀들의 정확한 측정을 위해 고성능 3D 스캐닝 센서는 고해상도의 카메라를 탑재하고 있다. 하지만 바운더리, 홀 종류의 측정에서는 3D 스캐닝의 특성상 〈그림 14〉와 같이 바운더리 및 홀 경계부에서 점군 데이터를 취득하는 것은 거의 불가능하다.

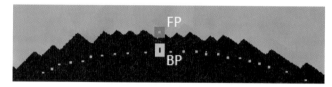

그림 14. 3D 스캐닝으로 취득관 데이터와 실제 바운더리 차이

자이스 옵토테크닉은 기존 3D 스캐닝 방식 대비 보다 정확한 바운더리 및 홀류의 측정을 위해 3D 스캐닝 데이터와 2D 이미지를 결합해 피처를 측정하는 솔루션을 개발했으며, 보다 선명한 2D 이미지 취득을 위해 〈그림 15〉와 같이 Polylight 조명을 부가적으로 이용한다.

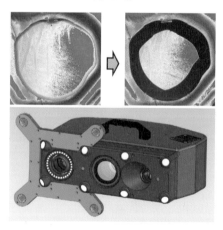

그림 15. 2D 이미지와 3D 데이터를 이용한 피처 추출

한편, 기존 COMETAutomated와 Visio 7 V1을 사용하는 제조업체들은 2015년 9월 출시된 Visio 7 V2에서는 이러한 기능들을 사용할 수 있을 것으로 보인다.

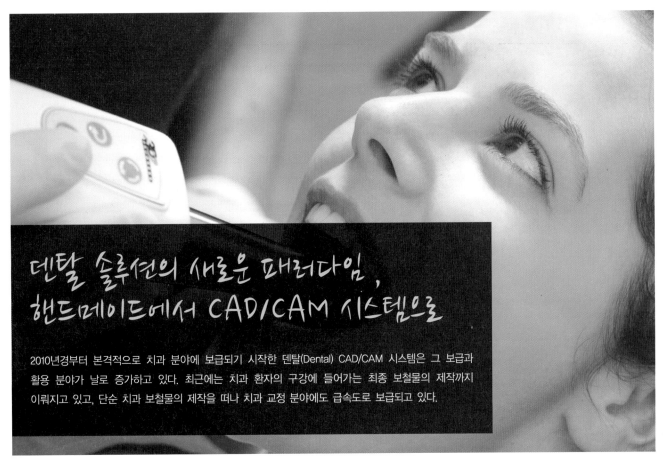

덴탈 솔루션의 새로운 패러다임, 핸드메이드에서 CAD/CAM 시스템으로

2010년경부터 본격적으로 치과 분야에 보급되기 시작한 덴탈(Dental) CAD/CAM 시스템은 그 보급과 활용 분야가 날로 증가하고 있다. 최근에는 치과 환자의 구강에 들어가는 최종 보철물의 제작까지 이뤄지고 있고, 단순 치과 보철물의 제작을 떠나 치과 교정 분야에도 급속도로 보급되고 있다.

■ **최범진** | 미라클 CAD/CAM Center에서 센터장을 맡고 있다. 임상경력 15년차 치과기공사로, 구강보건(치과재료)학으로 박사학위를 받고 치기공학과 외래교수로도 활동 중이다.
E-mail | dentol00700@naver.com

덴탈 분야에서도 CAD/CAM 시스템 사용 늘어

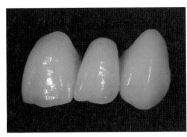

그림 1. 치과 보철물 – 전치부

일반적으로 CAD/CAM은 공업 분야에서 사용되기 시작했는데, 치과 분야에서 CAD/CAM이 전문적으로 사용된 역사는 그렇게 길지 않다. 처음에는 치과 보철 분야 중에서 전치부(앞니) 보철물을 제작하는 특정 분야에서 심미적인 올 세라믹(All-ceramic) 보철물의 제작 분야에 쓰였다. 이제는 그 범위가 점차 넓어져 환자를 직접 상대하는 치과 분야 및 치과 기공물에 대한 의뢰를 받아 제작하는 치과 기공 분야까지 범위가 확대됐다.

특히, 환자들의 심미적인 욕구를 만족시키기 위해 치과 분야에서 지르코니아(Zr)의 사용이 본격화되면서 덴탈 CAD/CAM 분야의 발전도 동시에 진행되고 있다. 지르코니아라는 소재는 초창기에 정형외과 분야에서 사고나 선천적인 손실로 인한 인공 관절을 제작하는데 이용했다. 또한 생체 친화적인 부분을 기본적인 특징으로 사용해 왔는데, 치과 분야에서는 손실된 치

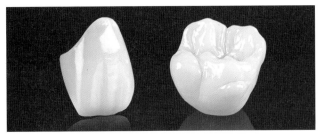

그림 2. 지르코니아로 제작한 치과 보철물

아를 대체하는 재료로 각광받고 있다. 특히, 심미적이며 생체 친화적인 장점을 바탕으로 전통적인 치과용 금속을 대체하는 소재로 사용량과 임상 적용이 해마다 증가하고 있다.

일반적으로 CAD/CAM 시스템은 치과용으로 특화된 프로그램을 이용해 보철물을 비롯한 디자인이 이뤄지고, 특정 또는 비특정 파일을 생성해 CAM 파트에서 소재를 밀링(Milling) 또는 3D 프린팅 등으로 최종 또는 중간 단계의 치과 보철물을 생산하는 것이 기본적인 구조다. 3년제 또는 4년제 대학의 치기공학과를 졸업하고 국가에서 인정하는 '치과기공사(Dental technician)' 의료기사 면허를 취득한 사람이 치과 또는 치과기공소 등 정해진 장소에서 치과 보철물을 제작할 때 앞에서 언급한 시스템을 이용해 치과 보철물을 제작하고 있다.

그림 3. CAD/CAM을 활용한 Denture Milling(틀니 밀링) 과정

최근에는 치아가 없는 무치악 환자에게 적용하는 틀니(Denture)도 치과용 CAD/CAM 시스템을 이용해 제작하고 있으며, 부분틀니(Partial Denture)를 제작하는 과정에도 적용되고 있다. 또한 임플란트를 하는 환자가 증가함에 따라 뼈에 심어진 임플란트 위에 올라가는 치과 보철물도 덴탈 CAD/CAM 시스템을 이용해 제작하고 있다.

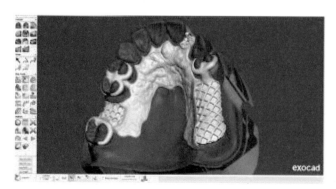

그림 4. Partial Denture(부분 틀니)의 CAD 디자인

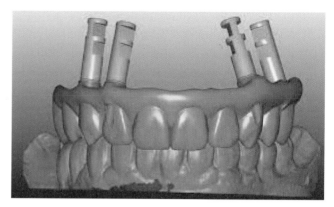

그림 5. 임플란트 보철 디자인

3D 스캐너로 구강 내 3D 이미지 생성

이러한 치과 분야의 보철 제작 트렌드는 관련 업계 종사자뿐만 아니라 여러 가지 정보수집이 보편화되면서 일반인들의 덴탈 아이큐가 높아져 더욱 뜨거운 반응을 보이고 있다. 초창기 치과 분야에서 보철물을 제작하던 방법은 오직 치과기공사의 수작업에 의한 공정이 절대적이었다. 치과에 환자가 내원해 치료를 끝내고 보철물을 제작하는 경우, 치과용 인상재를 이용해 본(Impression)을 뜨고 치과기공소에 보내서 치과용 석고 등을 이용해 작업모델을 만들게 된다. 그 위에 보철물을 제작하는 방식으로 대부분의 치과 보철물이 제작됐다. 하지만 최근 치과에서 새로운 혁신이라고 부를 만큼 큰 변화가 생겼다.

앞서 언급한 전통적인 치과 보철물 제작 방식 대신 환자의 입안에서 구강 내 스캐너(Intra-Oral Scanner)를 이용해 3D 이미지를 생성하는 구강 내 스캔 방식을 이용하고 있다. 보급 초기에 생각했던 우려와 달리 점차 사용이 늘고 있고 관련 기술의 발전도 이를 뒷받침하고 있다. 이에 따라 보철물 제작 시간이 절약되고 있다. 또한 환자가 치과에 한번 방문해서 하루만에 보철물을 제작하기도 하다.

그림 6. 3D 프린팅 작업 모형

한편, 덴탈 3D 프린터의 발전은 관련 업계와 소재의 발전에 그치지 않고 금속 부분을 직접 프린트하여 보철물의 제작 퀄리티를 높이고 있다는 점이 특징이다. 수작업 제

작 과정에서 발생하던 에러 발생률을 줄이고 치과분야에 특화된 시스템을 이용해 제작된 이러한 보철물(또는 부분)은 환자의 구강 내에 적합도 또한 상당히 높은 것으로 여러 문헌에서 연구되었고, 임상으로 검증되고 있다. 또한 기술자나 환자들로부터 초창기에 소개됐을 때와는 비교할 수 없을 만큼 높은 만족도 평가를 받고 있다. 수작업이 아닌 기계 공정으로 진행되기 때문에 치과기공사의 능력이나 경력에 의한 보철물의 퀄리티에 영향을 적게 받는 것 또한 큰 장점으로 평가받고 있다.

CAD/CAM 시스템 활용도 높아질 것

교정 치과 분야의 경우, 3D 프린팅 기술은 그 파급 효과가 더욱 크다고 할 수 있다. 최근 외국에서 먼저 시작해 우리나라에 도입된 투명 교정장치는 그 제작 및 시술 기반을 3D 디자인과 3D 프린팅에 두고 있다. 일반적인 치과 교정의 경우, 치과의사의 경험치를 바탕으로 치아 이동을 강제적으로 유도해 가지런한 치아 배열 상태를 만드는 것이 일반적인 방법이었다. 여기에 사용되었던 것이 '브라캣(Beurakaet)'이라고 불리는 치아 교정기로 치아의 면에 금속이나 세라믹 등의 재료로 붙고 다양한 굵기의 치과용 와이어를 이용해 교정력을 발생시키는 기전으로 되어 있다.

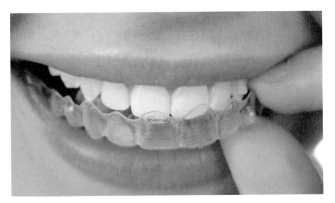

그림 7. **투명 교정장치**

하지만 투명 교정 장치의 경우, 3D 이미지에서 이동되는 치아의 양과 힘을 미리 시뮬레이션하고 이미지에서 이동된 치아의 형태에 치과용 투명 레진(Resin) 등을 프린팅하여 환자가 구강에 끼우고 있으면 그 장치물의 장력과 견고함을 이용하여 치아의 교정력을 유도하는 방식이다. 교정용 와이어와 브라캣을 사용하지 않는 장점을 바탕으로, 특히 심미적인 부분을 중요시하는 방송업계 등 관련된 분야의 사람들이 선호하던 방식이었다.

국내 CAD/CAM 시스템의 기술력 발달과 사용 소재의 개선으로 국내 치과에서도 선호하는 시스템이 되었다. 턱 관절의 움직임과 상태가 비정상적인 경우를 비롯해 TMJ (Temporomandibular Joint) 장애가 있는 경우, 치료와 이완의 도구로 사용하던 TMJ Splint의 경우 등 수작업으로 제작하던 방식이 환자의 구강을 스캐닝해서 3D 프린터를 이용해 직접 제작하게 됨으로써 환자들이 번거롭고 힘들어 하던 부분들을 많이 감소시키고 있다.

그림 8. CAD/CAM 시스템으로 제작한 투명 TMJ Splint

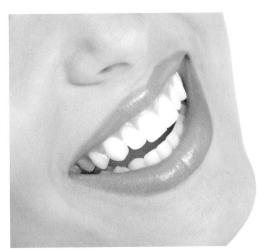

그림 9. **교정으로 깔끔해진 치아**

앞에서 언급한 치과 및 치과 기공 분야의 3D 프린팅 관련 기술은 치의학 및 치과기공학, 그리고 치과 재료학 지식을 바탕으로 한 경우에 더욱 정밀하고 효율적으로 사용할 수 있다. 따라서 치과의사와 치과기공사 면허소지자들에게도 이제 이런 시스템을 이용해 제작하고 적용하는 것은 가장 중요한 부분이 됐다. 또한 향후 이와 관련된 시스템의 기술과 관련 소재의 발달은 더욱 가속화되고, 치과 임상에서의 적용도 더욱 증가될 것으로 예상된다.

문화재와 3D 스캔의 과거, 현재, 미래, 그리고 융합

우리나라는 물론 천 세계에 존재하는 수많은 문화재가 훼손되거나 멸실되고 있다. 산업화에 따른 무분별한 개발로 인한 인위적인 파괴를 비롯해 천재지변 같은 불가항력으로 이뤄지는 문화재 멸실에 대한 가능성에도 대비해야 할 시점이다. 이 글에서는 문화재 보호를 위해 사용되고 있는 3D 스캔 기술의 과거, 현재, 그리고 미래에 대해 살펴보자.

■ **박진호** │ KAIST 문화기술대학원 선임연구원과 광주과학기술원 문화기술연구소 선임연구원을 거쳐 현재 서울대학교 차세대융합기술연구원 선임연구원으로 활동 중이다.
E-mail │ arkology@naver.com

문화재에 있어 3D 스캔 기술의 장점

문화재를 3D 스캔하는데 있어서 가장 큰 장점은 스캔하려는 대상 문화재에 직접 닿지 않고 레이저나 카메라 기술 등을 사용해 측정하기 때문에 소중한 문화재에 아무런 해를 입히지 않는다는 점이다. 또한 3D 스캔을 통한 3차원 데이터 구축은 기존의 사진측량 방식보다 훨씬 풍부한 자료를 확보할 수 있고 고도의 정밀도를 추구할 수 있다.

3D 스캔은 수작업으로 실측하기 어려운 부분을 포함해 전체적인 형태를 영구적인 파일 자료로 보관할 수 있다. 따라서 3D 스캔은 문화재에 대한 3차원 벡터 정보를 확보해 문화재의 과학적 복원 분석과 관리, 보존, 복원 등에 이용할 수 있다. 이는 대상 문화재의 조각방식이나 시간에 따른 변형양에 대한 기록과 구조적 형태, 현상보존, 변화과정 등을 분석하고, 복원시 정확한 실측 자료를 제시해 과학적인 근거에 의한 연구 목적의

그림 1. 2006년 캄보디아 앙코르와트 사원의 3D 스캔 작업 장면과 그 결과물

자료 활용에 있어서 다른 어떤 방법보다도 우수하다.

3D 스캔 데이터는 3차원으로 나타나기 때문에 문화재 대상물에 대한 입체적 가상복원이 가능하므로 단위 문화재 보존의 방향 설정에도 용이하다. 3D 스캔이라는 디지털 데이터를 다시 데이터 라이브러리로 축적함으로써 가상 공간에서 현실감

을 높일 수 있다.

그럼으로써 가상박물관(假想博物館)의 실현이 가능하다. 또한 앞서 설명한 숭례문 화재와 같은 최악의 상황이 발생했을 경우에 대비해 해당 문화재의 원형 복원을 위한 디지털 데이터를 확보하고, 3차원 영상을 이용한 가상 복원도 가능해졌다.

3D 스캔 기술로 해외 문화재의 보존과 콘텐츠 제작

우리나라처럼 3D 스캔 기술을 응용해 문화재를 보존하고 콘텐츠로 제작하는데 적용하려는 나라는 많지 않다. 그 동안 국내 문화재뿐만 아니라 해외 문화재를 대상으로 한 3D 스캔 작업도 이뤄졌다. 2006년 캄보디아 앙코르와트 사원을 시작으로 2007년 베트남 후에 황성 등은 주로 3D콘텐츠를 획득하려는 목적으로 진행됐다.

문화재의 보존 측면에서는 국내 3D 스캔 대표 기업인 위프코에서 지난 2013년 인도네시아의 대표적인 유네스코 세계문화 유산인 보로부두르 사원을 대상으로 한 스캔 작업을 진행했다. 인도네시아 보로부드르 사원에서 26km 떨어진 곳에 머라피 화산이 있다. 보로부드르 사원을 지난 1,000년 동안 화산재에 묻혀 지내게 한 장본인이 바로 이 화산이다. 뜨거운 화산재는 보로부드르의 자랑인 2,440개의 부조에 훼손을 가져와 원래 컬러였던 부조는 색이 없어졌고 부조도 열에 의해 부식된 경우도 있었다.

이 화산은 휴화산이었는데 지난 2010년 이후 화산 분출이 진행되었고, 여기서 나온 화산재로 말미암아 보로부드르 사원에 영향을 미치고 있다. 인도네시아 유네스코에서는 스투파에 덮개를 씌우는 등 머라피 화산으로부터 보로부드르 사원을 지키려는 노력의 일환으로 3D 스캔 작업을 진행했다.

그림 3. 보로부드르 사원 스투파의 3D 스캔 작업 장면(김지교 촬영)

보로부드르 사원의 정밀한 3D 스캔은 한국 기업에서 진행했다. 이런 3D 스캔을 통한 디지털 자료의 획득은 향후 외국의 문화재 보존을 위해서도 긴급히 조치해야 할 사항이다. 가령 보로부드르 사원이 화산과 같은 천재지변이나 인위적인 훼손에 의해 해를 입었을 경우, 정밀한 3D 스캔 자료를 통해 훼손 전의 원형을 유추할 수 있다.

일종의 디지털 보존이 가능한 셈이다. 붕괴되거나 홍수, 산사태 같은 천재지변으로 인해 혹은 인위적인 파괴로 붕괴될 경우 원상태로 되돌릴 수 없다. 되돌린다 하더라도 원형을 알 수 없으므로 실제 복원도 불가능하기 때문이다. 앞서 언급한 3D 스캔 데이터를 가지고 있으면 파괴 이전과 똑같은 실제 복원을 진행할 수 있다. 이것이 3D 스캔의 최대 장점이다.

인위적으로 파괴된 문화재 디지털 복원도 가능

지난 2001년 '9.11 뉴욕테러' 사건이 일어나기 6개월 전에 아프가니스탄 바미안 석불이 탈레반에 의해 폭파됐다. 바미안 석불이 당시 급진 이슬람 세력인 탈레반에 의해 무참히 파괴된 것이다. 바미안 석불은 유네스코가 지정한 세계문화유산임에도 불구하고 알라 외에는 신이 없다는 주장 아래 벌어진 인류 역사상 최대의 만행이었다. UN이 설립되어 세계평화와 공존을 모색하고 인터넷으로 전 세계가 동시생활권이 된 21세기지만 버젓이 눈앞에서 인류의 소중한 문화재가 파괴되는 것을 우리는 막지 못했다.

그림 2. 인도네시아 머라피 화산 전경(김지교 촬영)

그림 4. 바미안 석불의 3D스캔 장면(왼쪽)과 이를 바탕으로 디지털 복원한 바미안 석불(오른쪽)

그런데 탈레반이 바미안 석불을 폭파시키기 전에 3D 아카이브 기술을 통해 바미안 석불을 3차원 스캔했더라면, 폭파된 이후 그 원형(原型)을 고스란히 되살릴 수도 있었을 것이다. 하지만 아쉽게도 어느 나라에서도 어떤 단체에서도 파괴되기 이전에 3D 스캔 작업을 실시하지 않았다. 따라서 파괴된 바미안 석불은 이제 영원히 원래의 상태로 복원할 수 없게 됐다.

지난 2003년 바미안 석불의 원형을 모형으로 만들어 이를 3D 스캔한 후 이를 근간으로 바미안 석불의 원형을 3D로 복원했다. 원형 3D 스캔을 통해 디지털 복원 작업이 이뤄졌다면 진정성을 찾을 수 있겠지만 아쉽게도 모형 제작을 통한 3D 스캔 작업이라는 아쉬움이 많이 남는 프로젝트였다.

라오스 문화재 복원의 실마리도 찾음

2009년 OECD 산하 개발원조위원회(DAC) 회원국에 가입하고도 세계문화유산 복원에 원조를 하지 않고 있던 유일한 나라는 바로 한국이었다. 하지만 문화재청을 중심으로 6년간 60억 원의 예산을 투입해 유네스코 세계문화유산인 라오스의 홍낭시다 사원을 문화재청 산하기관인 한국문화재보호재단에서 실물로 복원하는 작업을 진행했다.

이미 오랜 세월을 견디지 못하고 무너져 버린 홍낭시다 사원에 대한 3차원 형상 데이터를 얻어 구조의 형태, 체적 및 면적을 정확히 파악할 수 있도록 한 것이다. 향후 시각적인 효과를 줄 수 있는 가상공간 및 시뮬레이션 표현을 통해 실제 사원을 복원하기 전에 발생하는 시행착오를 줄일 수 있을 것으로 보인다. 외국 문화재를 실제 복원하는데 있어 3D 스캔 기술이 적용된 첫번째 사례다.

그림 5. 라오스 홍낭시다 사원 3D스캔 장면(김지교 촬영)

3D 스캔으로 뉴욕시민을 감동시키다

지난 2013년 10월 29일부터 2014년 2월 23일까지 약 4개월 동안 뉴욕에 위치한 메트로폴리탄 박물관 1층 특별전시실에서 '석굴암 3D UHD 전시'가 열렸다. 한국의 대표적인 황금 유물들을 들여와 전시했는데, 정작 한국 문화를 대표하는 석굴암을 뉴욕 메트로폴리탄 박물관으로 가져올 수 없었다. 대신 초대형 UHD-TV에서 석굴암 3D를 상영해다. 그런데 이 석굴암 UHD 콘텐츠는 지난 2011년 석굴암 3D 스캔 데이터를 기반으로 만들어진 것이다.

그림 6. 메트로폴리탄박물관 석굴암 3D를 관람하고 있는 뉴욕 시민들(김지교 촬영)

석굴암 3D 스캔 데이터를 잘 가공해 풀 HD TV보다 화질이 4배나 더 좋은 울트라 HDTV인 85인치형 85S9라는 모델을 이용해 석굴암 건축을 생생하게 볼 수 있도록 했다. 사실 석굴암이 한국을 대표하는 굉장히 중요한 유물이지만 직접 가져가서 전시할 수는 없었다. 만약 석굴암 3D UHD 콘텐츠 형태로 만들어 뉴욕 메트로폴리탄박물관에서 전시되지 않았다면 미국인들

그림 7. 석굴암 3D를 관람 중인 반기문 UN사무총장(김지교 촬영)

에게 석굴암이라는 존재는 전혀 모르고 지나갈 뻔한 것이다. 약 19만 4,104명의 미국 시민들이 석굴암 3D를 관람했다. 3D UHD 석굴암 콘텐츠를 만들 수 있었던, 그래서 뉴욕 시민들을 감동시킬 수 있었던 원천은 석굴암의 3D 스캔이 있었기 때문이다.

3D 스캔을 통해 국내 최초의 HMD 전시관 개설

2015년 8월 21일부터 10월 18일까지 약 59일간 경주세계문화엑스포에서 석굴암 가상현실 HMD 전시관이 열린다. 일명 '석굴암 HMD트래블 체험관'으로 이름 붙여진 이 전시관은 HMD를 이용한 국내 최초의 문화유산 체험관이다.

이것은 가상현실(VR) HMD(헤드 마운트 디스플레이) 기기인 '오큘러스 리프트'를 쓰고 석굴암을 체험하는 것이다. 돌의 질감을 그대로 살렸고 마치 손을 뻗으면 본존불상의 무릎을 당장이라도 만질 수 있을 것처럼 만들어졌다. 이 모든 것이 석굴암의 3D 스캔 작업이 있었기에 마치 석굴암의 돌 느낌을 진짜와 거의 같은 느낌으로 HMD로 만들 수 있었다.

문화유산을 보호하는 과학으로서의 3D 스캔

이렇듯 소중한 문화재를 영구 보존하기 위해서 혹은 UHD, HMD 콘텐츠를 제작하기 위해서라도 3D 스캔은 매우 중요하다. 특히나 문화재 보존과 관련해서 3D 스캔 만큼 정확성이나 신속성을 만들어낼 수 있는 기술은 없다.

예를 들어, 3D 스캔에 의한 등고선실측도와 3차원 영상 데이터는 지금까지 활용되었던 2차원적 실측도와는 비교할 수 없을 정도로 정밀하고 풍부한 데이터를 얻을 수 있다. 이는 유사시 디지털 데이터에 의한 즉각적인 복원이 가능할 뿐만 아니라 아날로그 자료의 최대 단점인 보존 기간의 유한성을 해결할 수 있는 획기적인 방법이다.

장기적인 관점에서도 현상이 변형될 수 있는 문화재를 비롯해 주변 여건으로 인해 보존 위치가 변할 수 있는 불가피한 상황에 놓인 문화재를 우선적으로 3D 스캔해야 한다. 우리나라 뿐만 아니라 유네스코가 지정한 세계문화재 전부에 이르기까지 거의 모든 부문의 문화재에 대한 3D 스캔을 통한 디지털화가 이루어져야 한다고 생각한다.

결론적으로 3D 스캔 기술은 현재 남아 있는 실제 문화재를 3D 스캔해 디지털 문화재 데이터를 확보함으로써 훗날 문화재

그림 8. 경주EXPO에서 처음 선보였던 석굴암 HMD콘텐츠. HMD를 이용한 문화재 복원의 선도적인 사례였다.(인디고엔터테인먼트 제작)

복원작업과 3D 콘텐츠 생성의 원본 데이터로 활용할 수 있다. 이는 과거와 현재 뿐만 아니라 미래에도 역시 동일하다. 미래 문화재 보호 장치로써 3D 스캔 기술이 기여하고 있다고 생각한다.

그렇다면 앞으로 3D 스캔 기술은 어떤 진화(進化) 과정을 보여줄 것인가? 3D 스캔의 미래상은 어떤 모습일까? 여기에 대한 정확한 답을 하기는 매우 어려운 것이 현실이다. 우리의 예상만큼이나 기술 발전 속도가 급속하게 이뤄지고 있기 때문이다. 필자는 미래 3D 스캔 기술은 과거에 그랬듯이 단독 3D 스캔 기술의 발전이라기 보다는 주변 기술과 융복합(戎複合)된 컨버전스 형태의 기술 발전이 될 것이라고 본다.

앞으로도 문화재 보호와 3D 콘텐츠 획득이라는 두 마리의 토끼를 잡는데 있어서 3D 스캔 기술은 하나의 표준(Landmark)으로 자리매김 할 것이다. 다만 그 형태가 앞에서 말한 '융복합이냐' 아니면 '또 다른 형태냐' 라는 차이만 있을 뿐이다.

그림 9. 무령왕릉 3D Scan 데이터를 활용해 만든 백제 무령왕릉 HMD콘텐츠를 전시한 모습(열린기획 제작)

다양한 분야로 활용 폭을 넓히고 있는 3D 스캐닝 시스템

최근 '제3의 산업혁명'으로 불리는 3D 프린터 관련 산업이 다양한 분야로 확산됨에 따라 3D 프린터와 관련된 3D 스캐너 시장도 성장세를 보이고 있다. 특히 기존 산업용 외에도 의료, 패션, 문화재복원 사업 등 비제조업 분야에서 3D 프린터 도입의 확산과 함께 3D 스캐너의 활용도 가파른 증가 추세를 보이고 있다.

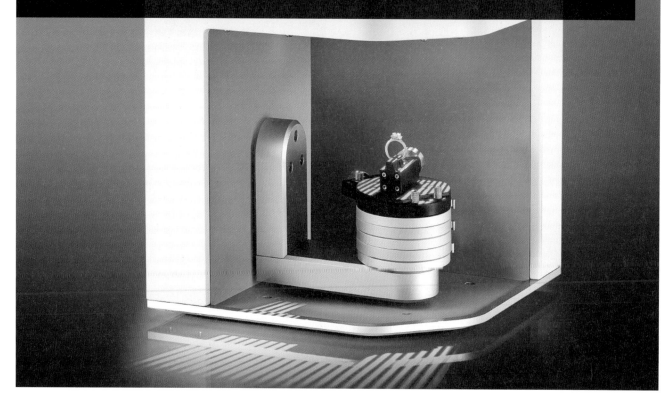

■ **곽승재** │ 메디트의 전략/마케팅팀 소속으로, 산업용 3D 스캐너 브랜드인 솔루션닉스의 판매 전략수립, 마케팅 업무를 전담하고 있다.
E-mail │ sj.kwak@meditcompany.com

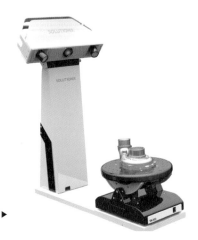

▶ 메디트의 3D 스캐너
Rexcan CS

3D 스캐닝 시스템을 활용한 미래의 먹거리 확보

그 동안 국내 3D 스캐너 시장은 리버스 엔지니어링 시장을 중심으로 형성되어 왔다. 제조업 시장을 중심으로 실제 제품을 3D CAD 데이터로 변환하는 '역설계' 분야와 생산된 제품이 제대로 제작되었는지 확인하는 '품질검사', 두 분야가 활성화되면서 3D 스캐너 시장은 꾸준히 성장했다. 시장 내에서 하드웨어 및 소프트웨어의 성능 향상으로 스캔 품질이 높아지고 프로세스 자동화가 구현되면서 직접 모델링하는 경우에 비해 3D 스캐닝을 통한 역설계 과정이 더 경쟁력 있는 프로세스라는 인식이 확대되었기 때문이다.

하지만 내수 경제의 침체로 인한 소극적인 투자, 3D 스캐닝 시스템의 대중화로 인한 수요 감소 등으로 최근 제조업 분야에서 3D 스캐닝 시스템의 보급은 다소 정체되고 있는 것으로 보인다. 반면 제조업 분야에 비해 리버스 엔지니어링 수요가 적다고 인식되던 의료, 패션, 문화재 복원 사업 등 비제조업 분야에서 3D 스캐닝 시스템의 도입은 최근 3D 프린터 도입의 확산과 함께 가파른 증가 추세를 나타내고 있다.

최근 3D 프린터 관련 산업은 '제3의 산업혁명'으로 불리며 점차 확산되고 있다. 이에 따라 3D 프린터와 관련된 시장은 급격히 성장하고 있으며, 3D 스캐너 또한 이러한 성장을 뒷받침할 촉매제로 인식되고 있다. 3D 스캐너는 대상 물체의 3차원 형상 정보를 디지털화 하고 이를 용도에 맞게 분석, 가공할 수 있게 도와주는 장비로 대상 물체의 크기, 형태, 그리고 깊이 정보까지 구현할 수 있기 때문이다. 다시 말해 3D 스캐닝 시스템을 도입하면 3D 프린팅에 필요한 데이터를 직접 획득하고 재가공할 수 있다는 장점이 있어 활용 분야가 점차 확대되고 있다.

한편, 메디트는 '솔루션닉스'라는 브랜드를 통해 순수 국내 기술로 개발한 광학 방식의 고정밀 3D 스캐너를 해외 40여 개국의 3D 측정 시장에 공급하고 있다. 주요 고객으로는 다임러, 소니, 야마하, 삼성전자 등이 있다. 최근에는 전통적인 제조업 분야를 넘어 미래의 먹거리를 확보하기 위해 의료, 패션 산업 등 다양한 분야로 확장을 꾸준히 준비해 왔으며, 맞춤식 접근이 필요한 치과, 주얼리 시장으로 성공적으로 진출해 활동 영역을 점차 넓히고 있다.

주얼리 시장에서 3D 스캐닝 시스템의 활용

기존 주얼리 제조산업에서 통용되던 전통적인 주얼리 디자인 방식은 원본기사나 주얼리 디자이너가 짧게는 2~3일, 길게는 1주일 이상을 투자해야 결과물을 얻을 수 있었다. 하지만 메디트가 개발한 3D 스캐닝 시스템을 활용하면 이를 획기적으로 줄일 수 있다. 몇 번의 클릭만으로 3차원 형상 획득이 가능하도록 설계되어 있기 때문이다.

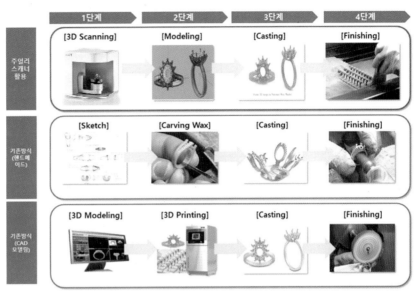

▲ 주얼리 스캐너 사용 과정

또한 측정물의 형상을 세밀하게 구현하기 때문에 디자인 변형, 금형 개발, 그리고 3D 프린팅 등에 사용하기 매우 쉽다. 이 외에도 보석의 안착면 설계, 원석의 형태 정보 획득 등 주얼리 산업과 연계된 다양한 분야에서의 활용도 가능하다. 사용이 끝난 제품 디자인을 3D 데이터로 보관하는 것이 가능하고, 간편하게 작업 내용을 확인하거나 기존 자료를 활용할 수 있다. 이를 통해 다품종 소량 생산도 가능하게 되어, 자신만의 개성이 담긴 주얼리 상품을 가지고 싶어하는 소비자의 트렌드를 반영하는 것 또한 매우 간편해졌다.

▲ 주얼리 스캐너 Rexcan DS3

주얼리 스캐너 Rexcan DS3는 현재 카르티에, 티파니, 스와로브스키 등 세계 유명 주얼리 브랜드에서도 사용하고 있으며, 출시 이후 약 4개월 동안 약 100여 대가 판매되는 등 주얼리 시장에 성공적으로 안착한 것으로 보인다.

기존 제품을 응용한 신규 먹거리 개척

2012년 '완전 자동화, 성능 최적화. 높은 휴대성' 이라는 3가지 키워드에 초점을 두고 개발된 메디트의 3D 스캐너 Rexcan CS는 가장 혁신적인 3D 스캔 기술인 Phase shifting optical triangulation을 적용해 스캔 데이터의 정확성을 확보했다. 또한 초보자도 쉽게 사용할 수 있도록 2축 구동 장치를 사용한 자동 스캔이 가능하다. 추가 작업이 필요한 부분을 사용자가 마우스로 클릭만 하면 자동으로 해당 부위를 찾아 스캔을 진행하는 Active Sync 기능을 접목해 직관적이고 편리한 스캔 작업이 가능하다.

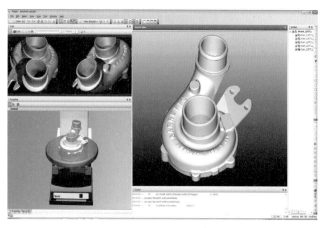

▲ 3D 스캐너 Rexcan CS의 Active Sync 기능

이러한 기술을 바탕으로 제조업 분야의 3D 스캐닝 솔루션 확산에 큰 역할을 한 Rexcan CS를 이제는 장난감 시장에서도 확인할 수 있다. 애니메이션 관련 산업이 성장하고, 피규어 등에 관심이 증가하면서 3D 스캐닝 솔루션에 대한 관심도 증가하고 있다.

Rexcan CS는 사무실의 책상에 설치가 가능하도록 설계되었기 때문에 일상적인 업무와 3D 스캔 작업을 병행하는 것이 가능하다. 또한, 다양한 CAD 소프트웨어와 호환성이 높아 활용도를 입증받고 있다. Rexcan CS는 지난 8월에 개최된 '부천국제만화축제' 에도 초대되어 시장 관계자에게 첫 선을 보였고 레고(LEGO), 플레이모빌(PLAYMOBIL) 같은 글로벌 기업에서도 제품을 사용하고 있다.

한편, 메디트는 치과시장이 미래의 먹거리인 의료산업, 즉 '실버산업' 이라는 점, 그리고 아직까지 한국의 치과산업이 거대 시장인 중국보다 한발 앞선 기술력을 보유하고 있다는 판단 아래 치과 산업에 진출했다. 모든 사람의 치아가 달라 맞춤식

▲ Rexcan CS를 이용한 토이 스캔 작업

접근이 많이 필요하다는 점이 메디트가 보유한 3D 스캐닝 솔루션과 유사하다고 판단했기 때문이다.

산업용 시장에서 다져온 기술력과 경험을 기반으로 치과시장에 성공적으로 안착했다. 현재 오픈타입 스캐너 중 높은 판매를 기록하고 있는 Identica Blue와 자체 기술력으로 개발한 캐드캠 시스템 colLab을 바탕으로 매년 두 자릿수 성장을 이어가고 있으며, 치과시장에 필요한 새로운 기술을 만드는데도 힘쓰고 있다.

한국폴리텍Ⅱ대학 산업디자인과 최성권 교수(디지털핸즈 관장)

3D 프린팅의 기술 흐름과 우리의 과제

약 30여년의 역사를 지닌 3D 프린팅 기술은 최근 세계적인 3D 프린팅 붐 현상과 더불어 국내에서도 많은 관심을 모으고 있다. 10년 이상 3D프린팅과 함께 해온 최성권 교수를 만나 실제 국내외 3D 프린팅 기술과 교육, 활용, 콘텐츠 확보 측면에서의 과제는 무엇인지 짚어 보았다.
최성권 교수는 한국폴리텍Ⅱ 대학, 홍익대학교 산업디자인과에서 3D 프린팅 관련 강의와 연구를 동시에 진행하고 있으며, 주 연구 분야는 3D 프린팅과 디자인 융합 교육, 관련 비지니스 모델이다.
최근에는 한국 최초의 3D 프린팅 전문 갤러리인 디지털핸즈(www.digitalhands.co.kr)을 오픈하여 관장직을 수행하고 있다.

3D 프린팅 기술의 흐름

3D 프린팅 기술은 찰스 훌 Charles W. Hull이 개발한 최초의 스테레오리소그래피 시스템이 1988년 최초로 상용화 되면서 약 30여년의 역사를 가지고 발전해 왔다. 초기엔 3D 프린팅의 기본적인 원리와 방식들이 개발되었으며, 연이어 다양한 재료들이 출현하게 되었다. 이러한 재료들은 3D 프린팅 기술에 있어 가장 중요한 부분이기도 하다.

초기 사용할 수 있는 재료의 종류는 한정적이거나 물리적 특성이나 요구 되는 내구성에서 많은 취약점을 가지고 있었다. 하지만 현재 3D 프린팅 재료 기술은 꾸준히 발전하여 공정의 안정화를 기본으로 소재의 다양화와 내구성, 내열성 등의 향상이 이루어지고 있다.

이와 같이 다양한 소재의 출현과 물성의 향상은 3D 프린팅 기술의 활용 영역을 확대하는데 큰 몫을 하게 되었다. 고분자 플라스틱 재료는 ABS를 비롯하여 뛰어난 내구성을 가진 나일론과 유연성을 가진 폴리우레탄과 같은 재료로 발전하였다. 플라스틱의 사용은 지금도 금형에 의한 대량 생산 체계에서도 가장 많은 활용 활용도를 보이는 재료이기도 하다.

금속 부분도 최근 급속히 재료의 개발과 활용도가 확대되고 있다. 특히 인체에 삽입되는 티타늄, 코발트 크롬 등의 사용은 정형외과 수술용 지그의 제작, 인공관절의 제작, 덴탈 분야에서의 치아 관련 브릿지와 콘 등을 제작하는데 필수적인 활용 기술이자 소재가 되었다.

최근에는 3D 프린팅 장비나 시스템에서도 좀 더 세분화 되거나 하이브리드(Hybrid)화 되고 있다. 단적인 예로 도자기를 제작할 수 있는 세라믹 프린터, 음식을 출력할 수 있는 푸드 프린터, 전도성 잉크를 이용하여 전자회로를 인쇄하는 회로 프린터, 향후 집이나 교량과 같은 건축물을 제작할 수 있는 콘크리트 재료 사용의 하우스 프린터 등이다. 이중 보다 진전된 3D 프린터는 바로 하이브리드 3D 프린터로 금형체계에서 성능과 활용성이 이미 입증된 다축가공 툴이 3D 프린터로 들어오거나 3D 프린터가 다축가공기 속으로 통합되는 형태이다.

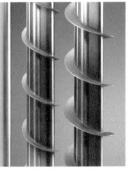

▲ 독일 트럼프(TRUMF) 금속 3D 프린터

3D 프린팅 중 금속을 적층하는 최신 방식 중의 하나인 고에너지 직접조사(DED, Direct Energy Deposition) 방식에 기존의 CNC와 같은 공작기계 툴이 융합된 형태이다. 이것은 기존 공작기계가 가진 공구간섭에 의해 제작이 어려운 형상의 한계를 극복시켜 주고 3D 프린터의 한계 중 하나인 금속의 표면 조

도와 정밀도를 확보하는데 이상적인 방식들의 융합이다.

이러한 3D 프린팅 기술과 관련 소재의 다양성과 성능의 향상은 다양한 활용 가능성을 보다 확장시켜 주고 있다. 특히 창의적인 작업을 하고 늘 무엇인가를 만들어야 하는 예술가나 디자이너에게 있어 3D 프린팅 기술의 활용은 표현의 한계를 극복할 수 있는 혁신적인 제작 방법이다. 이에 주목하여 예술 및 디자인 분야에서 3D 프린팅 기술을 적절히 활용하기 위해 초기 단계로 다양한 방식과 사례를 이해하는 것이 중요하다. 이를 통해 창의적 작품을 보다 효과적으로 제작하는데 도움을 줄 것으로 본다.

한국의 3D 프린팅 기술과 과제

2014년 독일 프랑크푸르트 메세 전시장에서 열린 유로몰드를 참관하면서 느낀 결과, 해외 3D 프린팅 기술은 이미 '철기시대'라고 불릴 만큼 금속 3D 프린터와 재료의 발전이 돋보였다. 앞서 언급한 의료, 덴탈 분야 외에도 금속의 활용은 광범위하게 이루어지고 있었다. 특히 자동차, 우주 항공의 첨단 부품들을 3D 프린터로 직접 제작하여 사용하는 관련 연구기관과 회사들이 점점 늘어나고 있다는 것이다.

반면 국내 사정을 보면 기술적인 면에서 표현하면 '플라스틱시대' 정도로 표현할 수 있다. 현재 국내 3D 프린팅 기술은 FDM 보급용 방식에 치우쳐진 모습이다. 초기 원천 기술을 가지고 있지 않은 이유도 있지만 약 30여개 이상의 보급용 프린터 제조사들이 같은 방식과 재료로 시장을 주도하고 있다. 초기 당연한 과정일지 모른다. 하지만 이제 보다 진보된 방식과 틈새시장을 공략할 수 있는 새로운 3D 프린팅 기술과 프린터를 제작해야 할 때라고 본다.

실제 사업에 필요한 금속 3D 프린터가 턱없이 부족하여 값비싼 외산에 겨우 의지하고 있는 것이다. 세계적으로 봐도 국산 3D 프린팅 시장은 고작 전 세계의 2~3%를 차지한다. 3D 프린팅에 대한 사람들의 기대치는 높지만 현실적으로 많은 괴리가 존재하는 것이다. 다만 다소 늦은 감은 있지만 현재 DLP, SLA 방식을 넘어 금속 3D 프린터를 연구 개발하려는 국내 업체들이 속속 모습을 드러내고 있는데 이것은 매우 고무적인 것으로 보여진다. 또한 2014년 말에 작성된 '3D 프린팅 전략기술 로드맵' 대로 장비, 소재, 소프트웨어, 서비스, 정책 등이 보다 의지를 가지고 꼭 실천되기를 기대해 본다.

3D 프린팅 교육과 인력 양성의 중요성

미국 ASTM(American Society for Testing and Materials, 미국시험재료협회)에서 과거의 래피드프로토타이핑(RP : Rapid Prototyping) 명칭을 AM(Additive Manufacturing)으로 표준화한 것은 향후 3D 프린팅 기술이 산업으로서의 역할을 하게 된다는 의미를 담고 있다. 이렇게 볼 때 산업에서 필요한 부분은 3D 프린팅 시스템과 함께 우선 하는 것이 바로 3D 프린팅 관련 인력을 양성하는 것으로 생각된다.

현재 3D 프린팅 관련 인력에 관한 것은 정부에서 추진하는 1000만인 양성 계획도 있지만 중요한 것은 얼마나 체계적으로 제대로 된 인력을 만들고 산업에서 필요한 인력을 제때에 공급하느냐일 것이다. 국내의 경우 초기 다수의 3D 프린팅 관련 협회가 만들어지고, 협회에서 주로 관련 교육을 하는 형식으로 시작되었기에 이러한 인력 양성의 일관성과 체계성에서 부족함이 드러나고 있다. 이점을 질타하는 것이 아니다. 필요한 때에 적절한 수준의 교육으로 생각한다. 다만 앞으로는 보다 체계적인 교육 커리큘럼과 표준화, 일관성, 품질, 전문성을 확보해야 한다는 것이다. 한 예로 최근 한국폴리텍II대학 산업디자인과처럼 3D 프린팅 특성화학과 개편을 통해 명확한 방향과 비전, 산업 수요를 반영한 전문화된 교육 과정을 준비하는 곳이 생겨나고 있다. 보급용 장비와 산업용 장비를 구축하고 관련 교과목 교재를 세분화 전문화하며, 실무형 해당 전문가를 강사로 교육 공학적인 접근방법과 병행하여 신뢰성을 갖추려하고 있다. 이러한 노력은 비단 디자인분야 뿐만 아니라 전기전자, 건축, 기계설계와 같은 공학 분야에서도 준비되고 있다. 특히 중요시 되고 있는 융합교육의 차원에서 이러한 3D 프린팅 인력 양성은 어떤 것보다 중요하다고 본다.

콘텐츠 확보의 중요성과 '디지털핸즈' 등 플랫폼의 탄생

3D 프린팅 기술은 앞서 언급한 대로 가장 활용도가 많은 시제품 제작에서 자동차, 우주, 항공, 건축, 의료, 바이오 분야까지 광범위하다. 다만 이러한 분야에 콘텐츠를 만드는 일을 하는 디자인 분야에 대해 생각해 본다.

지금의 제조 산업은 금형 체계의 시스템으로 이루어져 있다. 이것은 무엇인가를 만들어 판매하기 위해서는 즉 대량생산을 위해서는 반드시 금형을 제작해야 한다. 금형은 비용도 비싸지만 무엇보다 전문가의 영역인 것이다. 하지만 3D 프린팅 시대에서는 금형 기술자를 거치지 않고도 심지어 집에서도 내가 원하는 물건을 만들어 시장에 판매할 수 있게 되었다. 이때 중요해지는 것이 바로 콘텐츠이다. 3D 프린팅 콘텐츠는 크게 2가지로 분류된다. 첫 번째는 3D 프린터로 직접 만든 상품이다. 또 하나는 3D 프린터로 출력 전의 디지털 디자인 파일이다. 이미 이러한 상품 형태는 쉐이프웨이즈(SHAPEWAYS)나 아이머터리얼라이즈(IMATERIALISE)와 같은 온라인 플랫폼에서 거래되거나 공유되고 있다.

3D 프린팅 시대의 도래는 결국 클릭만으로도 관련 디자인 상품을 사고 팔 수 있게 된다. 중요한 것은 복잡한 금형생산체계를 몰라도 이러한 제조와 판매가 가능하다는 점이다. 그렇다면 국내 3D 프린팅 콘텐츠 시장의 모습은 현재 어떠한가를 생각해 볼 수 있다. 관심자들은 대부분 공감할 것이다. 현재 국내 3D 프린팅 관련 콘텐츠는 초기 단계로 양이나 질에서도 앞서 시작한 선진국 플랫폼에 비교해 차이가 큰 편이다. 특히 경쟁력 있는 독자적인 콘텐츠의 부재가 향후 해결해야 할 과제이다.

온라인 거래 공유 플랫폼의 경우 외국의 콘텐츠를 빌려오거나 심지어 무단으로 공유하는 경도 있다. 비슷한 플랫폼들이 경쟁하는 형국이다. 이제 우리의 독자적인 콘텐츠를 발굴하고 새로운 것을 개발해야 하는 지혜가 필요하다.

다만 한국의 경우 3D 프린팅 콘텐츠에 개발과 유통에 긍정적인 면은 첨단 ICT 인프라와 뛰어난 손재주로 3D 디자인을 잘 하는 인재들이 많다는 것이다. 특히 1년에 약 3만 여명의 디자인, 예술관련 대학 졸업생들이 나오고 있다는 것이다. 본인은 이점에 주목하여 디자이너와 예술가들의 독창적인 3D 콘텐츠를 데이터베이스화 할 수 있는 공간과 시설을 만들었다. 국내 최초의 3D 프린팅 전문 갤러리인 '디지털핸즈'(www.digitalhands.co.kr)가 그것이다. 디지털핸즈는 디자이너와 예술가들이 만든 3D 콘텐츠의 중요성과 가치를 공유하고 이를 비즈니스로 연결하여 상생하는 철학을 가지고 있다.

디지털핸즈는 한국 최초의 3D 프린팅 아트 & 디자인 전문 갤러리로 고도의 창의성을 가진 국내외 아티스트와 디자이너들에게 갤러리 무료대관을 기본으로 3D 프린팅 전시 작품 기획, 제작기술지원, 홍보, 마케팅, 상품화까지 토털 서비스를 제공한다. 특히 이들이 만들어낸 창작물에 대한 콘텐츠의 DB와 비즈니스를 통한 상생을 추구한다. 첫 개관 초대작가로 선정된 세계적인 아트 토이 아티스트 이찬우 작가가 첫 종합지원혜택

을 받고 있다. 특히 디지털핸즈는 그동안 공학 분야에 치우쳐진 3D 프린팅 지원체계를 예술, 디자인 분야로 특화 지원하는 최초의 시설이다.

향후 중요한 것은 한국의 3D 프린팅 기술 수준을 이해하고 향후 우리가 준비해야 할 것, 그리고 세계와의 무한경쟁에서 어떻게 독창적인 전략을 세우고 실천해야 하는지가 될 것이다.

▲ 3D 프린팅 프리미엄 갤러리 '디지털 핸즈'

▲ 아트토이(이찬우 작가 작품)

한국생산기술연구원 3D 프린팅 기술사업단 이낙규 단장

제조업 3D 프린팅 인프라 구축 사업과 확대 전략 추진

한국생산기술연구원(이하 생기원)은 2014년 4월부터 산업 전반에 활용할 수 있는 3D 프린팅 기술을 연구하고 보급하기 위해 '3D 프린팅 기술기반 제조혁신지원센터 구축 사업'(www.kamic.or.kr)을 추진하고 있다. 올해 전국에 5개 권역별 지역 센터가 수립되었고 이를 기반으로 3D 프린팅 기술의 확산 지원을 위해 생기원에서는 3D 프린팅 장비를 탑재한 차량을 이용해 산업현장을 직접 방문해 시제품 제작 등을 지원하는 '3D 프린팅 모바일팩토리'를 본격 가동할 방침이다. 이 사업을 총괄하고 있는 3D 프린팅 기술사업단 이낙규 단장과 이야기를 나눠보았다.

■ 박경수 기자 kspark@cadgraphics.co.kr

찾아가는 시제품 제작 서비스 '모바일팩토리'

2014년 경기도 안산에 위치한 시흥뿌리기술지원센터를 중심으로 준비과정을 거쳐, 2015년 5개 지역에 3D 프린팅 권역별 제조혁신지원센터가 구축됐다. 충청권은 대전에, 호남권은 익산에, 강원권은 강릉에, 대경권은 구미에, 그리고 동남권은 창원에 각각 마련됐다.

한국생산기술연구원 3D 프린팅 기술사업단의 이낙규 단장은 "생기원에서는 중소 제조업에 3D 프린팅 인프라가 구축될 수 있도록 기업 지원을 위한 사업을 2014년부터 추진하고 있다. 1차년도인 작년에는 플라스틱 계통의 3D 프린팅 장비를 구입해서 기술지원을 했는데, 60여건 정도의 기술상담과 교육이 진행됐다"고 소개했다.

생기원은 2차년도인 올해 금속에 대한 수요가 많았다는 점에 주목하고 금속 프린팅이 가능한 3D 프린팅 장비를 구축해 지원할 방침이다. 3차년도인 2016년에는 하이브리드 시스템(절삭공정, 멀티 머티리얼이 가능한 장비)을 구축하고, 4차~5차년도인 2017년~2018년에는 주조, 금형 등 6대 뿌리산업과 신 산업을 지원할 수 있는 3D 프린팅 장비를 도입해 지원한다는 계획이다.

지난 9월 18일, 3D 프린터를 탑재한 '모바일팩토리' 차량이 한국산업단지공단 경기지역본부에서 운영을 시작했다. 모바일팩토리는 '3D 프린팅 제조혁신지원센터 기업 현장지원'의 일환으로 중소기업의 3D 프린팅 기반 제조공정 고도화를 지원하기 위한 목적으로 올해 하반기부터 운행을 시작했다.

이낙규 단장은 "지역마다 거점센터를 갖춰 놓기는 했지만 공단을 비롯해 기업을 직접 방문해서 3D 프린팅을 어떻게 지원할 것인지, 실질적으로 기업에서 생산하는 제품을 직접 3D 프린팅해서 어떤 효과가 있는지에 대해 준비를 하고 있다"고 밝혔다.

▲ 3D 프린팅 모바일 팩토리는 찾아가는 3D 프린팅 서비스이다.

3D 프린팅 확산을 위해 대대적인 지원 필요

이낙규 단장은 1차년도인 작년에는 3D 프린팅을 지원하기 위한 시스템이 제대로 구축되지 않아서 지원 의뢰는 많이 왔지만 실질적인 지원을 하지 못했다고 밝혔다. "자동차 분야, 의료 분야, 일반 목업 분야(주로 플라스틱)에서 의뢰가 왔는데, 80% 이상이 기업과 기관, 병원 등에서 온 의뢰였다. 올해는 모바일팩토리를 통해 온라인 지원 시스템을 본격적으로 가동할 계획"이라는 것이다.

현재 미래창조과학부에서 '무한상상실'을 운영 중이고, 중소

기업청에서는 '시제품 제작터'를 운영하고 있는데, 규모가 작아서 기업에 대한 지원 보다는 일반인이나 학생들을 지원하는 서비스를 주로 하고 있다. 반면에 생기원은 처음부터 중소 제조업 분야에 종사하는 기업들을 지원하기 위해 연구를 시작했고, 3D 프린팅도 시제품이나 실제작에 사용할 수 있도록 지원하고 있다.

이낙규 단장은 "이번 사업을 위해 5년간 350억 원을 지원받는다. 사업 자금 중 90억 원은 민간 매칭으로, 260억 원은 정부지원으로 받았는데, 실질적으로 쓸 수 있는 금액은 260억 원이다. 현재 지역 거점 센터가 5개이고, 5년에 걸쳐 예산이 사용되다 보니 많지 않은 금액이다. 산업용으로 제작된 금속 3D 프린터는 최소 10억 원 정도 되기 때문에 정부에 예산 증액이 필요하다"고 밝혔다.

기존 국산 3D 프린팅 장비는 오픈크리에이터즈나 로킷, 캐리마 등에서 개발한 방식이 대부분이었다. 생기원에서 3D 프린팅 장비를 도입하고 기술개발을 지원하는 목적은 산업체에서 쓸 수 있는 기술을 개발하고 지원하기 위함이다. 하지만 FDM 방식은 일반 프로토타입 제작이나 캐릭터 제작에는 적합하지만 산업용으로 쓰기에는 재료의 강도가 약해 아쉬움이 많았다.

최근 센트롤에서 SLS 방식의 주물사 3D 프린터를 개발한 점에 대해 이낙규 단장은 "센트롤이 주물사 3D 프린터를 만든 것을 시작 포인트로 보고 있다. 의미 있는 출발점이라고 생각한다. 정부에서 투자하는 R&D 포인트도 결국 산업용에 초점이 맞추고 있기 때문이다. 여전히 국내에서는 FDM 방식의 3D 프린터를 많이 사용하고 있는데, 산업용 3D 프린팅 장비 개발에 초점을 맞춰야 한다"고 평가했다.

3D 프린팅 인프라 구축을 위해 함께 노력해야 할 때

생기원 3D 프린팅 기술사업단에는 박사급 인력 10여 명과 석사급 인력 7명이 주조, 금형 등 뿌리산업별로 3D 프린팅 기술 지원을 담당하고 있는데, 앞으로는 행정인력도 2~3명 더 늘릴 계획이다. 현재 온라인을 통해 3D 프린팅 제작에 대한 의뢰를 받고 있으며, 기업에서는 재료비 같은 기본적인 비용만 부담하면 3D 프린팅에 대한 전반적인 서비스를 지원받을 수 있다.

국내에서 3D 프린팅에 대해 언론에서도 집중 조명을 하고 있지만 이 단장은 실질적으로 국내 3D 프린팅 산업이 발전하기 위해서는 기업에서 3D 프린팅을 쓸 수 있도록 인프라가 구축되어야 한다고 짚었다.

"최근 두산중공업에서 산업용 터빈 블레이드를 만들겠다고 하고, 아모레퍼시픽에서는 인공피부를 3D 프린팅으로 만들겠다고

▲ 3D프린팅제조혁신지원센터에 마련된 다양한 3D 프린팅 장비들

발표했다. 치과용뿐만 아니라 체내에 삽입하는 의료기구들도 3D 프린팅을 이용하고자 하는 수요가 많아지고 있다. 전자 패키징에 대한 전문업체 상담도 늘고 있는 등 일반 대중보다는 기업에서 3D 프린팅에 많은 준비를 해야 한다"는 것이 이낙규 단장의 의견이다.

그는 또 국내 3D 프린팅이 발전하기 위해서는 소재와 장비의 국산화를 위해 R&D를 비롯해 지속적인 투자가 이뤄져야 한다면서 "현재 스트라타시스, 3D시스템즈, EOS 등 외산 3D 프린팅 장비 의존도가 높다. 전체 3D 프린팅 시장을 놓고 보면 제품생산 외에도 재료 개발이나 서비스 등 다양한 분야로 3D 프린팅 영역을 확대할 필요가 있다"고 강조했다.

3D 프린팅이 제3의 기술혁명으로 불리고 있지만 미래를 예측하긴 쉽진 않다. 우리나라의 제조 경쟁력이 정체되고 있는 시점에서 돌파구로 찾은 것이 3D 프린팅이다. 3D 프린팅이 낙관적인 전망만 할 수는 없지만 이낙규 단장은 국내 제조업의 경쟁력을 높일 수 있는 방안에 3D 프린팅이 기여할 수 있을 것으로 보고 있다.

그는 "3D 프린팅과 제조기술을 접목시켜 국내 제조기술이 한 단계 발전될 수 있다면 그것만으로도 의미가 있다고 본다. 금형산업이 10조원 규모라고 하는데 사출금형에 필요한 3D 프린팅을 국산화하기 위해서는 적어도 1%인 1000억 원 정도는 투자되어야 한다. 정부는 물론 기업에서도 3D 프린팅에 대한 가능성을 믿고 더 많은 투자와 인프라를 구축하기 위해 함께 노력해야 할 때"라고 전했다.

PART 3
3D Printing Interview

3D프린팅연구조합 신홍현 이사장(대림화학 대표)

ICT와 콘텐츠, 문화가 결합된 '융합형 3D 프린팅' 발전할 것

3D프린팅연구조합(3DPRO, www.3dpro.co.kr)은 2013년 12월에 창립총회를 열고 2014년 2월 설립인가를 받고 법인으로 정식 출범했다. 3D프린팅연구조합은 글로벌 전자소재 전문업체인 대림화학 신홍현 대표가 이사장을 맡으면서 설립 이후, 1년반 동안 3D프린팅 관련 기술개발사업과 기술보급사업, 시장동향 및 교육사업을 주요 업무로 추진해 왔다. 또한 각종 3D프린팅 세미나 및 포럼을 열었고, 전시회에도 참여하며 입지를 넓혀 왔다. 국내 3D프린팅 산업이 발전하기 위해서는 무엇보다 제반 여건이 먼저 구축되어야 한다고 강조하는 3D프린팅연구조합 신홍현 이사장과 이야기를 나눴다.

■ 박경수 기자 kspark@cadgraphics.co.kr

국내 3D 프린팅 발전을 위한 기술개발에 초점 맞춰

3D프린팅연구조합은 비영리 민간조직으로 미래부 인가를 받아 설립됐다. 이사회는 신 이사장을 중심으로 재료연구소 이정한 부소장이 감사를 맡고 있고, 상임이사인 강민철 이사를 비롯해 7명의 이사로 운영진을 구성하고 있다. 3D 프린팅 산업의 연구개발 등 기술개발 분야의 제반 업무를 협의·조정하고 관련 산업의 상호간 협동화 기반을 구축하여 3D 프린팅 산업의 건전한 발전 및 활성화를 목적으로 하고 있다.

현재 조합은 4개 운영위원회를 중심으로 운영되고 있으며, 3D 프린팅 관련 연구 업무를 기획하고, 3D 프린팅을 전문으로 하는 연구원들과 함께 일하고 있다. 그는 "현재 출연연구소를 비롯해 대학, 기업들과 함께 협력을 통해 새로운 3D프린팅 기술과 나아갈 방향을 제시하고 있다. 각종 세미나와 심포지엄을 통해 관련 내용들을 발표하고 공유하고 있다"고 밝혔다.

조합에서는 하드웨어, 소프트웨어, 재료, 응용, 서비스 등 다양한 분야를 소화하려고 노력하고 있으며, 기업들의 이익보다는 기술 발전에 대해 먼저 생각하고 있다. 또한 앞으로 국내는 물론 미국, 일본, 유럽 등 기술선진국과 네트워크 형성을 통해 해외시장 공략에도 적극 나설 방침이다. 그는 무엇보다 3D 프린팅이 발전하기 위해서는 국내에 3D프린팅 관련 제반 여건이 갖춰져야 한다고 강조했다.

현재 3D프린팅연구조합에는 20여개 업체가 참여하고 있다. 비율로 보면 하드웨어 업체가 25%, 소재 업체가 25%, 3D 프린팅 관련 업체가 25%, 그리고 교육 등 유관기관이 25% 비중을 차지하고 있는데, 국내 개발 업체가 중심적인 역할을 담당하고 있다. 그는 조합 설립 이후의 성과에 대해 "3D프린팅 관련 산학연 커뮤니티를 구성하고 네트워크를 구축하는데 많은 노력을 기울였다. 정부기관들이 3D프린팅 관련 정책을 입안하는데 필요한 기초적인 정보를 제공하고 있다"고 설명했다.

올해 들어 3D프린팅연구조합은 '3D프린팅 창의융합 표준화 포럼'을 비롯해 '3D프린팅 미래기술 심포지움', '3D프린팅 창의 메이커스 시범교육' 등 3D 프린팅 주요 과제들을 수행해 왔다. 또한 향후 10년 후에는 어떻게 관련 시장을 키워갈 것인지에 대한 논의를 통해 2014년 12월에 발표된 '3D프린팅 전략기술 로드맵'의 자문 역할도 담당했다.

향후 10년의 비전을 위한 3D 프린팅 로드맵 제시

정부는 2014년 4월 '3D프린팅산업 발전전략'을 수립하고 4대 추진전략과 11대 세부추진과제를 마련했다. 이후 미래부와 산업부를 중심으로 3D 프린팅 산학연 전문가를 결집해 로드맵 작성에 나서 '3D 프린팅 기반 제조업 경쟁력 강화 및 신성장동력 창출'이라는 비전을 내건 '3D 프린팅 전략기술 로드맵'을 전격 발표했다. 정부는 올해부터 이 로드맵에 따라 '2020년 글로벌 시장 선도 Top 3 기술경쟁력 확보'를 목표로 치과용 의료기기, 스마트 금형, 3D전자부품 등 10개 핵심활용 분야를 우선적으로 집중 육성한다는 방침을 세웠다.

3D 프린팅 전략기술 로드맵 수립에도 참여했다는 그는 "현재 글로벌 전문 메이커를 5~6개 정도 만드는 것이 목표다. 이번 로드맵에는 하드웨어, 소프트웨어, 소재 등 향후 10년 후에 어떻게 시장을 키울 수 있을 지를 고민하고 우선적으로 육성할 산업 분야를 정했다"면서, "산업별로 우선순위에 따라 진행할 예정인데, 1순위로 맞춤형 메디컬 분야에 많은 관심이 모아지고 있다"고 덧붙였다.

3D 프린팅 시장이 발전하기 위해서는 초중고 학생들의 교육이 중요하다는 것이 관련 업계 전문가들의 한결 같은 답변이다. 이에 대해 그는 "학생들이 대학을 졸업하면 3D 프린팅을 어느 정도 할 수 있도록 교육시키는 것을 목표로 삼고 있다"면서, "현재 초중고 학교에서는 좋은 장비를 갖추고 교육하는 것은 힘든 실정"이라고 아쉬워했다. 현재 53개 대학에 1억여원 정도의 3D프린팅 장비가 지원됐는데, 이과 비중이 커지고 있지만 인문학 전공자들도 3D프린팅을 쉽게 접할 수 있는 환경을 제공해야 한다고 강조했다.

그는 3D 프린팅 시장이 2018년을 기점으로 크게 확대될 것으로 전망했다. "현재 국내 3D 프린팅 시장 규모를 500~600억원 정도로 보고 있는데 국산 장비 시장은 100억원 정도의 규모가 될 것으로 파악하고 있다"고 말했다. 또한 "지난해부터 국산 3D 프린팅 개발이 본격적으로 시작됐다고 본다면 우리나라도 2018년쯤에는 우리나라도 국산 3D 프린팅 제품이 50% 정도의 비중을 차지하게 될 것"이라고 예상했다.

소재를 모르고선 제대로 된 3D프린팅은 없다

한편, 신 이사장이 대표를 맡고 있는 대림화학은 글로벌 전자소재 전문업체로, 1976년 설립된 이래 '대림화학 2.0'이라는 새로운 사업비전을 발표했다. 이에 따라 디스플레이, 에너지 소재, 3D 프린터용 소재 등 원천소재 분야의 차별화된 기술개발과 서비스를 추진해 왔다. 특히 차세대 성장동력으로 지목되어 온 3D 프린터 소재 분야로 사업 영역을 확장하고, 3D 프린팅 통합 브랜드인 'Electromer 3D'를 통해 관련 산업 소재 및 제품기술 역량 강화에 힘쓰고 있다.

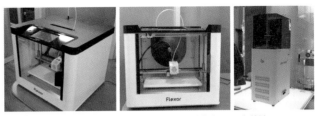

▲ 대림화학이 개발한 탄성 소재용 3D 프린터 Flexor(좌)와 DLP 장비(우)

▲ 대림화학이 개발한 광경화성 소재와 FDM 소재, 웨어러블 소재

그는 "대림화학의 대표로서 소재 업체를 운영해 온 입장에서 보면 3D 프린팅 장비나 소프트웨어, 소재 어느 것 하나 중요하지 않은 것이 없다. 새로운 소재가 나오면 새로운 시장이 열릴 것이다"라고 전망했다. 또한 "새로운 소재를 개발하기 위해서는 새로운 기계 디자인에 대한 아이디어가 나와야 한다. 오래 전부터 개발되어 온 원료부터 새로운 신소재까지 모두 협력해야 할 때"라고 강조했다.

현재 대기업들도 3D 프린팅이 커질 것으로 보고 많은 관심을 기울이고 있다. 특히 금속, 바이오, 푸드 업체들까지 앞다퉈 기술개발과 시장선점을 위한 전략을 수립 중이다. 대림화학은 그 중에서도 소재 산업에 진출했는데, 그 이유에 대해 그는 "현재 미국과 유럽이 3D 프린팅 시장을 선도하고 있지만 모든 새로운 시장을 다 열었다고 생각하진 않는다. 열려 있지 않은 시장에서 기회를 찾고 있다"고 설명했다.

그는 국내 3D 프린팅 시장이 지금보다 크게 성장하기 위해서는 누구나 손쉽게 3D 프린팅을 접할 수 있는 시장이 열려야 한다고 강조했다. 그러기 위해서는 "인터넷에 원하는 3D 프린팅 모델링 데이터가 확보되어 있어야 하고 빠르게 받아서 사용할 수 있는 환경이 조성되어야 한다"면서, "특허가 지난 제품들은 보안도 중요하지만 많은 사람들이 활용할 수 있도록 공개되어야 한다"고 말했다.

대림화학은 2020년에 매출 규모를 2천억원으로 설정하고 3D 프린팅 소재 분야에서 20% 정도를 차지하겠다는 목표를 세웠다. 이에 대해 그는 "현재 회사의 매출 규모가 400억원 정도 되는데, 앞으로 1천억원 규모로 키우기 위해 노력하고 있다. 대림화학을 중소기업의 성장 모델로 만들 계획이며, 3D 프린팅 분야에서도 한 획을 긋고 싶다"고 포부를 밝혔다.

조선대학교 문영래 교수

메디컬 3D 프린팅 적용 초기 단계…
의료 분야 패러다임 바꿀 것

최근 곳곳에서 '3D 메디컬'을 외치며 의료와 3D 프린팅의 접목을 활발히 모색하고 있다.
그러나 아직은 의료계의 현실을 바로잡는 것부터 정부의 승인까지, 극복해야 할 과제가 많다.
조선대 문영래 교수를 만나 국내 및 글로벌 의료계의 현실은 어떠한지, 여기에 3D 프린팅이
도움이 될 수 있을지 살펴 보았다.
문영래 교수는 조선대학교 정형외과 교수로, 국제표준화위원회(IEEE) 3D 메디컬
워킹그룹(WG)의 의장을 맡고 있다.

메디컬과 3D 프린팅 접목으로 의료 경쟁력 강화

현재 트렌드를 보면 국내에서 열 손가락 안에 꼽히는 병원들도 환자 수급이 많지 않다. 대학병원들은 적자를 면치 못하고 있다. 그나마 있는 수익도 그 원천은 진료 수익이 아닌 부대시설로부터 받은 수익이 큰 비중을 차지하고 있다. 의료의 시술에 대한 시장 평가가 갈수록 하향곡선을 그리고 있는 것이나. 우리나라는 이렇듯 폭풍에 직면했고, 유럽이나 미국도 폭풍을 기다리고 있는 중이라고도 할 수 있겠다. 글로벌 경제에서 자유롭지 못한 것이다.

이럴 때일수록 산업계와 병원계가 함께 갈 수 있는 것이 필요하다. 의료와 IT, 의료와 3D 프린팅을 접목하는 것이다.

현재 산업통상자원부는 웨어러블 분야와 연계된 Internet of Healthy Things(IoHT) 개발도 진행하고 있다. 만성질환 환자들에게 IoT 장비를 장착하여 치료를 진행하고 있으나 안타깝게도 모든 장비들이 획일화되어 있다. 여기에 3D 프린팅 기술을 접목한 '3D 메디컬'로 인해 환자의 신체에 보다 맞는 장비를 개발, 치료를 진행하면 더욱 효과적일 것으로 보인다.

또 이제까지는 국내 병원들이 의료기기를 외국에 주문했다면, 앞으로는 병원 자체에서도 어느 정도 제작할 수 있는 시대가 올 것이다. 기술을 파는 것보다는, 기술에서 파생되는 생산물 자체가 차지하는 시장이 80%에 달한다. 초기 비용은 많이 들겠지만, 병원에서 직접 3D 프린터를 마련하여 이를 통해 환자를 위한 결과물(출력물)을 제공하고 이에 합당한 가격을 받아낼 수 있다면 의료계의 패러다임이 크게 바뀔 것이다.

3D 메디컬은 왜 필요한가

예를 들어 신체 내부에 작은 종양이 있다고 해 보자. 물론 CT나 MRI로 위치를 가늠해볼 수는 있겠지만 이 위치를 정확히 알지는 못한다. 그래서 수술할 때는 이 주변 부위를 모두 개복할 수밖에 없다. 그러나 3D 프린팅을 이용하게 되며 종양이 어디에 위치해 있는지 정확한 판단이 가능해진다. 이를 통해 수술 시간도 훨씬 단축되고 환자의 상처도 작아질 것이다. 심지어는 내시경만 가지고도 수술할 수 있을 것이다. 엑스레이도 이용할 수는 있지만 엑스레이가 모든 것을 보여주지는 않는다.

또, 골절 수술 시 뼈의 중간 부분이 골절되었다면 수술은 무척 쉽지만, 관절면이 망가져 버린다면 수술이 무척 까다로워진다. 이 때 3D 프린팅 기술을 활용하여 모의로 수술해 봄으로써 수술의 오류를 훨씬 줄여줄 수 있다. 현재 이를 적용하려면 많은 비용이 늘어가지만 추후에 가격이 내려간다면 환자를 치료할 때 아주 편하게 수술을 진행할 수 있을 것이다.

3D 메디컬, 할 수 있는 것부터 조금씩 해야

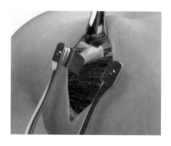

메디컬 분야에서 3D 프린팅은 모델링, 수술 도구, 체내 삽입 등에서 적용될 수 있다.

그러나 아직 국내 3D 메디컬에 대한 인식이 좋지 않다. 국민적인 동의를 얻기 위해서

는 저렴한 것, 접근하기 쉬운 것부터 단계별로 수행해야 한다. 수술 부위를 가상으로 모델링하고 이를 3D 프린팅함으로써 실제 수술 시 유용하게 사용할 수 있는데, 이 작업은 그리 비싸지 않을뿐더러 국내 여러 병원에서 시행한 바 있다. 이렇듯 당장 실행에 옮길 수 있는 현실적인 것부터 수행하여 3D 프린터가 비싸다는 국민들의 인식부터 풀어주어야 할 것이다. 이후에는 고사양의 수술보조기구, 그리고 체내 삽입까지 3D 프린팅으로 이뤄낼 수 있을 것이다. 3D 프린터를 이용하여 우리나라에 특화되어 있으면서도 저렴하고, 소비자가 가장 필요로 하는 것을 제작해서 3D 메디컬 시장을 공략해야 할 것이다.

정부와 병원, 기업 등에서 3D 메디컬 적용을 모색하고 있는데, 아직은 초기 단계로 보인다. 체내삽입의 경우는 임상실험이 필요하기 때문에 실험실 단계에 머물러 있는 수준이다. 최근에 식약처에서도 3D 프린팅 과제를 내놓았다. 실제로 사람의 몸에 3D 프린팅을 적용하기 위해서는 많은 과제가 남아 있는 것이다.

아직까지 국내에서 메디컬 3D 관련 어떤 곳이 앞서 있다고 판단하기는 아직 어렵다. 2015년 말이 되면 선두 주자가 나타날 것으로 보인다. 3D 프린팅이 현재 여러 국책 과제와 연관되어 있고, 병원 등에서 3D 프린팅 적용이 늘어나고는 있지만 실제로 의료계에 3D 프린팅이 녹아 있는 정도는 많이 부족하다.

의료에 특화된 솔루션과 정부의 승인 필요

메디컬 분야에서 사용되는 3D 프린터는 어떤 것이 적당할까. 인체 적용을 위한 재료의 모델만 제작한다면 200만원~500만원대의 3D 프린터로도 충분하다. 재료인 필라멘트도 높게는 킬로당 몇 십 만 원대를 호가하고 있지만, 다행히 몇몇 국내 화학 회사에서 3D 프린터 필라멘트를 제작하고 있다. 현재 킬로당 2만 5000원 상당의 필라멘트로 제작해도 문제가 되지 않는다.

그러나 출력물이 체내에 직접 들어가는 재질이라면 프린터는 최소 10억 원대가 넘는다. 게다가 아쉬운 것은 현재 체내 삽입이 가능한 3D 프린터가 모두 외국산이라는 것이다. 우리나라에서 이 모든 기술을 개발하기는 힘들겠지만, 금속 분야라도 집중 개발하여 가격을 낮춘다면 큰 경쟁력을 얻을 수 있을 것이다.

의료용 3D 프린터는 사용이 쉽고 매우 정확해야 한다. 이 두 가지가 동시에 어우러질 수 있도록 직관적인 프린터 및 모델러가 구성되어 있어야 한다. 그러나 이를 충족시키기에는 만만치 않은 비용이 드는 것도 사실이다.

현재는 CT 데이터를 업체에 보내면 업체가 데이터를 기반으로 모델을 만들어 3D 프린팅하고, 이를 다시 병원에 보내는 방식으로 운영되고 있다. 그러다 병원에서 나름대로 특성화되고 차별화된 무언가를 제작하고 싶다고 느꼈을 때 프린터를 사게 될 것이다. 자연스럽게 소프트웨어도 구입할 것이다.

그러나 3D 메디컬 실현을 위해서는 비용 문제가 클 수밖에 없다. 환자 본인이 비급여로 3D 메디컬 시스템을 신청하는 것도 현재 인정되지 않는다. 의사들도 연구용 혹은 수술 부위가 까다로운 환자들을 상대하기 전에 3D 프린팅을 적용해 보고 싶을 때가 있는데, 정부 차원의 도움은 받지 못하고 개인적으로 이에 투자하는 것이 현실이다. 3D 메디컬이 꼭 필요한 기술이라는 인식의 변화가 이루어지면 정부의 의료수가 정책도 변화가 이루어지고 지원을 위한 가이드라인이 마련될 것이다.

소프트웨어, 재료 등 기술력 발전이 시급

3D 메디컬을 진행하기 위해서 가장 먼저 필요한 것은 CT/MRI 이미지로 STL 모델을 만들 수 있는 소프트웨어이다. 머터리얼라이즈의 미믹스 소프트웨어가 그 중 하나이지만 수천만 원대를 호가한다. 국내에서도 이와 같은 소프트웨어 개발을 앞두고 있어서 저렴한 가격으로 출시될 것으로 기대하고 있다.

두 번째는 3D 프린터. 보통 아주 저렴한 것은 100만 원대, 그리고 조금 더 쓸만한 것을 찾는다면 500만 원대 이하의 프린터가 될 것이다. 이 외에도 임플란트 등에 활용하기 위한 3D 스캐너도 같이 있으면 의미가 있을 것이다.

또, 3D 메디컬 시장의 확대를 위해서는 재료의 발전이 시급하다. 현재까지 3D 프린팅 출력물은 일률적으로 그저 딱딱하기만 했다. 그러나 아무리 모델링에 그칠지라도, 출력물의 재질 및 촉감이 뼈나 근육과 비슷하다면 의료계에 훨씬 많은 도움이 될 것이다. 실제 장기와 아주 비슷한 모의 장기를 3D 프린터로 출력하여 커리큘럼 과정에도 사용할 수 있을 것이다. 심지어 3D 프린팅으로 건강한 모의 사체까지 만들어 의대생들이 혈관도 이어 보고, 심장도 연결해 보는 다양한 실험에 활용할 수 있을지도 모르겠다.

메디컬 인포매틱스 면에서 우리나라는 세계 최첨단을 달리고 있다. 의료계와 산업계 간, 병원과 병원 간에도 서로 협력하여 영역을 잘 아울러서 3D 프린팅을 한 단계씩 적용한다면 성공할 수 있을 것이다.

쓰리디시스템즈코리아 3D프린터사업부 백소령 본부장

제조 혁신의 코드가 된 '3D 프린팅'으로 제조경쟁력 강화한다

미국 3D 프린터 제조사인 쓰리디시스템즈(3D Systems)가 제시한 '3D Printer 2.0 전략'은 3D 프린팅이 제조 분야의 혁신의 코드가 될 것이라는 전망에서 나왔다. 이 전략은 3D 프린터를 이용한 '제조 생산 환경의 지원', 창의와 도전을 생활화하기 위한 '편리한 3D 프린팅 소비자 경험의 제공', 그리고 인터넷 통합 생태계 환경을 구축을 위한 '클라우드 소싱 지원'이라는 세가지 키워드로 구성되어 있다. 쓰리디시스템즈코리아(www.inustech.co.kr) 3D프린터사업부 백소령 본부장은 이러한 3D Printer 2.0 전략이 궁극적으로는 전 세계 제조 분야는 물론 한국의 제조 경쟁력 강화에도 많은 도움을 줄 것이라고 말했다.

■ 박경수 기자 kspark@cadgraphics.co.kr

3D Printer 2.0 전략으로 제조 분야 혁신 모색

최근 국가별 산업혁신 정책들과 그 실천방안의 글로벌 트렌드로 3D 프린터가 회자(膾炙)되는 것은 3D 프린터가 '창의성'과 '기업가 정신'을 환기시키는 한편, '디자인의 다양성'과 '생산성의 향상'을 위한 혁신적인 툴이라는 공통된 인식이 함께 하고 있기 때문이다. 이에 대해 백소령 본부장은 쓰리디시스템즈도 최근 제조 분야에서 3D 프린터를 활용하기 위한 방안을 모색하면서 큰 변화가 있었다며, 내부적으로 R&D와 생산라인에 전반적인 혁신이 있었다고 설명했다.

"한국에서의 3D 프린팅 매출 규모는 지난해까지 2배 넘게 성장한 반면, 2015년에는 2분기까지 40~50% 정도로 작년에 비해 약간 줄었다. 한국에서 제품과 서비스를 담당하는 채널들과는 오랫동안 사업을 같이 해 왔는데, 채널을 더 늘리는 대신 올해부터는 이 업체들의 역량을 강화해서 제조업 분야를 강화할 방침이다."

기존에 쓰리디시스템즈의 채널들은 3D 프린터에 대한 하드웨어적인 관리 교육만 진행하면 됐다. 하지만 이제는 각 제조 분야별로 후처리 가공법이라든가, 어떻게 디자인하고 접근할 것인지 등 사용자들이 3D 프린터를 이용해 부가가치를 높일 수 있도록 하는데 초점을 맞춰 교육을 진행하고 있다. 이것이 기존 정책과는 확연히 달라진 모습이다.

쓰리디시스템즈코리아는 글로벌 마케팅을 담당하는 본사의 이러한 전략에 발맞춰 국내 파트너사들을 관리하는 한편 이들이 시스템을 잘 운영할 수 있도록 기술과 영업력을 지원하고 있다. 현재 쓰리디시스템즈코리아는 국내에 프로덕션 제품군과 컨슈머 제품군을 담당하는 7개의 채널을 두고 있다. 프로덕션 제품군을 공급하는 5개 채널에는 한국아카이브, 세종정보기술, 씨이피테크, 한국기술, 포텍마이크로시스템이 있고, 컨슈머 제품군은 신도리코, 제이씨현시스템이 담당하고 있다.

쓰리디시스템즈의 정책 변화에 대해 백 본부장은 "3D 프린터가 프로토타입용으로 사용되면서 큰 관심을 불러 모았는데, 제조 분야에서도 많이 활용될 것으로 보고 있다. 다만 3D 프린터가 잠재적 역량을 많이 갖고 있는 기술인 것은 분명하지만 현재 제조현장에서 활용되고 있는 대표적인 기술은 아니라는 점에 주목해야 한다"고 밝혔다. 또한 "3D Printer 2.0 전략은 쓰리디시스템즈가 3D 프린터 제조사로써 제조분야에서 3D 프린터가 혁신의 아이콘으로 작용할 수 있도록 하는데 초점이 맞춰져 있다"고 전했다.

콘텐츠 제작에서 프린트까지 토털 3D 솔루션 제공

전 세계 3D 프린터 시장을 이끄는 빅3 업체 중 하나인 쓰리디시스템즈가 갖고 있는 강점에 대해서는 일반 프린터 엔진이

▲ 3DS Culinary Lab Facility　　　　　　　　　▲ Fabricate Tech-Style 3D Printing for Cube

1개 혹은 2개가 있다면 쓰리디시스템즈는 기본 엔진을 7가지 보유하고 있다며, 3D 콘텐츠 크리에이션에 대한 역량도 높다고 설명했다.

"쓰리디시스템즈에서 '프린터 엔진'이라고 부르는 것은 어떤 특화 재료를 가지고 3차원 조형물을 만들 수 있는 방법들을 말한다. 많이 알려진 3D 프린팅 방식인 SLA, SLS, CJP, FDM(혹은 PJP), Ceramic, Food Printing 등이 있다. 또한 쓰리디시스템즈는 재료와 프린터 엔진의 종류가 굉장히 다양하다는 점이 강점이다. 메탈, 복합 엔지니어링을 위한 플라스틱 등 120여 가지가 넘는 프린팅 재료를 제공하고 있다는 점 등이 타 업체와 차별화된 점이다"

이처럼 다양한 프린터 엔진과 재료들을 혼합해 쓰리디시스템즈는 각 제조 분야에서 사용할 수 있는 애플리케이션을 제작하고 있다. 또한 소프트웨어 역량을 콘텐츠 제작에서부터 제조에 이르기까지 다이렉트 매뉴팩처링을 지향하고 있고, 모든 생산라인을 하나의 쓰레드로 묶어서 생산성을 높이는데 초점을 맞추고 있다.

쓰리디시스템즈는 최근 3D 프린팅 관련 업체들을 잇따라 인수하며 메탈 분야의 입지를 강화하고 있다. "메탈 프린팅 제조 역량을 강화하기 위한 방안으로 밀도도 높고 품질이 좋은 메탈 프린터를 만들기 위해 프랑스 업체인 피닉스(Phoenix)를 인수했다. 또한 디자인 최적화를 포함한 현장 적용이 가능한 애플리케이션 개발을 위해 인하우스용 메탈 프린터를 개발하고 있는 벨기에 업체인 레이어와이즈(LayerWise)를 인수했다"고 밝혔다.

이러한 움직임을 통해 쓰리디시스템즈는 기존 역량과 새롭게 메탈 지원을 위한 역량 개발로 메탈 시장을 새롭게 개척해 나갈 방침이다. 또한 2016년 초에는 두 종류의 최적화된 메탈 3D 프린터를 출시할 계획이다.

3D 프린팅은 제조 강국으로 재도약 하기 위한 기회다

3D 프린터를 어디에 어떻게 써야 할 지에 대해 제대로 모른 채 3D 프린터에 대한 이슈만 뜨거웠던 것이 사실이다. 이에 대해 백본부장은 3D 프린터의 골든 타임이 올해에서 내년이면 끝날 것이라고 전망했다. "현재 파트너사들에게는 매달 애플리케이션 조정과 미션을 주고 있고, 꾸준히 스터디를 진행할 수 있도록 돕고 있다. 제조현장에서 3D 프린터를 활용할 수 있는 방법을 찾지 못하면 새로운 기회를 잡지 못할 수도 있기 때문이다"

올해 전반기까지는 3D 프린터에 대한 담론적인 질문들, 예를 들어 3D 프린터의 역사나 종류 등에 대해 질문을 많이 했다면, 올 하반기부터는 본인이 필요로 하는 분야, 예를 들어 생산이나 금형 같은 제조현장에 응용하고자 하는 실질적인 의도를 갖고 질문하기 시작했다고 달라진 시장상황에 대해 설명했다.

쓰리디시스템즈는 3D 프린팅 관련 제품을 판매하는데 그치지 않고 서비스 네트워크를 통해 교육적인 부분까지 어떻게 지원할 것인가를 고민하고 있다. 또한, 교육 교재와 커리큘럼을 전문적으로 개발하고 교육 현장에 서비스할 업체를 파트너사로 찾고 있다고 밝혔다.

백본부장은 아직까지 한국에는 콘텐츠 제작에서부터 출력까지 컨슈머 영역에서 전국을 커버할 수 있는 3D 프린팅 전문 교육 역량을 갖춘 업체는 없다고 아쉬워했다. 미국에서 쓰리디시스템즈는 STEAMtrax라는 업체를 인수해서 STEAMTRAX CURRICULUM MODULES을 개발해 미국의 중고등학교 교육 현장에 적용해 많은 성과를 내고 있는 것을 볼 때 한국에서도 교육 과정에 맞물려 갈 수 있는 3D 프린팅 관련 커리큘럼과 교재 개발이 시급한 실정이다.

백본부장은 3D 프린터가 제조 현장에서 사용 가능한 기술이 되도록 하는 것이 목표라며, 내부적인 애플리케이션을 강화하고 내년까지 이를 지속적으로 추진할 방침이라고 말했다.

"무엇보다 3D 프린터를 제조 혁신의 툴로써 인식하고 한국의 제조경쟁력 강화를 위한 툴로 활용할 수 있어야 한다. 3D 프린팅 토털 솔루션 개발사인 쓰리디시스템즈는 한국의 제조업체들과 긴밀한 협조 체제를 구축해 나갈 계획"이라고 밝혔다.

캐리마 이병극 사장

'캐리마 4S 플랜'으로 3D 프린팅 기술 개발 선도

국산 3D 프린터 제조업체인 캐리마(www.carima.co.kr)가 유로몰드 2015에서 1시간에 60cm를 프린팅할 수 있는 초고속도의 극세밀한 3D 프린팅 적층 기술을 발표하고 시연해 주목을 받았다. 캐리마는 C-CAT(CARIMA-Continuous Addictive 3D Printing Technology)'로 불리는 이 기술이 적용된 신제품을 2016년에 출시할 계획으로 제품 개발을 추진 중이다. 세계 3D 프린팅 시장을 선도하는 업체로 발돋움하기 위해 '캐리마 4S 플랜' 전략을 내건 캐리마의 이병극 대표와 이야기를 나눠보았다.

■ 박경수 기자 kspark@cadgraphics.co.kr

초고속 울트라 패스트 기술, C-CAT 발표

캐리마는 30여년 전인 1983년 광학기기 제조업체로 기술 개발을 시작해 포토 프린터를 제작해 공급했고, 1992년에는 광조형 3D 프린팅 원천기술을 개발해 RP 장비로 불리는 MASTER 기기를 출시하며 국내를 대표히는 3D 프린디 제조입체로 입지를 강화해 왔다. 3D 프린터 관련 기술이 개발된 것은 이미 20~30년 정도 됐지만 가장 큰 문제점은 출력속도가 늦다는 것이다. 이에 대해 이병극 대표는 "기존 3D 프린터가 가진 단점은 정밀도가 떨어지고 크기가 작으며 여러 가지 재료를 사용하지 못한다는 점 등이 있다. 그 중에서도 제품을 빨리 못 만든다는 점이 가장 큰 문제점으로 지적되어 왔는데, 좀 더 빨리 제품을 만들 수 있다면 금형 등 모든 산업 분야에서 혁신적인 일이 벌어질 것"이라고 전했다.

▲ 캐리마 3D 프린터(Master EV와 2016년 출시될 신제품)

이병극 대표는 지금까지 개발된 가장 빠른 3D 프린터라고 해도 1시간 동안 2~3cm밖에 출력하지 못했다면서, 캐리마가 이번에 발표한 기술은 1시간에 60cm를 출력할 수 있는 획기적인 신기술이라고 소개했다. 표면 조도 역시, 1마이크론(0.001mm)의 극세밀하고 섬밀한 프린팅이 가능해졌다는 점도 특징이다.

그는 유로몰드 2015에서 C-CAT라는 프로젝트명으로 기술을 소개하면서 '수퍼 스피드(Super Speed)'라는 이름으로 발표했는데, 해외 언론에서는 '울트라 패스트(Ultra Fast)'라는 용어를 사용하며 많은 관심을 보였다. 향후 이 기술이 범용화되면 광경화식(DLP) 기술을 활용한 제품이 많이 나올 것이라며 기대를 내비쳤다.

캐리마 4S 플랜으로 3D 프린팅 시장 선도할 터

시장조사 기관인 월러스 리포트(Wohlers Report)에 따르면, 2015년 산업용 3D 프린터 부문에서 캐리마는 전 세계 7위에 올라 있다. 이에 대해 이병극 대표는 DLP(Digtial Lightrography Process) 즉, 광원을 이용한 3D 조형 프린팅 분야에서 국내는 물론 세계에서도 손꼽히는 기술력을 갖고 있기 때문이라고 설명했다.

이병극 대표는 "현재 DLP 시장은 전체 3D 프린터 시장에서 12% 정도밖에 되지 않는다. 지금까진 완만하게 성장해 왔지만 앞으로는 DLP 시장이 가장 많이 성장할 것으로 기대하고 있다. 새로운 DLP 관련 기술이 개발되면서 빨리 제품을 만들 수 있게 됐고, 고장률이 적으면서도 사용하기 편리해졌다. 또한 고가의 FDM 장비에 비해 DLP 장비는 상대적으로 가격 경쟁력도 우수하다"고 말했다.

캐리마는 마스터 EV 시리즈와 DP 시리즈 제품을 개발해 전 세계에 공급해 오고 있는데, 최근 3D 프린팅 제조 기술의 발달이 저조한 반면 3D 프린팅 관련 서비스 시장이 크게 성장하고 있는 점에 주목하고 있다. 캐리마는 'Super Speed, Smooth Surface, Smart Common Usage, Sensational Technic'이라는 캐리마 4S 플랜을 발표하고 의료, 금형, 국방, 전기전자, 자동차, 항공, 조선, 에너지, 디자인, 유통 등 산업용 3D 프린팅 시장에서 속도, 정확도, 소재, 인터페이스 발전을 주도해 나간다는 계획을 세웠다.

이병극 대표는 산업 전반에 걸쳐 패러다임을 개혁하기 위해서는 민간만으로 연구에 투자하는데 한계가 있다고 지적하고 정부 주도의 집중적인 투자 및 지원책이 마련되어야 한다고 강조했다.

그는 "현재 국내에는 20~30여개 업체가 3D 프린팅 관련 사업을 진행하고 있다. 하지만 정부가 개인용 3D 프린팅 시장의 저변확대를 위해 창업 지원을 돕고 있는 스타트업들은 인큐베이팅 수준에 머물러 있고, 개인용 3D 프린터 시장의 저변 확대도 이뤄지지 않은 채 3D 프린팅 성장세도 한풀 꺾인 상태다. 또한 전 세계 산업 부문의 80% 이상은 스트라타시스, 3D시스템즈, EOS 같은 빅3 업체들의 고가 장비가 대부분을 차지하고 있다. 따라서 정부 주도의 3D 프린팅 확산 정책에 변화가 필요한 시점"이라고 전했다.

국내 3D 프린팅 발전 위한 정부 차원의 적극적인 지원 기대

이병극 대표는 현재 한국의 3D 프린팅 포지션은 아시아에서도 상당히 뒤쳐져 있다면서 정부 주도의 3D 프린터 저변확대도 중요하지만 산업용 3D 프린팅의 발전을 통해 국내 제조 분야의 위상을 높이고자 한다면 캐리마 같은 3D 프린팅 기술력을 겸비한 업체들을 전략적으로 육성해야 한다고 강조했다.

"아일랜드, 독일, 중국, 일본 등에서는 국가적인 차원에서 3D 프린팅에 대한 집중 육성이 이뤄지고 있고, 기술을 선도하고 있는 미국, 유럽, 이스라엘에서도 기술력을 겸비한 업체들을 지원하기 위한 정책을 펴고 있다. 인도, 말레이시아, 러시아, 이집트, UAE 등 개발도상국들도 3D 프린팅 산업 육성을 위해 우수 기업 유치를 위한 경쟁에 적극적으로 뛰어들고 있다. 이런 시장의 변화에 대해 정부도 새로운 시각으로 바라봐야 한다"는 것이 그의 의견이다.

이병극 대표는 향후 3D 프린팅 시장의 패러다임이 표준 플랫

▲ 캐리마 3D 프린터로 제작한 3D 프린팅 출력물

폼을 비롯해 오픈소스, 오픈마켓, 그리고 국가의 장벽을 뛰어넘는 네트워킹과 대량생산을 대체할 수 있는 3D 프린터 기기 및 소재 개발에 초점이 맞춰지고 있다고 보고 있다. 또한 3D 프린팅 시장이 소품종 소량생산 방식에서 다품종 대량생산 방식으로 이동하고 있다는 점에 주목하고 있는데, 예를 들어, 공장에서 고속 3D 프린터를 여러 대 배치하여 제품을 생산할 경우, 생산량이 증가하여, 대형 사출생산시설을 3D 프린터가 대체, 제조 산업의 패러다임이 금형 위주에서 3D 프린팅으로 이전하게 될 것으로 예측하고 있다. 캐리마는 새로운 신기술 개발과 함께 일본 미쓰이화학과 의료 관련 공동 연구를 2년째 진행하는 등 세계 시장 공략을 목표로 다변화해 나갈 방침이다.

이병극 대표는 "무엇보다 경쟁력 있는 3D 프린팅 제품을 시장에 내놓는 것이 중요하다. 그러기 위해서는 3D 프린팅 시장의 새로운 변화에 주목해야 한다. 이러한 변화가 순차적으로 진행된다는 견해도 있지만 동시다발적으로 개발되고 발전하고 있다고 생각한다"고 말했다. 또한 "정부는 물론 국내 3D 프린팅 관련 제조업과 서비스업 관계 업체들도 3D 프린팅 시장의 변화에 새로운 준비를 해야 할 때이다. 캐리마는 앞으로 세계 시장을 선도할 수 있는 기술과 제품 개발을 위해 더 많은 노력을 기울일 계획"이라고 포부를 밝혔다.

프로토텍 신영문 사장

스트라타시스 FDM 장비 노하우 기반으로 판매에서 서비스까지 확장할 터

3D 프린팅 업계를 선도하고 있는 프로토텍(www.prototech.co.kr)은 2005년에 설립된 이후, 3D 프린터와 3D 스캐너, 시제품 제작 서비스, 그리고 역설계까지 3D 프린팅 토털 솔루션을 제공하고 있다. 10년 넘게 스트라타시스(Stratasys)의 FDM과 폴리젯(Polyjet) 방식의 3D 프린터를 국내 시장에 공급해 오고 있는 프로토텍은 3D 프린팅 관련해 많은 노하우를 쌓아왔다. 국내 3D 프린팅 1세대로서 20년 넘게 3D 프린팅 시장에서 입지를 다져온 프로토텍 신영문 사장과 이야기를 나눠보았다.

■ 박경수 기자 kspark@cadgraphics.co.kr

국내 3D 프린팅 업계, 거품 빼고 재도약할 때

올해 들어 국내 3D 프린팅 시장의 성장 기세는 한풀 꺾였다. 2013년부터 2014년까지 큰 폭으로 성장하면서 수많은 장미빛 전망을 내놓았지만 현재는 주춤한 모습이다. 이에 대해 프로토텍 신영문 사장은 "국내 3D 프린팅 시장의 성장이 다소 정체된 느낌을 주지만 불필요한 거품이 빠진 만큼 새롭게 도약할 수 있는 계기가 될 것으로 기대한다"고 말했다.

그는 지난 2년간 국내 3D 프린팅 시장이 크게 성장한 데는 정치권과 매스컴의 영향이 컸다고 지적했다. 3D 프린터에 대해 잘 모르던 사람들도 많은 관심을 갖게 되면서 시장이 지나치게 확대된 측면이 있다고도 말했다.

"작년과 올해를 놓고 비교해 보면 3D 프린팅 시장이 크게 감소한 것은 사실이다. 하지만 작년 수치를 비정상이라고 본다면 전체 3D 프린팅 시장은 지속적으로 성장하고 있다고 생각한다."

그는 개인용 시장은 잘 모르겠지만 산업용 시장과 비슷한 성장 곡선을 그리고 있다고 본다며, 3D 프린터가 프로토타이핑 분야에서는 자리를 잡았고 성장기에 들어갔다고 설명했다.

"제조 분야에는 아직 도입기라고 할 수 있는데, 향후 3D 프린팅 시장의 발전 분야를 본다면 제조 분야가 될 것으로 생각한다."

프로토텍은 스트라타시스(Stratasys)와 10여년 전부터 국내 총판 계약을 맺고 FDM과 폴리젯 방식 3D 프린팅 제품군을 국내에 판매해 왔다. 특히 FDM 장비는 국내 어떤 업체 보다 많은 노하우를 갖고 있다고 말했다.

스트라타시스 제품의 장점에 대해 그는 재료의 다양성, 장비 운영의 편리성, 예산에 맞춰 선택할 수 있는 장비 선택의 폭이 넓다는 점 등 3가지를 장점으로 꼽았다. 특히, 스트라타시스의 3D 프린터는 1천여 가지 이상 되는 재료의 특성을 지원한다는 점에서 타사의 제품과 큰 차이가 있다고 설명했다.

스트라타시스 제품이 좋은 이유, 세 가지

전 세계 3D 프린팅 시장은 '스트라타시스, EOS, 3D시스템즈'라는 빅3 업체가 주도하고 있는 가운데, 수많은 3D 프린팅 업체들이 난립하고 있다. 하지만 3D 프린팅 시장에서 스트라타시스의 입지는 여전히 굳건한 상태다. 이에 대해 그는 "스트라타시스는 전 세계 3D 프린팅 시장은 물론 산업용 3D 프린팅 시장에서도 여전히 리더십을 유지하고 있다. 지난해 스트라타시스가 메이커봇을 인수함에 따라 개인용 3D 프린팅 시장에서도 강력한 리더십을 구축할 있게 됐다"고 설명했다.

프로토텍은 스트라타시스 제품 중에서 FDM과 폴리젯 방식 등 거의 모든 제품을 판매하고 서비스하고 있는데, 개인용 시장을 타깃으로 한 메이커봇 제품은 취급하지 않고 있다. 이에 대해 그는 "프로토텍의 비즈니스 모델은 산업용 3D 프린팅 시장을 주요 타깃으로 하고 있다. 개인용 시장으로의 진출에 대해서는 고려하지 않고 있다"고 밝혔다.

산업용 3D 프린팅 시장에 치중하고 있는 이유에 대해서는 "고객과 직접 일대일로 만나서 우리가 갖고 있는 솔루션의 장점을 설명하여 판매하고 있기 때문에 유통 형태의 비즈니스를 새로 만드는 것은 부담스럽다. 개인용 시장은 판매 단가도 낮고 비용을 커버하기도 쉽지 않기 때문이다"라고 말했다.

그는 스트라타시스가 제공하는 3D 프린터용 재료는 제품으로 구현할 수 있는 가짓수만 해도 1천여 가지가 넘는다며 이런 장점이 스트라타시스 제품을 계속 쓰게 만든다고 강조했다. 하지만 국내에 전문적인 3D 프린팅 서비스를 제공하는 업체가 거의 없어서 아쉽다며 스트라타시스의 새로운 비즈니스 모델에 대해 설명했다.

"최근 스트라타시스가 인수합병을 마친 레드아이, 솔리드컨셉, 하베스트라는 3개 회사를 기반으로 SDM(Stratasys Direct Manufacturing)이라는 거대한 3D 프린팅 서비스 조직을 만든 점에 주목해야 한다"며, "현재 SDM을 중심으로 한 네트워크 서비스는 미국을 비롯해 호주, 중국, 터키 등으로 빠르게 확대되고 있어 프로토텍도 서비스 확대를 위한 방안 마련에 고심하고 있다"고 밝혔다.

3D 프린팅을 잘 쓸 수 있도록 모두가 협력해야

그는 3D 프린터가 향후 산업을 변화시킬 수 있는 중요한 기술이란 점에서 공감하고 있다며 기업에서 경쟁력을 키울 수 있는 좋은 툴로 3D 프린팅을 이용해야지 3D 프린팅 업체만으로는 산업혁명을 일굴 수 없다고 말했다. "3D 프린팅 기술을 써야 하는 기업이 함께 관심을 갖고 의견을 모아야 한다. 기업은 물론 학교, 정부기관들도 다 같이 서로 협력해야 3D 프린팅을 활용할 수 있는 좋은 기술이 나올 수 있다"고 거듭 강조했다.

특히 기업이 생산, 개발 단계에서 3D 프린터를 쓸 수 있으려면 제대로 된 학교 교육을 통해 기업이 필요로 하는 인력을 양성해야 한다고 말했다. "3D 프린팅을 통해 산업이 발전하기 위해서는 학교 교육이 매우 중요하다. 3D 프린팅과 관련 없는 곳에서 자격증을 만들어 정부 자금을 지원받고 있는데, 이것은 잘못된 일이다. 실제 산업현장에서 무엇이 필요한 지 좋은 활용사례를 발굴하고 3D 프린팅 사용업체와 학교가 함께 연구하고 인력 양성을 위해 꼭 필요한 커리큘럼을 짜야 한다."

그는 3D 프린팅이 산업현장에서 혁명을 일으키려면 프린팅

▲ 프로토텍에서 판매하고 있는 스트라타시스 제품군

▲ 스트라타시스 제품군으로 출력한 3D 프린팅 제품들

속도를 더 높여야 하고 재료의 비용은 낮춤과 동시에 재료의 특성과 정밀도는 높여야 한다고도 강조했다. 또한 판금, 사출성형 등 전통적인 제조기술과 경쟁할 수 있을 만큼 기술이 발전해야 혁명이 일어날 수 있다고 전망했다. 현재 산업 부문별로 자동차를 비롯해 소비재(가정용 기기), 산업용 기기, 교육용 시장, 그리고 최근에 의료, 항공, 방위산업 관련 시장이 크게 확대될 것으로 보고 있다.

현재 스트라타시스 제품군은 직접적으로 메탈을 다루진 않고 있다. 하지만 FDM과 폴리젯 방식의 제품군은 프로토타입 시장에서 좋은 성과를 내고 있다는 것이 그의 설명이다.

"고객들이 스트라타시스 제품을 구입하고 실질적인 투자 효과를 볼 수 있도록 앞으로도 3D 프린팅 컨설팅에 힘쓸 계획이다. 우리 직원들에게 3D 프린팅에 관한 한 최고의 컨설턴트가 되라고 항상 당부하고 있다. 우리의 목표는 우리 고객들이 3D 프린팅을 잘 쓸 수 있도록 지원하는 것이다"라고 강조했다.

I

센트롤과 공동으로 주물사 3D 프린터 개발한
부산대 주승환 교수

디지털 패브리케이션을 목표로 대량생산용 메탈 3D 프린터 개발

3D 프린터 개발자로서 '윌리봇'이라는 박스형 3D 프린터를 개발하고, 오픈 소스를 공개한 바 있는 부산대 주승환 연구교수. 최근 센트롤(SENTROL)과 공동 개발해 상용화한 SLS/SLM 방식의 주물사 3D 프린터가 공개되면서 그의 행보에 관심이 모아지고 있다. 센트롤과 협력해 하이브리드 메탈 3D 프린터를 개발하는 것이 목표라는 주승환 교수를 만나 보았다.

서울대 공대를 졸업하고 무역업종에 종사하면서도 엔지니어로서의 끈을 놓치 않았던 주승환 교수는 3D 프린터라는 새로운 기술에 눈을 뜨면서 3D 프린터의 전도사의 길로 들어섰다.

미국 이름인 윌리암과 로봇에서 착안, 오픈소스 기반의 윌리봇이라는 3D 프린터를 개발하기도 했던 그는 외국에서 생활하던 시절 그와 함께 생활했던 학생들이 붙여주었던 왕선생님이라는 뜻의 윌리암 왕이라는 닉네임을 즐겨 사용한다.

지식나눔을 좋아하는 그는 한국3D프린터유저그룹/윌리암왕선생님 카페(http://cafe.naver.com/3dprinters)를 운영하면서 20만원대 국민 3D 프린터 제작을 통해 대중화를 꾀하기도 했고, 최근에는 산업용 SLS 주물사 프린터, BJ 방식의 프린터 등의 개발과 연계하여, 교육, 세미나 등의 계몽 활동에 노력을 하고 있다. 또한 미래부 산업자원부의 3D 프린팅 국가전략 로드맵 작성에도 위원으로 활동하는 등 다양한 활동을 하고 있다. 3D 프린터 개발로서 시작한 만큼 산업계에 필요한 제품으로서 국내 제조업에 지속적으로 도움을 줄 수 있도록 시장을 선도하는 '퍼스트 무버(시장 선도자)'가 되기를 기대해 본다.

센트롤과의 협업으로 산업용 3D 프린터 개발 참여

CNC 제어기술 전문기업으로 잘 알려진 센트롤은 일본에서 건너온 엔지니어들이 30년 넘게 기술 개발에 힘써 왔고, 관련 장비는 물론 소프트웨어를 개발할 수 있는 인력도 갖추고 있

다. 그는 3D 프린터 개발을 위해 몇몇 업체들과 이야기를 나눴지만 결국 소프트웨어 개발 기술력과 전문 엔지니어링 인력을 갖추고 있는 센트롤과 협력하게 됐고, 새로운 산업용 3D 프린터 개발에 참여하고 있다.

주물사 3D 프린터의 출시로 뿌리산업 지원

2015년 9월에 출시한 주물사 3D 프린터 SS600은 '모래(Sand)'를 주 재료로 사용하는 '사형주조' 방식을 사용하고 있다. 사형주조는 1회성 주형에 주로 사용되는데, 제조 부품의 형상자유도가 높아 대량생산보다는 다품종 소량생산에 적합하다. 이러한 사형주조는 미국, 유럽 등의 대형업체가 시장을 주도하고 있는데, 일본은 2013년부터 정부차원에서 지속적인 지원책을 발표하고 산학연 중심의 R&D를 꾸준히 진행하고 있다.

주물사 3D 프린터는 주조산업에 쓰이는 주형을 만드는 3D 프린터로, 뿌리산업으로 불리는 주조 산업에서 필요로 하는 자동차 부품, 항공기기, IT산업 부품 등 각종 주물로 만들어지는 금속 부품을 제작할 수 있다는 점이 특징이다. 그 동안 금형 부품은 대부분 외산에 의존해 왔는데, 새로운 3D 프린터 개발로 국산화의 길이 열렸다.

주물사 3D 프린터의 장점은 우선 신속하게 찍을 수 있다는 것이다. 예를 들어 혼다는 경주용 자동차 부품이 고장 났을 때 주물사 3D 프린터를 사용해 신속하게 제품을 출력하기도 한다. 두 번째는 복잡한 것을 찍을 수 있다는 점이다. 일본의 고이와이(KOIWAI)는 독일에서 주물 기술을 배워와 우리나라를 비롯해 아시아 전역에 복잡한 형상의 주물 제품을 수출하고 있다.

메탈 3D 프린터 출시로 국내 시장 활성화에 앞장

센트롤은 2015년 12월 자체 기술로 개발한 국산 메탈 3D 프린터를 출시했다.

신제품은 센트롤이 지난 9월 출시한 SLS(Selective Laser Sintering) 방식 산업용 주물사 3D 프린터 'SENTROL 3D SS600'과 달리 SLM(Selective Laser Melting) 방식이며, 200~400W급 레이저로 금속 분말의 용융과 도포를 반복하는 공정을 반복한다. 주물사 소재와 비교해 금속을 소재로 하여 출력물의 표면조도와 정밀도를 한 단계 높였다.

그는 신제품의 판매가를 1억원으로 책정할 것이라고 밝히고, 외산 장비 대비 저렴한 가격으로 국내 제조업 및 관련 기술 연구에서의 3D 프린터 보급 확대에 도움이 될 것으로 기대했다. 메탈 3D 프린터는 치아 모형, 임플란트 등의 의료분야뿐 아니라 항공 수송기, 스마트 금형 등의 부품 제작에 적용된다.

하이브리드 3D 프린터 개발을 목표로

앞으로 개발할 새로운 3D 프린터는 '하이브리드(Hybird)' 즉, 공정혼합형 제품이다. 지금은 3D 프린터로 금형을 출력한다고 해도 완제품이 되지는 않는다. 유저가 금형 기계를 만들어서 금형 모델을 프린터하고 나면 다시 깎아야 한다. 열번 찍고 한번 깎고 하는 형태로 작업해야 한다. 안쪽까지 정밀하게 깎아서 만들 수 있는 기계를 만드는 것이 첫 번째 목표다. 또,

일반인들도 손쉽게 저가격으로 원하는 금형 제품을 만들어서 판매도 할 수 있도록 하이브리드 3D 프린터를 개발해 보급하는 것이 최종 목표다. 이렇게 되면 현업에서 은퇴한 사람들도 주물사 3D 프린터를 이용해 카메라 케이스 같은 것을 만들어서 전 세계에 팔 수 있을 것이다.

산업용 3D 프린터 개발 어떻게 할 것인가

선진기술을 갖고 있는 일본은 하이브리드와 메탈 3D 프린터를 개발하기 위해 많은 투자를 하고 있다. 우리나라도 주물 분야에서 경쟁력을 키우려면 메탈 3D 프린터 개발을 서둘러야 한다고 생각한다. 또 국내 주물업체에 젊은 사람들이 오지 않고 있는데, 3D 프린터를 사용한다면 젊은 사람들도 많이 올 것이고, 그렇게 되면 일자리 창출에도 도움이 될 것으로 기대하고 있다.

우리나라는 3D 프린터 업체가 개발하고 3D 오픈소스를 이용해 만드는데 그친다. 용산에서 부품들을 조립해서 조립 PC를 내놓는 것과 비슷하다. 현재 3D 프린터는 복합가공 분야로 기술 개발이 빠르게 진행되고 있지만 우리나라는 충분한 기술력을 갖고 있지 못해 기술개발이 시급한 실정이다.

3D 프린팅 시장의 전망을 말하다

3D 프린팅 시장이 어떻게 변화될지는 아무도 모른다. 3D 프린팅 시장이 연 40% 정도의 성장률을 보인다고 하지만 실제 시장 규모는 크지 않다. 초창기 스마트폰 시장은 팜파일럿, 블랙베리 같은 제품들이 나왔을 뿐, 누구나 사용할 수 있는 스마트폰 시장은 열리지 않았다. 애플이 아이폰을 출시하고 나서야 누구나 스마트폰을 사용하는 시장으로 바뀐 것처럼, 3D 프린팅 시장도 획기적인 변화가 있어야 한다.

3D 프린터 개발에서 최종 목표는 디지털 패브리케이션

지금은 복합가공 3D 프린터 개발에 초점이 맞춰져 있지만 앞으로는 복합생산공정 3D 프린터가 나올 것이다. 향후 5년 이후에 우리나라가 전자산업에서 경쟁력을 가지려면 3D 프린팅이 됐든, 다른 것이 됐든 결국 디지털 패브리케이션을 집적화하는 기술을 갖고 있어야 한다. 센트롤과 함께 개발 중인 3D 프린터의 최종 목표는 설계도만 입력하면 자동으로 제품을 찍어내는 디지털 패브리케이션을 실현하는 것이다.

한국교통대학교 3D프린팅센터 박성준 센터장
(기계공학과 교수)

제품개발을 위한 디자인 산실…
인재 육성과 함께 3D 프린팅 기술 지원

한국교통대학교(이하 교통대)는 교내 3D프린팅센터(www.3dprinting.ut.ac.kr, 예정)를 설립, 3D 프린팅 확산 및 보급 사업에 나서고 있다. 교통대는 이미 수 년 전부터 제조기반 기술로서의 3D 프린팅 기술의 활용과 응용을 위하여 지속적인 투자를 해 왔으며, 3D 프린팅 기술 전문 기관으로 조직적인 구조를 갖추고 지원 활동을 하고 있다.

교통대 3D프린팅센터는 단순히 충북 인근 지역 내에 3D 프린팅 장비를 이용한 시제품 및 제품 제작 지원을 위한 업무에서 탈피하고, 제품개발을 위한 디자인 및 아이디어 산실의 인재 육성을 기반으로 3D 프린팅 기술을 효율적으로 활용할 수 있도록 지원하고 있다. 또한 제품디자인을 위한 3D 디지털 데이터베이스의 지속적인 구축, 시세움뿐만이 아닌 제품 제조기술로서의 3D 프린팅 기술 발전에 더욱 이바지할 수 있도록 창의혁신 선도센터로서의 면모를 갖추었다.

한국교통대학교 3D프린팅센터 소개

교통대학교는 산업기술 경쟁력 강화를 위해 산학연이 공동 활용할 수 있는 핵심 산업기술분야의 인프라를 구축·지원하기 위해 많은 노력을 해왔다. 그 결과 2014년도 산업통산자원부 주관 산업기술개발기반구축사업 기획 대상 중 '3D 프린팅 기술기반 창의혁신 구축사업' 지원 대학으로 선정되었다. 앞으로 교통대는 3D 프린팅 인프라 구축을 위해 산업 전문 현장인력과 창업인력의 3D 프린팅 활용 기술 교육 및 3D 프린팅 기술 보급 확산을 위한 다양한 프로그램을 운영하여 3D프린팅 기술 기반 산업 육성지원 사업을 전개할 것이다. 이를 위해 3D 프린팅 관련 교육 과정 개발과 수준별 교육 프로그램 운영으로 3D 프린팅 활용 인적 기반을 확산할 것이며, 이를 통해 3D 프린팅 창의 아이디어 개발 경진대회, 3D 프린팅 창업 캠프·스쿨 운영으로 3D 프린팅 활용 우수사례를 발굴할 계획이다.

또한 지역주민 모두의 창의성과 상상력을 발휘할 수 있는 창의문화 형성 및 확산을 위해 3D 프린팅 체험·활용 여건을 조성할 계획이다. 지역주민의 접근성과 사용 편의성 등을 고려한 3D 프린팅 생활 밀착형 환경을 조성하여 3D 프린팅 저변확대 기반 조성에 앞장서고자 한다.

교통대는 3D 프린팅에 대한 도민과 산업계, 학계 지원관 등과의 네트워크 구축과 충청권 전략사업의 연계성을 강화해 사업을 성공적으로 추진하고자 한다. 이를 위해 3D 프린팅에 대한 이해를 돕고, 기술 도입의 필요성에 대한 공감대 형성을 위하여 영세·중소기업들을 우선 지원하는 등 지역사회 발전을 위해 협력 관계를 유지·발전시키도록 노력할 것이다.

3D프린팅센터의 보유장비 및 운용방안

지금까지는 쾌속 조형기(Rapid Prototyping System)라는 용어의 의미에서 알 수 있듯이 제조공정 및 제품개발공정중의

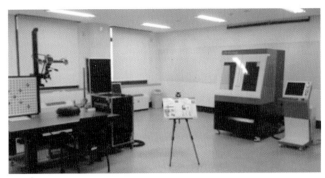

그림 1. 운용 장비실(3D 프린터실, 진공주형실 및 후처리실)

표 1. 한국교통대학교 3D 프린팅 센터 장비 사양

공정 구분	장비 구분	모델명	장비 주요사양	제조사	활용 분야
전공정	3D Scanner	smartSCAN C5	측정방식 - MT파이버라인 해상도 : 2 x 2,052 x 2,056 Pixel 측정시간 : 0.98 sec	Breuckmann	기업지원
	3D Scanner	Sense	초심해상 프레임수 : 30fps 최소 및 재고 스캔범위 mm : 0.2 x 0.2 x 0.2 m max : 3 x 3 x 3 m	3DSYSTEMS	교육지원
	소프트웨어	Design X	3D스캐너를 통해 추출된 데이터를 CAD 누뮬로의 변환 및 수정 기능	3DSYSTEMS KOREA	기업지원
	소프트웨어	Magics RP	3D파일의 출력시 최적화된 3D 데이터인 STL 파일의 보정 작업 기능	Materialise	기업지원
본공정	3D Printer	EDEN 500V	출력방식 : PolJet 방식 제작크기 : 490x390x200 mm 적층두께 : 0.030mm, 0.016 mm	STRATASYS	기업지원
	3D Printer	FORTUS 360mc	출력방식 : FDM 제작크기 : 406x355x406 mm / 적층두께 : 0.330, 0.254, 0.178, 0.127 mm	STRATASYS	기업지원
	3D Printer	Projet 660pro	출력방식 : CJP 제작크기 : 254x381x203 mm 적층두께 : 0.1 mm 색상수 : 6,000,000색상	3DSYSTEMS	창업지원
	3D Printer	FORTUS 250mc	출력방식 : FDM 제작크기 : 254x254x305 mm 적층두께 : 0.330, 0.254, 0.178 mm	STRATASYS	기업지원
	3D CNC	PROMill 5040	최대물작업 : 500x400x250mm 위치정밀도 : ±0.01 mm 반복정밀도 : ±0.005mm	프로테크코리아	기업지원
	3D Printer	Mojo	출력방식 : FDM 제작크기 : 127x127x127 mm 적층두께 : 0.178 mm	STRATASYS	교육지원
	3D Printer	CubePro	출력방식 : FDM 제작크기 : 242x270x230 mm 적층두께 : 0.3, 0.2, 0.07 mm	3DSYSTEMS	교육지원
후공정	진공주형기	ChemVac-100DP	챔버크기(최대) : 2,000cc : 5,000cc	일벌	기업지원
	건조오븐기	ISB-120	내부크기 : 600x600x2300 노출 수온 : 70°C 공압리소 유용 : 3/kw	일벌	기업지원
	열처리소기	IBD-100	내부크기 : 1000x1000x1200 사용온도 : ~50mx°C 중량 : 12kg	일벌	기업지원
	소프트웨어	Verify	제품의 스캔데이터와 초기 설계치수의 수정값 측정 가능	3DSYSTEMS KOREA	기업지원
	화상기공정 분광분석기	AVACE 400FT-NMR	Detector : RD, mem +ICD 측정범위 : Nonpolar chemical MV,VA2,00~70%	Bruker	기업지원
	전계장사형 추사전자 현미경	JSM-7610F	Secondary-electron resolution : 1.0nm (15kV) 3.0m(16 GV Mode) Magnification : x25 ~ x1,000,000 Acceleration voltage: 0.1 to 30kV	JEOL	기업지원
	만능 재료 시험기	UTM-200t	Capach : 20KN Test speed : 0.1 ~ 500 mm/min Test range : 인장/압축시험	동아시험기	기업지원

위한 공정을 간단히 살펴 보는 것 또한 의미 있을 것이다. 이는
▲ 제조를 위한 데이터생성 및 처리를 위한 전(前)공정 ▲ 제작
및 제조를 위한 본(本)공정 ▲ 제품으로의 처리를 위한 후(後)공
정과 제작된 제품의 품질검사 등을 위한 검사공정 등으로 구분
할 수 있다.

센터에서는 이와 같은 공정에 충실히 지원할 수 있는 장비
및 소프트웨어의 인프라 구축을 진행, 계획하고 있다.

기업지원사업을 위하여 하드웨어적 인프라의 구축뿐 아니라
이의 효율적 활용을 극대화할 수 있는 운용 인적자원의 육성에
지속적인 투자와 함께, 내부 인적자원의 엔지니어링 한계를 극복
할 수 있도록 외부 엔지니어링 기술 업체와의 제휴(네트워크 활
동)를 통하여 아이디어를 제품화할 수 있도록 지원할 계획이다.

교통대 3D프린팅센터에서는 여러 지원 사업 중 인재육성을
위한 다양한 교육을 제공하는 프로그램을 추진하고 있다. 제품
개발을 위한 엔지니어링 캐드 교육부터 아이디어를 실현할 수
있는 디자인 및 리버스엔지니어링 교육 등을 업체재직자를 포
함한 예비창업자와 (대)학생을 중점 대상으로 하고 있으며, 다
양한 3D 프린터가 각각 갖고 있는 특장점에 대한 3D 프린팅 교
육을 통하여 쉽게 아이디어를 제품 제조 및 제작과 연계될 수
있도록 추진하고 지속적으로 보강할 예정이다.

또한 체험전시실을 운용하여, 다양한 3D 프린터로부터 출력
한 제품을 직접 확인하여 봄으로써 3D 프린터의 다양성과 그 특
장점을 파악하고, 추후 3D 프린터 활용 시 소기의 목적에 적합한
3D 프린터를 선택, 활용할 수 있도록 기회를 제공하고 있다.

교통대 3D프린팅센터의 지원사업 및 향후 추진 계획
센터에서는 지원사업의 목적으로 우선 기업경쟁력 강화를
위한 3D 프린팅 기술기반 신산업 생태계 조성에 기여하고 있
다. 우수한 전문 인재 양성을 위하여, 크게 기업지원사업, 3D
프린팅 인재육성사업, 창업지원사업 및 네트워크 구축활동 등
4가지 부문에서 지원사업을 펼치고 있다.

■ 기업지원 : (시)제품제작지원 / 찾아가는 (시)제품제작서비
스 / 제조공정개선기술지원 등

■ 3D 프린팅 인재육성사업 : 업체재직자, 예비창업자, 재학생
을 위한 3D CAD 교육 / 리버스 엔지니어링 교육 / 제품디자인
교육 / 바이오 및 의료지원 교육 및 효율적 3D프린팅장비 운용
을 위한 3D프린팅 교육 등

한 단계를 지원하는 시제품 제작시스템이라는 활용에 머물러
왔다고 볼 수 있다. 3D프린팅센터는 단순 시제품 제작 지원을
위한 이미지에서 탈피하여 최근 신성장 제조기술 및 생산기술
로 성장하고 있는 AM(Additive Manufacturing) 테크놀로지
의 대중적 접근이라고 할 수 있는 3D 프린터라는 의미에 걸맞
도록, 대중적인 폭넓은 활용을 유도하고자 다양한 3D 프린터
의 확보와 관련 융합 장비 및 소프트웨어를 구축하였다.

현재 구축되어 있고 또한 향후 구축하고자 하는 3D 프린터
및 관련 기자재, 소프트웨어에 대해서 언급하자면, 새로운 제
품개발을 위한 공정 혹은 대중적 아이디어 상품(제품) 개발을

- 창업지원사업 : 창업경진대회, 창업캠프, 창업스쿨 운용 등
- 네트워크 구축활동 : 3D 프린팅 기반 다양한 주제의 컨퍼런스, 세미나 개최 및 관련 기관과의 MOU 체결 등의 사업 영역 군별 최고의 성과가 이룰 수 있도록 추진할 예정이다.

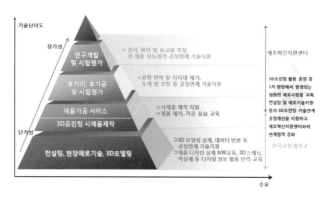

그림 2. 교통대 3D프린팅센터와 한국생산기술연구원 3D 프린팅 기술 사업단의 역할

교통대는 한국생산기술연구원의 제조혁신지원센터와 협력, 다양한 교육프로그램을 통하여 인재육성 및 일거리창출을 해나갈 계획이다.

3D프린팅 통합 서비스지원 인프라 구축

- 3D프린팅 활용 현장전문인력 양성
- 3D프린팅 기술연계 공정개선 지원
- 예비기술창업자 육성

그림 3. 한국교통대학교 3D 프린팅 센터 운영 목표

예비창업자 및 제품 아이디어를 도출할 수 있는 (대)학생들을 위한 다양한 창업캠프, 창업경진대회, 제품 아이디어 경진대회, 디자인 팩토리 대회 등의 지원시스템 등도 계획하고 있다.

특히 기업지원에 특화된 프로그램이라 할 수 있는 '찾아가는 시제품 제작지원 서비스'에는 3D 스캐너, 모델링 S/W 및 3D 프린터 등 모델링 및 시제품 제작에 필요한 장비를 탑재한 차량과 전담 운영인력을 현장에 파견하여 장비 및 운용요원의 인프라를 이용하여 수준 높은 현장방문의 기업서비스를 운용, 제공할 예정이다.

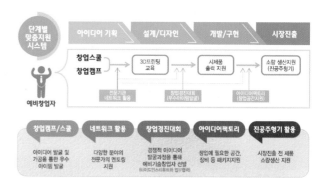

그림 4. 예비창업자 지원을 위한 맞춤지원시스템 개요

표 2. 3D 프린팅 인재 육성을 위한 교육 프로그램

No	과정명	교육대상자		교육방식		활용기자재(3D프린터)			교육시간
		산업군	난이도	수강인원	이론(%)	실습(%)	기자재명	방식	소재	
1	3D프린팅 전문인력양성	자동차, 부품소재 I	초중급	20명	60	40	3D CUBE PRO	FDM 방식	Projet 방식	30시간
2	3D프린팅 전문인력양성	제품디자인 및 RE 분야 I	초중급	20명	60	40				30시간
3	3D프린팅 전문인력양성	제품디자인 및 RE 분야 I	초중급	20명	60	40				30시간
4	3D프린팅 전문인력양성	3D프린팅 분야	–	20명	50	50	all 3D Printers & STL edit S/W	–	–	24시간
5	3D프린팅 전문인력양성	자동차, 부품소재 II	상급	20명	30	70	EDEN 500v	Projet 방식	아크릴계열 고무계열	30시간
6	3D프린팅 전문인력양성	제품디자인 및 RE 분야 II	상급	20명	30	70	FORTUS 360mc	FDM 방식	ABS	30시간
7	3D프린팅 전문인력양성	바이오, 의료분야 II	상급	20명	30	70	FORTUS 250mc	FDM 방식	ABSplus	30시간
8	예비창업자 육성과정	예비창업자	–	20명	60	40	MOJO	FDM 방식	ABSplus	30시간
9	예비창업자 육성과정	예비창업자	–	20명	30	70	PROJET PRO 660	Projet 방식	고강도플레스터	30시간

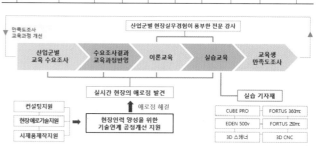

그림 5. 제조공정개선 및 애로기술 개선을 위한 지원

그림 6. 찾아가는 시제품 제작 지원 서비스

- 문의 : 한국교통대학교 3D 프린팅 센터, 043-849-1599

레오3D 김용진 대표

주얼리, 3D 프린팅과 만나 더욱 반짝이다

레오3D(LEO3D, www.leo3d.co.kr) 김용진 대표는 금속공예를 전공했고, 3D 모델링 프리랜서로 일하다 2009년에 회사를 설립하였다. 레오3D는 라이노3D(Rhino3D) 공인 교육 센터(ART, Authorized Rhino Trainer)로 3D 모델링 교육을 하고 있다. 또한 주얼리 3D 모델링 및 주얼리 관련 소프트웨어, 3D 프린터 및 장비도 함께 판매하며 전반적인 디지털 주얼리 사업을 하고 있다. 현재 삼성디자인학교(SADI)에서 Product Design과 겸임교수로 산업디자인 3D 모델링과 경기대학교에서 장신구금속디자인학과 강사로 디지털 주얼리 관련 교육을 진행하고 있으며 서울주얼리산업협동조합에서는 이사로 활동하고 있다.
김용진 대표를 만나 주얼리 분야에서의 3D 프린팅 활용 현황과 계획에 대해 들어보았다.

▲ 천사반지(김용진 작)

▲ 표범펜던트(김용진 작)

주얼리 산업과 3D 프린팅의 만남

주얼리 분야에서 3D 프린팅이 도입되기 시작한 것은 2005년 즈음 솔리드스케이프(Solidscape)의 T66 Benchtop이 들어오면서부터였다. 이 장비는 서포터도 필요 없는 왁스 타입이었다. 이 장비가 도입되고 나서 사람들은 소위 '원본기사' 라 불리는 주얼리 원형 제작사가 아예 없어질 것이라 생각했다. 그러나 T66은 주얼리에 활용하기에는 표면이 거칠었다. 게다가 소프트웨어를 다룰 줄 아는 사람이 많지 않았다. 당시 주얼리 캐드캠(Jewellery CAD/CAM Ltd.)에서 출시된 소프트웨어 주얼캐드(JewelCAD)나 제이캐드(J-CAD)도 높은 가격 문제로 크게 보급되지 못했다. 대학교에서 주얼캐드 사용법을 배운 이들도 간혹 있었지만 주얼리에 대해 이해하지 못했기 때문에 주얼리 시장에 적응하기 어려웠다. T66은 그렇게 주얼리 시장에

서 모습을 감췄다.

그러다 2007년 DLP(Digital Light Processing) 방식의 3D 프린터가 출현했다. 독일 엔비전텍(EnvisionTech)의 퍼펙토리(Perfactory)가 그것이다. 이전에 비해 정밀도 및 표면 조도, 재료 물성, 제작 속도가 몰라보게 향상된 장비였다. 주물(주조)이 조금 까다로운 편이었지만 주얼리 디자이너들이 원하는 퀄리티를 충분히 뽑아낼 수 있었다. 당시 퍼펙토리의 가격은 1억 3000만원에서 1억 5000만원 정도였기에 일반 주얼리 디자이너들이 섣불리 구입하기에는 어려움이 있었다. 그러나 몇몇 업계가 이 장비를 이용하여 용역 서비스를 시작하면서, 불과 2~3년 만에 주얼리 제조 산업의 60~70%가 3D 프린터를 이용하여 주얼리를 생산하게 되었다.

현재는 80~90%가 3D 프린터를 이용할 정도로 패러다임이 크게 변했다. 직접 제조하지는 않아도 용역 등을 통해 3D 프린터를 이용하는 것이다. 이는 국내 어느 제조업과 비견해도 현저히 높은 수치일 것이다.

3D 프린팅 효과 – 다양한 디자인 개발 및 시간 단축 가능

주얼리 산업에서 3D 프린팅을 도입했을 때 가장 좋은 것은 다양한 디자인 개발이 가능하다는 것이다. 이전에는 원본기사가 원형을 제작하는데 많은 시간이 소요되었지만 지금은 3D

모델링과 3D 프린팅을 통해 예전에는 상상할 수 없었던 속도로 원형 제작이 가능해졌다. 이로 인해 제품 개발의 속도가 빨라지고 개발비용이 낮아졌다. 특히 소프트웨어 내에서 모델을 조금만 수정해도 전혀 다른 디자인이 나올 수도 있어, 그만큼 디자인이 다양해지면서 경쟁력도 생겼다.

또, 지금은 이전에 비해 3D 프린터의 가격이 많이 내려갔다. 이제는 많은 디자이너들이 3D 프린팅 출력소에 프린팅을 맡기는 대신 직접 프린터를 구입하는 것이다. 이로 인해 3D 프린팅 비용도 훨씬 절감되고 무엇보다 디자인 유출도 막을 수 있어서 안전해졌다. 프린터의 출력 시간도 점점 짧아지고 있는데 이 장점이 주얼리 시장에서 무엇보다 유리하게 작용할 것으로 보인다.

주얼리 산업에서 3D 프린팅 수요와 전망

▲ 주얼리 전용 보급형 3D 프린터 MiicraftPlus

레오3D는 헵시바 사의 3D 프린터 미크래프트(Miicraft)의 총판을 맡고 있다. 미크래프트는 출력물 표면이 무척 정밀하고 깨끗하여 주얼리 제조에 적합하다. 세나가 헵시바 사에서 직접 주얼리 원형 제작에 알맞은 소재를 개발하는 등 주얼리 제조 산업의 요구에 적극 대응하고 있다. 작년에는 주얼리 액세서리 업계에서 한 해에만 100대 이상을 판매하였다.

최근에는 저가형 DLP 프린터도 많이 출시되고 있지만 대부분의 프린터가 지속적인 프린팅 퀄리티를 보장하지 못한다고 한다. 또한 주얼리 3D 프린터의 가장 중요한 요소는 '주조가 가능한 재료'이다. 현재 개발되는 DLP 프린터들은 외산 치과용 재료를 사용하는 경우가 많아서 주얼리 제조에 어려움이 있는 것으로 보인다.

앞으로는 퀄리티를 보장하면서도 저렴한 가격의 DLP 프린터가 출시될 것이다. 또한 국내 업체에서도 한국의 실정을 잘 반영한 프린터들을 내놓을 것이다. 현재는 주얼리 제조 업체들이 주로 원본 제작을 목적으로 사용하고 있지만 제조업체와 도소매 업체까지도 3D 프린팅을 직접 제품 제작에 사용할 것으

주얼리 3D 프린팅 제작 과정

3D 모델링(비율조정)

3D 프린팅

물줄기 작업

석고매몰

주조

주물(은으로 주로)

다듬기

고무가다작업

원형

완성

로 보인다. 이로 인해 향후 2~3년 내에는 대부분 주얼리 제조 업체 및 도소매 업체들이 3D 프린터를 한 대씩 보유하지 않을까 예상된다.

주얼리 산업에서 이용하는 소프트웨어

이전에는 주얼리 모델링 시 주얼캐드(JewelCAD) 소프트웨어를 주로 이용하였으나 현재는 대부분이 라이노3D를 사용하고 있다. 다른 소프트웨어도 조금씩 사용은 하지만, 디지털 주얼리 산업의 90%가 라이노3D를 이용하고 있다고 해도 과언이 아니다.

주얼리 제작에 있어서 라이노3D의 장점은 많다. 가장 강력한 장점은 라이노골드, 매트릭스, 라이노엠보스 등 다양한 주얼리 디자인 전용 플러그인이 있다는 것이다. 또 일반 캐드는 도면을 기반으로 모델링을 하는 반면, 라이노3D는 도면이 없

이 디자인을 하듯 쉽게 모델링할 수 있으면서도 정확한 치수를 조정할 수 있어서 주얼리 제작에 적합하다. 타 소프트웨어 대비 가격도 저렴하고 타 소프트웨어의 3D 데이터와 호환성이 좋다. 이러한 장점들 때문에 국내 주얼리 분야에서 대부분 라이노3D와 관련 플러그인을 활용하여 3D 모델링을 하고 있다.

▲ Leo3d 공인교육센터 학생작품

▲ 라이노3D를 이용한 모델링과 제품 G-shock시계(강코의뢰 김용진작)

주얼리에 특화된 교육 진행

레오3D에서는 일반인보다는 주얼리 관련 직업을 원하는 사람을 대상으로 라이노3D 교육을 진행하고 있다. 그래서 틀에 박힌 라이노 교육 커리큘럼이 아닌 주얼리에 특화된 교육을 진행한다.

라이노3D만 다룰 줄 안다고 해서 주얼리 원본을 뚝딱 만들수 있는 게 아니기 때문에 라이노3D 소프트웨어를 통해 주얼리를 만드는 것은 결코 쉬운 일이 아니다. 주얼리를 만들기 위해서는 제품이 될 수 있는가, 주물 및 제조 과정이 실제로 가능한가, 그리고 무엇보다 디자인이 예쁜가 등 여러 측면에서 고민을 해야 한다. 그래서 레오3D는 수강생들에게 항상 '라이노3D보다 주얼리가 중요하다' 는 것을 강조한다. 교육 과정도 단기가 아닌 6개월, 9개월 과정으로 마련하여 체계적인 주얼리 및 라이노3D 실무교육을 진행하고 있다. 결과적으로 졸업생들이 주얼리 관련 종사자로 라이노3D를 활용하여 디지털 주얼리 분야에서 앞서나갈 수 있도록 도와 주고 있다.

아날로그에서 디지털로, 그 과도기에서 기회 잡아야

여성 고객이 존재하는 한 주얼리의 수요는 끊이지 않을 것이다. 다만 시장 경기를 많이 타는 산업인지라 몇 년째 하향곡선을 면치 못하고 있고, 제조 산업의 특성 상 인건비가 저렴한 해외 제조 업체에 밀려 경쟁력이 떨어지고 있다. 또한 주얼리 제조 산업은 가족 중심의 소규모 업체가 많고, 낮은 임금으로 인해 젊고 새로운 인력이 적응하지 못하고 업계를 떠나는 경우가 많다. 폐쇄적인 주얼리 시장이 점점 쇠퇴하고 있는 건 아닌가 우려된다.

현재는 아날로그에서 디지털, 3D로 바뀌기 전의 과도기가 아닐까 생각한다. 항상 변화의 시기에 기회가 있다. 예를 들어 주얼리의 디지털화가 고객 맞춤형 주얼리와 같은 새로운 형태의 사업 영역에서 톡톡 튀는 새로운 디자인으로 무장한 신진 디자이너들의 기회가 될 것으로 보인다. 고령화된 주얼리 제조업에서 젊은이들의 캐드가 해답이 될 수도 있을 것이다.

▲ 키티 다이아몬드 목걸이(강코 의뢰 김용진 작)

레오3D에서는 현재 3D 프린터와 소프트웨어 활용방법을 이용한 디지털 주얼리 제조를 널리 보급하는 것이 가장 큰 목표다. 주얼리 제조에서 유용하게 쓸 수 있는 소프트웨어도 개발 준비 중에 있다.

한국 주얼리 시장에 꼭 맞는 소프트웨어 및 장비를 보급하고 싶다. 또, 향후에는 일반인들을 대상으로 DIY 주얼리 교육도 진행해 보고 싶다.

쿨레인 스튜디오 이찬우 대표 겸 작가

토이와 3D 프린팅의 만남

이찬우 작가는 본인의 영어 이름을 딴 '쿨레인 스튜디오(Coolrain Studio)'의 대표로서, '아트 토이'로 많이 알려져 있는 토이를 직접 디자인(오리지널 디자인)하여 제조하고 있다. 대표 작품으로는 2011년 출시한 NBA 선수들 시리즈, 다이나믹듀오 등이 속해 있는 힙합 레이블 아메바후드 토이 시리즈를 오리지널 디자인했고, 네이버 라인 캐릭터의 토이도 모델링하였다. 이찬우 작가를 만나 토이와 3D 프린팅의 만남 그리고 향후 전망에 대해 들어보았다.

국내에서는 '아트 토이'로 알려져 있는 오리지널 토이 산업은 그야말로 내가 직접 토이를 디자인하고 빚는 것이다. 그러나 이 토이에 정밀함과 정확성, 완벽한 대칭과 복제가 들어가야 한다면 손으로만 작업하기엔 무리가 있다. 3D 프린팅을 적재적소에 활용하면 더욱 정밀하고 독특한 토이를 만들어낼 수 있는 것이다.

토이와 3D 프린팅이 만남

토이는 2000년대 후반부터 대중화가 되었다. 3D 프린터가 저렴해지면서 토이 분야에서도 조금씩 3D 프린터를 도입했지만, 주얼리 분야보다는 확산되지 않았다. 그러다 3D 프린터의 가격이 감소하며 점차 활발하게 3D 프린터를 사용하게 되었다. 토이를 하나씩 만들어 낼 때는 가격 면에서 부담이 될 수밖에 없어 수작업으로 하지만, 대량 생산은 3D 프린터를 이용하는 것이 훨씬 좋다.

몇 년 전 3D 프린터를 이용하여 조그만 자전거를 만든 적이 있다. 실제 자전거를 그대로 조그맣게 만들었다고 생각하면 쉽겠다. 두께 1mm 정도의 체인을 뺀 모든 부분을 한 번에 3D 프린터로 출력했고, 실제로 페달을 움직이면 구동이 되도록 세밀

하게 모델링하였다. 구동이 되는 작은 자전거를 한 번에 3D 프린팅했다는 점에서 눈길을 끌었다.

디자인, 시간, 비용 고려한 3D 프린팅 선택 필요

3D 프린터는 정형화된 디자인과 좌우 대칭 모델링 시 유용하게 쓰고 있다. 한 가지 디자인을 여러 가지 크기로 만들어 내야 할 때도 3D 프린터를 이용하여 시간적으로 많은 이득을 보고 있다. 불론 3D 프린터를 들여놓는 데 초기 비용은 크지만, 여러 가지로 변형이 쉽기 때문에 디자이너들에게 무한한 아이디어를 제공해 줄 수 있는 것 같다.

쿨레인 스튜디오의 피규어는 사람을 형상화하거나, 사람이 아닌 것을 사람으로 형상화하는 것이 대부분이다. 이 때 전반적인 부분은 수작업으로 하지만, 손·발이나 신발의 경우 3D 프린팅으로 출력하여 피규어의 현실감을 높이는데 사용하고 있다.

특히 3D 프린터는 원형을 만들 때 유용하다. 3D 프린터가 없었다면 현재까지 진행했던 프로젝트의 절반 이상은 완성하지 못했을 것이다. 그러나 3D 출력물을 상품화하려면 원형부터 후처리, 도색까지 섬세한 작업이 필요하다. 작은 사이즈의 섬세한 토이는 3D 프린팅할 경우 후처리 과정이 무척 까다롭고, 가격도 더욱 많이 든다. 수작업으로 만드는 것이 좋다. 이처럼 디자인, 시간, 비용을 따져 보고 3D 프린터로 작업할지 여부를 결정한다.

실용성과 콘텐츠가 3D 프린팅 활성화의 관건

아직까지 우리나라에서는 자신이 모델링한 아이디어를 프린트한다는 점에만 의의를 두는 것 같다. 3D로 출력할 콘텐츠도

다양하지 않은 것 같다. 게다가 현재 보급되고 있는 FDM 프린터는 출력물의 퀄리티가 무척 낮다. 5~10년 후 3D 프린터가 많이 대중화되고 가격이 내려가면 얘기가 달라지겠지만, 현재 상태에서는 '후처리'라는 과제를 제대로 극복하지 않는 한 실용성이 떨어진다. 현재 우리나라는 '3D 프린터로 무엇을 할 수 있을지 보여주기' 식에 그치는 것 같다. 그러나 3D 프린팅 산업이 확산되기 위해서는 실용성이 있는 제품을 출력하여 이를 상품화할 수 있어야 한다.

기존의 금형으로는 할 수 없었던 기술을 시도하는 것은 좋지만 아직은 시간이 필요한 것 같다. 시간이 더욱 지나 국내 3D 기술력이 더욱 발전된다면 3D 프린팅은 자연스럽게 확산될 것이다.

저작권 문제도 있다. 무작정 3D 프린팅 시장 확산을 위해 노력하다 보면 국내 및 해외 디자이너들이 저작권 및 특허 침해에 타격을 입을 수도 있다. 미국의 애플은 iTunes를 마련하여 음악 및 음원의 저작권을 확실히 보호해 주고 있다. 3D 프린팅 시장에도 이와 비슷하게 라이선스를 체계화해야 할 필요가 있다.

향후 3D 프린팅 시장을 좌우할 요소는 바로 콘텐츠다. 현재도 그렇지만 시간이 갈수록 전 세계 모든 시장은 콘텐츠가 좌우할 것이다. 점점 콘텐츠 전시 공간은 늘어 가고 있지만 콘텐츠를 생산해 낼 장비가 부족하다. 이러한 현실에서 보다 앞서 나가기 위해서는 디자인에 콘텐츠를 접목해야 한다. 3D 프린팅에 콘텐츠를 입히면 3D 프린팅 산업이 쉽게 확산될 수 있을 것이다.

피규어 및 토이 분야에서 3D 모델링 기술이 더 본격적으로 활용된다면 3D 프린팅의 확산에도 도움이 될 것으로 본다. 디자인과 3D 모델링을 동떨어진 영역으로 보는 경우도 많은데, 3D 모델링을 활용한다면 수작업과는 다른 차별화된 디자인을 시도할 수 있는 장점이 있다. 또한 3D 모델링 데이터는 3D 프린팅에 바로 활용할 수 있기 때문에, 3D 모델링 콘텐츠가 풍부해질수록 3D 프린팅의 활용도도 높아질 것이다.

3D 프린팅은 디자이너들이 자신을 알릴 수 있는 기회

2000년대 초반부터 활성화된 오리지널 디자인은 주로 개인 작가들이 많이 시도하는 분야이다. 그러나 디자인 및 시기, 유행을 타는 분야라 실패하는 경우도 많다. 해외에서는 원본이 있는 캐릭터 디자인이 성행하여 오리지널 디자인이 설 자리를 잃기도 했다. 한국에서는 개인 오리지널 디자이너들이 많다. 출력물의 퀄리티가 좋은 3D 프린터 및 재료의 비용이 감소된다면 여러 분야의 사람들이 많은 것을 시도할 것이다. 현재 다방면의 아티스트들도 3D 프린터를 시도해 보고 싶지만 비용 탓에 힘든 경우가 많기 때문이다. 오리지널 디자이너들이 쉽게 자기 자신을 알릴 수 있는 기회가 될 것이다.

또, 개인적으로는 여러 재료들을 토이에 활용해 보고 싶다. 금속 및 고무 등의 재료를 섞어 출력하는 등 기술력이 더욱 발전한다면 이를 바탕으로 새로운 디자인을 구상해 볼 수 있다. 이를 이용해서 대량생산보다는 디자인 체어 등의 복잡한 구조를 프린팅해 보고 싶다. 수작업으로는 힘든, 3D 프린터만이 할 수 있는 디자인이 분명 존재한다. 그런 분야를 연구하여 도전해 보고 싶다.

내추럴라이즈 이승현 대표

조명디자인에 3D 프린팅으로 감성을 부여한다

이승현 대표는 산업디자인을 전공하여 비교적 일찍부터 3D 프린팅을 접하게 되었다. 학교를 졸업한 후 타이어 회사에서 제품 디자이너로 재직하면서 공학과 디자인의 융합의 필요성을 느껴 다양한 커리큘럼이 준비된 국제디자인전문대학원(IDAS)에 진학했다. 제조업 디자인 실무와 공학적 이해를 비롯해 2013년 8월 내추럴라이즈(Naturalise, www.naturalise.co.kr)를 설립하게 되었다. 내추럴라이즈는 현재 조명을 전문으로 하는 1인 기업으로서, 금형으로 전기기기를 만들고 위의 램프 쉐이드를 3D 프린팅하여 판매하며 새로운 비전을 계획하고 있다.

유기적 디자인으로 공학에 감성 부여

최근 패션 디자이너 등의 예술가들도 그 바탕에는 생물학이나 수학을 전공한 사람들이 많다. 가장 기본적인 자연에서부터 디자인이 출발한다고 생각한다. 매개변수 모델링이나 파라메트릭 디자인을 통해 새로운 디자인을 구현해 내는 것이다. 공학적인 디자인에 자연감성을 부여한다고도 할 수 있다.

이와 더불어 전통적인 소재 디자인도 많이 시도하고 있다. 보다 한국적이면서도 멋스러운 조명을 만들고 싶어 시도한 것

이었는데, 조금만 형태를 바꾸어도 색다른 분위기를 연출할 수 있고 디자인도 무궁무진하다. 전통은 어떤 소재와도 결합될 수 있지만 무엇보다 가장 디지털적인 3D 프린터를 전통적인 패턴과 접목하여 복합적인 의미를 만들어내고 있다.

실무에서는 주로 카티아(CATIA), NX를 사용하여 작업하였지만 현재는 파라메트릭 디자인, 매개변수 모델링 등 기하학적 디자인이 많아 주로 라이노(Rhino)를 이용하여 조명 쉐이드를 모델링한다. 3D 프린팅은 외주를 맡겨 EOS의 FORMICA와 쓰리디시스템즈의 sPro, iPro 프린터를 이용하여 SLS, SLA 재질로 프린팅하고, 후가공은 직접 한다. 기본적인 수량을 마련해 놓은 후 소비자가 주문을 하면 추가로 더 만드는 시스템으로 운영하고 있다.

3D 프린팅, 퀄리티 개선되지 않으면 시제품에 그칠 것

사실 SLA, DLP 방식은 주얼리 및 의료계에서 수 년 전부터 사용하고 있었고, 여러 제조 산업에서 필요로 하는 3D 프린팅 방식은 주로 SLS, DMT나 SLA다. 그러나 정작 3D 프린팅 확산을 위해 국가 차원에서 공급하는 프린터는 비교적 가격 부담이 적은 보급형 FDM 방식의 프린터이다. 상품화보다는 시제품 테스트용인 것이다.

이승현 대표가 만들고 있는 유기적인 디자인의 제품은 FDM 방식으로는 구조 상 표현하기 힘들다. SLA 방식도 독특한 디자인 형상 때문에 여러 번 실패도 겪었고, 그 과정에서 재료비

로 많은 돈을 소비하기도 했다. 쓰리디시스템즈, EOS는 자사의 재료를 사용하지 않으면 A/S가 불가능하기에 재료비가 비싸게 유지되고 있다. 향후 SLS, SLA, 금속 3D 프린터가 일반화된다면 제조업을 비롯한 산업에서 더욱 유용하게 쓸 수 있지 않을까 생각한다.

저작권 및 특허의 측면도 걸림돌이다. 특히 국내보다 중국을 비롯한 해외로의 유출 측면에서 더욱 문제시되고 있는 것 같다. 이승현 대표의 조명 디자인은 현재 일부 국내 특허 등록을 완료하였으나, 개발 단계에서 나온 수많은 디자인에 전부 디자인 출원을 할 수는 없었다. 모든 디자인을 PCT 국제특허에 등록하는 것은 비용적인 측면만 따졌을 때는 어려운 게 현실이지만, 꼭 필요한 디자인은 정부나 지자체의 지원을 받을 수 있는 프로그램이 있으니 PCT 국제특허 등록을 권장한다.

일반인들이 쉽게 접근해야 3D 프린팅 확산될 것

3D 프린팅 시장이 확산되기 위해서는 먼저 국내에서 소비자의 인식이 바뀌어야겠다. 이전에는 RP(Rapid Prototype)라는 이름으로 출시된 3D 프린터는 주로 ABS 수지의 시제품을 만드는 데에만 쓰였다. 그러나 현재 3D 프린터는 제조방식도 다양하지만 소재 또한 다양하다. 디테일한 후가공을 거치면 고급 상품이 될 수 있다. 그러나 아직 국내 소비자들은 3D 프린팅 디자인 상품을 접할 기회가 부족할뿐더러, 이를 직접 구매하는 데까지는 이르지 못하고 있다.

이 측면에서 DDP(동대문 디자인 플라자) 살림터는 3D 프린팅 저변 확대에 중요한 역할을 한다. 3D 프린터로 출력하여 상품화된 국내 및 해외 제품들을 다양하게 전시하고 있어 일반인이 비교적 쉽게 접근할 수 있는 것이다. 이처럼 일반인이 3D 프린팅과 소통할 수 있는 공간이 필요하다. 관련 박람회나 전시회도 많이 개최되고 있지만 이는 상업적인 성격이 강해서 소비자들의 접근에 한계가 있다.

온라인으로는 3D 프린팅 생태계 구축을 위한 플랫폼 개발이 있다. 다양한 데이터를 수집할 수 있으면서도 사용자 친화적인 사이트를 만들어, 일상생활에서 바로 쓸 수 있는 오픈소스를 제공하는 것이다. 여기에서도 먼저 일반인들의 이목을 집중시킬만한 디자인의 제품을 위주로 사이트를 구성하는 것이 중요하다.

시간이 갈수록 보급형 3D 프린터들이 속속 출시되고 있으나, 디자이너 혹은 공학도가 아닌 이상 정식 3D 모델링 교육을 받아야 생활에 필요한 도구를 직접 만들 수 있다. 미국의 Nervous System과 같이 우리나라에서도 일반인이 쉽게 다룰 수 있게 알고리즘을 기반으로 한 애플리케이션 툴을 개발, 보급한다면 3D 프린팅 산업이 더욱 활발하게 확산될 수 있을 것이다.

마지막으로, 대부분의 사람들이 3D 프린팅을 통한 상품화에 있어서 '3D 프린터' 하나만 생각하는 것 같다. 무조건 3D 프린터와 모델러를 앞에 두고 아이디어를 쥐어짜내기 보다는, 3D 프린팅에 금형 또는 수공예를 접목하면 쉽게 창의적인 상품 개발에 접근할 수 있을 것이다.

지금은 SLS 및 SLA 조형 기술로 아트조명을 개발하고 있지만, 여러 인테리어 소품 및 생활용품 디자인 또한 구상하고 있다. 더불어 DLP 방식으로 제작한 섬세한 아이디어 상품을 개발할 예정이다.

현재 나일론, 에폭시뿐만 아니라 금속, 실리콘, 나무, 세라믹까지 천차만별의 3D 프린팅 재료가 상용화되고 있다. 그러나 가격 문제로 인해 섣불리 새로운 재질에 도전하기는 힘들다. 향후 이처럼 새롭고 저렴한 소재가 보편화된다면 의자, 가구 등의 생활 소품들을 만들어 유기적 인테리어 공간을 꾸며 보고도 싶다.

오토데스크 3D 프린팅 관련 솔루션

스파크(Spark), 엠버(Ember), 오토데스크123D 제품군

개 발	오토데스크(Autodesk), https://spark.autodesk.com/, https://ember.autodesk.com/
주요 특징	3D 프린팅을 위한 최적의 소프트웨어와 하드웨어 토털 솔루션 제공
가 격	스파크(무료), 엠버(문의), 오토데스크123D(무료)
자료제공	오토데스크코리아, www.autodesk.co.kr

3D 프린팅

오토데스크는 3D 프린팅 소프트웨어와 하드웨어 간의 호환성을 개선할 필요가 있었다. 소프트웨어가 디지털 콘텐츠를 적절한 포맷으로 전환 및 해석해 프린터로 출력해야 하는데, 이 과정 중 실패할 가능성이 높은 포인트들이 많기 때문이다. 3D 프린팅이 시작될 때까지 출력의 성공 여부를 알 수 없어, 비용과 시간 모두 낭비되는 경우도 있다는 것이 문제로 지적됐다.

3D 프린팅 관련 문제를 일부 해결하는 포인트 솔루션을 제공하는 업체들이 있지만 현재 대부분의 제조업체에서 사용되는 3D 프린팅 소프트웨어들이 놓치고 있는 핵심 원칙을 오토데스크의 오픈소스 플랫폼인 스파크(Spark)는 가지고 있다. 그 원칙은 바로 ▲완전성(Complete) ▲개방성(Open) ▲무상(Free)이다.

스파크는 사용자 입장에서 다루기 힘들고 연결되지 않은 서로 다른 워크플로우를 통합하기에 완전하다. 또 혁신을 위해 누구나 사용할 수 있도록 공개한 오픈 플랫폼이다. 오토데스크는 스파크 플랫폼의 기본 사용에 비용을 청구할 의도가 전혀 없이 무료로 제공한다.

신속한 자동화 솔루션으로 혜택을 보는 사람이 있는가 하면 디자인 프린트 방법을 완전히 통제하기를 원하는 사람도 있는 등 3D 프린팅에 대한 요구는 다양하다. 하지만 모든 사용자들이 갖는 의문이 두 가지 있다. 첫째, 프린팅이 잘 될 것인가, 둘째 내 프린터에 연결될 것인가라는 점이다.

이 두 가지를 위해 해결해야 할 과제는 바로 '표준화(Standardization)'이다. 디자인 소프트웨어들이 각각 다른 포맷으로 3D 모델을 생성해 소프트웨어에 따라 특징이 다르다. 3D 프린터도 마찬가지로 저마다 독특한 특징이 있다. 사용자들은 힘든 프린트 준비 작업을 대신 해주는, 결과적으로 고생하지 않아도 되는 소프트웨어를 원한다.

스파크는 디지털 콘텐츠와 하드웨어 간의 경로를 축소시키는 공통 오픈 플랫폼을 제공한다. 이 같은 경로 축소는 적층 제조로 만들어질 사물을 디자인하는 사람들이 사용하는 모든 프로그램에서 필요했다. 일련의 표준과 공통 기술 플랫폼이 있으면 모든 3D 프린팅 업계는 보다 나은 사용자 경험을 전문가들과 소비자들에게 똑같이 제공하고 제품과 서비스 혁신을 통해 새로운 사용자를 끌어올 수 있다.

오토데스크 오픈 3D 프린팅 소프트웨어 플랫폼, 스파크 (Spark)

스파크(https://spark.autodesk.com)는 디지털 정보와 3D 프린팅 하드웨어 사이에 있는 오픈 3D 프린팅 소프트웨어 플랫폼이다. 3D 모델을 3D 프린딩에 필요한 포맷으로 쉽게 변환하기 위해 필요한 서포팅이나 슬라이싱 같은 알고리즘이 있다. ▲ 3D 모델을 체크하고 수정할 수 있는 툴, ▲ 모바일 및 데스크톱 운영 체제와 호환되는 프린트 미리보기를 위한 유틸리티, ▲ 클라우드 연결, ▲ 모델을 공개하고 공유할 수 있는 기능도 있다.

스파크는 확장성이 큰 플랫폼으로, 모듈러 SDK(소프트웨어개발자키트)와 API(애플리케이션 프로그래밍 인터페이스)가 탑재되어 있어 적층 제조(Additive Manufacturing) 능력을 이용한 소프트웨어, 하드웨어, 디자인, 서비스를 보다 효율적으로 만들려는

소프트웨어 개발자, 하드웨어 제조사, 재료공학자, 디자이너들에게 적합하다.

스파크의 목표는 새로운 산업 혁명을 가속화하고, 디자인 및 제조 과정의 혁신을 추진하는 것이다. 이는 궁극적으로 오토데스크의 모든 디자인 제품 포트폴리오의 기회를 확장시킬 것이다.

스파크의 주 사용자는 하드웨어 제조사 및 소프트웨어 개발사를 비롯한 3D 프린팅 생태계 업체들이다. 이들은 스파크 툴을 이용해 애플리케이션을 구동하고 프린터 사용자 경험을 개선할 수 있다. 오토데스크는 3D 프린팅의 모든 사용자가 스파크 탑재 툴의 이점을 누리기를 바라고 있다.

스파크 주 사용자는 하드웨어 제조사와 소프트웨어 개발사이겠지만 수혜자는 모든 유형의 디자이너, 제조사, 크리에이터, 개발사를 비롯한 모든 타입의 디바이스, 소프트웨어, 서비스 사용자들이 될 것이다.

오토데스크는 보다 강력한 3D 프린팅 생태계 건설에 이바지할 수 있는 기업들을 찾아 협력하는데 부단한 노력을 해왔다. 현재 스파크 파트너사로는 3D Hubs, Local Motors, Dremel, HP, ExOne, Microsoft 등이 있으며, 더욱 많은 기업들과 함께 협력해 3D 프린팅 산업 혁신을 촉진하기를 기대하고 있다. 스파크 파트너사의 전체 목록은 웹사이트(https://spark.autodesk.com/partners)에서 확인할 수 있다.

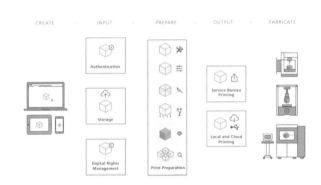

▲ 오토데스크 오픈 3D 프린팅 소프트웨어 플랫폼, 스파크(Spark)

오토데스크의 3D 프린터, 엠버(Ember)

오토데스크는 여러 업계를 통해 하드웨어와 소프트웨어가 긴밀하게 통합되면 사용자 경험을 향상 시킬 수 있다는 것을 깨달았다. 디자인 소프트웨어와 3D 프린터간의 기본적인 커뮤니케이션 차이를 해결하는 소프트웨어 플랫폼을 만들기 위해서는 양쪽

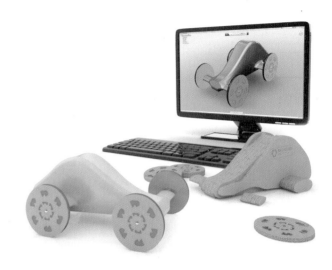

의 문제를 모두 잘 이해할 수 있게 하드웨어와 병행하여 소프트
웨어를 개발할 필요가 있었다.

오토데스크는 스파크가 잘 구동되는 지 확인하기 위해 레퍼런
스용으로 3D 프린터, 엠버(https://ember.autodesk.com)를 개발
했다. 이는 구글이 안드로이드 운영체제 능력을 증명하기 위해
구글 폰을 개발한 것과 비슷하다.

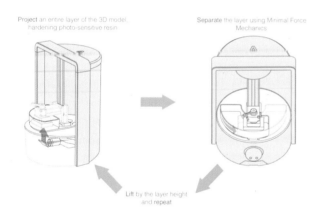

▲ 오토데스크 3D 프린터 엠버(Ember)를 이용한 3D 프린팅 방법

엠버는 DLP 방식의 3D 프린터로 최대 조형 사이즈는 64 × 40
× 134mm이다. 405nm LED와 DLP 프로젝터를 사용해 액체 감광
성 수지의 층을 자외선으로 고체화시켜 3D 모델을 만든다.

3D 프린팅을 위한 오토데스크 123D 제품군

오토데스크 123D(www.123dapp.com)는 제품 제조 및 제작을
위한 무료 제품군이다. 이 제품은 간단한 3D 모델링 도구를 콘
텐츠, 커뮤니티 및 가공 서비스와 연결해 누구나 자신만의 프로
젝트를 만들고 탐구할 수 있도록 설계되어 있다.

123D 제품군에는 다음과 같은 제품들이 있다.

- **팅커캐드(TinkerCAD)** – 아이디어를 3D 프린터용 CAD모델로
빠르게 변환 할 수 있는 기본 3D 모델링 도구
- **123D 디자인(123D Design)** – 아이패드, 웹, 또는 PC에서 디
지털 모델을 만든 후 바로 3D 프린터로 출력하거나 제작 가능
- **메시믹서(Meshmixer)** – 자신만의 3D디자인을 혼합, 조각, 각
인, 색실할 수 있는 기능 탑재. 3D 프린팅을 지원해 모델을 미리
보고 수정할 수 있어 실수 없이 프린트 가능
- **123D 크리에이처(123D Creature)** – 아이패드를 이용해 환상적
인 제작물과 캐릭터 모델들을 설계하고 3D 프린트로 출력 가능
- **123D 캐치(123D Catch)** – 클라우드를 활용하여 일반 사진을
3D모델로 자동변환 가능
- **123D 스컬프트(123D Sculpt)** – 아이패드에서 손가락을 이용
한 디지털 방식으로 재미있고 사실적인 3D형상을 조각 및 채색

애플리케이션	3D 프린팅 기능
팅커캐드 (TinkerCAD)	• 모델 수정 · 개선을 위한 편집 기능
	• 3D 프린팅용 STL파일 불러오기/첨부 기능
	• STL과 OBJ 파일 등 3D 프린팅용 파일로 저장 가능
	• 3D 프린팅 서비스 공급자들에게 전송 가능
123D 디자인 (123D Design)	• 정교한 디자인 툴로 프로패셔널한 3D제품 디자인 가능
	• 3D 프린팅용 STL파일을 불러오기/통합 기능
	• 123D 캐치(Catch)와 123D 크리에이처(Creature)에서 파일 불러오기
	• 3D 프린팅용 파일들을 STL파일로 저장
메쉬믹서 (Meshmixer)	• 3D 프린팅용 파일 작업에 최적화
	• 오토데스크 3D 프린트 유틸리티를 내장하고 있어, 선택한 3D 프린터로 바로 인쇄 가능
	• 정교한 조각 및 편집 툴
	• STL과 OBJ파일을 비롯한 다양한 3D파일 불러오기 가능
	• 광범위한 디자인 분석 및 수정 도구
	• 고성능 지원 자료 생성
	• 3D 프린팅용 STL파일을 비롯한 여러 포맷들로 저장가능
	• 3D 프린팅 서비스 공급자들에게 전송(추후 예정)
123D 크리에이처 (123D Creature)	• 3D 프린팅용 OBJ파일로 저장
	• 3D 프린팅 서비스 공급자들에게 전송

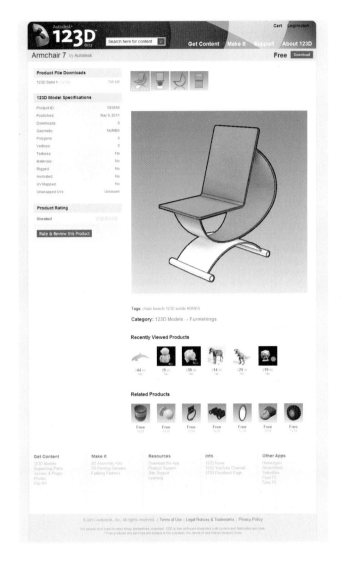

오토데스크 123D 모델링 및 3D 프린팅 애플리케이션은 창의적으로 작업할 수 있도록 유연성을 제공한다. 내장된 3D 모델을 원하는 대로 커스터마이즈하거나 처음부터 직접 모델을 설계할 수도 있다. 또한 123D 갤러리에는 커스터마이즈하고 프린팅할 수 있는 1만여 개 이상의 무료 3D 모델이 포함되어 있다.

오토데스크의 모든 설계 관련 애플리케이션은 3D 프린팅을 위해 3D 모델을 가져오기(Import) 및 내보내기(Export) 할 수 있다. 또한, 123D 일부 제품은 3D 프린팅 전용 기능을 가지고 있다.

오토데스크가 생각하는 3D 프린팅의 미래

적층 제조 기술을 통해 사물을 디자인하고 창조하는 방법이 얼마나 혁신될지에 대한 잠재성은 엄청나다. 오토데스크는 하드웨어, 소프트웨어, 재료 과학의 교차점에서 3D 프린팅 산업 혁신을 가속화할 기회를 찾았으며, 기존의 진입 장벽을 낮춰 수 백만 명의 사람들이 3D 프린팅에 접근할 수 있도록 지속적으로 향상시킬 것이다.

3D 프린터의 속도가 더욱 빨라질 것이며, 고품질 프린트 비용이 줄어들 것이다. 이러한 트렌드가 어우러져 주문 제조, 보다 좋은 디자인, 대량 커스터마이제이션이 가능해질 것이다. 3D 디자인은 오토데스크의 핵심 역량이다. 3D 디자인 소프트웨어 제조사로써 3D 프린팅 업계가 직면한 문제에 대해 잘 알고 있다.

오토데스크는 디자인 소프트웨어 관점에서 이를 해결하기 위해 지금까지 노력해 왔으며, 궁극적으로 이를 넘어 보다 높은 차원에서 해결해야만 3D 프린팅 산업이 계속 발전하고 사용자 경험을 향상시킬 계획이다.

BIM/3D 프린팅/스캐닝 기반의 손쉬운 모델링 솔루션

SketchUp

개 발	Trimble(트림블), www.sketchup.com
주요 특징	3D 스캐너의 점군(Point Cloud) 데이터를 활용하여 정확한 3D 모델링 작업을 가능케 함으로써, 손쉽고 효율적인 BIM 업무를 지원
사용 환경	윈도우 7(64비트), ios 10.8 이상
권 장 시 스 템	듀얼 CPU 제온 이상, 전문가용 그래픽카드
가 격	트림블 스케치업 Pro(유료), 트림블 스케치업 Make(무료)
자료제공	지오시스템, 02-702-7600, www.geosys.co.kr

제품 소개

스케치업은 '세상에서 가장 쉬운 3D'라는 슬로건 아래, 쉽고 빠른 모델링 기술을 제공하는 3D 모델링 소프트웨어다. 지난 2012년 트림블이 구글(Google)의 SketchUp을 인수한 이후, SketchUp 특유의 모델링 솔루션에 트림블의 공간정보 솔루션에 대한 전문 노하우가 더해져, 본격적인 BIM 솔루션으로 점차 자리매김하고 있다.

스케치업은 2015 버전부터 트림블 3D 솔루션과의 연동 기능이 추가됐으며, BIM과 연계한 다양한 산업분야의 모델링 작업을 충족시킬 수 있도록 업그레이드됐다. 특히 트림블 3D 스캐너의 포인트 클라우드 데이터가 플러그인 형식으로 지원되는 Trimble Scan Explorer Extension(스캔 익스플로러)을 통해 스케치업과 바로 연동되면서 스캔 데이터를 활용한 3D 모델링을 손쉽고 빠르게 구현하는 것이 가능해졌다. 또한 이전 버전부터 지원되어 오던 이미지 매핑 및 구글 어스(Google Earth) 연동 기능을 활용하여 실사와 같은 3D 모델링 데이터를 구현하거나 실제 대상 위치에 정확하게 매칭시키는 작업이 가능해 결과물의 다양한 표현 및 활용이 가능하다.

2016 버전에서는 트림블 커넥트, 드롭박스, 구글드라이브 등 협업강화와 엔진을 강화하였다.

스케치업 3D 작업 프로세스

대상물 스캔

스캔 대상지 현황파악 후 관측 대상물에 따라 최적의 스캔 데이터를 얻기 위해 여러 스테이션(Station, 스캔을 하는 위치)에서 데이터를 취득하며 음영지역과 중복도를 고려하여 스캔 작업을 한다. 데이터 취득에 앞서 대상물 주변에 타깃을 배치하게 되는데 타깃은 스캔 데이터 후처리 시 자동정합작업의 기준점이 되며 2종류이 타깃을 경우에 따라 적용한다.

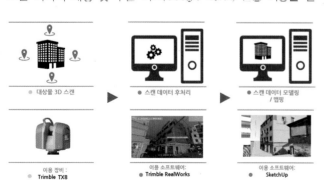

● 대상물 3D 스캔　　➤　　● 스캔 데이터 후처리　　➤　　● 스캔 데이터 모델링 / 맵핑

이용 장비 :
● Trimble TX8

이용 소프트웨어:
● Trimble RealWorks

이용 소프트웨어:
● SketchUp

▲ 리얼웍스에서 보여지는 스캔 데이터

TRW(Trimble RealWorks) 작업

리얼웍스는 3D 스캔의 결과물인 대용량의 포인트 클라우드 데이터를 처리하는 후처리 소프트웨어로, 포인트 클라우드 데이터를 정합하고 관리하는 것은 물론 다양한 2D, 3D 결과물 생성과 모델링 기능을 지원한다. 또한 설계 데이터와 스캐닝 데이터를 비교 분석하는 도구를 지원하고 있어 스캔 대상물의 변위, 변형을 2D, 3D로 시각화하여 손쉽게 판독할 수 있도록 도와준다. 리얼웍스 9.0 버전부터 추가된 스토리지 탱크 검사(Storage Tank Inspection) 기능은 대형 유류 저장탱크의 외형 변형율 검측 및 유지보수 관리에 활용할 수 있어 석유화학가스 업계의 구조안전점검(품질) 관리에 긍정적인 영향을 미치고 있다.

취득한 3D 스캔 데이터는 리얼웍스 상에서 타깃을 기준으로 자동 정합 작업을 거친다. 그 후 3D 모델을 구글 어스에서 실제 위치에 배치한다. 또는 3D 모델과 중첩하여 분석작업을 수행하는 것과 같이 좌표값을 가질 필요가 있는 경우라면, 좌표 체계 정립을 위해 Total Station(토털 스테이션, 각도와 거리를 함께 측정할 수 있는 측량기기)으로 스캔 대상지를 실측한다. 이외에도 분석작업에 활용할 설계도면 혹은 3D 모델 데이터에서 추출한 좌표 정보를 스캔 데이터의 타깃에 입력해 모든 스캔 데이터가 3차원 좌표 체계로 관리되도록 한다.

실제 인천 괭이부리마을을 대상으로 한 도시재생사업에서 3D 스캐너와 스케치업을 이용하고 있는데, 최종 결과물은 지자체에서 3차원 입체지도를 제작하는데 사용될 예정이다.

스캔 익스플로러 작업

리얼웍스에서 후처리 작업을 거친 포인트 클라우드 데이터는 스캔 익스플로러에 링크시켜 줌으로써 스케치업에 바로 연동이 가능하다. 스캔 익스플로러는 스케치업 내 Extension Warehouse를 통해 무료로 설치할 수 있다.

▲ 스캔 익스플로러 플러그인 실행(왼쪽), 스캔 익스플로러에 스캔 데이터 연동(링크) 시키기(오른쪽)

데이터 연동을 통해 스케치업 상에 스캔 데이터의 좌표축이 동일하게 링크된 것을 확인할 수 있다.

▲ 링크된 스캔 데이터가 열림(왼쪽), 스캐너의 위치가 스케치업에 좌표로 연동됨(오른쪽)

스캔 익스플로러의 스캔 데이터에서 모델링 기준 데이터로 활용할 점, 선, 혹은 면을 추출하면, 추출과 동시에 스케치업 작업

▲ 점(Point) 정보 취득

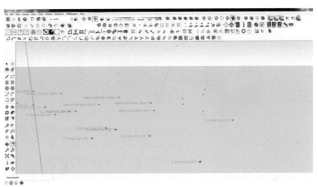

▲ 점 정보 확인 및 활용

창에 생성되는 것을 확인할 수 있다.

차를 줄이고 조금 더 정확한 모델링을 하기 위해서는, 스캔 데이터에서 대상의 윤곽선을 추출한 후 스케치업 모델링 과정 중에 정확도를 비교하는 기준 데이터로 활용할 수 있다.

스케치업 상의 모델링 및 매핑 작업

스캔 익스플로러를 통해 추출된 정보는 스케치업의 직관적인 툴들을 이용해 어렵지 않게 모델링 작업을 할 수 있다. 먼저, 추출된 점과 선 데이터로 면을 생성하기 위해서는 'Projection and Guide Tool'을 사용해 틀어진 점과 선을 수평면상에 재배치해 주는 작업이 필요하다.

수평면 상에 재배치된 점 또는 선을 이어주면서 면을 생성하면 스캔 대상과 동일한 3D 객체를 모델링하게 된다. 스캐닝 작업 시 함께 취득한 고해상도 이미지 파일을 활용하여 실사와 같은 이미지 매핑 역시 가능하다. 이는 자세하게 모델링을 표현하지 않으면서 빠르고 간편한 대략적인 모델링만을 통해 실제와 같은 이미지를 연출할 수 있어 3D 지도 작성 혹은 미디어 분야에 활용 가능성이 크다고 할 수 있다.

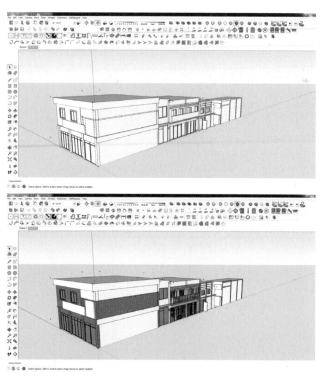

▲ 스캔 데이터를 활용한 3D 건물 모델링 ▲고해상도 이미지 파일을 매핑한 결과물

그 외 스케치업 활용법 소개

▲ 스케치업 모델링 데이터와 구글 어스(Google Earth)의 연동

첫째, 스케치업 3D 모델링 결과물은 리얼웍스에서 진행했던 좌표체계 정립(GeoReferencing) 작업을 통해 구글 어스(Google Earth)의 실제 좌표값으로 정확하게 연동될 수 있다.

둘째, 스캔 익스플로러를 통해 스캔 데이터를 연동하는 것 외에도 스캔 데이터 자체에서 단면 정보를 추출해 캐드 도면 파일(*.dwg)로 저장이 가능하며, 스케치업 상에서 그 단면 정보를 기반으로 직접 모델링을 할 수도 있다.

▲ 3D 스캔 데이터 기반의 단면 정보 추출

맺음말

현재의 BIM은 3D 형상을 제공하기 위한 목적의 모델링을 의미하던 과거의 BIM과는 다르다. 모델데이터는 대상의 형상뿐 아니리 정보를 담고 있어야 하며, 데이터의 사용 목적에 따라 모델링의 방법, 담고 있을 정보, 형상의 상세 수준이 달라질 수 있다. 모델링 이후 이 데이터를 활용한 분석결과가 신뢰성을 갖기 위해서는 우선 이 모델링 자체가 목적에 부합하는 정확한 모델이어야 한다. 3D 스캐너는 기존의 건물, 시설물 혹은 시공중인 대상물을 있는 그대로 3차원 공간에 가져오기 때문에 역설계 분야에 최적의 솔루션을 제공하고 있다. 또한, 스케치업은 스캔 데이터 후처리(모델링) 소프트웨어로써 역할을 톡톡히 해내고 있다. 최근에는 Trimble MEP designer for SketchUp 2.00이 출시되어 앞으로 전기 및 기계설비 분야에서 활용이 기대된다.

디자이너와 예술가를 위한 3D 모델러
CADian3D 2015+

■ 개발 및 공급 : 인텔리코리아, 070-4610-2340, www.cadian3d.com
■ 주요 특징 : 누구나 쉽게 실무에 사용할 수 있는 3D 모델러, 매끄럽고
직관적인 UI(유저 인터페이스), 작업 흐름과 조화를 이루는 UX(유저 경험)

CADian3D 2015는 많은 디자이너, 크리에이터들이 선호하는 NURBS 방식을 기반으로 자유로운 모델링을 할 수 있는 3D 모델러이다. 사용하기 쉬우면서도 정밀한 모델링이 가능하다는 것이 장점이다. 또한 DXF, DWG, IGES, STEP, SAT, AI 등 다양한 데이터 포맷을 지원하여 컨셉 디자인부터 3D 프린팅까지 다양하게 활용할 수 있다.

주요 특징

■ AutoCAD(dxf, dwg) 및 Rhino3D(3dm)와 양방향으로 탁월한 호환성
■ 직관적인 UI와 아이콘으로 쉽고, 빠르게 모델링 가능
■ 빠른 그리기 도구를 이용한 신속한 모델링 가능
■ 명령 적용법을 따로 배우지 않아도 명령 표시창의 지시를 따라 모델링 가능
■ 다양한 스냅 기능을 이용해 설계 데이터로 활용할 수 있는 정밀 모델링 가능
■ CADian Viewer 탑재로 DWG 파일을 DXF로 변환 후 연동하여 사용 가능

주요 기능

■ **가상선** : 정확한 스냅 및 정렬을 통해 신속하게 그릴 수 있도록 도와주는 기능으로, 생성 등의 명령을 선택한 뒤 마우스를 끌어서 놓으면 가상선이 생긴다.
■ **편집 프레임** : 선택된 객체 외각에 표시되어 있으며, 명령 실행 없이 축척/회전 반사 기능을 실행할 수 있다.
■ **스냅** : 그리드 스냅, 직교 스냅, 객체 스냅 등을 이용하여 설계 데이터로 활용할 수 있는 정밀 모델링을 할 수 있다.

■ **은선 보이기** : 객체 뒤에 가려진 라인을 활성화 하여 비활성 시 보이지 않는 객체를 편집할 수 있다.
■ **속성** : 객체를 이름, 유형, 스타일별로 분류하여 작업하기 쉽게 도와 준다.
■ **뷰 컨트롤러** : 분할, 3차원, 윗면, 앞면, 오른쪽면 등 각 면마다 하나의 최대화된 화면이나 분할된 화면으로 전환할 수 있게 함으로써 작업을 쉽게 할 수 있도록 돕는다.
■ **선형 생성** : 직선, 곡선, 사각형 등 선형을 생성하여 자유롭고 정확한 그리기를 가능하게 한다.
■ **솔리드 생성** : 평면, 구, 원통 등 자주 사용되는 기본 도형을 생성하여 별도의 편집 없이 형상을 만들 수 있다.
■ **2차원 수정, 보기, 선택** : 연결하기, 분리하기, 자르기 등 2차원 편집이 가능하게 하는 기능과 숨기기, 잠그기 등 작업을 편하게 할 수 있도록 돕는다.
■ **3차원 수정** : 성형 생성이나 솔리드 생성으로 그린 선형이나 솔리드를 연산하기, 축회전 등의 기능으로 원하는 형상을 손쉽게 만들 수 있다.
■ **편집하기** : 이동, 복사, 회전, 축척, 등으로 자유롭고 정확하게 객체들을 변형 할 수 있고 배열, 정렬 등의 기능으로 원하는 위치와 형태로 배치할 수 있다.
■ 기존에 수많은 2차원 dwg 파일을 보유 중이라면 재설계할 필요 없이 dwg 파일을 불러 올 수 있고, 이를 dxf 및 3dm으로 자동 변환시키면서 3차원 모델 파일로 만드는 것이 매우 쉽고 빠르다.
■ 많이 사용되는 Rhino 3D 파일과 탁월한 호환성이 유지된다.

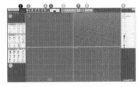

그림 1. 호환 가능한 다양한 포맷 지원

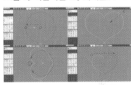

그림 2. 직관적인 UI, 아이콘

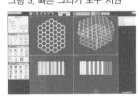

그림 3. 빠른 그리기 도구 지원

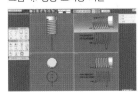

그림 4: 명령 표시창 지원

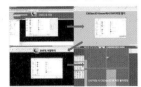

그림 5. 정밀 도면 작업 가능

그림 6. CADian Viewer 연동으로 DWG 지원

STL 디자인부터 포스트 프로세싱까지

Materialise 3D 프린팅 소프트웨어 제품군

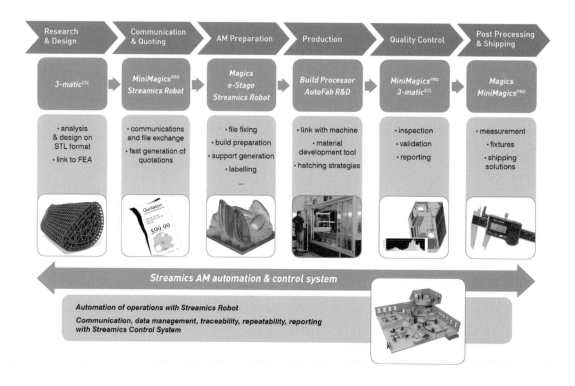

1990년에 창립된 머티리얼라이즈(Materialise)는 3D 프린팅(Additive Manufacturing 또는 Rapid Prototyping이라고 알려짐) 전문 업체로 디지털 CAD와 3D 프린팅 소프트웨어 시장의 리더로 성장하고 있다. Materialise의 가장 큰 부문을 차지하는 소프트웨어 개발팀의 3D 프린팅에 대한 전문적 지식을 통해 비용을 낮추는 동시에 효율을 증가시키는 혁신적인 솔루션과 함께 산업의 동향에 앞서 나가고 있다.

■ 자료 제공 : Materialise, www.Materialise.co.kr

머티리얼라이즈는 전체 3D 프린팅 공정에 대한 Materialise의 전문 지식을 통해 아이디어에서 최종 파트까지 매 단계마다 효율성과 결과물의 우수함을 높이도록 고안된 제품 및 서비스에 대한 포트폴리오를 지니고 있다.

STL, 스캔 그리고 CAD 데이터에서 바로 디자인 수정이 가능한 3-matic^{STL}

3-matic^{STL}을 통하여 디자인 수정, 디자인 간단화, 3D 텍스처링, 리메싱, forward engineering 그리고 그 밖의 다양한 작업들을 STL 파일에서 바로 가능하다.

▲ 샘소나이트 신제품 시제품제작에 사용된 3-matic^{STL} Texturing 모듈

3-matic^{STL}은 3D 텍스처링 효과를 직접적으로 STL 파일에서 줄 수 있으며 이후 3D 프린팅 장비에서 바로 인쇄를 할 수 있다. 텍스처링 효과는 2D 비트맵 이미지를 3D 텍스처링으로 변환이 쉽게 이루어지며 천공 및 3D 패터닝은 단일의 패턴 요소를 사용하여 정교한 3D 패터닝을 실현할 수 있다.

이 효과들을 통하여 개인 맞춤 및 기능적인 결과로는 더 나은 그립감 및 마감 작업의 최소화, 공기역학적 특성 향상 그리고 음향 효과 변화를 줄 수 있다.

또 다른 3-matic의 특징인 경량 구조 모듈은 내면이 꽉 찬 내부 구조를 변화를 주어 무게를 경량화하는 동시에 강도와 유연성 그리고 견고성을 유지하고 있어 디자인의 최적화 경량 요소로 변형은 3D 프린팅 산업에서 가장 유망 잠재력으로 꼽히고 있다. 경량 구조의 제작은 매우 고난이도의 기술로 기존 제조 기술로는 실현할 수 없다. 경량 구조를 통하여 무게 감량 그리고 연료의 절감의 혜택뿐만 아니라 친환경적 결과로 이산화탄소 배출의 감소까지 유익한 결과를 가져다 준다.

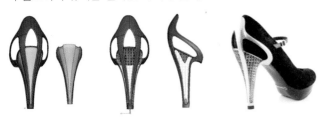

그 밖에도 위상최적화 해석 이후 3-matic^{STL}으로 유기적인 형태를 재디자인이 가능하다. 위상최적화는 차세대 소프트웨어 도구로 디자인 공간의 물성치 및 고정 하중을 고려하여 지정한 부분의 무게를 감량할 수 있다. 이 소프트웨어 패키지로 전형적으로 유기적 형태이지만 고르지 못한 표면의 STL 파일을 결과로 얻게 된다. 3-matic^{STL}은 위성최적화의 표면이 고르지 못한 결과를 다듬으며 유기적 파일을 CAD에서 다시 작업하는 번거로운 작업 과정을 생략할 수 있다.

MiniMagics^{PRO} – 누구에게나 알맞은 도구

고객 관리, 품질 관리, 후처리 팀을 위한 도구로 전문 STL 커뮤니케이션 툴이다. 다수의 파일 확인이 가능하며 고객과 함께 디자인에 대한 의견 교환이 가능하다. 뿐만 아니라 파트 개수 및 각 파트의 빌드 오리엔테이션을 반영하여 시간 소비 없이도 견적 생성을 가능하게 한다. 이 후 후처리 팀이 초기 디자인과 전문 품질 리포트로 측정 결과를 비교할 수 있어 3D 프린팅 파트에 대한 품질 관리를 더 쉽게 전문적으로 실행할 수 있다.

강력한 STL 편집 도구, Magics

Magics는 20년 이상 STL 데이터 준비 소프트웨어의 산업 기준으로 품질과 효율성 그리고 사용 편리함에 초점을 두고 있다. 무엇보다도 CAD 디자인부터 3D 프린터 사이의 연결고리로 CAD 디자인에서 3D 프린팅에 이르기까지 필요한 모든 과정들을 지원한다. 단순히 fixing 도구만이 아닌 Magics는 fixing 외에도 editing, labeling, 서포트 생성, 측정(품질 관리), 플랫폼 준비, nesting, slicing 및 CAD 파일과 3D 프린터 사이의 필요한 작업들을 서포트한다.

■ 파일 임포트(import)
Magics로 모든 거의 모든 파일 포맷과 본래의 컬러 정보를 임포트할 수 있으며 원본 데이터를 조절할 수 있다

■ 파일 수정 및 준비
Magics의 STL 편집기로 문제를 수정할 수 있을 뿐 아니라 workflow에 맞는 watertight한 데이터 생성과 손쉬운 바로 가기 방법을 제공한다. 즉, 모든 것이 사용자 편의를 위한 인터페이스에서 이뤄진다.

■ 데이터 향상 및 편집
Magics의 STL 편집기로 설계를 한 단계 업그레이드할 수 있다. 로고, 일련 번호 첨가, 파트 hollowing, 텍스처 적용, 불리언(Boolean) 작업과 향상된 커팅 수행을 수행할 수 있다.

■ 플랫폼 준비
Magics는 이상적인 방법으로 파트를 복제 및 빌드 오리엔테이션과 빌드 영역을 설정한다. 파트 복제 및 빌드 영역을 생성 툴을 제공한다.

■ 보다 나은 파트 프린트
보다 나은 파트를 프린트하기 위하여 Magics를 통하여 slice 확인, 충돌(collision) 감지, 플랫폼 저장 및 유용한 리포트 작성 등이 가능하다.

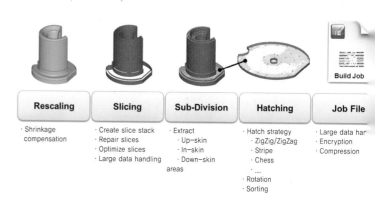

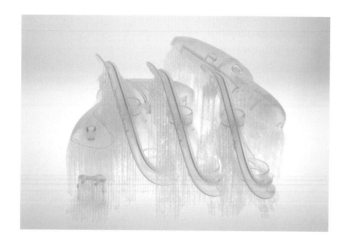

e-Stage, 획기적인 자동 서포트 생성 솔루션

e-Stage는 기존에 일일이 수동 작업으로 많은 시간을 소모하여야 했던 스테레오리토그래피(Stereolithography, SL) 서포트 생성을 한 번의 클릭으로 자동화, 레진 소비 절감, SL 빌드 과정을 최적화 그리고 쉬운 서포트 제거로 마감 작업을 줄여줌으로써 궁극적으로 3D 프린팅 생산성을 증가 그리고 최대한의 손상을 줄여 파트의 품질을 향상시킨다. e-Stage의 자동 서포트 생성 솔루션의 알고리즘은 모든 표면을 찾아 서포트가 필요한 포인트를 탐지, 이를 통해 필요한 서포트의 개수와 강도를 판단하여 생성을 한다. e-Stage로 재료 절약과 3D nesting이 가능하며 실질적으로 빌드 실패를 없애준다. 오늘날 전 세계적으로 3D 프린팅 산업과 함께 선도하는 기업들은 e-Stage를 사용하여 거대한 성공을 거두었다. 이 기업들의 산업 군들은 항공, 자동차, 완구, 의료 산업, service bureau 외에도 많은 산업들이 e-Stage를 통해 효율성 및 생산성 향상의 혜택을 누리고 있다.

Build Processor로 3D 소프트웨어와 프린터 사이 연결

기준화된 장비 커뮤니케이션 시스템으로 다가감으로써 Materialise의 Build Processor는 3D 프린팅 프로세스를 간단하게 재구성한다. Build Processor를 통해 하드웨어와 소프트웨어가 완벽히 연결한다. 편리한 man-machine 인터페이스는 복잡함을 줄여주며 더 광범위한 사용자들이 3D 프린팅 기술에 접할

수 있다. 몇몇의 3D 프린팅 장비 제조사와의 Materialise의 강한 관계로 각 회사의 핵심 역량에 초점을 맞출 수 있으며 Materialise는 소프트웨어 플랫폼 및 툴박스를 제공하며 시스템 제조사는 프로세스 중심의 지식 세공과 함께 소프트웨어 플랫폼과 툴박스를 개발한다. 이는 향상된 사용자 경험과 고객에게 더 많은 선택을 제공함으로써 장비를 최대로 활용할 수 있게 한다.

Build Processor가 가능한 장비 제조사: Arcam, EOS, Renishaw, InssTek, SLM

Rescaling	Slicing	Sub-Division	Hatching	Job File
· Shrinkage compensation	· Create slice stack · Repair slices · Optimize slices · Large data handling	· Extract · Up-skin · In-skin · Down-skin areas	· Hatch strategy ZigZig/ZigZag · Stripe · Chess · ... · Rotation · Sorting	· Large data han · Encryption · Compression

AMCP, 3D 프린팅에 대한 제어

AMCP(Additive Manufacturing Control Platform, 3D 프린팅 컨트롤 플랫폼)는 우수함 및 반복에 대한 고도의 제어에 관한 기술이다. 이는 모듈 기반으로 소프트웨어로 작동되며 하드웨어 솔루션에 장착된 이 기술로 레이저 기반의 3D 프린팅 장비에 대한 완벽한 제어를 가질 수 있다. 이 플랫폼은 R&D 어플리케이션과 장비 제조사를 위해 고안되었으며 뿐만 아니라 제조 과정을 과정에 맞게 특별한 요구 사항을 적용 또는 제어를 원하는 분들을 위한 솔루션이다. 또한, AMCP는 Materialise의 정립된

소프트웨어 포트폴리오와 호환이 가능하다.

Streamics, 3D 프린팅 자동화 & 컨트롤 시스템

3D 프린팅 공정의 두뇌인 Streamics 컨트롤 시스템은 3D 프린팅 제작 공정에 대한 중앙 및 최신 정보를 제공함으로써 커뮤니케이션, 파일 준비, 장비 공정, 재료 처리, 후공정 그리고 품질 측정과 관리 등의 공정들을 보다 쉽게 처리할 수 있다. 이런 자동화된 과정을 통하여 향상된 공정 컨트롤과 효율성 그리고 생산 이력제를 가능하게 한다. Streamics는 상용 service bureau 나 정형외과 임플란트 제작 또는 항공 및 자동차 산업과 같이 다수의 3D 프린팅 장비를 보유하고 있으나 생산성 및 효율성 향상을 필요로 하는 곳의 안성맞춤 솔루션이다.

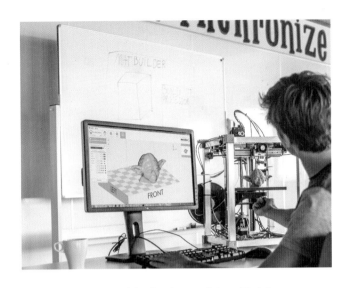

소 · 중형 3D 프린터 제조사를 위한 솔루션, Materialise Builder

Materialise가 소−중형 3D 프린터 제조사를 위하여 비용 효율적인 소프트웨어 플랫폼인 Materialies Builder를 제공한다. 이 소프트웨어 플랫폼은 제조사의 요구 사항에 맞게 맞춤 제작된 강력한 3D 프린팅 소프트웨어로 제조사의 3D 프린터와 함께 사용된다. 플랫폼은 모듈 버전으로 Build Processor 프레임워크가 결합된 데이터 준비 패키지로 구성되어 있으며 FDM, DLP, SLA를 포함한 광범위의 프린팅 기술에 대한 맞춤 애플리케이션을 가능하게 하다.

3D Print Cloud − 믿을 수 있는 클라우드 툴박스

Materialise의 3DPrintCloud는 사용하기 쉬운 툴을 제공함으로써 3D 프린터 사용자가 3D 프린팅을 위한 모델들을 자동화된 몇 단계 내에 준비가 가능하다. 3DPrintCloud는 어디서나 접속이 가능하며 3D 모델을 프린팅된 파트로의 과정을 빠르게 처리를 한다. 지금 당장 3DPrintCloud를 두 가지 방법으로 이용할 수 있으며 30일동안 무료로 3DPrintCloud 웹사이트에서 바로 사용하거나 3DPrintCloud API로 연결하여 3D 프린팅 비즈니스에 사용이 가능하다. 디자인에 사용. 3DPrintCloud의 API 툴키트는 기호에 따라 제품에 통합할 수 있다.

IMPORT
Upload your model

ANALYZE
Errors in your model are
automatically detected

DOWNLOAD
Download your improved
model

CAD/CAM/CAE 통합 솔루션

NX 10

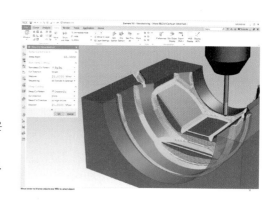

■ 개발 : 지멘스PLM소프트웨어 www.plm.automation.siemens.com
■ 주요 특징 : NURBS 기반 3D 모델링 / 효과적인 작업 이력 관리 / 실제와 같은 렌더링 / 윈도우, 맥에서 모두 사용 가능
■ 공급 : 지멘스PLM소프트웨어코리아, 02-3016-2000, www.plm.automation. siemens.com/ko_kr/

지멘스 PLM Software의 NX는 개념 설계부터 엔지니어링 및 제조에 이르기까지 제품 개발의 모든 부문을 지원하고 있다.

NX는 3D 제품 설계를 통해 보다 높은 품질과 낮은 비용으로 혁신을 제공하고 있으며, 특히 동기식 기술을 통해 다른 CAD 시스템에서 만든 모델을 사용해서 마치 NX에서 만든 모델처럼 최고의 속도와 편의성으로 지오메트리를 만들고 수정할 수 있다. 또한 고급 자유 곡면 모델링, 형상 해석, 렌더링 및 시각화 도구를 통해 전용 산업 디자인 시스템으로서의 CAD 기능을 제공한다.

시각적 제품 해석 및 설계 검증 도구를 통해 신속하게 정보를 통합, 설계에서 요구 사항 준수 여부를 확인하고, 정확한 정보에 기반한 의사결정을 내릴 수 있다. 고해상도 시각적 해석을 통해 프로젝트 상태, 설계 변경 사항, 팀의 책임, 문제, 비용, 공급업체

및 기타 속성에 대한 질문에 바로 응답하여 해결할 수 있다.

시뮬레이션 기반 설계를 통해 시간과 비용을 절감할 수 있는 NX CAE는 NX CAD와 동일 플랫폼을 기반으로, 해석 전문가가 사용하는 것과 같은 신뢰할 수 있는 시뮬레이션 기능을 설계자의 환경 및 전문 기술 수준에 맞게 손쉽게 조정해 활용할 수 있도록 할 수 있다.

NX는 최근에 각광 받는 Additive Manufacturing 프로세스 연계를 위해 출력 전 Supporter 및 모델링의 적절성을 미리 평가하고, Scan Data를 바로 CAE를 통해 성능을 예측하고, 일반 종이 프린터와 같이 3D Printer를 연결하여 직접 출력이 가능한 기능을 추가적으로 제공하고 있다.

하이브리드 2D/3D CAD 시스템

Solid Edge ST8

■ 개발 : 지멘스PLM소프트웨어 www.plm.automation.siemens.com
■ 주요 특징 : NURBS 기반 3D 모델링 / 효과적인 작업 이력 관리 / 실제와 같은 렌더링 / 윈도우, 맥에서 모두 사용 가능
■ 공급 : 지멘스PLM소프트웨어코리아, 02-3016-2000, www.plm.automation.siemens.com/ko_kr/

Solid Edge는 보다 빠른 설계와 형상 수정, 그리고 타 CAD 데이터의 재사용을 지원하며, 보다 우수한 품질의 설계를 완성할 수 있도록 하는 완벽한 하이브리드 2D/3D CAD 시스템이다.

Solid Edge는 동기식 기술을 이용하여 획기적으로 설계를 완성할 수 있도록 지원하여 제품을 보다 신속하게 출시하고, 고객

요구를 효과적으로 반영할 수 있도록 한다. 또한 효과적인 2D 및 3D 데이터 재사용을 통하여 엔지니어링 비용을 절감해 준다. 정확한 디지털 프로토타입을 통해 높은 품질의 제품을 짧은 시간 내에 완성할 수 있으며 3D 프린터와의 연계가 원활해 쉽게 프린팅 작업을 수행할 수 있다.

2D 및 3D CAD 소프트웨어
PTC Creo 3.0

■ 개발 : PTC, www.ptc.com
■ 주요 특징 : NURBS 기반 3D 모델링 / 효과적인 작업 이력 관리 / 실제와 같은 렌더링 / 윈도우, 맥에서 모두 사용 가능
■ 공급 : PTC, 02-3484-8000, http://ko.ptc.com

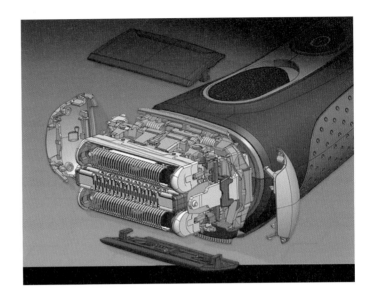

PTC Creo는 확장 및 상호 운용 가능한 제품 설계 소프트웨어 제품군으로, 빠른 가치 실현을 도와준다. PTC Creo는 2D CAD, 3D CAD, 패라메트릭 및 다이렉트 모델링을 사용해 제품 설계 다운스트림을 생성, 분석, 조회 및 활용하는데 도움이 된다.

주요 특징

PTC Creo 3.0는 디자인부터 3D 프린트까지의 업무가 끊김 없이 연속적으로 진행되도록 지원한다. 기업은 PTC Creo 3.0 통합 솔루션 환경 내에서 스트라타시스의 3D 프린팅 솔루션에서 사용할 설계 사양, 파일 준비, 프린트의 최적화 및 실행을 할 수 있다.

3D 프린팅 관련 전략 및 계획

PTC는 스트라타시스와 함께 PTC의 Creo 디자인 소프트웨어와 스트라타시스의 3D 프린팅 솔루션에 대한 협력을 진행하고 있다. 양사는 제품 설계 전문가와 제조사들이 간편한 적층 가공을 활용해, 자유로운 형상, 부품 기능성, 적은 볼륨, 주문형 제조, 맞춤형 제품 생산 등 다양한 기술적 혜택을 활용할 수 있도록 이번 협력을 결정했다.

PTC와 스트라타시스는 앞으로도 계속하여 자동차, 가전, 항공, 우주, 방위산업 등 다양한 분야의 제품 설계 전문가, 엔지니어, 제조업체들이 적층 가공을 통해 프로토타입과 완제품을 보다 효율적으로 제조할 수 있도록 협력 체계를 강화할 예정이다.

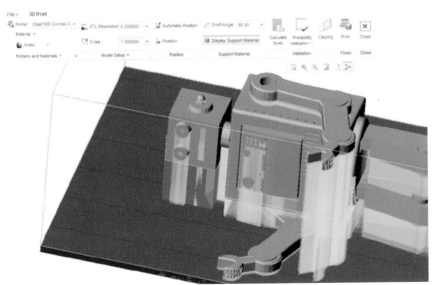

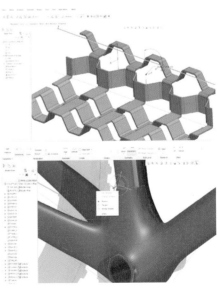

제품 개발 과정 포괄하는 통합 3D 설계 환경 지원

SOLIDWORKS

■ 개발 : 다쏘시스템(Dassault System), www.3ds.com
■ 주요 특징 : 제품 개발의 전 과정을 포괄하는 통합 3D 설계 환경 제공,
설계 프로세스 가속화 및 모델링 유연성 강화, 기능 검증 및 시각화로
효율적인 분석, 병렬 설계 프로세스 간소화 및 개발-제조 연계 향상
■ 공급 : 다쏘시스템코리아, 02-3270-7800, http://www.3ds.com/ko

다쏘시스템(Dassault System)은 3D 디자인 엔지니어링 애플리케이션인 '솔리드웍스(SOLIDWORKS)'를 제공하고 있다. 이 제품은 초기 기획부터 최종 제품에 이르는 전 과정에서 쉽고 빠르게 설계, 검증, 협업 및 구축을 할 수 있도록 강화된 기능을 제공한다.

솔리드웍스는 스탠다드 버전, 프로페셔널 버전, 프리미엄 버전으로 있으며, 필요 기능에 따라 선택하여 구입할 수 있다.

솔리드웍스와 관련된 3D 프린터 전략은 다음과 같다.

3D 프린터로 직접 인쇄: 3MF 및 AMF 형식

SOLIDWORKS를 사용하면 사무실 프린터로 문서를 인쇄하는 방법과 똑같이 3D 프린터로 직접 인쇄할 수 있다. SOLIDWORKS는 STL도 출력할 수 있지만, 3D 인쇄에 광범위하게 사용되는 형식인 3MF 및 AMF 형식도 인쇄 가능하다. 이 경우 인쇄되는 모델에 대해 더 많은 정보를 제공하며 따라서 선택한 3D 프린터, 방향, 색상, 재료 등과 관련해 모델 위치 같은 데이터를 정의하기 위한 후처리가 필요 없다.

3MF

Microsoft Windows 8.1을 사용하는 경우 포함된 3MF 형식을 사용하여 직접 인쇄할 수 있다. 간단히 3D 인쇄 속성 관리자에서 인쇄 옵션을 설정하고 3D 프린터로 인쇄하면 된다. 인쇄 바닥과 인쇄 바닥 내 모델 위치의 미리 보기를 사용하여 3D 인쇄 작업을 확정하기 전에 설정을 수정할 수 있다.

3D 인쇄 대화 상자에 액세스하여 인쇄 옵션을 지정하려면 파일 〉 3D 인쇄를 클릭한다. 사용할 수 있는 인쇄 대화 상자는 설치된 3D 인쇄 드라이버에 따라 다르다.

AMF

또한 3D 인쇄와 같은 추가 제조 공정을 지원하기 위해 설계된 XML 기반 형식인 AMF(Additive Manufacturing File Format)를 사용하여 파트 및 어셈블리 파일을 내보낼 수 있다. AMF 파일에는 모델 형상 외에도 3D 인쇄를 위한 개체의 색상과 재료에 대한 정보가 포함될 수 있다.

관련 추가 정보는 http://www.solidworks.co.kr/sw/products/3d-cad/32673_KOR_HTML.htm에서 확인 가능하다.

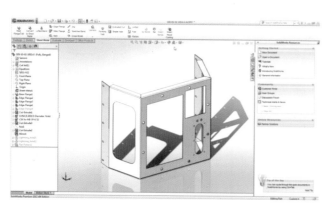

최적의 모델 형상을 제안한다

solidThinking INSPIRE

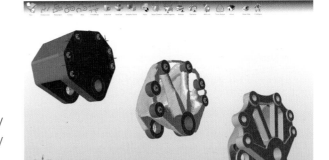

- 개발 : 솔리드씽킹, http://blog.solidthinking.kr/
- 주요 특징 : 구조적으로 효율적인 컨셉 생성 / 빠르고 가벼운 설계 / 손쉬운 지오메트리 클린업과 디피처 기능 / 선형 정적과 노말모드 해석 / 사용하기 편리한 인터페이스 / 윈도우, 맥에서 모두 사용 가능
- 공급 : 알테어, 070-4050-9206, www.altair.co.kr, http://blog.altair.co.kr/

솔리드씽킹 인스파이어 (solidThinking INSPIRE)는 파트 및 어셈블리의 최적 구조 형상을 제안하여 컨셉 개발 과정을 획기적으로 개선해주는 제품이다. 깔끔하고 단순한 GUI를 제공하여 사용이 쉽고 편리하며, 대부분의 CAD 시스템과 호환이 가능하다.

주요 특징

- **Design Faster** : 설계 사이클 초기 단계에서 구조 성능을 충족하는 컨셉 디자인을 제안한다. 이는 기존의 방식에 비해 결과 설계, 검증, 구조적 요구사항을 충족하기 위해 재설계하는데 필요한 시간을 절약할 수 있다.
- **Design Smarter** : what-if 시나리오를 통해 설계공간과 연결, 하중조건 및 형상 제어를 쉽게 수정 및 추가할 수 있다. 이를 통해 뛰어난 컨셉 디자인 및 검증 해석이 가능하다.
- **Design Lighter** : 구조적으로 꼭 필요한 공간에만 재료를 사용하도록 제안하기 때문에 재료를 효율적으로 사용할 수 있다. 따라서 성능 향상 및 설계 중량, 운송 비용 감소, 재료 비용 절감 효과를 얻을 수 있다.

디자이너에 특화된 NURBS 기반 모델링, 렌더링 툴

solidThinking EVOLVE

- 개발 : 솔리드씽킹, http://blog.solidthinking.kr/
- 주요 특징 : NURBS 기반 3D 모델링 / 효과적인 작업 이력 관리 / 실제와 같은 렌더링 / 윈도우, 맥에서 모두 사용 가능
- 공급 : 알테어, 070-4050-9206, www.altair.co.kr, http://blog.altair.co.kr/

솔리드씽킹 이볼브(solidThinking EVOLVE)는 디자이너가 디자이너를 위해 만든 최초의 모델링 툴이다. NURBS 기반의 유기적인 3D 모델링과 실제적인 렌더링을 통합적으로 제공하며, 작업 이력을 관리하는 Construction Tree 기능으로, 어느 순간에서나 손쉽고 자연스럽게 모델을 수정할 수 있다.

주요 특징

- **Model Freely** : NURBS 기반으로, 자유로운 곡면 및 솔리드 모델링을 제공한다. 또한 정교하고 정확환 결과를 위해, 디자인한 모든 측면에 대해 정확한 접근 방식을 사용한다.
- **Make Changes Effortlessly** : Construction Tree 기능으로 모델을 재수정하지 않고도 빠르고 쉽게 디자인을 바꿀 수 있다. 어느 순간에 어느 부분을 수정하든지 쉽고 자연스럽게 전체 모델을 변형시켜준다.
- **Render Beautifully** : 다른 패키지의 필요 없이 실제와 같은 최첨단 렌더링 기능을 자체적으로 가지고 있다.

3D 스캐닝 솔루션을 통한 BWMS Retrofit 모델링 서비스

ClassNK-PEERLRESS

개 발	ARMONICOS, www.armonicos.co.jp
주요 특징	해양 조선, 공장 설비, 플랜트 시설에 최적화된 3차원 모델링 소프트웨어. 3차원 스캐닝 솔루션을 통한 BWMS Retrofit 및 다양한 플랜트 구조 등 3D Survey 분야에 적용 가능
사용 환경	윈도우 7, 8.1(64비트)
권 장 시 스 템	인텔 제온 프로세서 이상, 8GB 메모리 이상, 10GB 이상 HDD, OpenGL 대응 보드(엔비디아 쿼드로 시리즈)
가 격	4500만원(1년 유지보수 무상 지원)
자료제공	이즈소프트, 031-436-1422, http://issoft.co.kr

ClassNK-PEERLRESS는 공장이나 플랜트의 개조 공사, 유지 보수 및 고장 설비의 레이아웃 검토 등을 효율적으로 실시하기 위해 3D 레이저 스캐너로 취득한 점군 데이터를 3차원 모델로 생성한다. 또한 각각의 분야에 특화된 규격과 지식을 데이터베이스하하여 원하는 정밀도로 단시간에 효과적인 작업을 실시할 수 있다. 적용 분야는 조선, 플랜트, 토목, 공장설비 등이다.

주요 특징

조선 및 공장 모델에 특화된 기능 탑재 및 부품 데이터베이스화를 통해 모델링 시간을 단축할 수 있다. 기존 선박의 BWMS(Ballsat Water Managment System) 3차원 모델링 및 공장이나 플랜트의 개조, 유지 보수 등의 레이아웃 검토를 실시하기 위해 각각의 분야에 특화된 규격과 지식을 데이터베이스화하여 원하는 정밀도로 단시간에 효과적인 작업이 가능하다.

- ClassNK(일본해사협회)의 요청에 의해 개발
- 해양 산업에 맞춘 우선 기능 제공/조선소, 조선 설계 엔지니어링 요구 즉각 반영
- 70~80%의 모델링 공정률 단축
- 간편화된 유저 인터페이스와 커맨드로 1~2일이면 사용법 습득 가능
- 폭 넓은 전환 및 개조

주요 기능

- **Import Point Cloud** : 측정 점군 파일을 지정, 시스템 입력, 복수 측정 전군 입력 가능
- **Registration** : 노이즈 작업, 복수 측정 점군의 자동 데이터 합성
- **Plane & Equipment Modeling** : ONE Command 모델링 가능, 최소의 점군으로 자동 피팅(Pitting) 가능
- **Define Pipes Automatically** : Noise Unaffected, Selection PIPE 자동 피팅 가능, 모든 표준 규격 적용이 가능한 고품질 Fitting 파이프 라인 생성
- **Define Valve Automatically** : 각기 다른 Valve에 맞는 커맨드 선택으로 인한 정확한 피팅 가능
- 자유곡면 형성 가능
- Cross Checking, Simulations
- Cross Checking, 루트 설정 Simulations, 알기 쉬운 커맨드, 간단한 조작으로 단시간 습득 활용가능
- 다른 소프트웨어와 호환

주요 고객 사이트

- 육상, 해양 플랜트
- 조선
- BWMS Retofit

향후 계획

2015년 코마린 전시회 및 컨퍼런스 개최(10월 20일~23일)를 비롯해 다양한 시연 및 기술 지원을 해나갈 계획이다.

금속 3D 프린터
ProX300

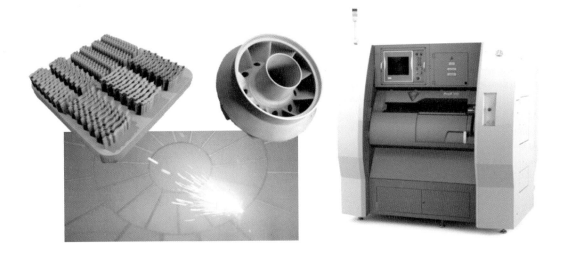

개 발	3D Systems, www.3dsystems.com
주요 특징	마레이징 강철, 스테인레스스틸, 티타늄, 알루미늄, 세라믹 등 다양한 금속 재료를 사용하는 최신 DMP(Direct Metal Printing) 기술의 3D 프린터
자료 제공	세중정보기술, 02-3420-1172, www.sjitrps.co.kr

3D Systems(쓰리디시스템즈)의 금속(Metal, 메탈) 3D 프린터인 ProX300은 최신 프로덕션 레벨의 DMP(Direct Metal Printing) 기술이 탑재됐다. 또한, 약 20micron의 뛰어난 반복 정밀도와 높은 신뢰도를 제공한다. 500W Fiber 레이저를 사용해 다양한 금속 재료 파우더를 멜팅하여 직접 3D 모델로 출력할 수 있다. 동일 제품군의 ProX100, ProX200 보다 큰 사이즈(250x250x300mm)의 모델 제작이 가능하다.

ProX300은 자동 재료 로딩 및 재활용 시스템이 장착되어 있어 사용자의 작업의 편리성뿐만 아니라 운영 비용도 경제적이다. 무게는 5톤에 달하고 강철 구조의 매우 튼튼한 플랫폼으로 장비의 안전성 및 내구성을 보장한다. 또한, 특허 받은 Roller-wiper 레이어링 시스템 기능으로 표면 해상도와 출력 모델 강도를 높였다.

사용자의 적용 분야에 따라서 Maraging 1.2709, Stainless 17-2PH, Ti6Al4V, AlSi12, 세라믹 등 15가지 이상의 금속 재료를 선택적으로 사용할 수 있다. 항공우주, 자동차, 기계, 의료, 타이어 몰드, 치아 보철 및 교정용 임플란트 등의 여러 분야에서 요

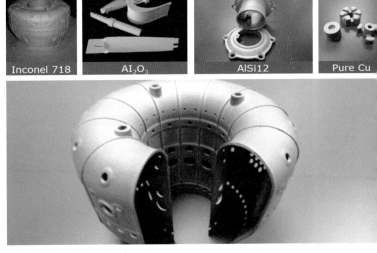

▲ 메탈 3D 프린터 ProX300 3D 출력물

구하는 고품질, 고정밀도의 3D 모델을 신속하게 출력할 수 있다.

3D Systems의 메탈 3D프린터 ProX300는 오픈 구조의 재료 소스를 제공하며, 이는 성공 사례에서도 입증된 바 있는 신소재 개발 분야에도 이상적인 모델이다.

데스크톱에서 프로덕션까지 지원하는 3D 프린터

스트라타시스(Stratasys)
3D 프린팅 제품군

개 발	스트라타시스(Stratasys), www.stratasys.com
주요 특징	제품의 사용 목적과 특징에 따라 '아이디어, 디자인 및 프로덕션' 시리즈로 구분
공 급	스트라타시스코리아, 02-2046-2200, www.stratasys.co.kr. 프로토텍, 02-6959-4113, www.prototech.co.kr 티모스, 070-4010-5750, www.thymos.co.kr

스트라타시스는 디지털 데이터에서 바로 실제 사물을 제작하는 3D 프린팅 장비와 재료를 제조하고 있다. 스트라타시스는 경제적인 데스크톱 3D 프린터에서 대형 고급 3D 제조 시스템에 이르기까지 다양한 제품군을 공급해 누구나 쉽게 3D 프린팅을 활용할 수 있도록 기여하고 있으며, 이들 제품은 사용 목적과 특징에 따라 아이디어, 디자인 및 프로덕션 시리즈로 구분된다.

아이디어 시리즈

전문가용 데스크톱 3D 프린터로, 창의력 및 디자인 유연성 향상을 위한 개별 모델링 작업이 가능하다는 점이 특징이다. 또한 개인 디자이너 및 엔지니어들에게 이상적이고 경제적인 모델이다. 대표 제품으로는 유프린트 SE 플러스(uPrint SE Plus)가 있다.

유프린트 SE 플러스는 FDM(Fused Deposition Modeling) 기술을 활용해 실제 ABSplus 열가소성 수지로 모델을 제작하므로 내구성, 안정성 및 정확성이 뛰어난 모델과 기능적 시제품을 제작할 수 있다. 기존 유프린트 SE 보다 33% 커진 제작 크기 및 9가지 선택 가능한 ABS plus 모델 색상 옵션으로 사실적인 시제품 및 마케팅 모델을 제작할 수 있다.

인체 공학적 설계에서부터 제조 공정에 이르기까지 제품의 형태, 적합성 및 기능을 단시간 내에 평가할 수 있다. 고속 또는 정밀 3D 프린팅을 위한 2가지 적층 두께 중 선택하여 모델의 프린팅 시간을 30% 빠르게 하거나 또는 해상도를 높일 수 있다. 2단 재료 베이를 옵션으로 선택할 수 있어, 장시간 동안 중단 없는 프린팅이 가능하므로 작업자가 사무실에 없는 동안에도 생산

성을 최대화할 수 있다.

디자인 시리즈

자체 제작되는 고품질 프로토타입을 통해 제품개발 주기를 효율화할 수 있고, 최상의 제품 구현력을 통한 높은 생산성과 다용성 보장한다는 점이 특징이다. 또한, 인체공학, 품질검증그룹, 판촉물 등, 설계 및 기능 검증이 필요한 분야에 이상적인 제품군이다. 대표 모델로는 오브젯30 프라임(Objet30 Prime)과 에덴 260VS(Eden 260VS)이 있다.

오브젯30 프라임은 다재다능한 데스크톱 3D 프린터가 제공하는 최고의 정밀도와 기능으로 사용자의 아이디어를 사무실에서 바로 출력할 수 있도록 지원한다. 또한 유연성과 생체적합성 등 전문 특성을 제공하는 12가지 재료를 사용하는 세계 유일의 데스크톱 3D 프린터다.

사용할 수 있는 12가지 재료에는 견고한 재료, 투명 재료, 내열성 재료, 고무 모사 재료, 생체적합성 재료(Bio-Compatible Material)가 있다. 3가지 프린트 모드(High Quality, High Speed, Draft)를 지원하고, Draft Mode를 통해 최대 25% 프린팅 속도 향상 및 재료 사용량을 절감할 수 있다.

에덴 260VS(Eden 260VS)은 스트라타시스 최초로 수용성 서포트를 이용해 폴리젯(PolyJet) 기술을 제공한다. 가장 정교한 디테일까지 제품 형상을 구체화하는 시제품을 제작할 수 있다. 자동 서포

트 제거는 직접적인 작업을 줄이고 워터 젯으로 놓칠 수 있는 내부 공간에 접근하여 정교한 디테일이나 닿기 어려운 내강을 가진 모델에 이상적이다.

아울러 에덴 260VS는 복잡하고 벽이 매우 얇은 기하학적 구조나 섬세한 모델을 제작하는 데 최적화된 제품이다. 수용성 서포트 기술과 초미세 16미크론 해상도를 결합하여 견고한 재료를 3D 프린팅하는데 드는 파트당 단가를 낮췄을 뿐만 아니라, 신뢰성이 높고 차지하는 공간이 작다는 장점까지 있어 치과나 의료기기처럼 기능이 우수한 조립 파트를 적당한 비용으로 프로토타이핑해야 하는 서비스 부서와 소비재 디자이너에게 인기가 높다.

사용할 수 있는 13가지 재료에는 견고한 재료, 투명 재료, 내열성 재료, 고무 모사 재료, 생체적합성 재료(Bio-Compatible Material)가 있다. 뛰어난 재료 물성치와 훌륭한 표면 마감, 서포트 제거 방법 선택이 가능해 워터젯을 사용한 제거 또는 수용성 서포트 제거(자동)가 가능하다.

프로덕션 시리즈

생산라인이 필요 없이 경제적인 비용으로 부품의 반복 제작이 가능하고 빠르고 저렴하게 제품의 구조 및 디자인 변경이 가능하다는 점이 특징이다. 또한 산업표준 열가소성 수지 사용으로 고강도의 내구성을 비롯해 맞춤형 및 단기 사용 부품 생산이 가능한 제품이다. 대표 모델로는 포터스 450mc(Fortus 450mc)가 있다.

포터스 450mc는 몇 주가 아니라 몇 시간 내에 가상의 디자인을 현실로 구현할 수 있다. 허용 범위가 엄격한 기능적 시제품부터 압력 하에서 자동하는 제조 도구까지 Fortus 380mc 및 450mc 3D 제조 시스템은 속도, 성능 및 정확성에 대한 높은 기준을 설정한다. 지원되는 엔지니어링 및 고성능 열가소성 수지 목록이 늘어남에 따라 적층 제조의 경쟁 우위가 지속적으로 강화한다는 점이 특징이다.

이외에도 간소화된 환경 설정과 재료 패키지 선택 가능, 오븐 온도 균일성 개선, 새로운 재료 캐니스터, 빨라진 조형 속도, 디지털 터치스크린 장착, 사용 편리성 개선, 신뢰성 향상, 사용성 향상 등이 또 다른 특징이다.

직접 디지털 제조(Direct Digital Manufacturing)

직접 디지털 제조(DDM)란, 3D CAD 데이터를 3D 프린터로 전송해 곧바로 최종 제품을 제작하는 제조 공정을 말한다. 이는 혁신적인 제조 공정으로, 각 파트는 최종 사용에 적합한 재료로 3D 프린팅이 된다. 최종 제품과 동일한 재료를 사용하여 기능 테스트를 하거나 금형 없이 소량의 최종 사용 파트를 제조할 수 있다.

다품종 소량 생산이 필요하거나 파트를 최적화 해야 하는 분야에서 유용하며, 지그(Jig)와 피처(Fixture)처럼 제조과정에 필요한 보조구를 생산할 수도 있다. 파트는 필요한 적기에 제작하기 때문에 시간과 비용이 절감되고 값비싼 보관 공간료를 절약할 수 있다.

고객에게 판매될 최종 제품에 사용되는 일반 및 하위 부품을 제작하거나 제조업자가 활용할 제품, 예를 들어 판매 예정인 제품을 제작하는데 사용되는 기기 제작이 필요한 경우, 그리고 제품의 금형, 주물 또는 성형에 이용되는 공구를 직, 간접적으로 제작하는데 적합한 모델이다.

대형 3D 출력 시스템, 오브젯1000 플러스

'오브젯1000 플러스 3D 제조 시스템(Objet1000 Plus 3D Production System)' 은 항공우주, 자동차, 의료기기, 소비재 산업군을 비롯한 서비스 업체와 대학 연구소등이 요구하는 특대형 출력물 및 빠른 출력 속도 요구에 부합하는 산업용 3D 프린터이다.

오브젯1000 플러스는 새로운 폴리젯 3D 출력 시스템으로, 초미세 정밀도를 유지하면서 다양한 재료와 파트 크기를 조합할 수 있도록 한 다목적 대형 3D 프린팅 시스템이다. 새롭게 최적화된 프린트 블록 이동 방식을 채택, 이전 모델 대비 최대 40% 빠른 출력이 가능할 뿐만 아니라, 초대형 빌드 트레이(1000 x 800 x 500mm)에 재료를 효율적으로 분사할 수 있다. 생산성 및 성능 개선, 그리고 단순해진 후처리 과정 등을 포함한 해당 업그레이드를 통해 파트 당 단가 절감이 가능하다.

오브젯1000 플러스는 폴리프로필렌 모사 재료인 인듀어(Endur) 등 스트라타시스가 제공하는 100종 이상의 재료를 선택할 수 있으며, 고속 모드에서도 단단한 재료의 표면을 매끄럽게 처리하는 것이 가능하다. 또한 인듀어를 단일 재료와 혼합하여 인듀어 디지털 재료를 사용할 수 있는 등 폭넓은 재료군을 지원한다.

Realizer의 금속 3D 프린터

SLM Series

개 발	Realizer(독일), www.realizer.com
주요 특징	다양한 금속 재질 사용 가능하며 안전한 장비 운영을 위해 장비 내부에 안정 장치가 제공되고, 세계 최초로 자동 재료 흡입 및 Sieving, 공급 시스템을 갖춤
가 격	문의
자료제공	에이엠코리아, 031-426-8265, www.amkorea21.com

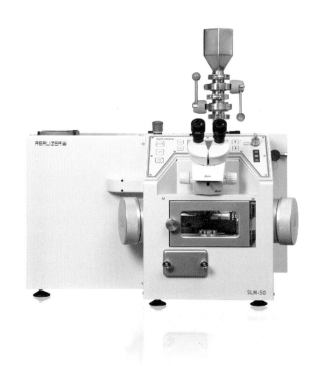

Realizer(리얼라이저)의 금속 3D 프린터 SLM Series는 세계 최초로 스테인레스스틸(Stainless Steel)과 같은 순수 금속 분말을 사용하여 SLM(Selective Laser Melting) 방식으로 3D 형상의

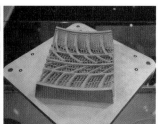

▲ Realizer GmbH의 금속 3D 프린터 SLM Series로 출력한 제품 이미지

금속 제품을 제작할 수 잇는 금속 3D프린터이다. 0.1mm 형상의 미세한 금속 파트 제작 가능하고 티타늄, 코빌트크롬, 알두미늄, Tool steel, Stainless steel 등 다양한 금속 재질을 사용할 수 있다. 안전한 장비 운영을 위해 장비 내부에 안정 장치를 지원하고 세계 최초로 자동 재료 흡입, Sieving, 공급 시스템을 갖췄다.

Realizer 장비에서 사용하는 기술은 SLM(Selective Laser Melting) 방식으로, 3D CAD 데이터로부터 얻어진 단면에 대해 고출력 Fiber 레이저가 금속 파우더가 도포된 파트 베드에 해당 단면 영역을 주사하게 되고 레이저 빛을 받은 금속 파우더는 용융 및 응고되어 굳어진다. 이렇게 한 단면 제작이 완성되면 설정한 적층 두께(0.02~0.1mm) 만큼 밑으로 내려가게 되고, Wiper가 파트 베드에 다시 금속 파우더를 도포하여 다음 작업을 진행하는 방식으로 프린팅 된다. 이러한 작업을 계속해서 반복하면 제작하고자 하는 3D 형상의 금속 제품을 얻을 수 있다.

복잡한 형상을 가진 금속 제품을 비롯해 지능형 냉각수 채널을 가진 금형, 치과용 Coping, Bridges, Crowns이 있다. 또한 정형 외과용 Customized implants 제품, 얇은 두께를 가진 판금용 제품, Sheet metal forming을 위한 프레스 금형에 사용할 수 있다.

국내 개발 산업용 주물사 3D 프린터
SENTROL 3D SS600

개 발 및 공 급	센트롤, 02-6299-5050, www.sentrol.net
주요 특징	독일, 미국에 이어 세계 3번째, 국내 최초 산업용 주물사 3D 메탈 프린터

센트롤이 자체 개발한 산업용 대형 주물사 3D 프린터 'SENTROL 3D SS600'을 출시했다. 독일, 미국에 이어 세계 3번째로 국내 최초 산업용 주물사 3D 프린터라는 점에서 주목된다. 그 동안 고가의 외산 장비에 의존해 온 국내 산업용 3D 프린터 시장에 새로운 변화가 기대된다.

센트롤은 박스형 3D 프린터 '윌리봇'을 개발한 3D 프린터 개발자인 주승환 부산대 교수를 CTO(Chief Technology Officer)로 영입한 이후, 국산 기술의 3D 프린터 개발을 통한 교육·산업 시장 활성화에 앞장서고 있다.

SENTROL 3D SS600은 소재를 층층이 쌓아 올려 프린팅하는 방식인 적층가공(AM, Additive Manufacturing) 가운데 SLS(Selective Laser Sintering) 방식으로 제작됐다. SLS 방식은 베드에 도포된 파우더에 적층하고자 하는 부위에 레이저를 선택적으로 조사하여 소결한 뒤 파우더를 도포하는 공정을 반복한다. 이때 소결되지 않은 원재료 분말이 지지대 역할을 하며 비교적 바른 조형속도를 보인다는 특징이 있다.

센트롤의 SENTROL 3D SS600은 150×150mm 출력 사이즈를 최대 600×400mm로 확장한 제품이다. 주물사를 소재로 적층 두께 200μm의 정밀도를 구현하며 CO2 레이저 타입, 레이저 파장 10.6μm의 사양을 보유하고 있다. 특히, 국산 일반 소재의 활용이 가능하다는 점이 특징이다. 주물사 3D 프린터의 경우 독일이나 일본에서 수입하는 고가의 특수 분말가루를 사용해 제작 비용이 높았다.

SENTROL 3D SS600은 현재 주물 제작 현장에서 쓰이는 일반 RCS(Rasin Coated Sand)로도 강도 높은 프린팅이 가능해 3D 프린터의 신소재 활용이 가능하다. 센트롤의 독자적인 기술 개발로 특수 분말이 아닌 일반 모래로도 강도 높은 프린팅이 가능해졌다. 출고가 및 유지비용 측면에서도 가격 경쟁력이 우수하고, 독자적인 기술력을 갖고 있다.

SENTROL 3D SS600은 현재 외산 장비로 제작되고 있으며 수입에 의존하는 자동차, 항공, 조선, 발전기 등의 부품제작에 적용이 가능하다. 3D 프린팅을 통한 부품 제작의 경우 복잡한 구조의 형상 구현이 가능하며 디자인 수정이 용이하다. 뿌리산업의 주요 핵심 산업인 금형 및 주조산업의 생산 공정 및 기술혁신에 도움을 줄 것으로 기대를 모으고 있다.

산업용 3D프린터

EOS P-Series (플라스틱), M-Series (메탈)

개 발	독일 EOS, www.eos.info
주요 특징	오토레벨링, LM가이드 및 초경량 노즐 마운트 적용으로 편의성, 안정성 확대
가 격	문의
자료제공	HDC, 031-817-6210, www.hdcinfo.co.kr 현우데이타시스템, 02-545-6700, http://3dinus.co.kr

SLS(선택적 레이저 소결 시스템) 분야의 선두주자인 EOS는 하이엔드급 산업용 3D프린터 분야의 메이저 기업으로 전 세계에 1500여 명의 유저가 있다. 플라스틱, 나일론, 금속 등 다양한 재료의 출력물은 정확도와 내구성, 유연성 면에서 우수한 품질을 인정받고 있다. 특히 세계 최초로 개발된 독자적인 DMLS(Direct Metal laser Sintering) 방식의 금속 3D프린터는 차세대 기술로 주목 받고 있다.

EOS P-Series (플라스틱)

EOS 플라스틱 시리즈는 강도가 높고 고온에 강하며 탄성이 있어 실제 Working Sample로 사용이 가능하다. 서포트가 필요 없고 재료의 재활용이 가능해 다른 방식의 3D 프린터에 비해 3배 정도 재료비가 저렴하며, 가공 후 추가적인 후처리 없이 즉시 사용이 가능하며 시간 및 비용을 절약할 수 있다. 또한 가공 후 장시간이 지나도 조형물에 변형 및 수축이 없다.

플라스틱용 제품군에는 소형급 플라스틱 가공 장비인 FORMIGA P110, 중형급 장비 EOSINT P396, 대형급 장비 EOSINT P760가 있다.

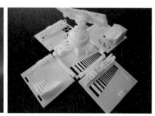

EOS M-Series (메탈)

메탈 시리즈는 순수 금속 파우더만을 사용하며 어떤 유기접착성분도 사용하지 않는다는 점이 특징이다. 별도의 공정 없이 바로 원하는 금속의 형태를 제작할 수 있다. 알루미늄, 머레이징강, 코발트크롬, 니켈 알로이, 스테인레스, 티타늄 등 다양한 재료를 사용할 수 있다. 기존 소재 대비 우수한 물질적 특성(강도, 경도 등)을 지녔고, 재료의 재활용이 가능하다.

메탈용 제품군에는 완전 자동화된 단일 공정으로 별도의 후가공 없이 완제품 생산이 가능한 EOS M290, 고품질 대형 금속 파트의 가공을 가능케 하는 매뉴팩처링 시스템인 EOS M400가 있다.

깨끗한 표면 구현 가능한 보급형 SLA 3D 프린터
XFAB

계 발	DWS, www.dwssystems.com / EOS, www.eos.info
주요 특징	SLA 보급형 고해상도 장비, 10가지 재료 사용가능, 소모품 이외에 추가 비용 불필요
공 급	에이치디씨(HDC), 031-817-6210, www.hdcinfo.co.kr

XFAB(엑스파브)는 깨끗한 표면의 구현이 가능한 SLA(Stereo Lithography) 장비로서 기존 SLA 제작 방식과 반대방향으로 거꾸로 매달리는 방식을 채택하여 42가지의 재료를 쉽게 교체할 수 있다는 것이 장점이다. 그 외에도 레진탱크의 수명을 연장시키기 위한 장치와 출력의 안정성을 높이는 기술이 내장된 장비이다.

XFAB는 1000만원대의 보급형 장비이지만 DWS사 하이엔드 장비의 모든 기술이 집약된 장비로 고해상도의 표면을 가지고 있으며, 재료 또한 ABS/고무/투명/주조용 재료 등 주로 사용하는 10가지의 재료를 사용할 수 있다. 디자인 시제품 제작을 하는 업체라면 XFAB가 좋은 대안이 될것으로 전망된다.

▲ 출력 후 후가공을 하지 않아도 고품질의 결과물을 얻을 수 있다.

합리적인 가격과 낮은 운영비용

- 고가 장비의 1/10 수준 장비가격
- 소모품(재료, 재료 통) 이외에 추가 비용 없음
- 실 제작 파트 이외에 서포트 작업 등으로 필요한 재료소모가 거의 없음
- 고가장비(029X)에 적용되는 TTT시스템 적용으로 재료 통 교체주기를 늘림
- 저렴한 재료가격, 하나의 장비로 여러 가지 재료사용

▲ 실제 파트 지지에 필요한 부분만 서포트 사용, 오브젝트의 내부 빈 공간 또는 지지가 필요없는 부분은 서포트 설치 불필요

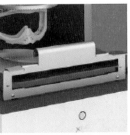

▲ 레이저 투과율을 높이기 위한 투명 재료통 사용

▲ 재료를 직접 재료통에 부어서 사용하며 재료통을 서랍식으로 교체할 수 있으므로 쉽고 빠른 재료 첨가와 교체가 가능

DLP 방식의 보급형 3D 프린터

DP 110

개 발 및 공 급	캐리마, 02-3663-8877, www.carima.co.kr
주요 특징	높은 해상도, 출력 안정성 증가, USB 포트 장착으로 간단한 출력

국내 광학기기 제조업체 캐리마(CARIMA)가 새로운 보급형 3D 프린터 DP 110을 출시하였다. 캐리마에서 자체 개발한 DLP 소재를 사용하는 DP 110은 교육기관, 디자인, 제조, 건축, 시제품 용도로 사용이 가능하며 높은 해상도로 매끄러운 표면의 출력물을 받아볼 수 있다.

주요 기능

DLP 방식의 3D 프린터

FDM 방식이 아닌 DLP 방식으로 보나 매끄러운 표변과 세세한 묘사가 가능하다. 또한 DMD 칩셋이 장착된 광학 엔진을 통하여 매우 정밀한 표현이 가능하다.

데스크톱 크기

380x250x743mm의 크기에 19kg의 무게로 크기를 대폭 축소하였다.

경제성

캐리마의 기존 산업용 3D 프린터 Master EV에 비해 가격을 7분의 1 정도로 줄여 보다 경제적이다.

안정적인 출력

캐리마가 독자적으로 개발한 VAT 기술로 안정적인 출력이 가능하다. 제품의 구동방식을 변경함으로써 출력의 안정성이 증가하였다.

편의성

USB 포트를 장착하여 출력이 간단하고 인체공학적 설계를 가미한 구동 버튼을 장착하었나.

캐리마 슬라이서 제공

DP 110과 함께 캐리마가 자체 개발한 소프트웨어 '캐리마 슬라이서' 가 무료로 제공된다. 캐리마 슬라이서는 사용자의 편의성을 최대한 반영하여 자동으로 서포트를 생성하는 기능과 이미지 변환 기능을 탑재한 3D 모델러이다.

	DP 110	Master EV
조형 사이즈	110x82x190mm	200x112x200mm
X, Y 해상도	110μm	100μm
적층두께(mm)	0.025~0.1(4단계 조절 가능)	
해상두	1024x768(4:3)	1920x1080(16:9)
정밀도	±0.2mm	
입력파일형식	STL 지원	
제품 사이즈	380x250x743mm	635x500x1330mm
무게	19kg	95kg
사용전력	AC100~240V, 50/60Hz	

개인용 3D 프린터
UP Series

개 발	Tiertime(티어타임), www.tiertime.com
자료 제공	선도솔루션, 02-2082-7870, www.sundosolution.co.kr

UP Plus 2   UP Box

블랙 챔버형식으로 깔끔한 UP BOX

제작사이즈는 커지고 성능은 UP된 하지만 소음은 크게 줄인 세련된 디자인의 UP BOX(업 박스)는 동종 타사 장비의 비해 가격대비 기능/품질/안정성 분야에서 높은 가치를 평가 받고 있다. UP Plus2(업플러스) 품질 좋은 건 알지만 작은 제작 사이즈에 답답함을 느꼈던 기존 고객들의 호응이 매우 좋은 장비이다.

특히, 기존 UP Plus2 대비 30% 속도 향상, 저소음(51.7db) 제작, 자동 제작 수평조정 시스템으로 무장되어 고품질, 고성능 제품으로 다시 태어났다.

또한, 별도의 서포트가 필요 없는 자동 서포트 생성 시스템은 UP시리즈 전 제품의 최대 강점이라 할 수 있다.

2년 연속 베스트 밸류 3D프린터로 꼽힌 UP Plus2

개인용 3D프린터 장비로서는 먼저 자동 제작 Plate setting을 적용하고, 구형 모델의 단점이었던 제작 Plate의 Setting을 오토

레벨로 변경함으로써 쉽고 간단한 작동과 고정밀 제작으로 안정적인 작업물을 얻는데 매우 만족스러운 장비이다.

내구성 강한 ABS Plastic

White, Black, Blue, Red, Yellow, Green의 6가지 컬러는 가장 대표적인 색상으로 내구성이 강해 제조업 분야에서 많이 사용되고 있다. 제작물은 무광으로 제작되어 샌딩, 염료작업 등의 후가공이 자유롭다.

쉽고 간단한 무료 UP Software

티어타임 UP소프트웨어는 무료로 제공되지만 가치는 무료가 아니다. 타사

장비 사용자들도 꼭 한번 사용해 보고 싶어하는 쉽고 간단한 UP소프트웨어는 선도솔루션 홈페이지 기술자료에서 누구든지 쉽게 다운받아 사용할 수 있다.

산업용 대형 3D 프린터
Inspire Series

개 발	Tiertime(티어타임), www.tiertime.com
자료 제공	선도솔루션, 02-2082-7870, www.sundosolution.co.kr

Inspire D   Inspire A

산업용 대형장비로 쉽고 빠르게 제작하는 Inspire

교육 현장에서 자주 이용되던 소형 3D 프린터 장비는 이제 소형에서 대형장비로 점차 확대되어 가고 있다. 이 같은 현상은 교

육에서부터 앞서 전문성을 기르고 산업현장으로의 인원 배치를 신속히 하기 위함이다. 실제로 자동차산업, 건축디자인, 연구소 등 공급이 확대되면서 많은 인력들이 사용하고 있다.

최대 8배 빠른 속도의 LCD SLA 3D 프린터

Prismlab Rapid-200, 400, 600

개 발	Prismlab, www.prismlab.com
주요 특징	SLA 프린팅 방식, Prismlab MFP 특허 기술 적용(Pixel 해상도 향상 기술), 실리콘 재질의 광경화성 수지 재료로 섭씨 80도까지 온도를 견디고 프린팅 후 결과물의 왜곡도 현상 감소
자료제공	드림티엔에스, 031-713-8461, www.dreamtns.co.kr

기존 DLP 방식 3D 프린터의 장점은 출력물의 표면 정밀도 및 표면 조도가 우수하지만, LCD 빛을 아래에서 위로 투사하는 방식이라 무게 하중으로 인해 출력물의 크기가 제한적이고, 크기를 키웠을 시 해상도 문제로 정밀도가 떨어지는 문제가 있었다.

같은 LCD를 사용하는 Prismlab(프리즘랩)의 Rapid(래피드) 시리즈는 DLP 방식의 이러한 모든 강점을 모두 살렸다. 여기에 엡손(Epson)의 HTPS LCD 기술을 적용함으로써 Prismlab MFP 특허 기술을 적용하여, 16배 픽셀 분해 기능으로 정교한 표면의 대형 제품을 고속으로 출력할 수 있다.

드림티엔에스는 Rapid 시리즈를 보다 널리 보급하고자 초기 장비 도입 비용과 재료비를 낮추었고, 저렴한 비용으로 유지보수 계약 시 전 부품 무상 교체 등 3D 프린터 판매와 기술지원, 3D 프린팅 서비스까지 제공하고 있다.

Rapid 시리즈 중 가장 보편적인 모델인 Rapid 400은 엡손에서 개발한 HTPS LCD 기술의 독점 공급 계약을 통해 특허 보호된 MFP 기법을 적용하였다. 고해상도 LCD UV 광원을 한번에 투영함으로써 같은 방식의 기존 3D 프린터보다 최대 8배 이상 빠른 프린팅이 가능하다. 한 레이어 당 최소 0.05mm 두께로 한번에 정교히 적층하는 방식으로 시간당 30mm 높이의 결과물을 얻을 수 있어, 국내 동급 장비 대비 효율성의 극대화를 누릴 수 있다.

초고속 SLA 방식의 Prismlab Rapid-400

- 프린팅 방식 : SLA(LCD)
- 프린팅 크기 : 216x384x384mm
- XY 해상도 : 100/67micron
- 프린팅 속도 : 1000g/h
- 적층 두께 : 0.05mm

초고속, 고정밀의 Prismlab Rapid-200

- 프린팅 방식 : SLA(LCD)
- 프린팅 크기 : 108x192x192mm
- XY 해상도 : 50/33micron
- 프린팅 속도 : 300g/h
- 적층 두께 : 0.05mm

Rapid-200은 Rapid 시리즈 중 가장 정확도가 높은 3D 프린터로서 난이도 높은 섬세한 데이터를 정교하게 프린팅한다.

레이저 타입과 다르게 사용 수명이 높은 LCD 광원을 사용함으로써 속도는 물론 유지보수 면에서도 사용자의 부담을 덜었으며, 실리콘 재질의 광경화성 수지 재료는 섭씨 80도까지 온도를 견디고 프린팅 후 결과물의 왜곡현상도 최소화하였다.

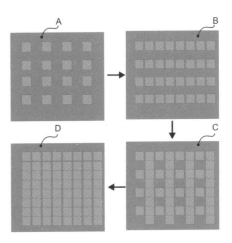

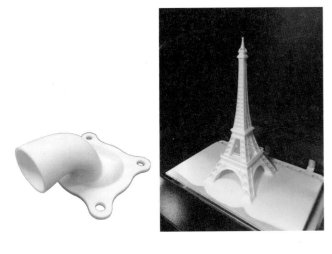

대형, 초고속 출력 지원하는 Prismlab Rapid-600

초대형 LCD(SLA 방식) 3D 프린터

LCD를 사용하는 프리즘랩의 RAPID-600은 타사 방식의 강점을 모두 보유함과 동시에 고해상도 관련해 엡손 기술의 16배 픽셀 분해기능으로 정교한 표면의 대형물 제품을 초고속으로 출력이 가능하다.

보다 널리 보급하기 위해 획기적인 초기 장비 도입비와 경제적인 재료비는 물론 저렴한 비용으로 유지보수 계약시 전 부품 무상 교체라는 마케팅으로 기존 과다한 비용으로 접근이 어려웠

던 상황을 바꾸고 있다.

최대 576×324×580mm 크기의 출력이 가능한 3D 프린터 RAPID-600은 그 크기에 걸맞게 높은 정확도를 유지하기 위해 기존 RAPID-400보다 개선된 차세대 LCD가 내장되어 있는데, 이는 프리즘랩만의 MFP 기법으로 다중 주사를 통해 각각 투영된 픽셀의 해상도를 향상시켜 단순히 고속/대형물 프린팅이 아닌 고품질 3D 결과물을 단시간에 현실화시킨다.

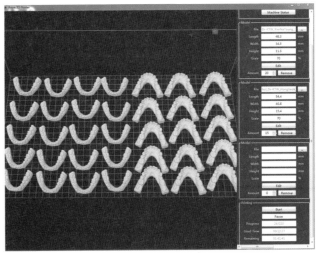

또한 레이저 타입과 다르게 사용 수명이 월등히 높은 LCD 광원을 사용함으로써 속도는 물론 유지보수 면에서도 사용자의 부담을 덜었으며, 실리콘 재질의 광경화성 수지 재료는 섭씨 80도까지 온도를 견디고 프린팅 후 결과물의 왜곡도 현상도 최소화했다.

고속, 고해상도의 FDM 데스크톱 3D 프린터
F-series FDM 3D Printer

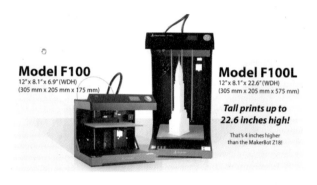

Model F100
12" x 8.1" x 6.9" (WDH)
(305 mm x 205 mm x 175 mm)

Model F100L
12" x 8.1" x 22.6" (WDH)
(305 mm x 205 mm x 575 mm)

Tall prints up to 22.6 inches high!

That's 4 inches higher than the MakerBot Z18!

개 발	Jiangsu Pynetech
주요 특징	기존 FDM 데스크톱 3D 프린터의 제작 크기 및 작업 정밀도를 대폭 향상, 구입비용이 저렴하고 사용하는 재료의 가격 또한 3만원대로 3D 프린터의 대중적 활용에 적합한 모델
가 격	F100-320만원(부가세 포함, 3kg PLA 재료 포함), F100L-480만원(부가세 포함, 3kg PLA 재료 포함), 추가 PLA 재료-3만 3000원(부가세 포함)
자료제공	퓨전테크, 031-421-9791, www.fusiontech.co.kr

퓨전테크에서는 의료 및 의공학 분야의 솔루션 제공과 더불어 다양한 기술의 3D 프린팅 장비인 Shanghai Union 3D Technology사의 RS-시리즈 SLA 장비, Farsoon사의 402P 및 251P 시리즈 모델의 SLS 장비와 더불어 최근 FDM 데스크톱 3D 프린터인 F-시리즈(F100/F100L/F1/F2)를 국내에 선보이기 시작하였다.

기존에 3D 프린터 활용이 산업체를 고객으로 시제품 제작에 많이 활용되어 옴에 따라, FDM 장비 구입시 고가의 구입 비용과 재료비 또한 고가이었다는 점은 대중적인 사용에 제약이 되었다. 그러나 해당 3D 프린팅 기술의 특허가 만료됨에 따라 다양한 FDM 데스크톱 3D 프린터가 출시되고, 3D 모델 제작 필요성을 인식하는 다양한 시장의 수요를 충족하고자 300만원 가격대의 FDM 데스크톱 3D 프린터인 F-시리즈를 공급하기 시작하였으며, 공급하는 재료의 가격대 또한 3만원대에 공급하게 되었다.

F-시리즈 3D 프린터는 0.02~0.3mm의 해상도와 10~최대 300mm/sec의 속도를 지원하며, 강력한 슬라이싱 소프트웨어인

High Resolution	0.02mm
High Speed	Max. 300mm/s
Powerful Software	ideaMaker

ideaMaker가 함께 제공된다.

크기가 가장 작은 F100

모델의 경우에도 305×205×175mm의 크기를 제작할 수 있어 같은 가격대의 3D 프린터보다 큰 3D 모델의 제작이 용이할 뿐 아니라, 재료비 또한 3만원 대로 저렴하여 다양한 목적에 맞는 간단한 시제품 및 최종 제품의 제작에 활용할 수 있다.

또한 ideaPrinter FDM 3D 프린터와 함께 제공되는 ideaMaker 소프트웨어를 이용함으로써 다음과 같이 다양한 기능을 사용할 수 있다. ideaPrinter의 사용 및 운용 극대화 또한 재료비 절감에 기여할 수 있다.

- STL 데이터의 복사, 이동, 회전
- 자동 서포트 구조물 생성
- 슬라이싱 데이터 생성
- 3D 모델의 제작 두께 조절 및 해칭 간격 조절
- 빌딩(Building) 파라미터 조절 기능 등

F-시리즈 FDM 데스크톱 3D 프린터는 캐릭터 디자인 모델 제작, 의료 및 의공학 분야의 인체 모델, 자동차 및 가전의 간단한 모델, 건축 및 디자인 모델 등 다양한 분야에서 매우 손쉽게 활용할 수 있다. 또한 도입 후 몇 번의 시제품/제품 모델을 제작함으로써 구입 비용을 금방 회수할 수 있어, 활용도가 높은 것이 특징이다.

표. F-시리즈 3D 프린터 상세 사양

구분	F100	F100L	F1	F2
제작 사이즈(X×Y×Z)	305×205×175mm	305×205×575mm	305×205×200mm	305×205×575mm
레이어 적층 두께	0.02~0.3mm			
프린트 속도	10~300mm/sec			
노즐 직경	0.4mm			
Heating Bed	N/A	N/A	Yes	Yes
재료	PLA	PLA	PLA/ABS	PLA/ABS

대형 DMT 금속 3D 프린터

LMX-1

인스텍, 042-935-9646, www.insstek.com

사이즈에 제한 없이 프린팅 가능한 커스터마이즈 금속 3D 프린터

3D 금속(Metal, 메탈) 프린팅 산업에서 다양한 사례를 확보하여 국내는 물론 해외시장에서도 점유율을 확대하고 있는 인스텍이 최근 4m×1m×1m의 초대형 부품의 프린팅이 가능한 Large-scale DMT(Direct Metal Tooling) 3D 금속 프린터 'LMX-1'을 개발했다.

LMX는 자동차, 항공, 선박 부품, 국방 및 제조업 분야에서 완제품의 다품종 소량생산체계가 갖춰짐에 따라 금형 제작비 절감에 유기적으로 대응하고자 개발되었으며, 실제 제작 사이즈에 제한 없는 고객맞춤형 장비다.

수요자에 필요에 따라 급변하는 디자인을 모두 금형으로 제작하기에는 제작비 부담이 크지만, LMX 장비는 변형된 디자인을 3D 프린팅을 통해 손쉽게 수정, 보완함으로써 소형부터 초대형 부품을 소량 생산하는 산업에 최적화되어 있다.

우주항공, 의료, 가전, 자동차 같은 분야에서 다양한 적용사례를 만들어온 인스텍은 LMX-1의 출시로 국내 최초로 최대 사이즈의 제작 경험을 제공할 계획이다.

절삭가공이 어려운 대형 및 소형 부품이나 다품종 소량생산의 부품 등 3D 프린팅에 적용하고자 하는 업체들에게는 새로운 경험을 가질 수 있는 기회가 될 전망이다.

▲ 중대형 금속제품 조형을 위한 DMT 금속 프린터 'MX-3'와 중소형 금속제품 조형을 위한 DMT 금속 프린터 'MX-4'

Voxeljet 3D 프린터

VXC800, VX-1000, VX-4000

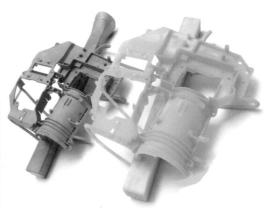

개 발	Voxeljet, www.voxeljet.de
주요 특징	모든 AM 공법 중 가장 빠른 제작 속도, 서포터로부터의 해방, AM의 꽃인 언더컷에 탁월함, 시제품부터, 사형주조, 정밀주조 등 광범위한 분야에 적용
가 격	VXC-800 12억원, VX-4000 35억원, VX-1000 12억원
자료제공	케이티씨(KTC), 0505-874-5550, www.ktcmet.co.kr, www.kvox.co.kr

VXC-800

● **Build space** : 850x500x1,500/2,000 mm

● **Print resolution** : 600 dpi

● **Layer thickness** : 300 um

● **Build speed** : 35mm/h

참조 : http://www.voxeljet.de/systems/3d-druckervxc800/

Voxeljet(복셀젯) continuous를 의미한다. 압노석인 제작 속도를 자랑하는 VX 장비에도 살짝 아쉬운 점은 존재했다. 그것이 바로 작업이 완료된 이후에 장비를 멈추고 꺼내야 한다는 것이다. 이는 단순히 RP의 문제가 아닌, 대부분의 공작 장비뿐만 아니라 대다수의 장비들이 갖는 당연한 불편사항이었다. 이를 해결하고자 속도의 강점을 극대화시키기 위해 장비를 멈추지 않아도 완성된 제품을 얻을 수 있는 획기적인 프로세스를 개발하였다. 이 프로세스는 단순히 장비를 멈추지 않고 계속 돌리면서 제품을 바로 털어낼 수 있지만 더욱 큰 장점은 제품의 크기에 제약을 받지 않는다는 것이다. 레일을 설치하는 만큼 더 정교한 대형 모델을 제작할 수 있다. 사용자의 요구에 맞는 제작과 응용법이 무한히 계속되는 장비다.

VX-4000

● **Build space** : 4000x2000x1000 mm

● **Print resolution** : 600 dpi

● **Layer thickness** : 120 / 300 um

● **Build speed** : 15.4 mm/h (=123 l/h)

전 세계에서 가장 크고 섬세한 장비가 바로 VX-40000이다. 4m×2m×1m의 초거대 3D 프린터이며 산업용 3D프린터의 지침이 될 수 있는 제품이다. 기존 VX 장비들의 장점은 그대로 가져오면서, 엄청난 Build size로 응용 분야가 매우 넓은 것이 특징이다. 사형 주소와 정밀 주조에 특화된 모델로, 실제로 산업 현장의 상황 대처가 매우 용이하다.

VX-1000

● **Build space** : 1060x600x500 mm

● **Print resolution** : 600 dpi

● **Layer thickness** : 100 / 300 um

● **Build speed** : 36 mm/h (= 23 l/h)

VX 제품군의 상징적인 모습이라고 생각하면 된다. 기본적으로 타 장비들과 비교했을 때 월등하게 넓은 작업 공간을 가지고 있으면서도 압도적인 속도와 디테일한 언더컷 제작이 어우러진 가장 Voxeljet다운 장비라고 할 수 있다. 초대형 프레스 VX-4000과 검증된 산업형 프린터 VX-500의 가운데에 위치한 장비다. 또한 친환경 무기 바인더와도 호환이 되기 때문에 신속하고 정확한 작업이 가능하면서 친환경적이다.

그 밖에 VX 시리즈는 작업치수를 상징하는 숫자로 넘버링 되어 있다.(VX-200, VX-500, VX-800, VXC-800, VX-1000, VX-2000, VX-4000)

CMET 3D 프린터

ATOMm-4000 / 8000

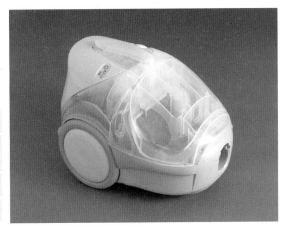

개 발	C-met, www.cmet.co.jp/eng
주요 특징	0.025 정밀도, 낮은 서포트 소모율, 장비의 높은 안정성, 빠른 제작 속도, 고객 맞춤형 서비스, 유저의 눈 높이에 맞는 쉬운 조작 난이도
가 격	ATOMm-4000 4억원 / ATOMm-8000 문의
자료제공	케이티씨(KTC), 0505-874-5550, www.ktcmet.co.kr, www.kvox.co.kr

중형 SLA 장비 ATOMm-4000

차세대 장비 ATOMm-8000

- **Laser Type** : Soild state laser 400mW 40KHz
- **Build space** : 400 × 400 × 300mm
- **Scanning System** : Digital scanner mirror(TSS4)
- **Minimum Build Layer** : 0.025 mm

- **Laser Type** : Soild state laser 1.2W 80Mhz
- **Build space** : 800 × 600 × 400mm
- **Scanning System** : Digital scanner (TSS4) Dynamic Control
- **Minimum Build Layer** : 0.05mm

일본에서 매년 열리는 시상식인 '2013 닛케이 우수 제품 및 서비스 어워드'에서 우수 닛케이 비지니스 데일리상 수상한 장비이다. 이 상의 선발은 6개의 기준(기술 개발, 가격효과, 성장 가능성, 독창성, 사회와 산업에 미치는 영향)에 철저하게 의거하여 이루어진다. 40개 분야 모든 제품 중 가장 높은 상을 수상했다. (http://www.cmet.co.jp/eng/info/15.php)

하이엔드스펙의 가장 큰 약점은 역시나 '가격'일 것이다. 특히나 SLA 타입은 0.025mm의 두께도 적용이 가능할 정도로 정밀함의 끝에 서있는 장비이기 때문에 높은 가격대를 유지할 수밖에 없다. ATOMm-4000은 CMET의 오랜 노하우가 집결되어 있으면서도 가격인하에 성공한 제품이다.

초 정밀도와 빠른 속도, 높은 안정성, 낮은 서포터 소모율. SLA가 가질 수 있는 가장 정점의 사양을 자랑하는 장비이다. CMET은 일본 내에서 압도적인 점유율을 가지고 활동하고 있으며, 특히 SLA 장비 중에서 단연 1위에 손꼽히는 회사이다. 수십년간의 노하우가 모여 만들어진 프로세스가 바로 ATOMm-8000이며, 이전 모델인 RM-6000과 비교했을 때도 압도적으로 높아진 성능을 자랑한다.

정밀도와 제작 속도의 핵심인 스캐너 성능은 22m/s에서 약 1.8배인 40m/s로 향상되었으며 작업 공간이 이전 모델인 EQ-1에 비해서 약 30% 정도 상승했다.(600×610×500mm → 800×600×400mm) 그 밖에 유저를 배려한 벌룬 시스템이나, 트랩볼륨을 완벽하게 막아주는 역할을 하는 리코터 역시 새로운 방식으로 개선되어 안정성이 더욱 높아졌다.

디자이너와 개발자를 위한 FDM 방식의 3D 프린터

E1 Plus

개발 및 공급	헵시바주식회사, 032-509-5820, www.veltz3d.com
주요 특징	오토레벨링 기능으로 Z축 높이와 수평을 자동으로 맞춤으로써 소비자의 편리성을 극대화, 문제 발생시 노즐 쉽게 분리돼 빠르게 해결
가격	187만원(부가세 별도)

E1 Plus는 여러 번의 신뢰성 테스트를 통과한 신규 헤드로, 하나의 헤드로 여러 재료를 사용할 수 있고, 노즐을 쉽게 분리할 수 있어 문제 발생시 쉽고 빠르게 해결할 수 있다. 오토레벨링 기능으로 소비자의 편리성을 극대화 했다. 고급 사양의 구동 부품과 전용 재료 사용으로 출력물의 품질을 향상시켜 주고, 특수 처리된 출력판을 사용해 출력시 잘 붙는다. 완료 시에는 자동 분리되는 고기능성 하이브리드 출력판으로 출력 성공률을 높여 준다.

주요 특징

오토레벨링 기능으로 Z축 높이와 수평을 자동으로 맞추어 소비자의 편리성을 극대화했다.

특수 처리된 하이브리드 조형판으로 복합재료로 구성되어 있으며 온도에 따라 변화되는 특성으로 프린팅할 때는 강한 접착력이 생기고, 프린팅을 마친 후에는 온도가 식으면서 출력물이 스스로 분리되는 고기능성 조형판을 사용한다.

중급 3D프린터의 가격대로 외산 고가 장비의 출력 품질을 구현할 수 있으며, 전용 재료의 사용으로 출력물의 내구성을 높였다. 하나의 헤드로 여러 재료의 출력이 가능하며 노즐을 쉽게 분리할 수 있어 A/S문제 발생시 쉽고 빠르게 대처할 수 있다.

DLP 방식의 산업용과 주얼리 전용 3D 프린터
MIICRAFT Plus /
MIICRAFT Jewelry

개 발	Rays Optics(대만), www.miicraft.com
주요 특징	Miicraft는 사용자 위주의 편리한 기능으로 재료의 공급 및 회수, 모델출력, 후처리(Curing)까지 장비 내에서 완성할 수 있는 올인원 시스템이다. DLP 방식인 소형정밀 제품으로 고해상 출력이 가능하다.
가 격	MIICRAFT Plus 770만원(부가세포함) / MIICRAFT Jewelry 1,089만원(부가세포함)
자료제공	헵시바, 032-509-5820, www.veltz3d.com

Miicraft(미크래프트)는 정밀급 3D프린터의 가격을 보다 현실화한 제품이다. 광경화방식 DLP를 내장하여 복잡하고 세밀한 현상의 구현이 가능하며 고가의 하이엔드급 3D프린터(SL)를 이제는 개인 디자이너 및 주얼리, 교육 분야에서도 부담 없이 사용할 수 있다.

손쉬운 출력물 인출을 위한 플랫폼 손잡이와 RP출력 재료를 자동공급과 회수, 큐어링 룸의 자동회전 시스템, 장비 내에서 완성되는 내부 경화기 등 첨단 기술력을 통해 사용자의 편의를 고려했다.

Miicraft Plus(미크래프트 플러스)는 Z축 두께(1개 레이어)가 최고 0.015mm(15micron)으로 5micron 단위로 해상도 설정이 가능하며, 소프트웨어는 Miicraft Builder(Materialise)를 제공한다. 매우 작고 정밀한 제품의 출력이 가능해 소형 정밀 부품을 필요로 하는 산업 및 연구실 장비로 각광받는 초정밀 3D프린터이다.

▲ Miicraft Plus로 출력한 3D프린팅 샘플

Miicraft Jewelry(미크래프트 주얼리)는 주얼리 제조업 양산용 RP로 소형 성밀주조를 위한 고해상 제품이다. 소프트웨어는 Miicraft Builder(Materialise)와 Miistick J(라이노 5.0 플러그인),

Veltz3D BP를 제공하여 서포트생성부터 슬라이싱까지 라이노(Rhinoceros)에서 한 번에 모든 공정의 작업이 가능하므로 편리하고 시간을 단축할 수 있다.

장비 조형 속도가 기존 장비에 비해 빠르고, 시작점에서만 서포트를 생성해서 최소의 서포트로 제작이 가능하다. 1% 이하의 수축률로 변형이 적으며 정밀한 치수 정밀도를 자랑한다. 또한 뛰어난 표현력 구현이 가능하며 빠른 조형 속도, 저렴한 유지비용으로 타사 재료보다 점도가 낮아 출력물에 재료가 맺혀있지 않게 되어 손실되는 재료가 적고 세척이 용이하다.

그 외에도 재료의 특성상 처짐이 적어 서포터를 적게 달아도 출력이 가능하고, 적은 시간에도 단단하게 조형되어 조형 실패율이 매우 낮아 안정된 출력물을 뽑을 수 있다.

▲ Miicraft Jewelry로 출력한 3D프린팅 샘플

한편, 헵시바는 일반 주물에서도 다이렉트 캐스팅이 가능한 주얼리용 소재 부문에서 광중합 소재를 특허 개발했다. 왁스 레진으로 일반 주물이 가능해 음각 및 양각 주물도 되며, 고무 몰드 작업도 가능하므로 수지를 바로 원본으로 사용할 수 있다.

튼튼한 내구성과 높은 정밀도의 FDM 3D 프린터

Moment

개발 및 공급	모멘트, 02-6347-1003, www.moment.co.kr
주요 특징	Extruder를 통한 안정적인 출력, 레벨링을 단순화한 쉬운 동작
가격	198만원

2015년 출시된 모멘트(Moment)는 국내에서보다 해외에서 더 많이 알려져 있다. 호주, 브루나이, 일본, 미국, 대만, 프랑스, 쿠웨이트, 싱가포르 등 10개국 이상에 수출되고 있는 모멘트의 코어 밸류는 Easy-to-use로 사용하기 편리하고 내구성도 튼튼하다. 10번 출력하면 10번 모두 성공적으로 출력이 되며, FDM 프린터 중에서도 높은 정밀도를 자랑한다.

주요 특징

- 콤팩트한 디자인
- 튼튼한 내부구조
- 핵심 부품인 특수 Extruder를 통한 안정적인 출력 → 특허 출원 3건(국내 유일)
- 수평(레벨링)을 단순화한 쉬운 동작 → 특허 출원 1건(국내 유일)
- 다양한 종류의 소재 활용 가능
- 강한 내부 프레임을 통한 진동 최소화
- 검증 받은 재료(미 FDA 승인)와 소프트웨어 사용으로 출력물 퀄리티 극대화

주요 고객 사이트

- 덴탈솔루션, www.tdskr.com
- 청맥전자, www.chungmac.co.kr
- BK솔루션, www.bksolution.co.kr

제품 사양

제품 / 사용환경	크기	300mm x 360mm x 348mm
	무게	11.5kg
	본체 재질	알루미늄
	박스 포함 총 무게	18kg
	Input	110-240V～50/60Hz
	Output	24.0V - 6.25A
	출력 방식	Fused Filament Fabrication(FFF)
제품 상세	출력 사이즈	145mm x 145mm x 160mm
	노즐 직경	0.4mm
	필라멘트 직경	1.75mm
	출력 속도	30～150mm/sec(최대 300mm/sec)
	출력 퀄리티	0.02～0.3mm
	프린터 정확도	11micron in X,Y / 2.5micron in Z
	레벨링	Moment 레벨링 시스템
	베드판	히트베드/유리(최대 110C)
	익스트루더	싱글 익스트루더
	냉각 시스템	쿨링팬 시스템
	필라멘트	PLA/ABS/Flexible/Wood/etc.
소프트웨어	기본 소프트웨어	Full license Moment Simplify 3D
	호환	윈도우/맥 OS
	파일 포멧	G-code, stl, obj

제조를 위한 고정밀 3D 프린터
Solidscape MAX²

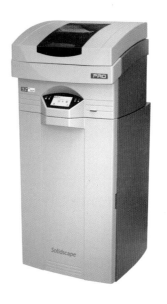

개 발	Solidscape, www.solid-scape.com
주요 특징	업계 최고의 정밀도를 제공하며, 주물(Casting)에 특화된 제품
자료제공	시그마정보통신, 02-558-5775, www.sigmainfo.co.kr

Solidscape(솔리드스케이프) MAX²는 왁스 제품 생산을 위한 고정밀 3D프린터이다. 주얼리, 의료, 제조 분야에서 정확한 디자인을 위해 최고의 출력량을 제공한다.

주요 특징
간편한 원터치 동작

완전 자동화된 Solidscape MAX² 프린터는 사용하기 쉬운 터치 스크린과 소프트웨어를 제공해서 사용자는 기술 수준에 상관없이 고정밀 왁스 제품을 출력할 수 있다.

효율적인 작업 공정

새로운 MAX²의 고성능 능력은 작업시간을 크게 줄여주고 높은 캐스팅 산출, 낮은 단가의 이점을 제공한다.

우수한 주조 결과

Solidscape 3Z Model과 3Z Support 재료는 부드럽고 정확한 왁스 제품을 생산해서 추후 가공을 위한 수작업이 필요 없다. 또한 우수한 캐스팅력은 빠른 용해, 작업 후에 잔여물이 남지 않고 열팽창이 일어나지 않는다.

전문가용 데스크톱 DLP 3D 프린터

M-ONE

개발	MakeX, http://makex.com
주요 특징	사용자 친화적인 소프트웨어로 섬세하고 디테일한 3D 출력 지원
가격	590만원
자료제공	소나글로벌, 02-6212-9901, http://m-one3d.co.kr

M-ONE 전용 소프트웨어는 직관적인 디자인으로 단순하고 편리해서 초보자도 쉽게 사용할 수 있다. 자동지지대(서포트) 기능과 변환 기능, 솔리드 모델의 내부를 비울 수 있는 기능이 포함되어 재료의 소모량을 줄일 수 있다.

최대 15micron 레이어 두께, 70micron XY 해상도로 섬세하게 프린팅할 수 있게 됐다. 출력과정 중 진공상태를 최대한 제거하는 틸트 모션 기능과 M-One 전용 소프트 실리콘 VAT(레진용기)를 사용해 충분한 탄력과 신축성으로 진공압을 최대한 부드럽게 해주어 고퀄리티를 구현이 가능하다. 출력 사이즈(mm)는 145x110x170로 모든 종류의 RESIN 사용이 가능하다.

▲ M-ONE으로 출력한 3D 프린팅 제품들

가정 및 사무용 FDM 방식의 3D 프린터

ROBOX

개 발	CEL-ROBOX, www.cel-robox.com
주요 특징	안전설계, 듀얼노즐 시스템, 자동소재 인식시스템 등 지원
가 격	195만원
자료제공	소나글로벌, 02-6212-9901, www.cel-robox.co.kr

CEL-ROBOX(로복스)는 영국에 기반을 두고 있는 글로벌 기업으로, 'The Best Desktop 3D Print for Home and Office'라는 슬로건을 내걸고 ROBOX 3D 프린터를 출시했다. 10여년 동안 트랜스포머형 멀티 전동공구를 개발 및 제조해 왔고, 모터와 구동축 부문의 축적된 기술을 가지고 있다.

Robox 개발 프로젝트는 착수부터 모든 사람들이 가장 쉽고 정밀한 기술을 기반으로 스타일리쉬한 3D프린팅 솔루션을 만들어 나가는데 목표를 두고 있다. 국내에 들어온 보급형 3D프린터로는 처음 굿디자인(Good Design) 및 학교 우수상품으로 선정됐다.

Robox는 차세대 개발 프로젝트인 3D스캐너를 비롯해 모든 종류의 새롭고 혁신적인 기능을 기존 디바이스에서 바로 구현할 수 있도록 개발되어 가능성과 확장성이 무한하다. 출력 사이즈(mm)는 210x150x1000이다.

▲ ROBOX로 출력한 3D 프린팅 제품들

콤팩트한 3D 프린터

스프라우트 미니(Sprout Mini)

개 발	포머스팜, 070-4837-1137, www.formersfarm.com
주요 특징	오토레벨링, LM가이드 및 초경량 노즐마운트 적용으로 편의성, 안정성 확대
가 격	문의
제품문의	포머스팜, 070-4837-1137, www.formersfarm.com

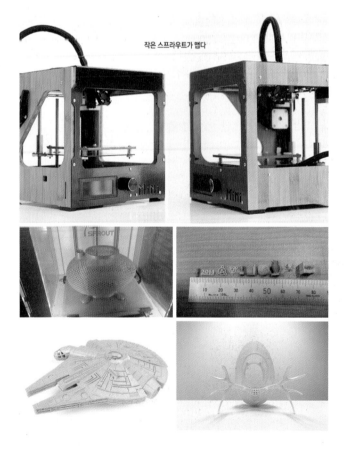

작은 스프라우트가 맵다

스프라우트(Sprout)의 성능은 그대로지만 크기가 더욱 작아진 스프라우트 미니는 오토레벨링을 지원하여 보다 편리한 프린팅 환경을 제공한다. 작고 가벼워 사용자의 이동성을 향상시켰다. 디자인에서는 블랙과 레드의 강렬함에 우드의 부드러움을 더했다.

예열부터 출력까지 프린팅에 필요한 모든 과정을 LCD컨트롤러로 조작할 수 있고, PC에 연결할 필요 없이 원하는 모델링 파일을 SD카드에 담아 바로 출력할 수 있다. 3D 프린터 입문자의 가장 큰 어려움은 베드레벨링이다. 스프라우트 미니는 오토레벨링을 지원하여 보다 편리한 프린팅 환경을 제공한다.

샤프트보나 안선한 LM가이드를 사용함으로써 정밀함과 안정성을 확보했다. 초경량 노즐마운트를 사용하여 고속출력에서도 뛰어난 퀄리티를 확보함과 동시에 소음과 진동은 최소화했다. 예열 온도까지 도달하는 시간이 짧고 PLA는 물론이고 ABS까지 프린팅이 가능하다.

다양한 사이즈의 노즐(0.2, 0.4, 0.6, 0.9mm)을 제공하여 사용자의 환경에 맞는 노즐 사이즈 선택이 가능하다. 스프라우트 미니는 익스트루더가 X축, Y축 방향으로 움직이는 H-BOT 방식을 채택하여 한층 안정적으로 사용할 수 있다.

조립 가능한 플랫폼 3D프린터

아나츠엔진(Anatz Engine)

개발 공급	아나츠, 02-2040-7707, www.anatz.com, www.facebook.com/Anatz3D
특 징	아나츠엔진은 아나츠가 자체 특허로 설계된 구조를 가지고 있어 견고하고, 정밀한 금속부품들로 이루어져 있어 뛰어난 내구성을 자랑한다.
가 격	문의

아나츠엔진은 확장형 프린터로써 언제든지 더 큰 사이즈로 업그레이드가 가능하며, 새로운 부품 및 기능이 출시될 때마다 자유롭게 하드웨어를 구성할 수 있다. 또한 플랫폼 3D 프린터답게 제품간 호환과 결합이 가능하다.

아나츠엔진은 0.02mm의 최고 적층 해상도로 고품질의 출력물을 만들 수 있어서 뛰어난 완성도를 자랑한다. 게다가 보통 보급형 3D프린터의 소재가 PLA와 ABS인 것에 비해 PLA, ABS를 비롯하여 우레탄, 목재, 메탈 등 다양한 특수 소재를 사용할 수 있다.

아나츠엔진 제품군으로는 아나츠엔진 톨(AnatzEngine Tall), 아나츠엔진 와이드(AnatzEngine Wide), 아나츠엔진 빅(AnatzEngine Big), 아나츠 프린팅팜 식스틴(Anatz Printingfarm Sixteen), 아나츠 프린팅팜 패션(Anatz Printingfarm Fashion), 아나츠 프린팅팜 멀티(Anatz Printingfarm Multi)가 있다.

▲ (왼쪽부터) 아나츠엔진 와이드 / 아나츠엔진 / 아나츠엔진 톨 / 아나츠엔진 빅

DLP 방식의 3D 프린터

Athos / Prothos / Aramis

개발 및 공급	아토시스템(Atto System), 053-853-5208, www.attosystem.co.kr
특징	Z축 레이어를 0.0125mm까지 조율할 수 있어 더 정밀한 출력 가능해 주얼리용 출력에 탁월하고, Casting Resin 출력이 가능
가격	문의

Athos

Porthos

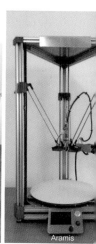
Aramis

아토시스템(Atto System)이 개발한 3D 프린터는 Athos(아토스, DLP), Porthos(포르토스, 대형 FDM), Aramis(아라미스 교육용 FDM)이다. 특히 자체 개발한 DLP 방식의 3D 프린터인 Arthos는 Casting Resin을 출력할 수 있어 귀금속 및 치과용으로 최적화된 제품이다. 가장 정밀한 Z축 적층 두께인 0.0125mm를 실현해 최고의 퀄리티를 제공한다. 또한 일반 Resin을 사용하므로 유지비용도 우수하다.

Athos의 주요 특징

① 자체 control B'd 개발로 빠른 지원이 가능.

② Z축 레이어를 0.0125mm까지 얇게 출력. 경쟁사는 0.025mm

③ 다양한 레진이 사용가능하고 특히 Casting Resin 출력이 가능해 DLP의 주요 시장인 주얼리(Jewel)용으로 적합

④ 반지 출력시 생기는 과경화(불룩해지는) 현상 없음

⑤ 산업용 액추에이터(actuator) 사용으로 최상이 Z축 Quality 출력(동급 최강)

⑥ 5상 스텝 모터 + 마이크로스텝 드라이버 사용으로 더욱 정밀

⑦ 두 개의 냉각팬과 네 개의 통풍구로 장시간 프린팅해도 안정된 출력 제공

⑧ 알루미늄 전체 바디 적용으로 튼튼하고 가벼운 제품

⑨ 부품의 국산화로 중국산을 사용하는 일반 제품에 비해 내구성이 강하며 그럼에도 가격은 경쟁사의 1/3에 달해 실용성을 추구하는 기업에게는 최상의 솔루션

⑩ 소형 Full HD 제품을 사용시 덴탈 또는 귀금속 시장에서 꼭 필요한 강도의 레진 및 특수레진 사용 가능

⑪ VAT를 코팅하여 사용할 수 있어 추가 구매가 필요 없고 반영구적으로 사용

⑫ 국내산 제품으로 빠른 A/S 장점

⑬ 일반 범용 레진(10~15만원)을 사용할 수 있어 전용 레진(30~60만원)과 차별화됨

▲ DLP 방식의 3D 프린터 Arthos로 출력한 3D 출력물

사물인터넷 기반 3D프린터

에디슨 S

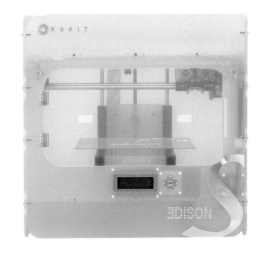

개발 및 공급	로킷, 02-867-0182, www.3disonprinter.com
주요 특징	자체 플랫폼 Youniverse3D를 통해 빠른 출력 가능하고 무선 와이파이 기능 추가로 PC 및 모바일에서도 쉽게 출력
가 격	문의

씨티엘이 투자한 데스크탑 3D프린터 업체 로킷이 국내 최초로 사물인터넷(IoT; Internet of Things) 기반의 3D 프린터인 '에디슨 S'를 출시했다.

에디슨 S는 데스크탑 3D 프린터 '에디슨 플러스'의 업그레이드 모델로 다양한 기능들이 추가됐다. 사용자 인터페이스(User Interface)를 더욱 편리하게 해줄 오토레벨링 기능을 통해 전문가는 물론 일반 사용자도 손쉽게 3D프린터를 사용할 수 있다.

에디슨 S는 로킷의 자체 3D프린팅 플랫폼인 Youniverse3 (www.youniverse3d.com) 사이트를 통해 사용자가 출력 파일의 변환과정 없이 각종 디자인을 PC를 비롯해 스마트폰, 태블릿PC 등 모바일 기기에서도 직접 3D프린팅할 수 있도록 지원한다. 여기에 무선 와이파이 기능이 추가되어 모바일 기기 접근성이 한층 향상됐다.

로킷·코오롱그룹, 안전한 3D 프린팅 소재 공동 개발 및 출시
Skinflex와 Kitchen & Deco

3D 프린터의 기술은 그 원래 이름에서 볼 수 있듯, RP(Rapid Prototyping) 초고속 조형 기술로써, 산업분야의 공정상 개발 단계에 도움을 주기 위해 개발된 기술이기 때문에 교육 및 가정용으로 쓰일 경우 그 안전성에 대해서 더 신중하게 접근해야 한다.

이와 관련하여 최근 문제가 제기되고 있는데, 현재 쓰이고 있는 데스크톱 3D 프린터 출력 소재 중 보편적인 PLA, ABS의 경우 FDM의 고열(200도 이상)의 압출 과정에서 VOC(Volatile Organic Carbon : 휘발성 유기 탄소)와 암모니아, 비스페놀 등과 같은 환경호르몬을 유발하는 유기 화학 물질이 발생하는 것으로 밝혀졌다. 특히 위와 같은 유해 물질들은 0.1 마이크론보다 작은 초 미세입자로 배출 되기 때문에 밀폐형 3D 프린터나, 필터가 내장된 3D프린터라 할 지라도 유해성 논란에서 자유로울 수 없다.

이로인해 최근 데스크톱 3D 프린터가 빠르게 보급되고 있는 초,중,고, 대학교 등과 같은 교육 기관에서는 3D 프린터 소재의 안전성에 대하여 더욱 활발하게 문제제기가 이뤄지고 있다. 특히, 교육기관에 믿고 자신들의 아이를 맡긴 학부모들의 3D 프린터 출력 소재의 안정성 및 검증에 대한 수요는 당연히 늘 것으로 보인다. 이에 따라 환경호르몬 관련하여 유해, 발암물질이 위험에 노출되어있는 기존 소재가 아닌 새로운 친환경 소재에 대한 요구가 심화될 것으로 예상된다.

이러한 요구에 발 맞추어 로킷과 코오롱그룹은 USA FDA Food contact 규격에 만족하는, 환경호르몬으로부터 안전한 3D 프린팅 소재인 스킨플렉스(Skinflex)와 키친앤데코(Kitchen & Deco)를 공동 개발 및 출시하게 되었다.

Skinflex와 Kitchen & Deco는 아이 젖병 등에 활용되고 있는 친환경적인 소재로 비스페놀 등과 같은 환경호르몬이 발생하지 않기 때문에 숟가락, 컵과 같은 식기 및 실내 인테리어 용품 등에 활용할 수 있으며, 아이들이 입에 넣거나 장난감처럼 만지더라도 안심하고 사용할 수 있다. 특히, Skinflex는 유연성 및 탄성을 지닌 플렉시블 소재로 패션, 악세사리와 같은 웨어러블 용으로 쓰기에 그 안전성 및 기능이 최적화되어 있다.

DLP와 SLA 장점 융합한 산업용 3D 프린터

독일 EnvisionTEC 제품군

개 발	독일 EnvisionTEC, http://envisiontec.com/
주요 특징	MCAD, 덴탈 등 다양한 산업군에서 활용 가능한 3D 프린터
가 격	문의
자료제공	주원, 031-726-1585, www.joowon3dprinter.com

독일의 EnvisionTEC(엔비전텍)은 DLP 방식의 3D 프린터를 20여년 동안 개발, 제조해 온 회사로 DLP 방식 중 가장 많은 특허와 독보적인 기술을 가지고 있다. 특히, 주얼리(Jewelry) 분야에서 전 세계 시장 점유율 80% 이상을 차지하고 있으며, 개인 맞춤형 이어 쉘(Ear Shell) 및 덴탈(Dental) 분야에서도 좋은 성과를 내고 있다. EnvisionTEC은 단순 장비의 제조, 판매 뿐만 아니라 매년 지속적인 연구개발을 통하여 새로운 소재 및 프린팅 솔루션의 진화에도 총력을 기울이고 있다.

3D 프린터 구성 방식 중, DLP 방식의 장비는 광경화성 수지의 레진(RESIN)을 면(面) 단위로 경화시키는 방식이기 때문에 기존 3D 프린팅 장비 대비 3~4배의 빠른 제작속도를 가지고 있으며, DLP Microscoping Chip을 사용하여 표면조도 및 해상도가 뛰어나다.

특히 EnvisionTEC의 3SP 기술은 전문산업을 위한 솔루션으로, 기존의 DLP 방식과 SLA 방식의 장점을 융합하여 출시된 솔루션이다. 빠른 조형속도, 기존 DLP 제조영역 한계 극복, 최대의 정밀도 및 표면조도를 실현했다. 대형 파트의 산업용 프로토타이핑(Prototyping) 분야에서 혁신적인 장비로 주목 받고 있다.

최근 국내 시장에서도 3D 프린팅에 대한 인식이 개선되면서 기존 DLP 장비의 단점을 보완한 envisionTEC 장비가 주목 받고 있다. 특히 한국 시장은 주얼리(Jewelry), 보청기, 치기공 분야를 필두로 점진적인 보급이 이루어지고 있으며, Ultra 3SP 및 XEDE 같은 제품군은 산업용 프로토타입 분야에서 그 수요와 문의가 증가하고 있다.

envisionTEC은 DLP 방식의 장비 중에서도 가장 많은 재료(RESIN)을 보유하고 있고, 매년 계속해서 새로운 소재가 개발되고 있다. 이와 같은 소재의 다양성과 장비가 결합되어 MCAD, 완성차 분야, 목업(Mock up) 및 시제품 등 산업용 프로토타이핑 시장에서 시너지 효과를 내고 있다.

envisionTEC 제품의 주요 특징으로는 Support 생성 및 STL 파일 입력이 가능하고, 제작영역 내에 Part 배치를 비롯해 3D CAD 데이터를 Voxel 데이터로 변환이 가능하고 전체 작업 영역에 DLP 조형, 노광된 레진 Voxel 단위의 경화, 플랫폼에서 분리 및 Support 제거, 표면 세척 및 사용 등의 기능을 제공한다.

MCAD 제품군에는 Xede 3SP, ULTRA 3SP & ULTRA 3SP High Definition, Perfactory 4 Standard & Standard XL, Perfactory 4 Mini and Mini XL, Perfactory 3 Mini Multi Lens, Perfactory Micro Desktop Size System, Photosensitive Resins가 있다.

3D CAD 시스템을 위해서 고안된 EnvisionTEC의 Perfactory 3D 프린터는 3D CAD 데이터를 DLP 프로젝션 시스템을 통해 Voxel 데이터로 변환 후, 포토폴리머(Photo Polymer) 기반의 액체 소재에 정밀 광학 레이저를 조사하여 3D 모델을 Voxel 단위로 경화시킨다. 레진(Resin)의 경화 속도는 매우 빠르고 피조형물의 크기, 구조의 복잡함 및 수량 배치 여부에 관계 없이 동시에 경화가 이루어진다.

덴탈 제품군에는 3Dent, ULTRA 3SP Ortho, Perfactory 4DDP, Pixcera, Micro DDP/Micro Ortho, Photosensitive Resins가 있다. Desktop Range, Perfactory Range, Ultra Range, Perfactory-Xede / Xtreme 등이 있다.

교육 및 창의개발용 3D 프린터

엔터봇 E-
유니버셜(E-Universal)

개발 및 공급	엔터봇(Enterbot), 070-8018-4119, www.enterbot.co.kr
주요 특징	누구나 친숙하게 접근할 수 있고 저렴한 교육 및 창의개발용 3D 프린터

엔터봇은 오픈 이노베이션을 통한 기술역량 강화를 기업정신으로 하는 3D 프린팅 창조기업이다. 엔터봇 E-유니버셜은 3D 프린터를 처음 접하는 초·중·고등학교 교육용에서부터 대학생에 이르기까지 교육 분야에 특화시킨 제품이다. 직접 3D 프린터를 완전히 분해 및 조립해 볼 수 있으며, 구조를 이해하고 업그레이드 할 수 있다.

고강도 MDF를 사용하기에 반복적인 분해/조립 교육 활용에 최적화되어 있으며, 필요 시에 익스트루더만을 별도로 교구로 활용할 수 있도록 파트별로 설계됐다. 3D 프린팅의 기초에서 응용까지 교육이 필요한 경우에는 누구나 엔터봇의 E-유니버셜 교육용 3D프린터 파트를 활용하여 지속적이고 반복적인 교육 자재로 활용할 수 있다.

엔터봇은 제품 설계에서부터 자재의 재활용성에 역점을 두어 지속적이고 반복적인 교육에도 효과적으로 대처할 수 있도록 했다. 따라서 엔터봇으로 다양한 융합교육 프로그램을 접할 수 있다. 특히 드론과 3D 프린팅을 융합한 고급 과정을 통해 직접 드론 프레임을 설계하고, 3D 프린터로 출력하여 드론을 만들어볼 수 있도록 하는 등 다양한 콘텐츠와 교육 서비스도 제공하고 있다.

산업용 대형 3D 프린터

엔터봇 EB-500

개발 및 공급	엔터봇(Enterbot), 070-8018-4119, www.enterbot.co.kr
주요 특징	정밀 FFF방식의 3D 프린터로, 가로/세로/높이 각각 500mm 크기를 출력할 수 있다.

엔터봇 EB-500은 중대형 크기의 형상을 출력하기에 최적의 크기인 500mm 베드를 제공한다. 소형출력 시 기존 소형제품 보다 더욱 안정적인 정밀도를 제공하며, 다양한 대형 모델을 출력할 수 있다.

오픈 소스 기반의 3D 프린터

골리앗(Goliath) H200 / 300 / 1000 / DLP, MS GOV

개발 및 공급	오브젝트빌드(Objetbuild), 031-421-7567, www.objectbuild.com
주요 특징	견고한 설계와 빠른 프린팅 속도, 히트베드가 장착되어 출력물의 접착율 향상, 노즐 쿨링팬이 장착되어 출력 품질도 향상

오브젝트빌드는 3D 프린터 연구 및 개발을 하는 업체이다. 국내 3D 프린터 분야를 더욱 활성화하기 위해 워크샵을 매주 진행하고 있다. 전국 13개 대리점(서울, 경기, 인천, 부산, 제주 등)망을 운영하고 있다.

견고한 설계와 빠른 프린팅 속도, 히트베드가 장착되어 출력물의 접착율 향상, 노즐 쿨링팬이 장착되어 출력 품질도 향상이 주요 특징이다.

골리앗(Goliath) 300

300mm×300mm×300mm의 빌드사이즈를 갖는 FFF 방식의 3D 프린터. 이더넷(Ethernet) 지원으로 네트워크 프린팅 및 영상 모니터링 기능이 제공된다.

골리앗(Goliath) H200

교육용으로 개발됐다. 사면이 철제 케이스로 되어 있어 진동이 적은 FFF 방식의 3D 프린터이다.

골리앗(Goliath) 1000

1000mm×1000mm×1000mm의 빌드 사이즈를 갖고 있는 FFF 방식의 3D 프린터. 이더넷(Ethernet) 지원으로 네트워크 프린팅 및 영상 모니터링 기능이 제공된다.

MS GOV

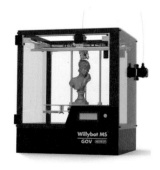

조달청 나라장터에 등록된 FFF 방식의 교육용 3D 프린터.

골리앗(Goliath) DLP

저렴한 가격과 정밀한 출력을 원하는 사용자를 위한 DLP 방식의 3D 프린터. 정밀도 변경이 가능(0.033mm, 0.5mm, 1.0mm)하고, DLP 이동 가능한 X, Y축 구조 지원.

키트(Kit)를 조립해 완성하는 3D 프린터
마네킹(Mannequin)

개 발 및 공 급	오픈크리에이터즈(Opencreators), 070-8828-4812, www.opencreators.com
주요 특징	오토베드 레벨링(배드 수평을 자동으로 맞춰주는 기능), 컬러 LCD, 사용이 편리한 UI(User Interface), 노즐 및 배드의 손쉬운 교체, USB 케이블 및 SD카드 방식으로 출력 가능
가 격	79만 9천원

오픈크리에이터즈에서 기존 3D 프린터 아몬드(ALMOND)에 이어, 신제품 마네킹(MANNEQUIN)을 발표했다.

마네킹(Mannequin)의 슬로건은 '디자인을 벗다'이다. 여기서 말하는 '디자인이란, 꾸밈을 뜻하는 말' 이다. 즉, 3D 프린터 마네킹은 꼭 필요한 것만 남겨서 어떤 옷이든 소화하는 옷 가게의 '마네킹' 을 모티브로 제작했다.

오픈크리에이터즈가 마네킹(Mannequin)이란 제품을 출시한 이유는 3D 프린터가 사용자에게 단순히 제조사의 일방적인 생각이 전달되는 제품이 아니라, 3D 프린터를 만들면서 이를 이해할 수 있고 다양하게 사용할 수 있는 열린 제품을 선보이자는 취지에서였다.

마네킹은 키트(KIT)형 제품으로 출시되어 있다. 이를 통해 3D 프린터를 만들어 보는 재미와 제품을 완성했을 때 느끼는 희열까지 전달하는 것이 우리의 목표다. 따라서 제품의 조립뿐만 아니라 패키지에도 많은 심혈을 기울였다.

특히 노즐과 배드 교체 시 사용자 입장을 최대한 고려해 오토베드 레벨링 기술을 적용했다. 오픈크리에이터즈의 마그네틱 프로그 방식의 오토베드 레벨링은 어떤 재질의 조형판을 쓰더라고 상관없다. 또한 손쉬운 노즐 탈부착과 다양하게 구빈된 노즐로 퀼리티와 시간을 마음껏 컨트롤 할 수 있다.

이외에도 종이로 제작된 3D 프린터 케이스는 제품 가격을 낮추는 효과와 함께 가전제품의 색다른 감성을 전달할 것으로 기대된다.

PC 또는 네트워크 연결이 필요 없는 UV DLP 3D 프린터

G Printer

개발 및 공급	굿쓰리디, 070-4288-9003, www.Gooo3D.net
주요 특징	저렴하고 소형이면서 높은 출력 해상도 지원. 프린터의 임베디드 시스템을 통해 간편하게 사용할 수 있는 3D 프린터로 USB 드라이브를 삽입하면 시스템이 데이터를 읽고 바로 프린트 가능
가 격	590만원

G Printer(지 프린터)는 PC 또는 와이파이 네트워크 없이 장시간 동안 프린팅할 수 있는 UV DLP 3D 프린터이다. 프린터의 임베디드 시스템을 통해 매우 간편하게 사용할 수 있다. USB 드라이브를 삽입하면 시스템이 데이터를 읽고 바로 프린트를 한다.

굿쓰리디는 Materialise와 제휴를 맺고 G-Printer에 자동 서포트 소프트웨어를 설치했다. 디자인 구조를 유지하기 위한 서포트 위치에 대한 걱정을 덜게 됐다. 이 소프트웨어는 지지대를 가장 효율적인 자리에 자동으로 위치시켜 레진이 낭비 되지 않도록 한다.

주요 특징

G Printer는 100% UV 프로젝터를 사용하여 매우 정밀하게 프린트할 수 있다. 100마이크론 수준으로 정밀하게 프린트할 수 있는데, 이는 100마이크론 크기로 구멍을 작게 만들거나 100마이크론 길이의 원기둥을 만드는 것과 같다.

100% UV프로젝터는 405나노미터 파장에서만 방사되기 때문에 더욱 더 정밀함을 갖고 있다. 대부분의 상용 프로젝터는 350nm에서 700nm 파장대에서 방사되며 그에 따른 빛의 조사 영역이 넓어 빛 전체의 강도에 대한 가변성이 크다. 가장 중간에 조사되는 빛이 가장 강도가 강한데 반해 가장자리 쪽은 상대적

으로 약하다. 그런 불규칙적인 빛은 결국 모델링 데이터와 다른 프린트 결과물을 만들게 된다.

G Printer의 UV 엔진은 열 발생을 최소화 시킨다. 상용 프로젝터는 스펙트럼 전 영역에 빛 방사가 되어 많은 양의 에너지가 낭비되고 많은 열을 발생시킨다. 과도한 열 발생은 과열로 이어질 수 있으므로 대부분의 프로젝터들은 팬과 같은 쿨링 시스템을 필요로 한다.

넓은 공간에서는 괜찮겠지만 작은 공간의 사무실이나 가정에서는 팬이 지속적이 작동된다면 불편한 소음이 발생된다. 과열은 기계에 손상을 줄 수 있고 프로젝터 램프를 일찍 교체해야 되는 일도 생기는데 램프의 가격이 저렴한 편도 아니다. G Printer는 10,000시간 동안의 수명을 갖고 있고, 다른 3D 프린터보다 수명 시간이 길어 램프 교체의 필요를 줄여 준다.

G Printer는 장소에 구애 받지 않고 사용할 수 있도록 실용적으로 디자인 됐다. 가정이나 사무실 등에서 편히 사용할 수 있는 소형 디자인이지만 프린트 생산 능력은 5.1x3.1x5.5인치로 큰 생산 능력을 제공한다.

현지 업체와 협력을 통해 굿쓰리디는 G Printer에 매끄럽게 사용할 수 있는 자체 레진 제품 라인을 만들었다. 단단하고 인체에 해롭지 않은 표준 레진과 캐스터블 레진을 제공한다.

FFF 방식의 3D 프린터

Cubicon Style

개발 및 공급	하이비전시스템, 1611-4371, www.3dcubicon.com
주요 특징	Auto Leveling Plus 기능 베드, 터치 방식의 간편 조작, 착탈식 3중 필터, 챔버형 구조, 국내 자체 설계 및 모듈형 익스트루더, 다양한 소재 사용(ABS, PLA, TPU), 터치 방식의 간단한 조작, 감성적인 디자인
가격	150만원(기본형)

하이비전시스템이 개발한 큐비콘 스타일은 고체 기반(FFF, Fused Filament Fabrication) 방식의 제품이다. 기존 큐비콘 싱글에서 국내 최초로 자체 설계한 모듈형 출력 노즐과 세계 최초의 오토레벨링 플러스 같은 주요 기능들을 그대로 적용한 모델이다. 기존 제품 대비 37% 가볍고 콤팩트한 사이즈에 진동과 소음을 획기적으로 개선한 보급형 모델이다. 100만원대 가격에서 동급 최강의 기능을 제공하고, 사용자 편의의 디자인과 외관은 일반 가정이나 교육 현장에 적합하며 사용하기도 쉽다.

자체 설계 노즐부

하이비전시스템은 3D 프린터 중 사용량이 가장 많은 출력 노즐부의 AS 발생 빈도가 높다는 점에 착안해, 간편하고 합리적인 AS 수리를 위한 모듈형 익스트루더를 적용했다. 이로써 간단한 도구로 손쉽게 분리, 재장착 가능하고 사용자의 자가수리가 용이하다. 또한 기본 장착된 노즐부는 교체 없이 ABS, PLA, TPU의 여러 필라멘트 출력을 지원하여 소재 확장성을 높였고, 노즐 후진 기능(Retraction), 출력 일시 정지(재료 소진시 일시 정지) 기능 등이 모두 포함되어 있어 매우 정밀한 출력이 가능하다.

Auto Leveling Plus 기능의 베드

기존 큐비콘 싱글에서 세계 최초로 선보여 사용자에게 호평을 받고 있는 Auto Leveling Plus 기능을 채용하였다. Auto Leveling Plus 기능을 사용하면 사용자가 베드 높이를 수동으로 조절하는 번거로움과 베드 높이 문제로 출력물에 문제가 생기는 부분을 근본적으로 해결할 수 있다. 또한 큐비콘 싱글에 적용된 히팅 베드의 특수 코팅을 적용하여 베드에 별도의 테이프나 풀 등을 붙여야 하는 과정 없이 출력 중에는 출력물을 안정적으로 접착되게 하고 완성된 출력물을 손가락으로도 쉽게 떼어 낼 수 있다.

3중 클린 필터 장착

큐비콘 스타일은 전작인 큐비콘 싱글과 동일하게 3중 필터(Hepa, Carbon, Purafil Filter)를 장착했다. 3중 필터는 3D 프린터의 제품 출력 특성상 나타날 수 있는 분진 및 냄새로부터 보다 안전하고 쾌적한 프린팅 환경을 제공한다. 이것은 교육 및 업무 공간, 가정에서 꼭 필요한 기능으로 청소와 교환이 용이하도록 필터를 배치하여 사용자들의 편의를 고려했다.

감성적인 디자인

표면에 블랙 반투명 아크릴을 적용하여, 평소엔 블랙의 심플한 외관이던 제품이 프린터를 시작하면 내부 빛에 의해 출력 과정을 볼 수 있다. 전면 터치버튼과 푸시 타입 도어의 적용으로 작동의 용이성을 높였으며, 스풀(spool, 출력재료)의 이동 경로 싱글 부에 캡을 적용해 본체의 높이를 낮추어 콤팩트하게 만들었다. 학교와 가정에서 사용하기 적합하게 표면이 막혀 있고, 반투명 캡을 통해 출력시에 안전하게 관찰할 수 있는 디자인이다.

편리한 소프트웨어

큐비콘의 소프트웨어 큐비크리에이터는 조작이 쉽고 편리한 소프트웨어로 전문가들을 위한 상세조작 메뉴도 포함되어 있다. 3D 렌더링 엔진을 자체 개발, 소프트웨어의 'From Cloud' 기능을 통해 사용자들은 쉽게 3D 모델링 파일을 다운받을 수 있다.

가성비 좋은 스마트한 3D 프린터
파인더(Finder)

개 발	플래시포지(FLASHFORG), www.ff3dp.com
특 징	와이파이(WIFI) 지원, 필라멘트 잔량 체크, 탈부착 베드, 스마트 베드 스티커
가 격	99만원
자료제공	랩C, 070-7502-7280, http://labc.kr

플래시포지(FLASHFORGE)가 개발한 파인더(Finder)는 무독성 필라멘트를 비롯해 내장형 노즐, 히팅 배드가 필요 없는 시스템으로 안정성이 뛰어나다.

파인더는 터치스크린 조작, 스마트 베드, USB stick으로 조작할 수 있어 사용이 쉽다.

파인더는 필라멘트 잔량 표시, 와이파이 지원, 스마트 시트, 애플리케이션 조작이 가능한 스마트한 3D프린터이다.

파인더는 동급사양 중 가장 저렴한 99만원으로 가성비가 높다.

큰 출력 가능한 탁상용 레진 3D프린터
모피어스(Morpheus)

Funded Successfully On
KICKSTARTER
Thank you!

개 발	Owl.Works, www.morpheus3dprinter.com
특 징	대면적 조형에 특화된 탁상용 레진 3D프린터
공 급	랩C, 070-7502-7280, http://labc.kr
가 격	미정
자료제공	랩C, 070-7502-7280, http://labc.kr

스타트업 아울웍스(Owl Works)가 개발한 모피어스(Morpheus)는 킥스타터(Kickstarter) 펀딩 금액을 조기에 마감하고 해외 언론으로부터 극찬을 받은 레진 프린터(Resin 3D Printer)이다. 데스크톱용으로는 가장 큰 사이즈(330 x 180 x 200mm)의 출력물을 얻을 수 있는데, 쉽고 간편한 작동이 특징이다. 또한 LCD와 UV LED를 이용한 프린터로 내구성 좋은 수조를 사용한다. 실제 프린터 사이즈는 550 x 350 x 520mm)이고, 재료는 광경화성액상수지(MakerJuice & B9)를 사용한다.

산업용 3D 프린터
Creator Pro

개 발	플래시포지(FLASHFORG), www.ff3dp.com
특 징	보다 정확하고, 안정적인 성능에 풀 메탈 프레임(Full Metal Frame)과 준챔버형 모델로 최고의 가격대 성능비를 자랑한다.
공 급	랩C, 070-7502-7280, http://labc.kr/
가 격	190만원

　DIY 전문가를 위한 3D 프린터 Creator Pro(크리에이터 프로)는 3D프린터의 확장과 발전을 가속화한 오픈 소스 기반의 렙랩(RepRap) 프로젝트를 바탕으로 만들어진 플래시포지의 3D 프린터이다. 2012년 미국 출시 당시, 시중에 판매되고 있던 고가 3D프린터(FDM 방식)와 대등한 사양을 갖추고도 파격적인 가격으로 출시됐다.

　입문용, 교육용은 물론 소규모 사업을 영위하는 소호들에게 선풍적인 인기를 끌었고, 2012년말에 아마존닷컴 선정, 최고 가격대 성능비(Best Price Performance), 최고 평가(Best Review)의 탁상용 3D프린터에 선정된 바 있다. 2015년에는 전 세계 30개국에 출시됐으며, 월 4000대 이상의 판매를 기록하고 있다.

소호(SOHO)용 FDM 3D 프린터
드리머(Dreamer)

개 발	플래시포지(FLASHFORG), www.ff3dp.com
특 징	ABS출력에 최적화된 챔버(Chamber)형으로 터치 LCD 제공, 전용 변환 프로그램 FlashPrint 사용
공 급	랩C, 070-7502-7280, http://labc.kr/
가 격	200만원

　소호(SOHO)용 3D프린터 드리머(Dreamer)는 미국 아마존닷컴 3D프린터 부문에서 가성비, 고객리뷰 1위를 차지한 Creator(크리에이터) 시리즈 상위 버전이다. 한글이 지원되고 자체 변환 프로그램도 제공된다.

FDM(열가소성수지) 방식의 3D프린터

Cross 3.5

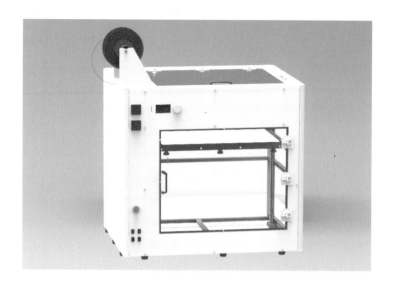

개발 및 공급	3D엔터, 070-7756-7757, www.3denter.co.kr
주요 특징	안정적인 대형 출력을 위한 Z축을 4개로 설계
가격	1155만원

현재 판매되고 있는 모델은 Cross 3.5로, 이하 모델들은 모두 단종됐다. 출력 크기는 510 × 510 × 510mm까지 지원하며, Z축을 4개로 설계하여 출력시 안정성을 제공한다. 또한 오리엔탈 모터를 탑재여 장시간 출력해도 일정한 품질을 유지한다.

이번에 국내 제품 출력크기 300mm 이상 최초로 KC(전기안전인증)인증을 획득하였다.

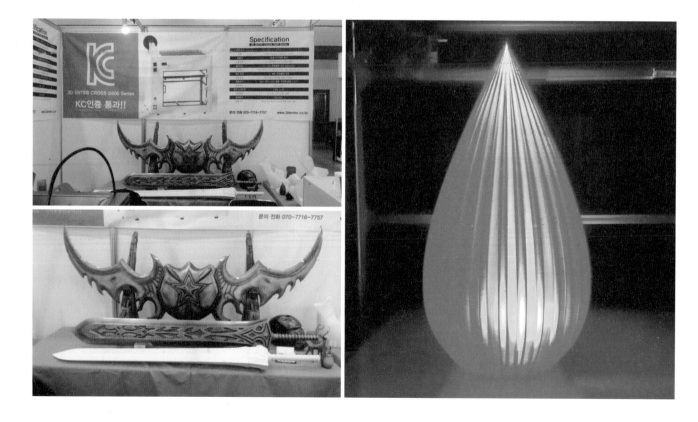

대형 크기의 출력이 가능한 델타 방식의 3D 프린터

Freeform LD700과
Freeform LD1200

개발·공급	프리폼, 02-326-1661, www.freeform.kr
주요 특징	프리폼(Freeform) LD700은 일반 출입문 크기인 900×2100을 분해 없이 출력할 수 있고, Freeform LD1200은 비정형 건축모형이나 가구 출력이 가능한 1200mm 크기 출력이 가능하다.
가격	Freeform LD700은 880만원(부가세 포함) / Freeform LD1200은 2750만원(부가세 포함)

주요 특징
실물 의자 및 식탁 크기 출력이 가능

Freeform LD700은 의자 정도의 실물 크기를 직접 출력할 수 있고, Freeform LD1200은 식탁 정도의 실물 크기를 직접 출력할 수 있다. 따라서 큰 사이즈의 목업이나 시제품, 피규어 등을 작은 조각으로 나누지 않고 한 번에 출력할 수 있다.

빠른 출력속도와 안정성의 델타봇

직교 방식과 다른 고급 3D프린터에 사용되는 삼각함수 개념의 델타 방식 3D 프린터로 출력물이 바닥에 안정적으로 고정되어 있고, 노즐 축이 수직 이동하는 방식을 사용한다. 따라서 크고 무거운 제품 출력에 적합하다.

깔끔한 출력이 가능한 델타봇(Z Lift 적용)

수직축 이동을 기본으로 하는 델타 방식은 수평 이동시 노즐을 살짝 위로 올린 후 이동(Z Lift)하므로 수축 변형에 따른 이동 걸림 현상이나 출력 중 파손을 최소화 했다.

대형에 최적화된 3.5파이 1mm 노즐

대형 3D프린터에 최적화 되어 개발된 프리폼 노즐은

18kg(Freeform LD1200은 28kg)의 강력한 모터의 힘을 견디고, 3.5파이의 PLA를 장시간 압축가능 하도록 특수설계된 1mm(Freeform LD1200은 2mm) 노즐이 사용된다. 빠른 시간과 최적의 적층 품질을 연출한다.

15Kg의 대용량 PLA

327리터(Freeform LD1200은 1,527리터)라는 출력 부피를 프린팅하기 위해선 최소 10kg 이상의 PLA 재료가 소요되고, 1mm(Freeform LD1200은 2mm) 노즐에 강한 압출력을 싣기 위해서는 3.5mm 이상의 필라멘트 두께가 필요하다. 프리폼 LD700 및 프리폼 LD1200은 저렴하게 특수 주문 제작된 15kg 대용량 PLA가 사용된다.

오픈 소스 소프트웨어 메터 콘트롤

델타봇 3D 프린터에 최적화 된 오픈소스 3D 프로그램인 메터 콘트롤은 다양한 세부설정 옵션으로 최적의 Gcode를 생성해 준다. Rhino, 3ds Max, AutoCAD, Solid Works, CATIA, UG, Pro/E 등 솔리드 프로그램과 호환성이 뛰어나다.

초보부터 전문가까지 XYZprinting의 다양한 제품군

daVinci 시리즈

개 발	XYZprinting, XYZprinting.com
주요 특징	3D프린터 입문자용부터 가정용, 소규모 산업용 등 다양한 분야에서 활용 가능
가 격	daVinci 1.0A (63만 9천원), daVinci 2.0A Duo (81만 9천원), da Vinci 1.0 AiO (119만 9천원), Nobel 1.0 (229만 9천원), da Vinci JR. (50만원)
자료제공	XYZprinting코리아, http://kr.xyzprinting.com

daVinci 1.0A

플러그 앤 플레이(PnP) 방식을 지원해 컴퓨터에 연결한 후, XYZware 프로그램만 설치하면 바로 사용할 수 있다. 조립이 필요하지 않는 완제품으로 판매가 되며 설치가 용이한 필라멘트 카트리지로 필라멘트 교체가 어렵지 않다. 사용자의 안전에 신경을 쓴 챔버형 구조로 제작이 되어 프린팅시 발생하는 고온으로부터 안전하게 보호해 준다.

daVinci 2.0A Duo

듀얼 노즐 방식을 사용해 동시에 두 가지 컬러로 출력이 가능하고, 교체방식이 편리한 필라멘트 카트리지 방식을 사용해 완성도가 높은 멀티컬러 제작물을 출력할 수 있다.

da Vinci 1.0 AiO

누구든지 자유롭게, 목적에 맞도록 3D 프린팅과 3D 스캐닝이 가능한 복합 기능을 제공한다. 듀얼헤드 레이저 스캐닝을 채택해 5분이란 짧은 시간에 개체를 스캐닝하여 모델링 파일을 생성할 수 있다. 최근 멀티스캔 기능이 업데이트 되어 업그레이드 된 3D 스캔 결과물을 얻을 수 있다.

Nobel 1.0

UV 레이저를 사용해 액체 수지를 빠르게 경화시켜 최소 25마이크로미터의 정교한 제품을 제작할 수 있다. 프로슈머급 데스크탑 3D 프린터로, 레이저 정밀성으로 우수한 품질을 자랑한다. 디테일이 우수한 특수 수지로 예술적 디자인물 산출도 가능하다. UV레이저 405nm 클래스 인증과 안전한 제품 디자인으로 사용시 사용자를 자외선으로부터 최대한 보호한다.

da Vinci JR

세련된 디자인과 베드의 자동 수평 보정 기능, 필라멘트 자동 로딩 시스템, SD카드를 지원한다. 버튼식 프린츠 헤드 채택으로 손쉬운 노즐의 교체 및 청소가 가능하다. 초보자도 구입과 동시에 바로 사용하기 쉬운 다빈치 주니어는 별도의 보정 기능이 필요 없다. PLA 카트리지를 재활용하고, 재충전이 가능하다. 최대 소비전력 75W의 저전력을 제공한다. 새로운 필라멘트 자동 로딩 시스템으로 더 쉽고 편리하게 3D 프린팅을 경험할 수 있다.

빠르고 정교하게 대형 사이즈 제작이 가능한 3D프린터
NEW MEISTER

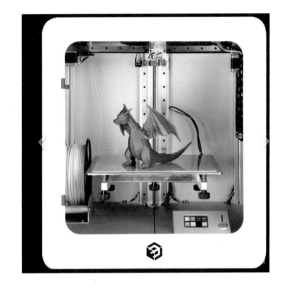

개발 및 공급	쓰리디박스(3D BOX), 032-548-0128, www.3d-box.co.kr
주요 특징	FFD 방식의 3D프린터로 LM가이드를 이용하여 견고하고 내구성이 뛰어남
가 격	390만원

무료 소프트웨어인 CURA에서 유료 소프트웨어인 SIMPLIFY3D를 내장하여 더 좋은 퀄리티로 출력할 수 있다. 최대 300×300×300(mm) 사이즈의 출력이 가능한 중대형 3D프린터임에도 불구하고 수축현상이 없고, 향상된 품질을 제공한다.

총 3개의 고가 LM 가이드가 적용된 XY축 위에는 정밀하게 가공된 알루미늄 구동부가 장착되어 있다. 이 헤더부는 어떤 상황에서도 트러블 없이 정밀한 출력물을 제공한다. 또, 각 부품은 고온의 환경 속에서도 우수한 내구성을 보장해 오랜 시간 출력해도 변함없는 결과물을 얻을 수 있다.

사용자 편의를 위해 컬러 터치스크린을 적용했으며, 한글과 영어를 지원한다. 내부 필라멘트 거치대를 비롯해 가장 정밀한 Leveling 방식인 Semi Auto Leveling을 제공한다.

FMD 방식의 대형 3D 프린터

T5

스텔라무브, 031-935-5688, www.stellamove.com

모니터 평면의 2D 모델링을 3차원 형상으로, 대형 모델을
안정적이고 빠르게 프린팅

589만원

주요 특징

DC 모디 + 위치제어 시스템

DC 모터는 스텝모터 대비 내부 구조가 간단하고 높은 토크와 고속 운전에 용이하다. T5는 DC 모터를 구동의 기본 시스템으로 채택하여 스텝 모터 기반 3D 프린터 대비 월등히 빠른 속도를 낼 수 있으며, 위치제어 시스템으로 고속 프린팅에도 탈조 없이 안정적인 프린팅을 지속할 수 있다.

32비트 프로세서 + PUMP board

고속의 32비트 ARM 프로세서는 초당 3만회 이상 현재 위치를 파악하고 진행 경로를 빠른 속도로 예측할 수 있게 해준다. DC 모터 제어를 위해 특별히 고안된 PUMP board는 노즐의 경로와 필라멘트 익스트루딩을 최적의 상태로 모터 출력으로 변환해 준다.

관성 제어

3D 프린터는 복잡한 경로를 다양한 속도 변화와 함께 움직인다. 직선 및 곡선 구간과 방향 전환이 급격하게 일어나는 구간 등 짧은 구간에서 노즐의 움직임과 익스트루딩의 속도 조절이 동기화 되어 동작해야 하는 복잡한 움직임을 필요로 한다. T5에는 이러한 다양한 속도와 방향 변화를 반영한 자체 물리 엔진을 탑재하여 노즐 움직임의 관성을 제어하고 있다.

탄소섬유 프린팅 베드

Garolite 탄소 섬유로 만들어진 프린팅 베드는 첫 레이어의 바닥면 밀착을 쉽게 해주며, 프린팅이 완료된 후 쉽고 깨끗하게 떼어낼 수 있다.

또한, 장시간의 고온에도 물리, 화학적인 변화가 발생하지 않는다. Garolite Sheet는 반영구적으로 사용할 수 있어 바닥면 밀착을 위해 더 이상 단기간만 사용 가능한 내열 테이프를 붙였다 떼었다 할 필요가 없다.

5인치 터치스크린 인터페이스

프린팅에 필요한 모든 옵션은 PC 없이 5인치 터치 스크린으로 자유롭게 조작할 수 있다. PC에서 슬라이싱된 데이터를 USB 메모리에 저장해 두면 장시간 프린팅해야 하는 경우, PC 연결 없이 손쉽게 프린팅할 수 있다.

조그 다이얼

조그 다이얼을 이용하여 프린팅 베드를 0.02mm씩 미세하게 높이를 조정할 수 있다. 기본 지원되는 오토레벨링 기능에 추가하여 조그 다이얼을 사용하여 베드 높이를 상황에 맞게 최적으로 조절하여 프린팅할 수 있다.

건축용 대형 델타 방식의 3D 프린터

Deltabot-K-CU / Deltabot-K-IN

개 발 및 공 급	오티에스(OTS), 1899-7973, www.3dthinker.com
특 징	델타 방식으로 멘델 방식에 비해 출력물 퀄리티가 높고 출력 속도도 빠르고, 360도 뷰잉 시스템으로 모든 면에서 출력 상태 확인 가능
가 격	문의

Deltabot(델타봇)-K 제품은 델타방식의 3D프린터로 기존 멘델 방식에 비해 출력 속도도 훨씬 빠르며 출력물의 퀄리티도 높게 나온다. 모든 방향에서 출력 상황을 체크할 수 있는 360도 뷰잉 시스템을 갖췄으며 LED조명으로 인테리어 효과도 줄 수 있다.

타사 제품과는 달리 풀메탈 익스트루더를 사용으로 잡아주는 힘이 강하고 일정하기 때문에 완성도를 높여주고 필라멘트의 움직임을 용이하게 해준다. 또한 헤드 부분에는 풀메탈 핫엔드를 사용하여 열을 빠르게 내리거나 올려줄 수 있어 PLA, ABS 소재 외에도 다양한 소재익 필라멘트 사용이 가능하다.

출력할 때 PC와 직접 연결하여 사용할 수도 있지만 출력하고자 하는 파일을 SD카드에 담아 서 사용할 수 있어 PC와 연결하지 않아도 출력이 가능하다.

오랜 시간 출력을 해야 하는 3D프린터의 사용 비용절감을 위해 저전력의 어댑터를 이용함으로써 전력 소비를 줄일 수 있도록 했고, KC국가통합인증마크를 획득해 보다 안전하게 제품을 사용할 수 있다.

Deltabot-K 제품은 출력 가능한 출력물의 크기가 200*250(mm)까지 가능한 Deltabot-K-CU 제품과 300*350(mm)까

지 가능한 Deltabot-K-IN, 두 가지 제품이 있다. 규격화된 이 제품들 외에도 별도 사이즈로 주문 제작도 가능하다.

▲ Deltabot-K

▲ Deltabot-K-IN

▲ Deltabot 제품으로 출력한 3D 프린팅물

FFD 방식의 중·보급형 3D프린터

마이디 시리즈(MyD Series)

개발 및 공급	대건테크. www.myd3d.co.kr
주요 특징	자체 설계 및 분리형 노즐부, 고정밀 L/M 가이드 적용, 보호형 구조의 일체형 메탈프레임, 도어 안전장치 설계, 필라멘트 공급장치 및 구동부 유닛의 특허, 베드 분리형, Auto-Leveling 기능 탑재, 다양한 필라멘트 사용 가능
가 격	MyD-140(180만원), MyD S160(260만원), MyD P250(1,000만원, 부가세 별도)

대건테크에서 개발한 '마이디(MyD Series)'는 고체기반(FFF, Fused Filament Fabrication) 방식으로 교육용, 전문가용, 산업용으로 개발됐다. Extruder 노즐부 특허를 보유한 제품으로, 출력부 노즐 막힘 현상을 현저히 줄였다. 현재 모델은 보급용 MyD-140, 전문가용 MyD S160, 산업용 MyD P250이 있다.

주요 특징

자체 설계 및 분리형 노즐부

대건테크는 3D프린터 초창기 모델의 노즐막힘 문제점을 해결하고자 자체 설계된 Extruder 노즐부를 개발했다. 이후 Extruder 노즐부의 AS 편의성을 향상시키기 위해 탈부착 형태의 Extruder 헤드도 개발했다.

고정밀 L/M 가이드, Ball Screw 적용

대건테크는 기존 사업부인 Wire-Cut 방전가공기, 칩마운터 제조·생산 기술을 응용해 고정밀 대형장비에 사용되는 L/M 가이드와 Ball Screw를 3D프린터에 접목해 한층 더 진화된 FFF장비를 개발했다.

보호형 구조의 일체형 메탈프레임 설계

가볍고 견고한 시트메탈 프레임을 적용한 보호형 구조로 내부

▲ MyD S140

온도를 유지하여 출력물이 온도 변화에 따른 변형을 현저히 줄일 수 있다. 또한 저소음 설계로 제작되어 사무실뿐만 아니라 가정에서도 부담 없이 사용할 수 있다.

도어 안전장치 설계

기존 오픈형에서 탈피한 보호형 구조에 도어 안전장치를 설계하여 부주의로 인한 안전사고의 위험으로부터 보호한다. 안전스위치가 ON이면 커버 오픈시 자동 멈춤으로, OFF이면 커버 오픈시 작동한다.

필라멘트 공급장치 / 구동부 유닛의 차별화

타사와 차별화된 필라멘트 자동 공급장치(특허등록)를 사용하여 필라멘트 공급의 편의성을 확보하였으며 균일한 공급량을 통해 고품질의 제품을 출력할 수 있다. 구동부는 프로페셔널급 L/M가이드 시스템과 정밀한 스텝모터를 적용하여 고품질의 출력물을 보장한다.

아크릴 베드 분리형(알루미늄 히팅베드: S160모델, P250모델 적용)

분리형 베드를 적용하여 출력 완료 시 간단히 베드를 분리할 수 있어 출력물을 즉시 확인할 수 있으며 베드에서 출력물을 손쉽게 제거할 수 있다. 또한 알루미늄 히팅베드가 적용 된 S160모델과 P250모델에서는 더욱 더 안정적인 출력물을 확인 할 수 있다.

Auto-Leveling 기능 탑재

기존 3D프린터는 베드의 수평을 손으로 직접 맞춰야 하는 불편함이 있었지만 대건테크의 3D프린터 MyD는 Auto-Leveling 기능을 탑재했다. 사용자들은 더 이상 출력 베드의 수평을 직접 맞추지 않아도 항상 출력 전 자동으로 Auto-Leveling 센서로 감지하여 일정한 높이 유지를 하며 최상의 출력물을 확인할 수 있다.

다양한 필라멘트 사용 및 필라멘트 내장형

MyD는 PLA, PVA, ABS, Nylon, TPU등 여러 가지 필라멘트 재료를 선택할 수 있다. 또한 다양한 색상이 준비되어 있어 색상을 교체하는 것만으로도 다양한 연출이 가능하며 필라멘트 내장형 설계를 통해 MyD 장비의 외관이 심플해졌으며 컴팩트한 사이즈로 제작되어 보급형으로 적합하다.

상단 뷰 커버 제작(S160 모델 한정)

일체형 프레임의 보호형 구조의 장점을 갖추면서도 내부의 제작이 확인 가능하도록 상단 부분이 투명 폴카보네이트로 제작되어 출력물의 진행 상태를 바로 확인할 수 있다.

▲ MyD S160

Ver. 3.0 듀얼헤드(P250 모델)

더욱 발전된 Ver. 3.0 듀얼헤드로 원재료와 수용성 Support 재료를 동시에 출력할 수 있어 출력 후 Support를 손으로 제거할 필요가 없다.

3축 볼스크류 직접 전달 방식(P250 모델)

3축 볼스크류 직접 전달 방식의 더욱 정밀해진 구동부로 한 단계 더 정밀한 출력물을 출력할 수 있다.

Automatic(P250)

MyD의 Flagship 모델인 P250은 어려 자동장치를 탑재하고 있다. 필라멘트 자동 공급장치를 더욱 더 간편해진 필라멘트 셋팅이 가능하다. 자동내부온도 조절장치가 적용되어 내부 온도를 항상 일정하게 유지할 수 있다. S140과 S160의 Auto-Leveling 기술은 P250에도 적용되었다.

FDM 방식의 3D프린터

FINEBOT 9600A /
FINEBOT Z420A /
FINEBOT Touch S

개 발	TPC메카트로닉스, 032-580-0670, www.TPC3d.com
주요 특징	뛰어난 내구성과 정밀한 설계구조, 빠르고 효율적인 프린팅 속도, 넓은 출력 사이즈, 높은 편의성
가 격	FINEBOT 9600A 280만원, Z420A 450만원
공 급	TPC메카트로닉스, 032-580-0670, www.TPC3d.com

'TPC 파인봇(FINEBOT)은 시제품, RC 부품, 완구, 악세서리 등 폭 넓은 분야의 제작물을 손쉽게 출력할 수 있으며, 산업용, 전문가용, 교육용 및 취미생활 모두를 충족시키는 3D 프린터이다. 산업현장에서는 생산공정 개선과 원가절감의 획기적인 아이템이다. FINEBOT 시리즈는 Full Steel Frame인 강한 내구성을 바탕으로 High Quality의 출력물을 제작할 수 있다.

파인봇은 TPC메카트로닉스의 13 영업소와 33 대리점의 전국 유통망을 통해 가까운 곳에서 편리하게 유지보수를 받을 수 있다.

주요 특징

■ **뛰어난 내구성 및 정밀한 설계구조**
: 견고한 금속 프레임과 정밀한 기구 설계로 진동 및 외부 충격에두 걱정이 없다. 일반 및 산업용으로도 손색이 없도록 내구성과 성능에 중점을 두고 개발된 제품이다.

■ **최고의 정밀도 및 넓은 출력 사이즈**
: 0.01mm의 포지셔닝 정밀도로 최상급 해상도의 부드러운 표면을 표현한다. 최대 0.05mm의 적층 기능으로 작고 세밀한 출력이 가능하다. 큰 사이즈의 출력물도 무리 없이 출력해 낼 수 있는

넓은 출력 범위를 가지고 있다.

■ **빠르고 효율적인 프린팅 속도** : 진동에 강한 구조와 강력한 듀얼 쿨링 팬 마운트로 쾌속 출력을 하면서도 높은 수준의 결과물을 얻을 수 있다.

■ **높은 편의성** : 출력 테이블을 자석으로 탈, 부착할 수 있어 출력 후 손쉽게 출력물을 분리하고 관리할 수 있다. LCD창을 통해 진행 상황을 한 눈에 확인할 수 있으며, 출력 중 속도, 온도 등 여러 가지 파라미터를 실시간으로 변경할 수 있다.

■ **오토레벨링(16포인트), 히팅베드 지원**

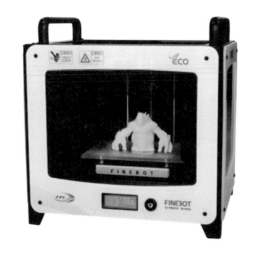
▲ FINEBOT 9600A

▲ 4.3인치 LCD 컬러 터치스크린이 장착된 FINEBOT Touch S

3D 프린팅 펜

쓰리두들러(3Doodler) 2.0

개 발	미국 Wobble Works, http://the3doodler.com
주요 특징	독일, 미국에 이어 세계 3번째, 국내 최초 산업용 주물사 3D 메탈 프린터
가 격	문의
자료제공	에일리언테크놀로지아시아 , 070-7012-1318, http://the3doodler.co.kr

3Doodler(쓰리두들러)는 2014년 전 세계적으로 선풍적인 인기를 끌었다. 3Doodler는 세계 최초의 3D 프린팅 펜으로 소개되었으며, 타임지가 선정한 2013년 최고의 혁신 발명품으로 꼽혔는데, 한 단계 더 업그레이드된 '3Doodler 2.0'이 출시됐다.

생각에 날개를 달아주는 3Doodler는 미국 Wobble Works에서 개발했는데, 바닥 표면은 물론 허공에서도 입체 향상을 바로 그릴 수 있다. 본체 조립이나 세팅없이 제품의 버튼만 누르면 펜촉에서 가열된 플라스틱이 흘러나오면서 바로 굳어 입체 형상을 프린팅한다.

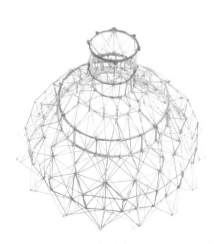

▲ 3Doodler로 만든 램프셰이드

3Doodler 2.0은 사용자들이 기존의 제품을 사용하면서 겪었던 불편에 귀기울여 전체적으로 더 작아지고 가벼워졌으며 조용해지고 사용하기 편리하게 설계됐다. 가장 눈에 띄는 점은 기존 제품 사용자들의 가장 큰 불만이었던 크고 무거운 제품을 1/4의 크기와 1/20이하의 무게로 줄여 사용편의성을 높였다는 점이다.

작고 가벼워진 제품으로 인해 안정적으로 펜을 쥘 수 있게 됐고, 새롭게 디자인된 노즐로 더욱 섬세한 표현이 가능하다. 또한 고성능의 모터를 사용하여 소음을 획기적으로 줄였고, 전력 소비 효율이 향상됐다.

장시간 사용으로 인한 손의 피로를 덜어주기 위하여 압출 버튼의 더블클릭만으로 계속 사용 모드로 전환이 가능한 기능적인 개선뿐만 아니라 재료의 손실과 낭비를 획기적으로 줄일 수 있도록 한 하드웨어의 구조적 개선도 눈에 띈다. 이외에도 새로운 디자인의 스탠드, 노즐 세트, 페달과 더불어 장소의 제약 없이 자유롭게 두들링을 즐길 수 있는 휴대용 충전 배터리팩도 함께 출시됐다.

일상생활에서부터 전문적인 분야까지 폭넓게 이용 가능한 3Doodler는 교육분야 특히 전국 초중고등학교의 정규 수업시간이나 발명교실 방과후수업 시간뿐만 아니라 과학관 3D체험관 무한상상실 등에서도 최근 중요시되고 있는 STEAM교육(융합인재교육)에 발맞춰 창의체험교육용 교구로 사용되고 있다.

또한 손쉬운 사용 대비 결과물의 우수한 작품성으로 디자인, 예술, 공예, 패션, 건축, 설계 등 전문 분야에서도 활용하고 있고 개인적인 관심과 취미, DIY, 인테리어 등 더욱 다양한 분야에서도 두루 활용되고 있다.

한편, 홈페이지(www.the3doodler.co.kr)나 카페(http://cafe.naver.com/the3doodler)에서는 3Doodler로 좀 더 쉽게 원하는 제품을 만들 수 있도록 다양한 스텐실(밑그림)을 무료로 제공한다.

3D 프린팅 형상물 자동 표면처리기

뽀샤시(BBOSHASI)-250E

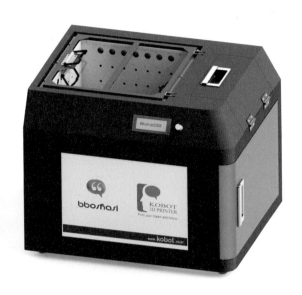

개발 및 공급	코보트, 070-4686-8868, www.kobot.co.kr
주요 특징	3D프린팅 PLA/SPLA/ABS/HIPS 출력물 자동 표면처리기(BBOSHASI) 및 전용 시약으로 구성

뽀샤시-250E는 3D 프린팅 출력물의 외관을 부드럽게 다듬어 후가공은 물론 채색 및 몰드용으로 사용할 수 있도록 해주는 장비다.

3D 프린터 출력물의 표면을 훈증(Fumigation/Vaporing) 방식의 후처리 공정을 통해 5분 안에 자동으로 표면을 매끄럽게 광택이 나도록 화학적으로 연마 처리한다. 이때 폭발 및 화재 위험이 없는 특수 전용시약을 사용하는데, 출력물 표면처리를 위해 매회 약 200ml 정도의 시약을 사용한다.

뽀샤시250E는 기존 에코덱에 있던 유증기 정화장치를 내부에 달았고, 뽀샤시액 탱크를 내장해 자동으로 공급되게 설계되어 있다. 전면의 디스플레이에는 현재 진행공정과 시간이 표시되어 보다 쉽고 안정하게 사용할 수 있다.

2중 챔버 방식으로 되어 있어 과열된 훈증기가 출력물에 직접 닿지 않고 안정된 표면처리가 되도록 특허도 출원했다. 인덕션을 사용함으로써 화재에 대한 안전을 최대한 고려했다. 훈증처리 시간 2분 이내, 안정시간 5분 이내로 최소화하여 환경 및 냄새의 유출을 최소화 했다.

주요 특징

■ **안정성** – 전지기 유도방식으로 유증기에 의한 화재 및 폭발의 위험성을 원천적으로 제거

■ **균일한 표면처리 구현** – 챔버 방식(특허출원)

■ **빠른 후처리 시간** – 5분 이내로 기존 수작업 대비 수십배 빠르고 재래식 아세톤 훈증방식 대비 수배 이상 작업시간 단축

■ **세계 최초로 3D 프린터용 PLA표면처리 시약 개발 성공**

■ **용제 공급, 가열, 훈증, 배기, 건조, 정화까지 논스톱 프로세스로 안전한 표면처리 구현**

온도를 65도로 급상승 시켜 훈증할 수 있는 안정 상태 유지

백색광 박싱 데스크톱 3D 스캐너

EinScan

개 발	SHINING3D, http://en.shining3d.com
주요 특징	백색광 방식 데스크탑형 3D스캐너
사용 환경	윈도우 7/8(64비트)
최소 사양	CPU i3 이상, 4GB 메모리, 500GB 이상 HDD, GTX 640 이상 그래픽 카드, HDMI 지원, 디스플레이 메모리 1GB
권장 사양	CPU i5 이상, 8GB 메모리, 1TB 이상 HDD, GTX 760 이상 그래피 카드, HDMI 지원, 디스플레이 메모리 1G
가 격	160만원(부가세 별도)
자료제공	휴스템, 02-6262-1021, www.hustem.com

　SHINING3D(샤이닝3D)에서 개발한 아인스캔(EinScan)은 백색광 방식의 데스크톱형 3D 스캐너이다. 3D 프린터를 위한 3D 데이터는 만들기 어려운데 기존 3D 스캐너는 너무 가격이 높거나 저가 제품은 측정 사이즈에 제한이 있고 속도가 너무 느려 활용도가 떨어졌다. 아인스캔은 Scan To 3D Print가 가능한 3D 스캐너로 개발됐다. 3D로 스캔된 이후 빈 공간들은 자동으로 채워지고 거친 부분은 매끄럽게 보정해 3D 프린터로 출력할 수 있는 최적의 상태로 만들어 준다. 2015년 8월에 새롭게 출시된 아인스캔은 스캐너 본체, 자동 회전판, 캘리브레이션 판, 삼각대(옵션), 보관 가방(옵션)으로 구성되어 있다.

주요 특징

　레이저 방식이 아닌 백색광 방식으로 0.1mm 이하의 높은 정밀도를 제공한다. 작은 물체(200x200x200mm 이하)는 자동회전테이블에 올려 놓으면 자동으로 3D 스캔이 가능하다.

　또한 스캔이 안 된 부분은 추가적으로 3D 스캔해 정렬할 수 있다. 큰 물체(700x700x700mm 이하)는 부분적으로 3D 스캔해 계속 정합하는 방식으로 스캔할 수 있다.(고가의 장비에서만 지원하는 기능으로 고가 3D 스캐너 활용 기술 습득 가능) 오토 스캔을 이용하면 전체 데이터 취득까지 4분 안에 완료된다. 기존 저가형 제품은 레이저 방식으로 속도가 느리지만 빔프로젝터를 내장한 광학 방식으로 약 4배 빠르다. 자동 회전테이블에 물체를 올려놓고 단순히 '클릭'만 하면, 모든 스캔 프로세스가 자동으로 진행된다. 또한 데이터 보정이 자동으로 진행되어 빈 공간

을 메우고 3D 프린팅 가능한 최적 상태의 파일로 수정된다.

주요 기능

　3D 스캔 후 3D 프린터 출력 시 추가적인 데이터 편집이 필요 없다. 3D 스캔 완료시 빈 공간이 자동으로 채워지고 또한 출력용으로 매끄럽게 보정된다.

　일반 저가형은 추가 스캔에 대한 정렬기능이 없어 정확한 형상 취득이 불가능하다. 아인스캔은 추가 스캔에 대한 정렬 기능으로 움푹 파인 제품까지 3D 스캔이 가능하다.

　내장된 빔프로젝터로 구조화된 광 펄스를 주사한 후, 2개의 (1.3M) CCD 카메라로 3D 스캔 데이터를 측정해 높은 정밀도 (0.1mm 이하) 및 높은 정확도의 데이터 생성이 가능하다. 기존 보급형 3D 스캐너보다 고품질의 스캔 데이터를 제공하며, 고가 3D 스캐너와 비교해도 뒤지지 않는 3D 스캔 퀄리티를 제공한다.

향후 계획

　생각한 것을 3D로 출력하기 위해서는 누구나 3D 프린터를 사용할 수 있어야 한다. 출력 장치에는 항상 입력장치의 중요성이 강조되어 왔다.

3D 스캐닝 기반의 제품 설계 솔루션
Geomagic Capture

개발	3D Systems, www.3dsystems.com
주요 특징	3D 스캐닝 기반 제품 설계 & 품질 검사 솔루션으로 스캐너와 소프트웨어로 구성된 통합 제품
사용 환경	윈도우 7/8 64비트, 쿼드 코어 인텔 2 GHz CPU 또는 이상, 4GB RAM 또는 이상, 512MB 비디오 이상, 기가비트 이더넷 인터페이스
자료제공	쓰리디시스템즈코리아, 02-6262-9900, www.3dscanning.co.kr

주요 특징

Geomagic Capture(지오매직 캡처)는 3D 스캐너와 전문 소프트웨어를 포함한 전문 제품설계 및 품질검사 솔루션이다. 3D 스캐너를 활용 시제품이나 현재 보유하고 있는 제품을 스캔하고 디지털 데이터를 기반으로 CAD 모델링이나 품질 관리를 진행한다.

Geomagic Capture를 구성하는 3D 스캐너는 블루 LED 광원 패턴을 물체에 분사해 형상 정보를 획득하는 최신 기술 트렌드의 고정밀 3D 스캐너로, 0.3초 이내 약 1백만 포인트의 데이터를 획득할 수 있으며, 60~118미크론의 높은 정밀도를 자랑한다.

2013년 말 3D시스템즈가 출시한 Geomagic Capture(지오매직 캡처)는 3D 스캐닝 기반 제품설계 솔루션으로, 하드웨어인 3D 스캐너와 스캔 데이터 기반의 소프트웨어로 구성되어 있다. 소프트웨어는 사용자의 목적에 맞게 다양한 소프트웨어들 중에서 선택할 수도 있다.

사용자는 실제 존재하는 물체의 형상을 3D 스캐너로 촬영한 후, 측정한 스캔 데이터 결과를 기반으로 CAD 데이터를 설계하거나 3D 프린터로 바로 넘겨 출력할 수도 있으며 출력된 결과물을 다시 캡처 솔루션을 통해 품질 검사를 할 수 있다.

캡처 스캐너는 최대 약 60미크론, 최소 120미크론의 정밀도를 제공하며, 약 가로/세로 20cm 정도의 소형물 스캐닝에 최적화되어 있다. 사용자가 원할 경우에는 스캔 데이터를 연결하는 병합 작업을 통해 부피가 큰 대상물도 스캐닝도 가능하다. 최신 트렌드인 블루 LED를 광원으로 활용하며 0.3초에 약 100만 포인트 정보를 취득할 수 있어 짧은 시간에 사용자가 필요한 충분한 데이터를 얻는데 적합하다. 또한, 옵션으로 함께 구입할 수 있는 턴테이블을 활용하면 제품을 자동으로 360도 원하는 샷 수만큼 자동으로 찍어 힘들이지 않고 완벽한 3D 스캐닝 데이터를 생성할 수 있다.

제품 사양

Geomagic Capture 스캐너의 매력은 소프트웨어에 있다. 사용자의 용도에 따라 크게 제품 설계, 또는 품질검사 소프트웨어로 구분할 수 있다. 솔리드웍스 사용자는 플러그인 소프트웨어만 설치해 솔리드웍스에서 바로 캡처 스캐너를 연결해 3차원 스캔 데이터를 입력 받을 수 있고, 그것을 바탕으로 솔리드 모델링을 즉시 진행할 수 있다.

솔리드웍스 유저가 아니라면 Geomagic Design(지오매직 디자인) X라는 제품을 활용해 3D 스캔 데이터 기반의 솔리드 모델링을 진행할 수 있다. 사용자는 모델뿐만 아니라 모델링 이력까지 그대로 범용 CAD 프로그램(NX, 솔리드웍스, 크리오, 인벤터)으로 교체할 수 있다. 3D 스캐닝 기반 품질검사를 원하는 사용자는 Geomagic Control(지오매직 컨트롤)이라는 품질검사 소프트웨어에 스캔 데이터와 CAD 데이터를 동시에 불러들여 비교를 통해 실시간 품질검사를 진행할 수 있다.

핵틱 기반의 디지털 클레이 모델링 솔루션

Touch 3D 스타일러스 & Geomagic Sculpt

개 발	3D Systems, www.3dsystems.com
주요 특징	Touch 3D 스타일러스-6 자유도, 포스 피드백(화면의 물체의 질감 및 모양을 촉각으로 확인), USB 인터페이스, Geomagic Sculpt(가상 점토 모델링 소프트웨어) 제공
사용 환경	윈도우 7/8 64비트, 쿼드 코어 인텔 2 GHz CPU 또는 이상, 4GB RAM 또는 이상, 512MB 비디오 이상, 기가비트 이더넷 인터페이스
자료제공	쓰리디시스템즈코리아, 02-6262-9900, www.3dscanning.co.kr

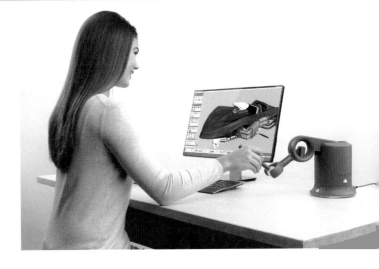

주요 특징

3D Systems(쓰리디시스템즈)의 Touch 3D 스타일러스와 Geomagic Sculpt는 기존 솔리드 모델링의 한계를 뛰어 넘어 복잡하고 곡선이 많은 유기적 형태를 자유 자재로 모델링할 수 있는 도구다. 3D 스타일러스를 활용한 가상 점토 모델링 방식은 사용자에게 디자인의 제약이 없는 작업 환경을 제공함으로써 정교하고 복잡한 유기적 형태의 모델링이 가능하다.

손에 쥐고 주무르듯 점토를 밀고 당기고 구부려 변형이 가능하며, 화면에 보이는 모델 형상을 손 끝의 감각으로 느끼며 작업할 수 있다. Geomagic Sculpt와 Touch 3D 스타일러스는 기능적이고 아름다운 제품을 직관적으로 디자인할 수 있는 솔루션이다.

▲ Touch 3D Stylus와 Touch 3D Stylus Pen

디자인을 완성하는 또 하나의 손, Touch 3D 스타일러스

Geomagic Sculpt와 함께 제공되는 Touch 3D 스타일러스는

디자인 작업 효율을 극대화시켜 준다. Touch 3D 스타일러스는 3D 디자인과 자연스럽게 상호작용할 수 있는 직관적인 작업 방식을 제공한다. 2D 공간에서 마우스 커서를 움직이는 것이 아닌, 3D 환경에서 스타일러스를 활용해 상상하는 조형물을 창조할 수 있다. 6 자유도, 포스 피드백(화면의 물체의 질감 및 모양을 촉각으로 확인), USB 인터페이스를 제공하며 높이는 17.8cm, 몸체 받침대 직경은 14cm이다.

주요 기능

Touch 3D 스타일러스와 Geomagic Sculpt는 촉각(Haptic) 기반의 디지털 조각 모델링 솔루션이다. 모니터 상에 보이는 디지털 형태의 찰흙을 활용해 손 끝 감각을 활용해서 3차원 형상을 제작할 수 있다. 디지털을 실제로 손으로 느끼면서 작업을 할 수 있어 실제 조각하는 것과 크게 다르지 않으며, 디지털로 제작하기 때문에 조각 작업에서 발생하는 부스러기가 발생하지 않아 깨끗한 환경에서 작업할 수 있는 장점이 있다.

Geomagic Capture가 기계적인 형상에 적합한 솔루션이라면 Touch 3D 스타일러스와 Geomagic Sculpt는 기계적인 모양보다는 미적 요소가 포함되어 있고 자유형상이 많은 유기적인 모델링에 적합한 솔루션이다. 만들어지는 데이터는 덩어리로 구성된 복셀(Voxel) 기반 데이터로서 추가적인 데이터 처리 작업 없이 바로 3D 프린팅과 연계된다는 장점이 있다.

자동화 기능 탑재한 심플한 3D 스캐너

Rexcan CS2 Plus

개 발	메디트, 02-2193-9600, www.meditcompany.com
주요 특징	고품질 3D 스캔 데이터 획득에 최적화된 제품으로 사용자들에게 편리함을 향상
사용 환경	윈도우 7/8 64비트, 쿼드 코어 인텔 2 GHz CPU 또는 이상, 4GB RAM 또는 이상, 512MB 비디오 이상, 기가비트 이더넷 인터페이스
자료제공	메디트, 02-2193-9600, www.meditcompany.com

최근 3D 스캐닝 관련 시장은 3D 프린터의 보급과 함께 급속도로 성장하고 있다. 사용자들 사이에서 3D 스캐너가 폭 넓은 3D 프린팅 작업을 하기 위해 반드시 필요한 수단이라는 인식이 점차 확산되고 있기 때문이다. 또한 역설계, 품질검사 등 다양한 분야에서 3D 스캔 데이터의 활용도가 높아짐에 따라 고객이 요구하는 기술적인 수준도 함께 높아지고 있다.

메디트는 이러한 시장 흐름의 변화에 주목하고 기존 Rexcan CS Plus보다 한 단계 업그레이드된 'Rexcan CS2 Plus(렉스캔 CS2 플러스)'를 개발했다. Rexcan CS2 Plus는 3D 측정 기술인 Phase Shifting Optical Triangulation과 Blue LED Light를 기반으로 하고 있으며, 메디트가 개발한 3축 턴테이블(TA-300 Plus)을 접목시켰다. 이를 통해 기존 제품이 가지던 데이터 측정 영역의 한계를 보완하여 작업 효율성을 높였다.

이 제품은 하이엔드급 CCD 카메라를 사용해 3D 데이터의 품질을 향상시키고, 사용자의 편의성 강화를 위해 스캐너의 무게를 약 30% 경량화시켰다. 또한 최소한의 공간만 차지하도록 설계되어 일상적인 업무와 3D 스캔 작업을 병행할 수 있도록 했다.

자동 스캔 작업에 최적화된 구동 소프트웨어 'ezScan8'

Rexcan CS2 Plus는 신규 구동 소프트웨어인 'ezScan8'을 적용해 기존 제품과 차별화를 시도했다. ezScan8은 자동스캔 기능을 강화했고, 3D 데이터의 처리 속도를 개선했다. 또한, 사용자 중심의 UX/UI 구성 등을 통해 초보자도 쉽게 3D 스캔 작업을 할 수 있도록 했다.

특히 ezScan8은 3D 스캔 작업 이후 추가 작업이 필요한 부분이 발생할 경우, 자동으로 이를 탐색해 추가 스캔 작업을 실시하는 'Auto Path Detection' 기능을 추가함으로써 자동스캔 작업

이 용이하도록 했다. 이는 추가 스캔 작업이 필요한 부분을 직접 찾아야만 했던 액티브 싱크(Active Sync) 기능을 한 단계 업그레이드한 것으로, 사용자의 편의성을 고려했다.

한편 Rexcan CS2 Plus는 올 11월에 2.0Mega Pixel 해상도 제품부터 판매를 시작할 예정이며, 향후 6.0Mega Pixel 제품까지 총 두 종류의 제품으로 운영될 예정이다.

주요 기능

■ **Automatic Calibration** : 캘리브레이션(Calibration) 패널을 장착하고 버튼만 클릭하면 자동으로 캘리브레이션 기능을 실행해 사용자가 불편함을 겪는 일을 최소화했다.

■ **Ease of Scanning Path Generation** : 스캔 대상에 따라 각기 다른 스캔 경로가 필요할 때 각 대상물에 알맞은 경로를 생성할 수 있도록 도와준다. 유사한 형상의 측정 대상물을 반복 스캔하는 데 매우 유용하게 사용될 수 있다.

■ **Automatic Scanning Process** : 마우스 클릭 한번만으로 형상물의 3D 데이터를 획득할 수 있다. 작업이 완료된 이후에는 추가 작업이 필요한 영역을 자동으로 찾아 부족한 부분을 보충해 준다. 자동보정 작업 이후, 스캔 작업이 추가로 필요할 경우 사용자가 추가적으로 스캔 작업을 진행할 수 있다.

■ **Improvement of Align Function** : 별도의 타깃 포인트 없이 얼라인(Align) 작업 수행이 가능하다. 얼라인 작업 시, 사용자의 편의성을 위해 화면을 3등분하여 보다 정확한 작업 진행가능

Rexcan CS Plus 제품사양

카메라	2.0/6.0 Mega Pixel
스캐닝 영역	100, 200, 400mm
휴대용 크기	315 × 270 × 80mm
무게	2.3kg (Scanner Only)
이동 단계	3 axis movement (Diameter : 300mm)

소형·고정밀 스캔 가능한 3D 스캐너
Rexcan DS3

개 발	메디트, 02-2193-9600, www.meditcompany.com
주요 특징	3D 스캐닝 기반 제품 설계 & 품질 검사 솔루션으로 스캐너와 소프트웨어로 구성된 통합 제품
사용 환경	윈도우 7/8 64비트, 쿼드 코어 인텔 2 GHz CPU 또는 이상, 4GB RAM 또는 이상, 512MB 비디오 이상, 기가비트 이더넷 인터페이스
자료제공	메디트, 02-2193-9600, www.meditcompany.com

주요 특징

주얼리 디자인 과정에서 3D 스캔 데이터를 활용하기 위해서 스캔 데이터의 정확성과 범용성은 반드시 확보되어야 할 요소다. 메디트가 보유하고 있는 비접촉 광학 방식의 고정밀 3차원 기술은 복잡한 형상도 누락 없이 측정할 수 있다.

Rexcan DS3(렉스캔 DS3)는 Rexcan CS와 동일하게 자동스캔 기능을 탑재해 간편하게 측정할 수 있도록 설계됐으며, 스캔 파일을 Open Type 형태인 STL, ASCII, PLY, OBJ 등 다양한 타입으로 제공하여 Rhino, Z-brush 등 주얼리 소프트웨어와 호환이 잘 된다. 또한 사용자의 편의성을 생각해 스캔하는 과정을 눈으로 직접 확인할 수 있도록 개방 형태의 디자인으로 제작되었다. 2014년 International Design Excellence Awards에서 금상을 수상했다.

주요 기능

Blue Light Technology

혁신적인 측정 방식인 Blue LED를 도입하여 고품질의 3D 스캔데이터 획득이 가능하다.

I.M.V(Intelligent Multi View) Scanning

기존 모델의 경우 두 개의 카메라가 공통으로 비추는 영역만 3차원 데이터 획득이 가능했다면 I.M.V 기술을 활용하면 공통으로 비추는 영역 외의 부분까지 데이터 획득이 가능하다. 기존 모델에서는 불가능했던 복잡한 형상 모델도 스캔이 가능하여 사용자의 생산성 향상은 물론 비용 절감에도 큰 도움을 줄 수 있게 되었다.

제품 사양

	골드	실버
카메라 해상도	5.0 Mega Pixel	1.3 Mega Pixel
스캔 영역	50, 120 mm	100 mm
크기	320 x 320 x 370 mm	290 x 290 x 340 mm
무게	18 kg	16 kg
인터페이스	USB 2.0 B Type	USB 3.0 B Type
전원	AC 100~240V, 50~60 Hz	

현재 Rexcan DS3는 고객의 활용에 따라 맞춤형 제품을 공급하기 위해 실버(Silver)와 골드(Gold) 두 가지 모델로 제공되고 있다. 주얼리 제품의 간단한 형상 정보 획득을 원하는 고객에게는 실버 제품을, 원석 형상의 3차원 데이터화 및 디테일한 정보 획득이 필요한 고객에게는 골드 제품을 권장하고 있다.

프로페셔널 핸드헬드 컬러 3D 스캐닝 솔루션

Artec Eva(Lite) & Artec Space Spider

개 발	Artec Group, www.artec3d.com
주요 특징	높은 해상도의 모바일 스캐닝 솔루션
사용 환경	윈도우 7/8/10 64비트
권 장 시 스 템	CPU-인텔 코어 i7, 메모리-16GB, 인터페이스-USB 2.0/3.0, 비디오카드-엔비디아 지포스 400 시리즈(최소 1GB 그래픽 메모리)
자료제공	한국아카이브, 02-558-8114, www.hankooka.com

Artec Eva(아르텍 에바)와 Space Spider(스페이스 스파이더)는 전문적인 사용을 위한 3D 스캐너다. 사용이 쉬우면서 빠르고 높은 해상도로 스캔할 수 있어 높은 스캔 품질을 제공한다.

Artec Eva는 3D로 캡처하는 비디오 카메라와 비슷하다. 이 스캐너는 1초에 16 프레임까지 캡처할 수 있다. 이 프레임들은 스캐닝을 빠르고 쉽게 만들 수 있도록 실시간으로 자동 정렬된다. 특히 특수효과 제작, 의학, 생물학 연구에서 중요한 역할을 하고 있다. 또한 Eva의 높은 품질의 스캔 모델은 CG/애니메이션, 범죄 과학, 그리고 의학 산업에도 적용되고 있다.

Artec Space Spider는 CAD 사용자들과 발명가들을 위한 유용한 도구로 작은 사물들의 세밀한 부분까지도 높은 정확도와 생생한 컬러로 캡처해 낸다. 이러한 기능은 역설계, 품질 관리, 제품 디자인 및 제작 등 여러 분야에서 사용된다.

Artec Space Spider는 다양한 기능으로 무장한 Artec Spider의 업그레이드 버전으로 우주에서 사용할 목적으로 초기 개발됐다. 이전 모델보다 최적의 작업 온도와 최대의 정확도에 10배 빠르게 도달할 수 있도록 하며, 데이터 캡처에 있어 장기간의 반복성을 제공하는 새로운 높은 단계의 전자 기능을 제공한다. Space Spider는 복잡한 형태, 날카로운 모서리, 그리고 얇은 뼈대를 가진 작은 개체를 스캔하기 위해 고안됐다.

주요 특징

높은 해상도

Artec Eva로 중대 규모 표면 영역의 질감과 정확한 스캔을 빠르게 생성하며, 매우 상세한 정밀도로 작은 영역의 복잡한 디테일을 스캔할 때 Artec Space Spider를 사용한다.

모바일 스캐닝 솔루션

배터리 팩과 태블릿 호환성으로 Artec의 휴대용 스캐너는 완전한 모바일 스캐닝 솔루션이다.

광범위한 산업 분야에서 사용

Artec Eva와 Spider는 품질 관리, 자동차 산업, 의학, 문화 유산 보존, 컴퓨터 그래픽, 디자인, 법의학, 교육, 역설계 및 건축을 포함하여 수많은 산업에서 사용된다.

Artec Studio Professional 3D 데이터 처리 소프트웨어

Artec의 고유한 알고리즘을 사용하여 빠르고 효과적으로 데이터를 편집하기 위해 Artec Studio 고급 3D 데이터 처리 소프트웨어로 스캔한다. 그리고 다양한 파일 형식으로 결과를 내보낸다.

지원하는 파일 형식 : OBJ, PLY, WRL, STL, AOP, ASCII, Disney PTX, E57, XYZRGB, CSV, DXF, XML

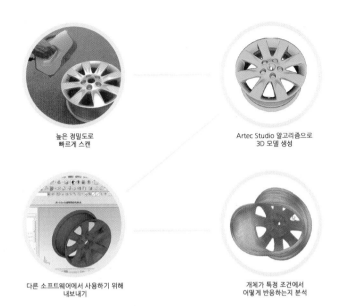

높은 정밀도로
빠르게 스캔

Artec Studio 알고리즘으로
3D 모델 생성

다른 소프트웨어에서 사용하기 위해
내보내기

개체가 특정 조건에서
어떻게 반응하는지 분석

주요 기능

- **뛰어난 다양성 :** Artec Eva와 Spider로 광범위한 개체를 스캔한다. 중간에서 대형의 개체에 대해서는 Eva를, 아주 작은 개체에 대해서는 Space Spider를 사용한다.
- **빠르고 정확한 스캔 처리 :** Artec Eva는 빠르게 스캔하고 캡처와 동시에 최대 0.1mm의 정확도로 초당 200만 포인트를 처리한다.
- **속도와 정밀성 :** Artec Space Spider는 레이저 스캐너보다 훨씬 빠른 초당 100만 포인트까지 처리하고, 높은 해상도(최대 0.1mm)와 정확도(최대 0.05mm)를 만들어 낸다.
- **표적지 불필요 :** 개체에 표적지를 붙일 필요가 없이 처음부터 바로 스캐닝을 시작한다.
- **쉬운 통합 :** Artec Scanning SDK를 사용하여 자신의 스캐닝 시스템에 Artec Eva 또는 Space Spider를 통합한다.

적용 분야

역설계

3D 스캔 데이터를 사용하여 제조 결함 없이 부품을 테스트하고 다시 디자인한다.

CGI

시각적 효과에 사용하기 위한 3D CG 모델을 생성하기 위해 사람 또는 개체를 디지털로 캡처한다.

정형외과

완벽하게 피팅된 보조기를 개별적으로 맞춤 제조하기 위해 Artec Eva와 3D 모델링을 사용하여 환자를 스캔한다. 각 부분은 환자의 몸을 제대로 받쳐주면서 이동과 자유로운 호흡을 하도록 하기 위해 단단하고 유연하거나 신축성 있는 파트로 자신만의 특별한 구조를 가지는 것이 특징이다.

문화유산 보존

후손들을 위해 문화유산을 스캔해 복제하고, 전 세계 모든 사람이 액세스할 수 있도록 수집품을 디지털화한다.

레이저 주사식 3D 스캐너

T-SCAN CS+ & T-SCAN LV

개 발	Carl Zeiss Optotechink Gmbh(구 Steinbichler), www.steinbichler.de
주요 특징	뛰어난 성능, 사용 편의성, 경쟁력 있는 가격으로 3D 이동식 측정기의 새로운 기준 제시
사용 환경	윈도우 7(64비트)
권 장 시 스 템	하이엔드 랩톱 Dell M 6800(32GB)
가 격	1억~2억 5천만원
자료제공	황금에스티 메트롤로지 사업부, 02-850-9793, http://metro.hwangkum.co

자이스 옵토테크닉의 T-Scan CS+, T-Scan LV는 뛰어난 성능, 사용 편의성, 경쟁력 있는 가격으로 3차원 이동식 측정기의 새로운 기준을 제시한다. 제품 구성은 T-Track CS+/LV, 스탠드, T-Scan CS+/LV, T-Probe CS+/LV + 노트북 + 소프트웨어로 되어 있다.

제품 소개

비접촉 레이저 스캐너와 접촉식 측정기가 결합된 올인원 솔루션

자이스 옵토테크닉의 올인원 솔루션은 상호 작용하는 구성품(T-track-트랙킹 시스템, T-scan-핸드 헬드 레이저 스캐너, T-point-접촉식 프루브)으로 구성되어 있으며, 다양한 산업체에서 광범위한 응용 분야에 적용할 수 있다. 또한 사용자 편의성을 최우선으로 고려하여 누구나 쉽게 정밀한 측정을 할 수 있다.

선도하는 첨단 기술과 성능

자이스 옵토테크닉 레이저 스캐너는 사용자 중심으로 최적화된 디자인과 측정 대상물의 표면 조건에 영향 받지 않는 스캐닝 능력, 높은 데이터 취득 속도, 뛰어난 정밀도를 제공한다. 또한 뛰어난 트래킹 시스템으로 움직이는 물체에 대해서도 높은 정밀도의 3차원 측정 데이터를 얻을 수 있다. T-TRACK의 동적 참조 기능은 측정 중 대상물의 움직임을 자동으로 보상한다. 따라서 프레스 라인과 같이 진동이 발생하는 생산 현장에서 매우 유용하다.

자유롭고 효율적인 작업을 위한 핸들링과 인체공학적 디자인

T-SCAN CS+/LV 시스템의 디자인은 현장 작업자들의 요구를 반영하여 인체에 무리를 주지 않으며 정확한 측정작업을 할 수 있도록 인체 공학적으로 설계되었다. 가볍고 잘 분배된 무게, 간편한 구성품은 측정하기 어려운 위치에서도 데이터 수집에 용이하도록 도움을 주며 고품질, 내마모성 제품으로 차후 유지보수가 편리하다. 혁신적인 기술과 스캐너의 미래 지향적 디자인은 작업 편의성을 극대화할 수 있도록 서로 조화를 이루고 있다.

주요 특징

- 다양한 응용분야에 사용 가능한 휴대용 레이저 스캐너, 광학 추적 장치와 터치 프루브로 이루어진 통합 시스템
- 큰 물체에 대한 신속하고 효율적인 3D 디지털화 작업
- 높은 측정 정밀도, 넓은 측정 영역
- 소형 스캐너 디자인으로 측정 물체에 대한 최대 접근 가능성 제공
- 조절 가능한 레이저 강도, 눈에 안전한 레이저 클래스 2M
- 고품질, 내마모성/유지 보수가 적게 드는 구성 요소
- 간편한 교정, 광학 거리 표시/음향 피드백
- 스프레이 작업 등 대상물 표면에 대한 사전 준비가 필요 없음
- 다른 표면/물체와 다양한 표면속성에서의 정확한 데이터 취득을 위한 높은 레이저 동적 범위
- 쉽고 직관적이며 인체 공학적으로도 뛰어난 조작방법
- 매크로 제어가 가능한 프로그램
- 움직이는 물체를 측정하기 위한 동적 참조점

패턴 주사식 3D 스캐너

COMET 6 & COMET L3D

개 발	Carl Zeiss Optotechink Gmbh(구 Steinbichler), www.steinbichler.com
주요 특징	프린지 프로젝션 형식의 3D 스캐너로 빠르고 정밀한 3D 스캔 데이터를 얻을 수 있다.
사용 환경	윈도우 7(64비트)
권 장 시 스 템	듀얼 CPU 제온 이상, 전문가용 그래픽카드
가 격	5000만원~2억원
자료제공	황금에스티 메트롤로지 사업부, 02-850-9793, http://metro.hwangkum.com

독일의 자이스 옵토테크닉(구 스타인비클러)사에서 개발한 COMET 6(코메트 6)와 COMETL3D(코메트 L3D)는 프린지 프로젝션(Fringe Projection) 형식의 3D 스캐너 제품이다. 1M에서 최고 16M에 이르는 다양한 해상도의 카메라와 DMD(Digital Micromirro Divice) 방식의 프로젝터로 빠르고 정밀하게 3D 스캔 데이터를 얻을 수 있는 것이 특징이다.

다양한 측정영역을 보유하고 있어 최소 45mm에서 최대 1235mm까지 스캔 대상물의 크기에 따라 유연하게 측정영역 변경이 가능하다. 최소 영역으로 스캔 시 매우 미세한 부분까지도 스캔할 수 있다. BlueLED 방식을 채택해 비용 효율적이며 오랜 기간 사용할 수 있다. 독특한 펄스모드는 높은 광 출력으로 열악한 환경에서도 뛰어난 스캔 결과를 보장한다. 자동회전 테이블과 같은 추가 액세서리로 효율적이고 간편한 측정 시스템을 제공하기 때문에 누구나 빠른 시간 안에 정밀한 3D 데이터를 획득할 수 있다.

하이엔드 3D 스캐너, COMET 6

COMET 6는 8M/16M의 해상도로 스캔 대상물을 좀 더 정밀하게 스캔할 수 있으며, 레이저 타입의 3D 스캐너보다 정밀한 스캔 데이터를 얻을 수 있기 때문에 역설계 및 고정밀 품질 검사에 적합하다. 반짝이는 표면을 백색 스프레이 작업 없이 최대한 측정해내기 위해 지능형 3D 광원제어 기술(ILC, Intelligent Light Control)을 개발해 적용했다.

COMET 6는 모듈 구조로 설계되어 측정 영역의 크기를 누구나 쉽고 빠르게 조절할 수 있으며, 측정 영역의 변경 시 발생할 수 있는 스캔 오차를 최소화했다. 또한 사용자가 쉽게 센서를 핸들링할 수 있도록 스타인비클러의 독자적인 기어헤드를 사용하고 있다. 기어헤드와 3D 스캐너는 사용자중심의 인체공학적으로 설계됐다. COMET 6 외에도 조금 더 빠른 스캔 속도와 효율적인 가격대인 COMET 6 8M 제품도 있다.

간편한 3D 스캐닝이 가능한 COMET L3D

COMET L3D는 콤팩트한 사이즈와 고성능을 유지하면서도 비용을 최적화시켜 범용으로 사용할 수 있다.

COMET L3D는 측정 영역의 변경을 위해 여러 가지 작업을 할 필요가 없다. 단지, 카메라처럼 렌즈만 교체해주면 되기 때문에 누구나 쉽게 측정영역 변경이 가능하며, 측정영역 변경 시 발생할 수 있는 오차를 최소화해주기 때문에 안정적으로 스캔할 수 있다.

BIM 활용을 위한 3D 스캐닝 솔루션

Trimble TX8 & Trimble DPI-8

개 발	Trimble, www.trimble.com
주요 특징	고해상도 점군 데이터의 빠른 취득과 이를 활용한 효율적인 결과물 생성
사용 환경	윈도우 7/8 64비트, 쿼드 노어 인텔 2 GHz CPU 또는 이상, 4GB RAM 또는 이상, 512MB 비디오 이상, 기가비트 이더넷 인터페이스
자료제공	지오시스템, 02-702-7600, www.geosys.co.kr

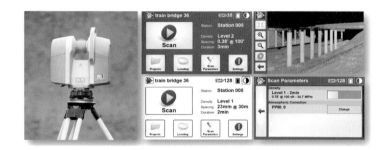

Trimble TX8

3D 스캐닝은 3D 레이저 스캐너를 이용하여 레이저나 백색광을 대상물에 투사, 대상물의 형상정보를 취득, 디지털 정보로 전환하는 모든 과정을 말한다. 3D 스캐닝을 이용하면 볼트와 너트를 비롯한 초소형 대상물을 비롯해 항공기, 선박, 빌딩이나 교량 혹은 지형 같은 대상물의 형상정보를 취득할 수 있다. 취득된 포인트 클리우드를 활용 분야별로 저리하게 되는네 건축, 토복분야에서는 포인트 클라우드를 도면화하여 현장시공의 정도 관리 등 여러 용도로 사용된다. 로봇이나 자동차분야에서는 형상을 인식하여 자동주행 정보로 활용되고, 3D 콘텐츠 제작 분야에서는 고정밀도의 영상을 만드는 기본 데이터로 활용된다.

▲ 포인트 클라우드

Trimble TX8(트림블 TX8)은 정밀 데이터 취득을 위한 고성능 3D 스캐너다. TX8의 가장 큰 특징은 Trimble Lightning 기술로 초고속 스캐닝과 대상물의 반사율에 관계없이 안정적인 데이터를 취득할 수 있다. 기본적인 포인트 클라우드 취득 속도는 100만 points/sec이다. 스캐닝 레벨에 따른 데이터 취득 시간과 반사율에 따른 데이터 정확도는 그림과 같다.

스캐닝 레벨(포인트 간격)	시간
1 - (22.6mm @ 30m)	2 분
2 - (11.3mm @ 30m)	3 분
3 - (5.7mm @ 30m)	10분
ER - (75.4mm @ 300m)	20 분

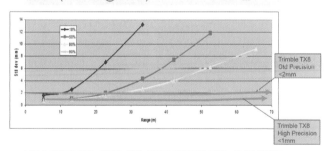

▲ 스캐닝 레벨에 따른 데이터 취득 시간과 반사율에 따른 데이터 정확도

Trimble TX8은 직관적이고 간결한 터치스크린 인터페이스를 지원하며 스캐너의 모든 기능을 터치스크린에서 제어할 수 있도록 되어 있다. 햇빛, 먼지, 바람, 비 등 기상조건에 영향 없이 일정한 정확도의 데이터를 취득할 수 있으며, 별도의 고해상도 카메라 이미지와 포인트 클라우드 데이터를 결합하여 활용할 수 있다.

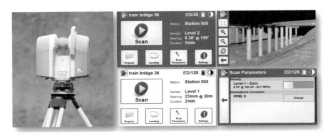

▲ TX8 스캐너와 터치 스크린

Trimble DPI-8

Trimble DPI-8(트림블 DPI-8)은 휴대용 스캐닝 솔루션으로, 안드로이드 태블릿에 취득한 데이터를 저장하고 현장에서 확인 및 처리할 수 있다. 경량 디자인으로 한손으로 조작이 가능하며, 사용자가 원하는 대상물을 3D로 캡처하고, 실시간으로 취득된 데이터를 확인할 수도 있다. 태블릿은 별도의 PC 연결 없이 취득된 3D 데이터를 저장하고, 현장에서 데이터를 처리할 수 있어 실시간 모바일 솔루션이라 할 수 있다.

▲ Trimble DPI-8

건축, 건설, 엔지니어링, 범위현장 검증, 조선, 자동차, 멀티미디어, 디자인, 고고학 등 광범위한 분야의 활용이 가능하며, PTS, PTX, PLY, PTG, DP 등 다양한 포맷으로 데이터를 저장할 수 있다. DPI-8로 취득된 데이터는 Trimble RealWoeks, Autodesk ReCap, AVEVA LFM, CloudCompare 등 소프트웨어와 직접 활용이 가능하다.

Trimble RealWorks

Trimble RealWorks(트림블 리얼웍스)는 포인트 클라우드 데이터를 처리하는 후처리 소프트웨어로, 포인트 클라우드 데이터를 정합하고 관리하는 것은 물론 다양한 2D, 3D 결과물 생성과 모델링 기능을 지원한다. 고성능 워크스테이션의 성능을 충분히 활용할 수 있도록 최적화되어 있으며, 생산성 향상을 위한 강력한 자동 레지스트레이션과 QC(Quality Control)를 위한 툴,

In-depth 리포팅 기능을 지원하고 프로젝트 공유를 위한 퍼블리시(Publish) 기능을 제공한다.

▲ Publish 도구 Trimble Scan Explorer

▲ 건물 외관 치수 측정

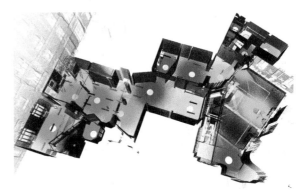

▲ 건물 내부 포인트

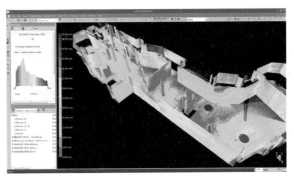

▲ 모델 정확도 점검

3D Printing Material

스트라타시스 제품용 대용량 3D프린팅 소재
Xtend 500 Fortus Plus

개 발	스트라타시스(Stratasys), www.stratasys.com
주요 특징	무인 작동 프린팅 작업을 안정적으로 지원하는 대용량 재료
공 급	스트라타시스코리아, 02-2046-2200, www.stratasys.co.kr

스트라타시스는 포투스(Fortus) 3D 출력 시스템을 위한 대용량 필라멘트 패키지 엑스텐드500 포투스 플러스(Xtend 500 Fortus Plus)를 출시했다.

스트라타시스가 새롭게 공개한 '엑스텐드500'은 무인 작동 프린팅 작업을 안정적으로 지원하는 대용량 재료다. 500큐빅인치(in³)에 달하는 FDM 열가소성 수지용 재료가 탑재돼 산출량이 기존 캐니스터 대비 5배 이상 높다. 포투스 3D 출력 시스템에 두 개의 엑스텐드500 패키지를 장착할 경우 400시간의 무인 가동 시간을 비롯해 최대 1,000큐빅인치의 재료를 활용할 수 있다.

시제품을 만드는 제조업체와 대형 부품을 생산해야 하는 3D

프린팅 서비스 업체들이 자사의 3D 생산 시스템에 엑스텐드500을 도입할 경우, 한 층 길어진 재료 교체 주기를 바탕으로 배송 및 보관에 소요되는 물류 비용을 절감할 수 있다. 포투스 450mc 고객은 ABS-M30(아이보리/검정)과 폴리카보네이트, 서포트 재료의 엑스텐드 500 버전을 구매해 사용할 수 있다.

포투스360mc, 400mc 및 900mc 3D 제조 시스템을 보유 중이라면 포투스 플러스 시스템으로 업그레이드할 경우 엑스텐드 500을 사용할 수 있다. 이 경우에는 여러 대의 3D 프린터에서 같은 재료 패키지를 공유할 수 있어 물류 관리 부담을 줄일 수 있다.

▲ 맞춤형 조립 팰릿

▲ 폴리카보네이트 렌치

▲ 블로우 몰드 마스터

3D PLA 필라멘트

InGreen PLA 3D 필라멘트(Filament)

개발 및 공급	티엘씨코리아, 033-732-9157, www.topleaf.co.kr
주요 특징	충격보완, 냉각속도 단축, 첨가제를 통한 품질향상, 무기물 필러 무첨가

현재 전 세계적으로 사용되고 있는 3D PLA 필라멘트의 경우 거의 전량이 미국 Cargill사의 자회사인 NatureWorks(네이쳐웍스)사에서 생산되고 있는 Ingeo PLA이다.

PLA(Poly Lactic Acid)는 각종 식물성 전분에서 생산이 되며 전 세계적으로 인정되고 있는 모든 생분해성 인증(DIN Certco, OK Compost, AS4736, ASTM D6400 등)을 획득하고 있다. PLA 제품들은 상온에서는 다른 범용 플라스틱(PS, PP)들과 유사한 물리적 성격을 소유하지만 적절한 퇴비화 조건의 경우 약 3-4개월 안에 미생물들에 의해 물과 이산화탄소, 바이오매스 등으로 퇴비화되는 특성이 있다. 이러한 퇴비화 과정이나 소각처리 되는 과정에서도 환경 호르몬이나 다이옥신 등 유해한 가스가 전혀 발생하지 않으며 이러한 이유로 현재 음식물, 음료 용기, 유아용품 등에 널리 이용되고 있는 친환경 원료이다. 이 제품의 원료는 티엘씨코리아에서 제조하고 있으며, 제품은 서룡상사에서 제조하고 있다.

티엘씨코리아와 서룡상사는 지난 약 10년 간 PLA원료의 단점들을 연구하고 보완, 개발하여 사출품과 성형제품들을 생산, 국내외 굴지의 회사들에게 공급하고 있다. 티엘씨코리아는 네이쳐웍스사의 한국파트너로 자체적인 시설로 컴파운딩하여 용도별 원료를 제조하고 있으며, 서룡상사에서는 필라멘트 압출을 담당하고 있다.

티엘씨코리아 최근 동향과 전략

지난 해 제일 커다란 성과는 전세계 PLA 필라멘트 시장의 원료를 거의 독점하고 있는 NatureWorks사가 전세계적으로 6곳의 필라멘트 압출회사를 엄선하였고, 이중 티엘씨코리아가 포함된 것이다.

작년에 비해서 현재 판매량도 약 10배 이상 늘어나서 월 1000~1500개의 PLA 필라멘트를 판매하고 있으며 앞으로도 꾸준히 증가할 것으로 예상하고 있다. 또한 고객사들의 요청에 따라서 현재는 PLA 필라멘트를 포함해 ABS, HIPS, TPU, Wood 등의 필라멘트들도 생산을 하고 있으며 앞으로 새로운 소재들을 계속 늘려 나갈 계획이다.

내열성이 취약한 (약 55도) PLA의 단점을 보완하여 티엘씨코리아가 약 18개월의 개발과정을 거쳐 생산한 내열성 PLA(cPLA)는 오랜기간 동안 사출제품과 진공성형 제품에 사용되어 왔는데 이 cPLA를 필라멘트에 적용하여 테스트를 마쳤고 상품화 하는 과정에 있다. cPLA는 1-5분 정도의 결정화라고 하는 과정을 거치면 내열성이 약 100-130도까지 올라가는 것은 물론 물성 또한 상당히 강해져서 거의 ABS와 흡사한 물성을 갖게 된다.

국내 약 40~50곳의 프린터 제작사들 중 프린터들에게 인정받고 있는 약 10여곳의 프린터 제작사들이 오랜 기간의 테스트 과정을 거쳐 필라멘트들을 사용해 주고 있다.

티엘씨코리아는 올해 초에 필라멘트를 직접 생산하기 위한 필라멘트 압출기를 설치했는데, PLA만 생산하는 것이 아니라 다른 소재의 필라멘트들도 같이 생산해야 해서 1호기만 사용할 때 불편했거나 보완이 필요했다. 티엘씨코리아는 이러한 애로 사항을 참고해 올해 7월에 직접 설계하고 제작한 2호기 압출라인을 설치, 완료했다. 이에 따라 주간만 하루 생산할 경우 생산량은 약 400개 정도가 된다.

또한 커다란 부품들의 시제품 출력이 늘어나고 있어서 약 5미터 높이의 3D 프린터들을 생산하여 자동차 문, 보넷, 가구, 비행기 부품 등 한 조각으로 출력을 하는 이들이 늘어남에 따라 2호기에서는 20Kg 무게의 필라멘트들을 생산할 수 있게 개선했다.

PART 7
3D Printing Material

3D 프린터 재료, 개인이 직접 만든다

데스크톱용 필라멘트 제조기

개 발 및 공 급	티미스솔루션즈, 02-6124-5730
주요 특징	내열·내충격·유연성·연마성 개선, 대형 출력과 후가공에 유리한 PLA필라멘트

티미스솔루션즈가 3D 프린터의 원료인 필라멘트를 집이나 사무실에서도 만들 수 있는 데스크톱용 필라멘트 제조기를 개발했다. 전 세계에 가장 많이 보급된 3D 프린터 방식인 적층형 방식의 프린터의 원료인 필라멘트를 집이나 사무실 등에서도 만들 수 있게 된 것이다.

지금까지 일반적인 필라멘트는 1Kg에 2만원~15만원까지 다소 비쌌으며, 장기 보관시 성분이 변하기까지 했다. 또한 재료 대부분이 중국에서 들여오는 것이 많아 유해한 화학적 성분이 포함되어 있는 필라멘트도 있었으며, 색상도 획일적이어서 다양한 색상을 선호하는 소비자들의 기대에 부응하지 못했다.

이번에 개발한 제조기는 완성된 필라멘트에 비해 30% 정도의 금액으로 만들 수 있다. 펠렛이라는 원재료를 구입해서 투입구에 넣고 간단한 설정만 하면 집이나 사무실에서 필라멘트를 생산하여 즉시 사용 가능하다. 또한 색상 또한 본인의 취향에 따라 만들 수가 있다는 장점이 있다. 또한 국내 대기업에서 생산된 펠렛을 직접 소비자에게 판매해 유해성이 검증되지 않은 중국산 필라멘트와 차별성을 부여했고, 소량 생산으로 보관의 부담도 덜 수 있게 됐다.

티미스솔루션즈는 현재 소량 개인 생산용인 개인용 필라멘트 제조기, 다양한 재료 실험용인 중형 필라멘트제조기, 판매용 필라멘트 생산을 위한 대형필라멘트 제조기까지 라인업을 갖추고 본격적인 생산 준비에 들어갔다.

개인용 필라멘트 제조기가 본격적으로 보급되면, 3D프린팅 소재의 다양화와 국내 소재 개발자들의 다양한 연구 성과를 즉시 구현하고 생산까지 할 수 있어 3D프린팅 산업 발전에 기여 하는 비기 클 것으로 기대된다.

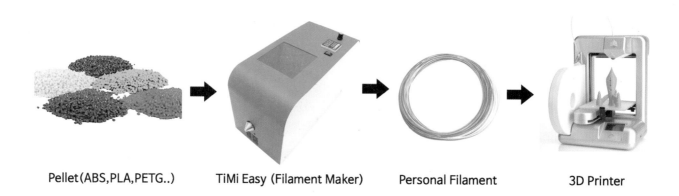

Pellet(ABS,PLA,PETG..)　　　TiMi Easy (Filament Maker)　　　Personal Filament　　　3D Printer

내열·내충격 강화한 신개념 PLA 필라멘트

퓨어필라 코어9

CORE-9(코어나인)

개 발 및 공 급	쓰리디타운(3D타운), 070-4797-5056, www.3dtown.co.kr
주요 특징	내열·내충격·유연성·연마성 개선, 대형 출력과 후가공에 유리한 PLA필라멘트

CORE-9(코어나인)

3D타운은 내열성·내충격성을 강화해 기존 3D프린터의 단점으로 지적되던 출력물의 보관성과 후가공성을 향상시킨 신개념 PLA필라멘트 '퓨어필라 코어9(코어 나인)'을 출시했다.

교육시장, 전문기업을 너머 가정에까지 3D 프린터가 보급되며, 이를 이용한 출력물의 용도 역시 다양해지고 있다. 과거엔 교육용, 또는 전시용 출력물에 그쳤다면, 이제는 실제로 사용할 수 있는 수준의 출력물을 필요로 하는 수요가 급증하고 있다.

3D타운이 출시한 퓨어필라 코어9은 약 110℃(딥핑 시)의 높은 온도와 90J/m의 충격을 견디는 출력물을 만들 수 있다. 여기에 유연성·탄성·연마성 등이 모두 향상돼 ABS필라멘트처럼 출력물의 후가공에도 유리하다. 또한, 통상적인 PLA필라멘트에 비해 냉각시간도 짧아 고속출력이 가능하며, 수축률이 매우 낮아 출력물의 변형이 적고 대형 크기의 출력에도 유리하다. 화이트, 아이보리, 블랙 등 다양한 색상으로 출시되고, 사용 환경에 따라 보다 다채로운 출력이 가능하다.

한편, 3D타운은 퓨어필라 3D프린터 필라멘트가 유해물질 안전인증 (ROHS)와 친환경 소재 사용(미국 FDA승인 물질)으로 제품 신뢰도가 높고, 순수 국내 기술로 제작되어 소비자들의 만족도가 높다고 밝혔다.

1 관련 기관 및 단체 소개

미래창조과학부와 산업통상자원부를 필두로 정부관련 기관이 3D프린팅산업 육성에 박차를 가하는 가운데 관련 단체 및 커뮤니티들도 생겨나고 있다. 3D 프린팅 관련 단체로는 2010년 출범한 3D융합산업협회(회장 김창용, 산업통상자원부 산하)를 비롯하여 3D프린팅산업협회(회장 국연호, 산업통상자원부 산하), 3D프린팅연구조합(이사장 신홍현, 미래창조과학부 산하), 한국3D프린팅협회(회장 변재완, 미래창조과학부 산하)가 연이어 출범, 큰 축을 이루고 있다.

이밖에도 최근에는 한국3D프린팅강사협회(www.3dpta.org), 경기3D프린팅산업협동조합(www.k3dpic.org), 한국쓰리디프린팅협동조합(www.3dcoop.org), 3D프린팅문화진흥협동조합(www.ampc.co.kr), 한국한국3D프린팅협동조합(http://blog.naver.com/3dcoop), 3D프린팅융합기술협동조합, 전북3D프린팅협동조합, 한국쓰리디(3D)창조랜서협동조합 등 수많은 관련 기관들이 생겨나고 있다.

관련 커뮤니티들도 많이 생겨나고 있는데 네이버 카페에서 활동하고 있는 곳은 오픈크리에이터즈(http://cafe.naver.com/makerfac)를 비롯, 한국3D프린터유저그룹/윌리암왕선생님 카페(http://cafe.naver.com/3dprinters), 삼디동(http://cafe.naver.com/3ddong), 디지털팩토리(http://cafe.naver.com/digitalfactory), 3D 프린팅 디자인갤러리(http://cafe.naver.com/3dprintingdesign) 등이 있다. 이들 카페는 대부분 초창기 오픈소스 중심 3D 판매업체들의 주도로 시작되어 확대된 카페들이다. 이밖에도 최근 3D 프린터의 붐과 함께 다른 성격의 카페였다가 미끼로 3D프린터를 내걸고 회원가입을 유도하는 곳도 있으므로 잘 살펴보고 본인의 스타일에 맞는 곳을 찾아 활동하면 된다.

다음 카페에서는 캐드 중심의 카페들인 아이러브캐디안(cafe.daum.net/ilovecadian), 주조단조 3D프린팅 연구회(cafe.daum.net/castnforge) 등이 최근 기존 아이템에 3D 프린터를 추가하여 활동을 하려는 움직임을 보이고 있으나 아직 활성화되고 있지는 않은 상태이다. 페이스북에서는 메이커페어와 관련한 이들을 중심으로 한국메이커모임(www.facebook.com/groups/koreamakers)이라는 그룹을 운영중에 있으며, 이밖에도 많은 그룹들이 생겨나고 있다. 이밖에 3D 프린터 정보 사이트로 자이지스트(http://xyzist.com) 등이 있다.

또한 최근에는 네이버 밴드에 3D프린팅인사이드(http://band.us/#!/band/54738744)가 생겨나는 등 다양한 플랫폼으로 활동이 이루어지고 있다.

인사이드 3D 프린팅, 프로토콜, 3D프린팅코리아 등 3D 프린팅 전시회도 지속적으로 생겨나고 있고, 각종 전시회에 컨퍼런스, 대형 전시회에 부대관으로서 3D 프린팅 관련 품목이 추가되는 등 출품업체는 물론 참석자들도 많은 시간과 노력을 기울였다.

정보의 다양성 측면에서는 장점이 있지만 너무 난립하여 집중화하여 한 곳에서 더 많은 것을 보여주는 것이 좋지 않느냐는 지적이 나오고 있는 것도 사실이다. 2016년에는 좀더 통합되고 전문화된 전시회나 컨퍼런스를 통해 깊이있는 정보를 제공해주기를 기대해본다.

3D융합산업협회(3DFIA)

■ **문의** : 02-6388-6086, www.3dfia.org
■ **사업 분야** : 차세대 3D융합산업 창출 및 육성, 신규 비즈니스 모델 창출 및 산업발전을 저해하는 규제개선, 산업계 현장의견에 기반한 정부정책 수립지원 창구, 기술교류를 위한 협력체계 구축, 글로벌 시장 선점을 위한 국제협력 강화

3D융합산업협회는 전통산업과 융·복합되며 새로운 융합산업 패러다임으로 급부상하고 있는 3D산업의 활성화 및 관련 산업계의 구심점 역할을 수행하기 위해 2011년 산업통상자원부가 인가하여 설립된 비영리 기관이다. 3D융합산업의 국가 신성장 동력화를 위해 산·학·연 협력, 신기술 산업육성 및 고부가가치 창출을 위한 비즈니스 모델 개발지원 등의 업무를 수행하고 있다. 회원사는 3D프린팅과 3D융합 관련 기업 1200여 개사로 구성되어 있다.

3D프린팅산업 분야에서는 3D프린팅산업발전전략포럼, 3D프린팅산업실태조사, 국가인적자원개발컨소시엄(3D산업응용 및 3D프린팅 전문인력양성), 산업별 인적자원개발협의체 3D프린팅 부문(SC, Sector Council) 시범운영, 강사인력양성사업, 표준기술력향상사업(3D프린팅), 글로벌 3D기술포럼, 스마트 슬라이서 개발 등 정부정책지원, 인력양성, 표준지원, R&D 분야에서 다양한 사업을 추진하고 있다. 이들 사업을 통해 3D프린팅 기술이 기존의 전통산업에 활용되고 융합될 수 있도록 노력하고 있으며, 추진결과에 산업현장의 목소리를 담기 위해 관련 분야 전문가들과의 교류에도 힘쓰고 있다.

3D프린팅연구조합

■ **전화** :
서울) 02-589-2338,
창원) 055-282-6646, www.3dpro.or.kr

■ **사업 분야** : 3D프린팅 산업 시장, 기술 동향 조사, 3D프린팅 관련 기술개발 및 실용화 연구사업, 3D프린팅 기술의 활성화, 보급을 위한 교육사업

3D프린팅연구조합은 산업기술연구조합 육성법(법률 제11690호)에 의해 미래창조과학부로부터 2014년 2월 인가 받은 비영리 연구기관으로서 국내 3D프린팅 산업의 연구개발 등 기술개발 분야의 제반 업무를 협의 조정하고 관련 산업의 상호간 협동화 기반을 구축하여 3D프린팅 산업의 건전한 발전과 활성화를 위해 활동하고 있다. 특히 3D프린팅 기술의 세미나, 교육사업을 통해 국내 3D 프린팅 산업의 활성화와 기술보급에 지속적인 노력을 기울이고 있다. 또한 유럽, 미국 등 선진국에 비해 열악한 구축기반과 기술수준의 향상을 위해 관·산·학·연이 참여하고 기업중심의 연구개발 사업을 추진함으로써 보다 효과적이고 지속적인 발전을 도모할 것이다.

한국3D프린팅협회

■ **문의** : 02-730-1333, http://k3dprinting.or.kr

한국3D프린팅협회는 미래창조부 관인 협회로서 미래창조부를 위시한 유관부처의 3D 프린팅 관련 정책 이행을 민간 차원에서 협력하고 관련 기업의 발전을 함께 도모하고자 만들어졌다. 협회는 3D프린팅 관련 교육과 홍보를 바탕으로 창업 기반의 생태계 조성에 이바지하고자 하며, 정부의 목표와 발 맞추어 2020년까지 1000만 창의 Makers를 양성하고 전국 각지의 초,중,고에 3D 프린터를 공급하는 한편, 청년실업에 실질적인 도움이 될 수 있는 일자리 창출에 앞장설 계획이다. 협회에서는 이를 통해 창의 교육을 통한 창직/창업 확대로 이루어지고 기업의 자발적 발전을 통하여 대중소 기업의 상호 발전에 기여할 것으로 기대하고 있다.

한국3D프린팅학회

■ **문의** : 063-850-7137, www.ktdps.or.kr (또는 www.한국3d프린팅학회.kr)

각 전문 분야별 심도 있는 연구의 원활한 수행과 학문 다제간 폭넓은 학문교류 및 관련 산학연관 여러 기관과의 유기적인 상호 협력에 의한 미래지향적 기구의 필요성에 따라서, 3D프린팅 산업기술 관련 기계, 소재 및 재료, 전산 응용분야, 정보통신 분야, 산업공학분야, 디자인 분야, 경영정보학 분야 및 기타 관련 분야의 연구와 산업체 공공 기관과의 협력을 수행하기 위한 한국3D프린팅학회가 창립되었다

한국3D프린팅학회는 전국 규모로 하며 참여 기관은 학계, 산업체, 연구소 및 공공기관을 공동체로 하여 '3D프린팅 산업 기술 관련분야의 연구 및 교류를 촉진하여 국가 및 산업정보화 발전에 공헌함'을 그 목적으로 삼고 있다.

3D 프린팅 제조혁신지원센터

KAMIC
3D프린팅제조혁신지원센터

■ **홈페이지** : www.kamic.or.kr(제조혁신센터)

한국생산기술연구원은 중소기업의 기술경쟁력 제고를 위해 1989년 정부 출연기관으로 설립된 이래 생산기술분야의 산업원천기술의 개발 및 실용화 지원을 통해 글로벌 중소·중견기업 육성을 선도하고 창의적 융합생산기술을 창출하는 세계일류 생산기술 전문연구기관으로 성장하고 있다.

1000여 명의 연구인력으로 전국 7개 지역본부를 구축하여 전국의 중소기업 밀착형 기술지원을 강화한 근접지원체제를 운영하고 있다. 중소기업을 위한 기술개발과 기술지원을 통해 2012년 세계1등 기술 5개, 국제특허등록 27건, 글로벌기업 302개 육성, 공동 R&D 945건, 기술지원 8만여건 등의 성과를 달성하였다.

3D 프린팅은 최근 한국생산기술연구원이 우수한 연구인력을 투입하여 새로운 기술을 개발하고 있는 핵심분야이며 산업부의 지원을 받아 3D프린팅 기술기반 제조혁신지원센터를 운영하고 있다. http://www.kitech.re.kr

무한상상실

■ **성격** : 정부기관이 운영하며, 무료 또는 저렴하게 3D 프린터를 사용할 수 있다.

■ **홈페이지** : www.ideaall.net

무한상상실은 정부 기관이 운영하는 곳이다. 미래창조과학부와 한국과학창의재단은 창의·상상력 공간인 '무한상상실'을 신

규 운영기관으로 30개 선정하고 2014년 말까지 70개로 늘려갈 계획이라고 발표했다. 과학관, 도서관, 우체국, 대학, 주민센터 등 공공시설에 무한상상실을 개설하고 창의적인 아이디어에 대한 프로그램을 운 영한다. 무한상상실의 장점은 정부 자금으로 운 영을 하기 때문에 무상이라는 점이다. 그러나 무상으로 진행하는 곳에서 기계나 품질에 대한 퀄리티를 담보하기는 한계가 있으므로 이에 대한 정보를 파악하고 필요에 따라 이용하는 것이 필요할 것이다.

오픈크리에이터즈(OpenCreators)

■ **성격 :** 3D 프린터 커뮤니티

■ **홈페이지 :** http://cafe.naver.com/makerfac

오픈크리에이터즈는 국내에서 가장 큰 3D 프린터 커뮤니티를 가지고 있다. 커뮤니티를 조성한 이유는 사람들이 좀더 수월하게 자신의 창작물을 공유하고 기기를 사용할 수 있도록 하기 위함이다.

3D 프린터가 조명을 받고 있지만 여전히 그것은 사용자의 능력으로 감당할 부분이 많은 기기이다. 이것을 모르고 구입한 많은 분들이 기기를 사용하지 못하고 애를 먹는 사례가 꾸준히 늘어나는 것 또한 사실이다. 커뮤니티는 이러한 사람들에게 유용한 정보를 전달하고, 꼭 필요한 노하우를 제공해주는 창구의 역할을 한다. 더불어 창작한 결과물을 사람들에게 공유함으로써 혼자만의 이벤트가 아닌 같이 즐기는 창작으로서의 즐거움을 느낄 수 있도록 해준다.

오픈크리에이터즈 커뮤니티 회원은 현재 27000여 명을 넘긴 상태이며, 꾸준히 회원 수를 늘려가고 있다. 향후에는 3D 프린터 뿐만 아니라 창작 전반의 통합적인 콘텐츠를 다루는 커뮤니티로 발전시키는 것이 오픈크리에이터즈의 목표이다.

한국3D프린터유저그룹/윌리암왕선생님 카페

■ **성격 :** 산업용 3D 프린터와 3D 프린터의 사용자, 기술자 정보 공유 및 모임

■ **홈페이지 :** http://cafe.naver.com/3dprinters

비영리 유저그룹 카페로 회원 수 10,000명이 넘는 비영리 유저 그룹이다. 산업용, 개인용 3D 프린터를 사용하여, 기존의 플라스틱 프린팅 뿐만 아니라 금속, 주물 등이 프린터이 활용 방안을 모색하고 창업까지 고려하는 모임이다.

무료 교육, 세미나. 전시, 신제품, 사용 방법, 노하우 등을 찾아 볼 수 있다.

이 카페에는 일반인을 위한 윌리봇 오픈소스 3D 프린터의 개발 과정 및 오픈소스가 공개가 되어 있으며, 10만 원대 오픈소스 국민 3D 프린터의 개발 과정과 개발에 필요한 모든 소스가 공개가 되고 있다. 누구나 쉽게 다가갈 수 있는 디자인과 이해하기 쉬운 프린터 구조, 쉽게 배우고 사용할 수 있는 교육을 통하여 학생들의 창의력을 발산시키는 환경을 제공한다.

산업용 SLS 주물사 프린터, BJ 방식의 프린터 등의 개발과 연계된 카페로, 교육 및 확산을 위해서 사용 교육, 세미나 등의 계몽 활동을 위해 노력을 하고 있다.

운영자 주승환 교수는 현재, 미래부 산업자원부의 3D 프린팅 국가전략 로드맵 작성에도 위원으로 활동하며, 적극적인 지원을 하고 있다.

오픈소스 프린터의 개발 뿐만 아니라 산업용 메탈 프린터의 개발 및 보급이 이루어 지고 있는 유저 그룹이다.

산업용 3D 프린터의 개발, 사용, 오픈소스 공개, 공동 구매, 개발 등이 활발하게 이루어지고 있는 개발자 커뮤니티이다.

경북대 3D융합기술지원센터

3DC 3D융합기술지원센터
3D Convergence Technology Center

■ **문의** : 053-217-3456, www.3dc.or.kr
■ **사업 분야** : 3D융합산업 관련 기술 개발, 장비 지원, 기술 확산 교육, 기술 사업화 지원

경북대학교 3D융합기술지원센터는 3D 융합산업 분야 기업들의 기술 경 쟁력 강화, 기술 개발 활성화, 제품화 촉진을 위해 거점센터를 통해 장비 구축 지원, 기술 확산 지원, 기술 사업화 지원을 수행하는 지역 거점 기관이다. 4개의 세부 사업(건축/운영, 장비 구축, 기술 확산, 기술 사업화 지원)으로 구성되어 있으며, 사업의 수행을 통해 3D 융합산업 관련 기업의 기술 개발 활성화 및 기술 경쟁력 강화에 기여하는 것을 목표로 하고 있다.

대림대학교 기계과

■ **문의** : 031-467-4800, http://home.daelim.ac.kr/mac/index.do

■ **사업 분야** : 3D 모델링/프린팅 교육 대림대학교 기계과는 재학생들의 창의적 인재 양성을 위해 3D 프린터 설계/제작/평가/개선 과정을 교과과정에서 체계적으로 실행할 수 있도록 교육내용을 개발, 적용하였다.

대림대학교 기계과는 3D 프린터 설계/제작 과정을 통해 기계공학 이론을 체계적으로 활용할 수 있으며, 설계/제작/평가/개선 등의 일련의 과정을 체 계적으로 학습할 수 있음을 강조하고 있다. 또한, 재학생들이 스스로 제작한 3D 프린터를 활용하여 인근 초중고 학생들의 직업체험 활동에 직접 활용하면서 전공 직무 능력 향상에 큰 효과를 거두고 있다.

인사이드 3D 프린팅 컨퍼런스&엑스포

■ **문의** : 031-995-8076, www.inside3dpirnting.co.kr
■ **사업 분야** : 3D PRINTING 세계 전문 전시회 및 컨퍼런스

INSIDE 3D PRINTING CONFERENCE AND EXPO 행사는 2014년 6월에 한국을 처음 방문했던 국제적인 순회행사로, 2016년에는 6월 22일부터 24일에 개최될 예정이다. 본 행사의 특징으로는 국내 최초 개최되는 3D 프린팅 관련 단독 행사로 국제 컨퍼런스 및 전문전시회가 구성되어 있으며, 국내외 대기업, 정부 등 주요 참가자, 바이어 대상 프로모션을 실시한다. 또한 국제행사인 만큼 해외업체의 높은 참여율(주로 미국)로 해외수출, J/V 및 업무협약 체결이 가능하다. 본 행사는 킨텍스와 MecklerMedia가 공동 주최하는 행사이다.

3D PROTOKOR

3D PROTOKOR
제3회 대한민국 시제품 제작 산업 전시회 및 3D 프린팅 유저 컨퍼런스
The 3D Korea Prototype Manufacturing Exhibition & 3D Printing User Conference

■ **문의** : 031-548-2035
■ **사업 분야** : 아이디어 및 기술의 가시화를 위한 최신 시제품/모형제작 정보 제공

3D PROTOKOR는 첨단산업의 기술 및 아이디어를 가시화하고, 시제품 제작관련 최신 쾌속조형기술의 정보교류와 수요자간 접촉기회 증대를 통해 상용화를 촉진한다. 또한 수요기반 양질의 제품공급시장을 조성하기 위하여 개최되는 시제품/모형제작 전문 전시회이다.

2 3D 프린팅 관련 업체 소개

이 코너에서는 3D 프린팅 관련 업체들을 소개한다. 주로 소개하는 업체들은 3D 프린터 판매업체를 비롯하여, 출력 서비스 업체, 교육업체, 관련 소프트웨어 판매 업체 및 소재 업체, 3D 스캐닝 관련 업체, 그리고 메이커스에 이르기까지 다양하다.

이 자료는 지속적으로 업데이트 될 예정으로 추가하고 싶거나 수정할 사항이 있으면 연락주기 바란다.(가나다순) 3D 프린팅 출력 지원이 가능한 업체는 **P**, 시제품 용역 서비스는 **S**, 교육 전문 업체는 **E**, 3D 콘텐츠 서비스 업체는 **C**로 표시했다. 많은 업체들이 여러 가지 분야를 함께 진행하고 있으나 주력 사업일 경우 표시했다. 이 자료는 지속적으로 업데이트 될 예정이므로 참여나 수정을 원하면 연락주기 바란다.

(홈페이지 www.3dprintingguide.co.kr, 이메일 cadgraphpr@gmail.com)

굿쓰리디(Gooo3D)

- 문의 : 070-4288-9003, www.Gooo3D.net
- 사업 분야 : 3D 프린터 제조, 유통
- 취급 제품 : G PRINTER, UP BOX, UP PLUS2, UP mini

굿쓰리디(Gooo3D)는 사람이 중심이 되는 명제를 기본으로 하는 3D 프린터 공급업체로서 스타트업 회사이다. G Printer를 자체 개발, 공급하고 있다.

글룩(Gluck) **P** **E**

- 문의 : 070-8622-9696, www.glucklab.com
- 사업 분야 : 3D 프린팅 콘텐츠, 팹랩 (FABLAB)

글룩은 서울 홍대 앞에 위치한 사설 팹랩이다. 3D 프린팅 출력대행, 3D스캔 및 제작 서비스를 제공하고 있다. 디자이너, 조각가, 건축가, 엔지니어 및 프로그래머는 물론 3D 프린팅을 통해 새로운 작업을 꿈꾸는 모든 사람들과 창조적인 교류를 통해 함께 시너지를 내는 것에 지향점을 두고 있다. 글룩LAB(3D 프린터로 시제품, 소품, 부품 등 용도에 맞게 제작 지원)과 글룩X(재미있는 프로젝트와 세미나, 교육이 함께 하는 공간)를 운영 중이다.

다빈치3D프린터 **P** **S** **E**

- 문의 : 070-8780-5295, www.davinci3d.co.kr
- 사업 분야 : 시제품 제작, 3D 프린터 판매, 3D 프린터 필라멘트 판매, 3D 프린터 교육
- 취급 제품명 : 3D ENTER-CROSS 시리즈, 오브젝트빌드-윌리봇 MS

다빈치3D프린터는 3D 프린터 출력 서비스 및 후가공 전문 업체이다.

다쏘시스템 솔리드웍스

- 문의 : 02-3270-8500, www.solidworks.co.kr
- 사업 분야 : 산업, 의료, 과학, 소비자, 교육, 기술 및 교통
- 취급 제품명 : 솔리드웍스

다쏘시스템 솔리드웍스(Dassault Systemes SolidWorks Corp.)는 데이터를 작성, 시뮬레이션, 게시 및 관리할 수 있는 완전한 3D 소프트웨어 도구를 제공한다. SolidWorks 제품은 쉽게 배우고 사용할 수 있으며 이를 통해 우수한 제품을 보다 빠르고 비용 효율적으로 설계할 수 있다. SolidWorks는 보다 많은 엔지니어, 설계자 및 기타 기술 전문가들이 3D를 활용하여 자신의 설계를 현실화할 수 있도록 지원하기 위해 사용이 쉬운 제품을 제공하는 데 주력하고 있다.

대건테크

- 문의 : 055-250-8000, www.daeguntech.com, www.myd3d.co.kr
- 사업 분야 : 3D 프린터
- 취급 제품 : 3D 프린터 MyD(S140, S160, P250)

대건테크는 반도체 제조 관련 장비, 의료분석, 칩 마운터, 공작기계 등과 같은 고도의 신뢰성이 요구되는 장비의 전장부 및 케이블 하네스의 설계, 생산, 장비조립, 시험평가 등의 사업을 하고 있다. 또한 방위산업 제품의 각종 시험기기, 생산용 점검장비, 방산 케이블 하네스의 설계, 제작 사업을 수행하고 있다.

대림화학

- 문의 : 02-589-0400,
www.dlchem.co.kr
- 사업 분야 : 디스플레이 소재, 특수 촉매, 에너지 소재, 3D 프린팅용 소재, 기능성 폴리머, 의약품 중간체

- 취급 제품명 : 3D 프린팅 소재(FFF용 filament, DLP용 resin, SLA용 resin), 고기능성 디스플레이용 아크릴레이트 모노머, 내마모성 OPC용 폴리머, 이차전지 전해액원료, 석유화학 특수촉매, 특수 비스페놀, 의약품중간체, Grignard reagent 등

1976년 창립된 대림화학은 창조경제 시대에 부합하는 새로운 사업비전 '대림화학 2.0'을 발표하고 글로벌 전자소재 전문기업으로서 디스플레이, 특수화학, 에너지 소재, 3D 프린터용 소재 등 원천소재 분야의 차별화된 기술력을 바탕으로 업계를 선도하고 있다. 또한, 레이저 프린터의 핵심 소재를 자체 기술력으로 국산화해 생산 및 공급하고 있으며, 고굴절 LCD 광학 소재, 이차전지 첨가제, 석유화학용 특수촉매 등 친환경을 지향한 화학소재 블루오션 제품군 발굴로 '글로벌 니치(Global Niche)' 시장을 개척해 나가고 있다.

특히 최근에는 차세대 산업 성장동력으로 꼽히며 전 세계적으로 주목을 받고 있는 3D 프린터 소재 분야로 사업 영역을 확장하고, 관련 산업 소재 및 제품 기술 역량 강화에 힘쓰고 있다.

대림화학의 3D 프린팅 통합 브랜드 'Electromer 3D'는 창조적 글로벌 스탠더드를 지향하며, 3D 프린팅의 저변을 확대하고 관련 기술의 발전을 위해 정부, 학계, 산업계와 연계해 다양한 활동을 펼치고 있다.

디지털핸즈(Digitalhands) Ⓒ

- 문의 : 031-817-6210,
www.digitalhands.co.kr

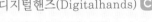

- 사업 분야 : 3D프린팅 전시 및 콘텐츠 사업
- 취급 제품명 : 작가의 3D 콘텐츠 상품

디지털핸즈는 고도의 창의성을 가진 예술가와 디자이너의 '3D Contents의 Busuness' 화를 모토로 한국 최초로 설립된 3D 프린팅 아트 & 디자인 전문 갤러리이다.

디지털핸즈는 그동안 공학 및 기술 분야에 치우쳐진 3D 프린팅 지원체계를 예술, 디자인 분야로 특화 지원하여 국내외 우수 디지털 콘텐츠를 발굴하고, 데이터베이스화, 상품화를 통한 글로벌 비즈니스 모델을 발굴하고 지원하는데 중요한 역할을 한다.

디지털핸즈 갤러리는 단순 전시만을 위한 공간이 아니다. 아티스트와 디자이너의 창의성을 극대화 시켜 보다 혁신적인 창작활동이 가능하도록 전시 공간, 첨단 기자재와 전문 인력을 지원한다.

디지털핸즈의 지원시스템은 해당 분야 전문 큐레이터와 3D 프린팅 및 AM전문가, 장비 운용 전문가, 후처리 전문가, 상품 개발 전문가, 마케팅 및 브랜딩 전문가 등의 종합 지원 서비스를 받게 된다.

디지털핸즈가 지향하는 것은 예술가와 디자이너의 창의적인 발상을 보다 혁신적인 방법으로 현실화시켜 주고 이를 공정한 분배를 통해 비즈니스에 연결하며 서로 상생하는 것이다.

로보게이트

- 문의 : 070-8796-0630,
www.robonuri.com, www.robogates.com
- 사업 분야 : 연구개발 컨설팅, 각종 로봇개발, 3D CAx 솔루션 공급 서비스, 3D 프린터 제조판매, Composites 복합소재 연구개발
- 취급 제품 : 3D 프린터 제작(S3000이 주력이고, S600은 기업용 주문제작, Mini Size는 제작 예정)

로보게이트는 2010년 4월 5일 창업한 회사로 현재 SIEMENS Industry의 공식 대리점이며, 3D 프린터 S300과 S600, 그리고 미니 사이즈를 제작해 공급하고 있다.

로킷

- 문의 : 02-867-0182, www.3dison.co.kr
- 사업 분야 : 3D 프린터 연구 개발 , 제조 및 판매, 3D 프린팅 에코 시스템 구축
- 취급 제품명 : 3D 프린터 에디슨 시리즈

로킷은 FDM 방식의 데스크톱 3D 프린터를 제조 및 양산한 선도 기업으로, 국내 3D 프린팅 시장의 형성과 성장에 기여하고 있다. FDM 방식의 3D 프린터 이외에도 다양한 방식의 프린터를 개발함으로써 3D 프린터의 진정한 대중화에 힘쓰고 있다. 국내 시장은 물론 세계 시장으로의 진출 역시 활발히 진행하고 있다.

류진랩(랩C) Ⓔ

- 문의 : 070-7502-7280, http://labc.kr/
- 사업 분야 : 3D 프린터 유통, 제작, 교육, 판매, 통합 솔루션 제공, 컨설턴트, 메이커스 랩

■ 취급 제품 : 중국 플래시포지(FLASHFORGE)의 제품군 (Creator Pro, Dreamer, Finder) 외에도 Stratasys의 제품군 (objet, Eden, objet connex, Mojo, uPrint, Dimension, Fortus 등), 3D systems의 제품군(Cube, Cube Pro, Projet), 그리고 Matter and Form, Simplify의 Simplify3d, NTREX의 Rexbot

류진랩이 운영하고 있는 랩C는 미래 사회 및 트렌드 연구를 통해 새로운 사업 기회를 찾고, 이를 직접 실험하여 관련 분야 참여자들에게 다양한 인사이트를 주고자 하는 스타트업이다. 랩C는 제조자 운동에서 모티브를 받아 시작된 프로젝트로 '3D 프린팅 및 제조자 운동'을 위한 신규 서비스 명칭이자 3D 프린팅 랩이다.

머티리얼라이즈(Materialise)

■ 문의 : 070-4186-4700, www.materialise.co.kr
■ 사업 분야 : 소프트웨어
■ 취급 제품명 : 3-matic^{STL} , Magics, MiniMagics^{Pro}, MiniMagics, e-Stage, Streamics, AMCP, Build Process, Materialise Builder, 3DPrintCloud

벨기에 루벤(Leuven)에 본사와 전세계 지사를 두고 있는 머티리얼라이즈(Materialise)는 AM(Additive Manufacturing, 3D 프린팅) 분야에서 활발하게 활동하고 있다. 유럽에서 가장 큰 단일 사이트 생산 능력의 AM 장비를 보유하고 있고 혁신적인 소프트웨어 솔루션 제공업체로서 그 명성을 자랑한다. 산업과 의료 응용을 위한 AM 기술을 통해 의료 영상처리, 외과적 시뮬레이션, 생의학 그리고 임상 솔루션 제공 등 머티리얼라이즈만의 기술력과 경험을 십분 발휘하고 있다.

또한 머티리얼라이즈는 독특한 솔루션을 개발하여 시제품, 제작 그리고 의학적 요구와 함께 좀 더 나은 세상을 구현하기 위해 노력하고 있다. 머티리얼라이즈의 고객 군은 자동차산업, 가전제품, 소비재 등 대기업과 유명 병원, 연구 기관 및 임상의, 그리고 i.materialise를 통해 독특한 자신만의 개성을 나타내고자 하고 3D 제작에 관심이 있는, 혹은 .MGX 디자인 구매를 원하는 개별 소비자로 이루어져 있다.

메디트

■ 문의 : 02-2193-9600, http://meditcompany.com, www.solutionix.com
■ 사업 분야 : 비접촉 백색광 3차원 스캐너

■ 취급 제품 : RexcanCS plus, RexcanDS3, Rexcan4, Identica Hybrid

메디트는 비접촉 광학 방식의 고정밀 3차원 스캐너를 순수 국내 기술로 독자 개발하고 공급하여 세계시장을 선도해가고 있는 3D 측정 솔루션 전문기업이다. 치과용 3차원 스캐너를 전문적으로 개발하고 국내외 덴탈 CAD/CAM 시장에 공급해 왔다. 국내외 산업용(Industrial) 3차원 스캐너 시장을 이끌어 오던 솔루션닉스(2000년도 설립)와 합병, 3차원 측정 관련 토탈 솔루션을 제공하고 있다.

메이커스시스템(Makers System) S

■ 문의 : 010-2922-3123, www.makerssystem.com
■ 사업 분야 : 3D 프린팅을 응용한 디자인 상품 개발/캐드용역/디자인 의뢰/디지털 콘텐츠 개발
■ 취급 제품명 : 3D 프린팅으로 제작할 수 있는 모든 것

메이커스시스템은 3D 프린팅을 응용한 디자인 상품 개발/캐드용역/디자인 의뢰/디지털 콘텐츠를 개발하는 3D 디자인 회사이다.

모멘트(Moment) C

■ 문의 : 02-6347-1003, www.moment.co.kr
■ 사업 분야 : 데스크톱 3D 프린터 제조, 3D 콘텐츠 공유 사이트 운영, 교육용 패키지 제공
■ 취급 제품 : 3D 프린터 Moment

2014년 8월에 설립된 모멘트는 데스크탑 3D 프린터 제조 업체이다. 3D 프린터 대중화를 목표로 3D 콘텐츠 공유 사이트 Yourmoment(www.yourmoment.co.kr)를 운영하고 있다. 이 사이트에서는 교육·취미·생활·발명·예술 분야에 걸친 다양한 콘텐츠를 제공하고, 사용자 간에 3D 출력파일(STL)을 공유할 수 있도록 지원해 원하는 파일을 다운받아 직접 3D 프린터로 출력할 수 있다.

미래교역(3Developer)

■ 문의 : 031-719-7372, www.3developer.co.kr
■ 사업 분야 : 3D 프린터 및 필라멘트 국내외 유통

■ 취급 제품명 : 프린터봇 심플 (Printrbot simple), 프린터봇 심플 메탈(Printrbot Simple Metal), 얼티메이커2(ultimaker2), Form1+, 칼라팹(ColorFabb) 필라멘트

3Developer는 '3D 프린팅의 대중화를 위해'라는 비전 아래 구축된 미래교역의 새로운 브랜드로 세계 각국의 유기적 네트워크를 활용하여 세계 전문가들에게 인정받은 3D 프린터를 국내에 소개하고 있으며, 3D 프린터 이용자 확대를 선도하기 위하여 렌탈/리스 프로그램을 제안하고 있다.

배가솔루션 Ⓢ

■ 문의 : 032-342-7270, www.vegasol.co.kr
■ 사업 분야 : 역설계, 정밀검증, 3차원솔루션 판매, 3D 프린터 판매, 시제품제작
■ 취급 제품명 : CogniTens WLS Scanner, RangeVision WLS Scanner, Delta3D Printer

배가솔루션은 제조 산업의 제품 개발 및 품질 프로세스 개선을 위한 측정 솔루션 지원과 역설계, 정밀검증, 시작품 제작 등 기술용역 서비스를 종합 제공하는 전문적인 엔지니어링 SI(system integration) 업체이다. 현재는 CMM, 레이저 스캐너, WLS Scanner, Vision Scanner, CT Scanner 등 다양한 시스템을 활용하여 고객들이 요구하는 목적에 맞게 측정 서비스 지원 체제를 구축하고 저가형 3D 프린터인 Delta3D를 공급하고 있다.

브룰레코리아

■ 문의 : 02-591-3866, www.brule.co.kr
■ 사업 분야 : 3D 프린터 판매
■ 취급 제품명 : 메이커봇

브룰레코리아는 미국의 본사와 영국 및 일본, 그리고 중국에 지사를 가진, 글로벌 유통기업으로서, 국내 3D 프린터 분야의 선도 기업으로 자리 잡고 있는 3D 전문기업이다. 미국 3D 프린터사인 메이커봇의 국내 공식 리셀러이며, 유럽 Zortrax사 등의 글로벌 시장에서 인정 받고 있는 3D 프린터들의 국내 공식 총판 사업자이다. 메이커봇 제품을 2013년 국내에 처음으로 공식 런칭 하면서, 각 분야의 수요자들로부터 큰 호응을 얻었다. 현재 최신형 메이커봇 시리즈 제품들(5세대, 미니, Z18 등)을 꾸준하게 판

매하고 있고, 유럽의 Zortrax M200과 미국의 대형 3D 프린터인 Tape A Machine PRO를 국내에 소개하면서, 성장세를 이어가고 있다.

BH조형교육원

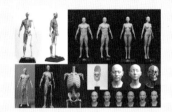

■ 문의 : 02-2282-6796 / 070-8276-7281, www.bhartcenter.com
■ 사업 분야 : 교육기관
■ 보유 장비 : 미술 해부학 관련 서적 및 모형, 3D 프린터 (Stratasys Objet24, FDM방식 3D 프린터), 3D 스캐너(HDI Advance 3D)

BH(비에이치)조형교육원은, 개원 8년차의 인체조형교육원이다. BH조형교육원은, 인체조형 교육뿐만 아니라, 미술해부학, 피규어, 구체관절, 3D 프린터 관련 전문 서적까지 출판하는 전문 출판사 '시옷'을 운영하고 있다.

또한, 디지털 3D조형 시스템을 국내 처음으로 도입한 교육원으로, 3D 프린터 활용을 위한 지브러시와 라이노 등의 소프트웨어 교육과 후가공 전문 교육을 진행하는, 3D 프린터 전문가 양성 교육 기관이다.

BH조형교육원은 3D 캐릭터 · 원화 · 피규어 · 구체관절인형 · 영화 특수효과 산업 등에서 활용할 수 있는 3D디지털 교육을, 세분화된 기초 조형 교육프로그램과 함께 진행하고 있는 교육기관이다.

사이버메드

■ 문의 : 02-3397-3970, https://www.ondemand3d.com
■ 사업 분야 : 의료용 3D 프린팅 소프트웨어

사이버메드는 'Innovation'이라는 회사의 사훈을 바탕으로 1997년부터 3D Medical Imaging Software를 개발해온 회사로 국내에서 환자의 CT DATA를 이용한 3D 프린팅 사업을 최초로 시도하였고, 현재 치과용 Implant Guide 역시 3D 프린팅으로 제작하여 판매하고 있다.

의료용 3D 프린팅에 활용할 수 있는 자사 소프트웨어를 개발하여, 이를 이용해 현재 16개국에 소프트웨어를 수출하고 있는 회사로서 덴탈(Dental) 분야에서 엔비전(Envision)사의 World Wide Partnership을 맺고 본격적인 3D 프린터를 판매하고 있다.

선도솔루션

- 문의 : 02-2082-7870,
www.sundosolution.co.kr
- 사업 분야 : 3D 하드웨어/
소프트웨어 공급 및 유통
- 취급 제품 : 3D 프린터(InspireD255, InspireD290, InspireA450), 소프트웨어(PTC Creo, ArtCAM)

선도솔루션은 'Concept to Reality'를 기본 이념으로 설립됐다. PTC 골드 파트너로서 제품개발 프로세스에 맞는 3D CAD 및 기타 관련 솔루션을 제공하고 있다. 티어타임(Tiertime)사의 3D 프린터 국내 총판으로 해외에서 인정받은 보급형 3D 프린터인 UP Series의 국내 총판을 담당하고 있으며, 상업용 3D 프린터 보급에도 힘쓰고 있다.

또한 ArtCAM을 이용한 입체 패턴 디자인 솔루션의 보급을 통해 제품 외관 디자인의 새로운 영역을 개척하고 있다.

세중정보기술 P

- 문의 : 02-3420-1172,
www.sjitrps.co.kr,
www.sj3dprinter.co.kr
- 사업 분야 : 3D 프린터, 3D 스캐너, 3D CAD 소프트웨어 공급 및 기술 지원, 3D 모델 시제품 출력 서비스 지원
- 취급 제품명 : 3D Systems 3D 프린터, 3D 스캐너, 지멘스 SolidEdge, Solidscape 3D 프린터

세중정보기술은 지난 1997년부터 국내 유수의 대학, 연구소, 정부산하 기관, 디자인 센터 등 다양한 분야의 고객사를 위한 3D 프린터, 3D 스캐너, 3D CAD 소프트웨어 제품의 판매 및 고객 서비스 지원에 총력을 기울여 왔다.

FDM, CJP, MJM, SLA, SLS, DMP 등 최신의 3D 출력 기술이 탑재된 3D Systems 사의 3D 프린터 전 라인업을 제공하며, 또한 지멘스 사의 Gold Partner로서 SolidEdge 3D CAD 소프트웨어 제품 판매 및 기술 지원으로 토탈 3D 솔루션을 제공한다.

센트롤

- 문의 : 02-6299-5050, www.sentrol.net
- 사업 분야 : 3D 프린터, CNC 컨트롤러, LED
- 취급 제품 : SENTROL 3D SS150, SENTROL 3D SS600

센트롤은 1984년 한국 최초로 CNC를 개발하여 30여 년간 각종 기계개발 혁신에 크게 기여해 왔다. 또한 공작기계, 산업기계 분야는 물론 미래의 인재를 양성하는 교육분야에 이르기까지 국내외 기관에 제품을 공급하면서 높은 신뢰성과 기술력을 널리 인정받았다. 최근 세계적으로 주목 받고 있는 3D 프린터 기술에 착안하여 메탈 3D 프린터에 맞는 CNC 개발과 동시에 산업용 3D 프린터를 개발하고 있다. 주물용 3D 메탈 프린터 개발을 완료했으며, 향후 정밀 금형 및 금속부품 제조용으로 자동차, 항공기, 발전기 및 의료, 방위산업 분야에 적합한 복합 가공 방식 밀링(Milling) 3D 메탈 프린터를 개발할 계획이다.

소나글로벌 E

- 문의 : 02-6212-9901,
www.cel-robox.co.kr,
www.m-one3d.co.kr
- 사업 분야 : 3D 프린터 유통, 3D 프린팅 콘텐츠 및 교육
- 취급 제품 : ROBOX 3D Printer(FDM 방식), M-ONE 3D Printer(DLP 방식)

소나글로벌은 FDM 방식의 로복스(ROBOX_를 비롯해 DLP 방식의 M-ONE 3D 프린터 등 세계의 리딩 브랜드와 국내 파트너십 계약을 체결하여 해당 브랜드의 국내 마케팅 및 유통 판매하고 있다.

쉐이프웨이즈코리아(Shapewayskorea) E P

- 문의 : 02-511-7158,
www.shapewayskorea.com
- 사업 분야 : 3D 프린팅 교육사업,
3D 프린팅 출력사업
- 취급 제품 : 3D 프린팅 공통과정, 다양한 3D 프린터 전문가과정, 3D모델링 전문가과정, 3D 프린팅 취창업과정, 산업연계 3D 프린팅 특별과정

쉐이프웨이즈코리아는 3D 프린팅을 활용한 혁신 기술의 교육과 공유 서비스를 통해 산업의 지속적인 발전을 도모하는 핵심 회사로써 사회적 책임과 고객의 성공과 보람을 함께 이루어 나가는 3D 프린팅 전문 기술 서비스 그룹이다.

슈퍼쓰리디엠(SUPER3DM)

■ 문의 : 070-4741-6666,
www.super3dm.com

■ 사업 분야 : 3D 프린팅 출력 서비스, 3D 프린팅 콘텐츠 개발,
시제품 제작, 3D 프린터 판매 및 강의

슈퍼쓰리디엠(SUPER3DM)은 3D프린터 제품연구소라는 이름으로
3D프린터와 관련된 제품제작, 강의, 판매 등의 서비스를 하고 있다.
3D 프린터를 이용한 제품 공유, 판매 및 3D 프린팅 문화를 만들어
모두가 즐기는 '3D 프린터 플레이스'를 만드는데 앞서고 싶다.

국내의 작은 3D 프린터 시장에 한 발 내 딛어 3D 프린터 출
력 연구를 통해 좋은 제품 및 출력물을 만들어 보고자 한다. 3D
프린팅 시장의 발전을 위해 질 좋은 정보를 제공할 것이며, 서비
스 향상에 노력하겠다.

스텔라무브

■ 문의 : 031-935-5688, www.stellamove.com

■ 사업분야 : 3D 프린터 제조 및 판매

■ 취급 제품 : T5

스텔라무브(Stellamove)는 3D 프린터 전문 개발사로, 하드웨
어 구성 및 하드웨어 제어를 위한 모터제어 보드와 펌웨어, 그리
고 사용자 소프트웨어까지 모두를 독자적으로 개발했다. 기존
3D 프린터들이 사용하는 Reprap 오픈 소스 기반 제품이 아닌
스텔라무브의 독자 기술로 개발된 통합된 하드웨어와 소프트웨
어로 사용하기 쉬운 제품을 구성했다. 한글화된 사용자 소프트
웨어와 5인치 터치 스크린 인터페이스는 어떤 3D 프린터에서도
볼 수 없는 손쉬운 사용성을 제공한다.

스튜디오엠에이(Studio MA)

■ 문의 : 02-512-0383,
www.boonongjelly.com

■ 사업 분야 : 리쏘페인, 3D 프린
팅 패션 액세서리, 몰드 등

■ 취급 제품 : 부농젤리: 메모리얼 스탠드, 메모리얼 박스

스튜디오엠에이는 3D 프린팅을 기반으로 하는 아이디어 디자
인 메이커 그룹이다. 리쏘페인을 주력으로 하는 '부농젤리
(boonongjelly)' 브랜드와 아날로그 감수성을 담은 패션&액세서
리 브랜드 '고와요(gowayo)'를 보유 중이다.

부농젤리 브랜드는 곡면 디자인과 수공예를 접목한 리쏘페인
제품을 최초로 상용화했다. 또한 그림자 램프와 리쏘페인을 결
합한 형태의 캔들 홀더를 10월 말에 대중에 선보일 예정이다. 고
와요 브랜드는 아날로그 정서에 스토리를 담은 액세서리 시리즈
를 선보였다. 내부 디자이너뿐만 아니라, 외부 작가 및 업체들과
의 콜라보를 통해 제품개발이 진행 중이며 예술가들의 작품이
대중에게 보다 쉽게 다가갈 수 있는 소통 창구가 되고자 한다.

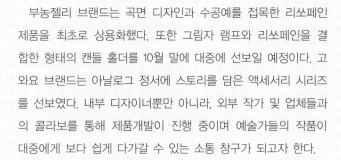

스트라타시스코리아

■ 문의 : 02-2046-2200,
www.stratasys.co.kr

■ 사업 분야 : 3D 프린팅 장비와 재료
제조 및 판매

■ 취급 제품 : 아이디어 시리즈, 디자인 시리즈, 프로덕션 시리
즈, 직접 디지털 제조(DDM) 등 데스크탑 3D 프린터에서 대형 고
급 3D 제조 시스템까지 다양한 3D 프린터 제품군 보유

3D 프린팅과 적층 제조 솔루션의 세계적 선도 기업인 스트라
타시스(Stratasys)는 특허 받은 FDM, 폴리젯 및 WDM 3D 프린
팅 기술을 기반으로, 3D CAD 파일 혹은 기타 3D 콘텐츠로부터
곧바로 다양한 시제품 및 제품군을 생산하고 있다. 1988년에 설
립된 미국 스트라타시스는 2012년 12월 이스라엘 오브젯(Objet)
와 합병했다. 스트라타시스는 아이디어 개발, 프로토타이핑과 직
접 디지털 제조(Direct Digital Manufacturing, DDM)에 필요한
3D 프린터를 아우르는 시스템을 구축해 왔으며, 디지털 부품 제
조 서비스를 제공하고 있다.

전 세계적으로 800개 이상의 3D 프린터 재료 제조 관련 글로벌
특허 및 특허 출원 중인 기술을 보유하고 있다. 스트라타시스는
2013년 12월에 한국 내 3D 프린팅 관련 비즈니스를 총괄하고 있는
스트라타시스코리아를 설립했으며 2015년 5월에는 메이커봇
(MakerBot) 아시아태평양 및 일본 총괄 본부를 설립했다.

시그마정보통신

■ 문의 : 02-558-5775, www.sigmainfo.co.kr

■ 사업 분야 : 3D 프린터 판매

■ 취급 제품 : Solidscape MAX^2

IT 중견기업으로 Solidscape(솔리드스케이프) 3D
프린터 등 하드웨어와 소프트웨어를 공급하고 있다.

시스템레아

- 문의 : 010-2640-3661, www.caferhea.com
- 사업 분야 : PLA 필라멘트 제조, 3D 프린터 제조
- 취급 제품명 : PLA 필라멘트, 3D 프린터

시스템레아(System rhea)는 PLA 필라멘트 제조를 시작으로 델타 타입의 3D 프린터를 제조하는 제조업체이다.

신도리코

- 문의 : 02-460-1244, www.sindoh.com
- 사업 분야 : 디지털복합기, 고속 레이저 프린터, 감광지, 문서보안솔루션
- 취급 제품명 : 3세대 Cube, 큐브Pro

신도리코는 사무기기의 제조, 영업, 유통, 서비스에 전문성을 갖춘 회사이다. 글로벌 사무기기의 기업들의 경쟁이 치열한 한국시장에서도 54년 동안 국내 사무용 복합기 점유율 1위를 수성해 왔다. 최근 변화하는 오피스 환경에 맞춰 기업 고객들에게 비용을 줄이며 보다 더 안전하고 효과적으로 문서를 관리할 수 있는 솔루션을 구축해 주고 있다. 국내 브랜드 신뢰를 살려 'Sindoh'라는 글로벌 브랜드로 해외시장 진출에 박차를 가하고 있다. 뿐만 아니라 3D 프린터 시장의 가능성을 발견하고 해외 유수 업체와 유통 계약을 체결, 3D 프린터의 대중화를 이끌 제품들을 출시하는 한편, 관련 기술을 연구하고 있다.

쓰리디(3D-SITE) S

- 문의 : 010-4761-8382,
http://cafe.naver.com/kopackaging
- 사업 분야 : 3D 프린팅, 기구설계, 금형개발, 시제품 제작
- 사용 장비 : OBJET 350V(직접운영), Connex-500, 4축 CNC 등(외부운영)

다년간의 경험을 통해 생활용품과 화장품 관련 기구설계와 함께 스트라타시스의 PolyJET 방식 장비를 이용한 대형물(최대 490x390x200mm) 프린팅 출력과, 금형제작, 사출성형 설비를 갖추어 한곳에서 원스톱으로 신제품 개발이 이루어질 수 있는 시스템을 갖추고 있으며, 디자인 관련 심사위원으로도 활동하고 있다.

쓰리디박스(3D BOX)

- 문의 : 032-548-0128, www.3d-box.co.kr
- 사업 분야 : 고품질 3D 스캔 데이터 획득에 최적화된 제품으로 사용자들에게 편리함을 극대화
- 취급 제품 : 3D BOX-300, NEW MEISTER

쓰리디박스(3D BOX)는 2013년부터 세계 최고급 스펙의 중대형 FFF 방식의 3D 프린터를 연구, 개발, 제작하고 있다. 2014년 11월에 FDM(FFF) 방식의 3D 프린터인 '3D BOX-300'을 출시했다. 급변하는 3D 프린팅 시장에 적응력을 높이기 위해 노력하고 있다.

쓰리디스토리 P S

- 문의 : 031-322-0211, www.3dstory.kr
- 사업 분야 : 3D초음파 변환 3D태아피규어 제작, 시제품 제작
- 취급 제품명 : 3D태아피규어, 첫돌인형 등 출산관련 아이템

쓰리디스토리는 3D 프린터 콘텐츠 제작/유통 사업을 하고 있다. 주요 아이템은 3D초음파 변환 3D태아피규어와 첫돌 인형 등 출산관련 아이템이 있으며, 제품 설계, 시제품 제작, 출력대행 등의 출력소 사업도 병행한다.

쓰리디(3D)스튜디오모아

- 문의 : 070-4694-4343
- 홈페이지 : www.3dstudiomoa.com
- 사업 분야 : 모아피규어 판매, Leonar3Do 판매, 3D모델링/프린팅
- 취급 제품명 : 모아피규어, 3D모델링

실사 3D프린팅 피규어 제작 업체인 모아는 2013년 2월 국내 최초로 3D 프린팅 피규어 제작 서비스를 도입하였다.

모아의 모든 직원들은 제품 제작시 단순한 피규어를 넘어서 고객들의 소중한 순간을 감동적인 작품으로 승화시켜낸다는 자부심을 가지고 한 작품 한 작품에 장인정신을 가지고 최선을 다해 만들어 내고 있다.

3D 모델링을 이용한 다양한 사업분야와의 접목을 시도하고 있으며 3D 콘텐츠 기업으로서의 이미지를 계속 키워나가고 있다.

쓰리디시스템즈코리아

- 문의 : 02-6262-9900,
www.3dsystems.com
- 사업 분야 : 3D 프린팅, 3D 스캐닝,
엔지니어링 소프트웨어 개발 및 판매
- 취급 제품명 : 프로젯(Projet) 3D 프린터 및 큐브(Cube) 개인
용 3D 프린터, 캡처(CAPTURE) 3D 스캐닝 솔루션, 지오매직
(Geomagic) 소프트웨어

3D시스템즈(3D Systems)는 3D 프린팅 기술을 세계 최초로 발명하고 상용화에 성공한 글로벌 리더로서, 3D 프린터 환경에서의 3차원 콘텐츠의 저작, 유통, 생산, 서비스를 위한 일체의 하드웨어 및 소프트웨어를 개발, 공급하는 글로벌 기업이다.

제품 개발 프로세스에 직접 활용되는 고사양 3D 프린터는 물론 일반 소비자가 쉽게 사용할 수 있는 가정용 3D 프린터를 개발하여 3D 프린팅 기술의 대중화에 가장 앞장서고 있다. 3D시스템즈는 3D 프린터 이외에도 3D 스캐닝 기술과의 완벽한 연계를 위한 역설계/품질검사 소프트웨어 기술, 촉각을 이용한 햅틱 기술 기반의 새로운 사용자 입력 도구 개발, 차세대 3D 제품 설계 소프트웨어 솔루션과 같은 다양한 전문 엔지니어링 소프트웨어를 통해 완벽한 3D Content-to-Print 솔루션을 구축하고 있다.

3D시스템즈는 'Manufacturing the Future'라는 비전 아래 최고의 기술력과 서비스, 미래를 위한 끊임없는 도전과 혁신으로 미래의 제품 설계 및 생산 방식의 혁명을 주도하고 있다.

쓰리디아이템즈 E

- 문의 : 02-466-5873
- 홈페이지 : http://3ditems.net
- 사업 분야 : 3D 프린팅 교육,
3D 프린터 생산 및 유통
- 취급 제품명 : 매직 몬스터2

쓰리디아이템즈는 3D 프린팅 전문가 인력양성 교육기관으로 진정한 1,000만 Maker를 배출하기 위해 정부와 함께 3D 프린팅 전문강사 및 일반강사를 양성하고 있다.

대형 시제품 조형 제작에 최적화 된 산업용 대형 3D 프린터 매직몬스터2 제작 및 유지보수 서비스와 시제품 제작 사업도 활발히 진행하고 있다.

쓰리디엠디 S

- 문의 : 02-6942-9508
- 홈페이지 : www.3dmd.co.kr
- 사업 분야 : 3D 프린팅, 3D
스캐닝/모델링/설계, 각종 전
시 모형 및 워킹 목업, 각종
후가공 및 전문 도색
- 취급 제품명 : 목업, 산업/전시/건축 모형, 3D 스캐닝 및 역설계, 기계 설계 및 해석

2009년 창립 이래, 3D 프린터 외에도 레이저, CNC 등의 정밀 가공장비와 전문적인 자체 후가공 기술을 더하여 높은 완성도의 모형과 시제품을 제작해 오고 있다.

3D업앤다운 C

- 문의 : 070-4128-1999, www.3dupndown.com
- 사업 분야 : 3D 프린팅 디자인 파일을 전 세계적으로 공유,
판매하는 글로벌 플랫폼 제공

3D(쓰리디)업앤다운은 '3D 프린팅 기술로 인류에게 보다 더 편리한 세상을 만들자'라는 비전을 내걸고 2013년 6월에 설립됐다. 현재 3D 프린팅 산업에 가장 핵심이 되는 프린팅용 모델링 콘텐츠를 언제 어디서나 자유롭게 공유하고 거래할 수 있는 '글로벌 3D 디자인 파일 거래 플랫폼'을 제공하고 있다. 이 사이트는 3D 프린터로 출력 가능한 검증된 디자인 파일만을 공유하고, 거래한다는 점이 특징이다. 2016년에 국내 디자이너 5천명, 회원 2만명, 3D파일 3만개 보유를 목표로 하고 있다.

쓰리디엔터(3D Enter)

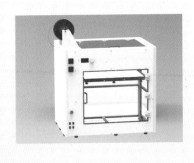

- 문의 : 070-7756-7757,
www.3denter.co.kr
- 사업 분야 : 고품질 3D
스캔 데이터 획득에 최적
화된 제품으로 사용자들
에게 편리함을 극대화
- 취급 제품 : Cross3.5, Alpha2.0

쓰리디엔터(3D Enter)는 국내 대형 3D 프린터를 사용화하여 제작 및 판매하고 있다. 기본 출력물크기 500×500×500부터 소비자의 요구에 따른 대형 사이즈를 주문 제작하고 있다.

PART 8
Directory

쓰리디커넥션

- 문의 : 070 7527 4907
- 홈페이지 : www.3dconnection.co.kr
- 사업 분야 : 3D 프린팅 기반 상품
개발, 플랫폼 개발

쓰리디커넥션은 제품디자인 서비스 및 3D 프린팅 제조기술을 기반으로 한 자체상품을 개발하고 있으며, 다양한 산업분야와의 협업을 통해 새로운 결과물을 만들어내고 있다. 또한, 3D 프린팅 산업을 위한 플랫폼 개발을 목표로 하고 있다.

쓰리디텍 Ⓟ

- 문의 : 041-589-0580
- 홈페이지 : www.3dtek.co.kr
- 사업 분야 : 3D 프린팅 출력 및 후가공
- 취급 제품명 : 3D 프린팅을 이용한 고객 맞춤형 명판 등

쓰리디텍은 3D스캐닝과 프린팅 기술을 이용하여 꼭 필요한 것을 창조하는 회사이다. '꼭 필요한 것을 만드는 일, 그것이 기술이 해야 할 일'이라는 슬로건 아래 전직원이 단합하여 최고의 3D 프린팅 서비스를 제공할 것이다.

3디페이지

- 문의 : 031-245-1218, http://3dpage.co.kr
- 사업 분야 : 3D 프린팅 장비 렌탈, 출력
- 취급 제품 : Stratasys Dimension 시리즈(Dimension BST / SST 768 / SST 1200 / Elite), Fortus 시리즈(Fortus 200MC, Prodigy Plus), Objet 시리즈(Eden 250/260)

3디페이지는 산업용 3D 프린팅 장비를 렌탈 서비스하는 업체다. 쉽게 구입할 수 없는 고가의 FDM 장비에서 오브젯 장비까지 다수의 제품을 보유하고 있다. 사용자의 목적이나 용도에 따라 적합한 프린터를 선택해 한달 단위로 이용할 수 있도록 서비스하고 있다.

씨이피테크

- 문의 : 02-749-9346,
www.ceptech.co.kr
- 취급 제품 : 3D Printers, 3D
Scanner

씨이피테크는 미국 3D Systems의 3D 프린터를 공급하고 있다. RP장비인 3D PRINTER의 국내 판매 및 A/S 계약을 체결하고, 장비 판매를 하고 있다. 개인용 프린터부터 산업체에서 매뉴팩처링 장비로 활용할 수 있는 프로덕션(Production) 장비까지 다양한 분야에서 활용할 수 있는 장비를 국내에 공급하고 있다. 지난 16년 동안 3D 프린터만 공급한 회사로써 오랜 기간 지속적인 공급과 A/S로 축적된 기술과 노하우로 고객 만족을 극대화시키고 있다.

아나츠(Anatz)

- 문의 : 02-2040-7707,
www.anatz.com,
https://www.facebook.com/Anatz3D
- 사업 분야 : 고품질 및 대량생산용 3D
프린터 플랫폼 개발 및 공급
- 취급 제품 : 아나츠엔진, 아나츠엔진 톨, 아나츠엔진 와이드, 아나츠엔진 빅, 아나츠 프린팅팜 식스틴, 아나츠 프린팅팜 패션

국내 3D프린터 제조업체인 아나츠(Anatz)는 3D 프린터로 발전 가능한 모든 것에 비전을 가지는 개발 가능성을 걸고, 3D 프린터의 보급과 저변 확대, 콘텐츠 개발, 나아가서는 Ecosys(생태계)와 Biodegradable(생분해성) 등의 융합형 개발을 하고자 한다. 또한 모든 사람들이 상상력을 발휘하여 일상에 없어서는 안될 무언가를 창조할 수 있도록 도움으로써 새로운 시선과 가치를 생산하고자 한다. 현재 아나츠는 뛰어난 기술력을 바탕으로 의료, 패션, 자동차, 교육, 제품 등 다양한 분야의 전문과들과 협업하고 있으며 갈수록 발전하는 우수성을 인정받고 있다.

아이위버

- 문의 : 031-323-7311, www.iweaver.co.kr
- 사업 분야 : 3D 프린터 판매, 시제품 제작
- 취급 제품명 : Zeepro Zim

'창조'라는 단어가 어느새 우리의 삶 속에 깊이 들어와 있는 지금, 3D 프린터는 아이디어를 실현시킬 수 있는 하나의 혁신적인 도구가 되었다.

이전까지 3D 프린터는 대부분 제조업 분야에서 시제품 제작 용도로 사용되었으나, 최근에는 시제품 제작뿐만 아니라 의료, 영상, 예술 교육 등의 분야로 활용범위가 점차 확대되고 있으며,

저가 장비의 보급으로 개인 사용자의 접근이 쉬워지고 있다.

하지만 3D 프린터는 조형방식과 품질에 따라 100만 원대 저가 제품부터 수억 원에 달하는 고가제품까지 매우 다양하며, 대부분 수입제품이 주류를 이루고 있어 사실상 3D 프린터를 필요로 하는 소비자들이 이 수많은 제품들 중 나에게 꼭 맞는 것을 찾기란 쉽지 않다. 이러한 현실 속에서 아이위버는 고객들의 합리적인 제품 선택에 도움을 드리고자 설립되었으며, 다년간 3D 프린터 시장에서의 경험을 바탕으로 고객들께 가장 적합한 3D 프린터를 제안할 것이다.

아토시스템(Atto System)

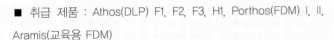

■ 문의 : 053-853-5208,
www.attosystem.co.kr
■ 사업 분야 : 3D 프린터, EOD 로봇,
무인비행기, 일반부품, 멀티콥터, 항공촬영
■ 취급 제품 : Athos(DLP) F1, F2, F3, H1, Porthos(FDM) I, II,
Aramis(교육용 FDM)

아토시스템(Atto System)은 자체 개발한 DLP 프린터를 바탕으로 Casting Resin을 출력할 수 있어 귀금속 및 치과용으로 최적화된 DLP 3D 프린터 업체이다. 가장 정밀한 Z축 적층 두께인 010125mm를 실현해 최고의 퀄리티를 실현하고 일반 Resin을 사용하므로 유지비용 또한 우수하다.

알엠에스

■ 문의 : 070-4010-7107
■ 홈페이지 : www.rmsolutions.co.kr
■ 사업 분야 : 3D 프린터, 소프트웨어 판매
■ 취급 제품명 : rapidshape, netfabb, Anarkik3D

알엠에스는 3차원 디지털 테크놀로지의 대중화를 목표로 독일 rapidshape사의 3D 프린터, 독일 netfabb사의 STL 수정 소프트웨어, 영국 Anarkik 3D사의 촉각 모델링 시스템 등 합리적인 가격의 3D 솔루션 보급에 앞장서고 있다.

알테어

■ 문의 : 070-4050-9200,
www.altair.co.kr,
http://blog.altair.co.kr

■ 사업 분야 : 엔지니어링, 시뮬레이션
■ 취급 제품 : 하이퍼웍스, 솔리드씽킹, PBS 웍스 등

알테어는 주력 제품인 개방형 CAE 엔터프라이즈 솔루션 하이퍼웍스를 비롯하여 3D 기반의 디자인 소프트웨어인 솔리드씽킹, 수준 높은 인력을 바탕으로 각 산업 및 기업에 제공하는 CAE 컨설팅 서비스인 프로덕트 디자인, 효율적인 업무 관리를 위한 워크로드 매니저 PBS 웍스 등과 같은 제품으로 제조 단계에서의 혁신을 만들어내고 있다.

1985년 미국 미시건주 사우스필드에서 '알테어 엔지니어링' 이라는 엔지니어링 컨설팅 기업으로 출발한 알테어는 이후 꾸준히 해석, 분석, 예측, 최적화 등에서 세계 최고의 기술을 확보하여 데이터 엔지니어링의 글로벌 리딩기업으로 자리를 잡아가고 있다. 한국알테어 역시 2001년 지사를 설립한 이래 매년 평균 20%씩 안정적인 성장하고 있다.

야마젠코리아

■ 문의 : 02-864-1755, www.yamazenkorea.co.kr
■ 사업 분야 : 공작기계관련영업
■ 취급 제품명 : MATSUURA LUMEX AVANCE-25

일본의 공작기계 전문상사로 설치 및 A/S 전문회사

에이엠솔루션즈

■ 전화 : 070-8811-0425
■ 홈페이지 : www.amsolutions.co.kr
■ 사업 분야 : 3D 프린터, 프린팅 소재, The BubbleShop
■ 취급 제품명 : The BobbleShop(Scan-to-Print, 피규어 제작 솔루션), Ceramic 3D Printer(Lithoz), Metal 3D Printer(OPTOMEC), 3D 프린팅 소재(Metal Powder, TLS, LPW)

에이엠솔루션즈는 다양한 소재(종이, 금속, 세라믹)의 3D 프린팅 기술을 이용하여 자동차, 항공우주, 방위, 가전, 의료 등의 제조업과 디자인 산업에 독보적인 3D 프린터 및 프린팅 기술을 제공하고 있다. 또한 3D 프린팅을 이용하여 새로운 기술과 시장을 결합할 수 있는 콘텐츠를 제공하고 있다. 3D 프린팅 기술로 개인, 게임 캐릭터와 같은 피규어 제작부터 기계부품, 모형, 디자인 시제품 등 다양한 분야에서 제작서비스와 콘텐츠를 개발하고, 전문 3D Printing Shop을 운영할 수 있도록 토털 솔루션을 제공한다.

에이엠코리아(AM Korea) S

■ 문의 : 031-426-8265,
www.amkorea21.com

■ 사업 분야 : 3D 프린터 판매 및 유지보수

■ 취급 제품 : Realizer의 금속 3D 프린터
시리즈(SLM 50, SLM 100, SLM 250, SLM 300)

고객만족을 최우선으로 생각하는 에이엠코리아는 그 동안 축적된 기술력을 바탕으로 3D 프린터 기술 지원과 제품판매 및 시제품 제작을 주요 사업으로 하고 있다. 가정이나 사무실에서 쉽게 구입할 수 있는 보급형 3D 프린터에서부터 비즈니스를 목적으로 하는 전문가형 3D 프린터, 실제 제품에 응용할 수 있는 생산형 3D 프린터 및 금속 3D 프린터 등 다양한 제품군을 가지고 고객의 성공을 위한 솔루션을 제공하고 있다. 3D 프린터 및 시제품 분야에서 오랫동안 실무에 종사했기 때문에 고객이 실제로 필요로 하는 컨설팅 및 AS기술을 보유화고 있다. 또한 고객이 신뢰할 수 있는 기업을 만들기 위해 고객의 필요성을 정확히 파악하여 최상의 솔루션을 제공하고 있다.

에일리언테크놀로지아시아

■ 문의 : 070-7012-1318,
http://alien3d.co.kr

■ 사업 분야 : 3D 프린터, 3D스캐너, 3D펜,
소모품 및 기타

■ 취급 제품 : 3D 프린터 BUCCANEER,
MOMENT, KEVVOX / 3D 스캐너 FUEL3D, Sense, MATTER
and FORM / 3D펜 3Doodler 등

에일리언테크놀로지아시아는 RFID 분야에서 8년간 쌓아온 경험과 글로벌 IT산업 유통의 노하우를 바탕으로, 2013년 3D솔루션 사업부를 신설하여 Alien3D라는 3D 프린디 관련 하드웨어 전문 브랜드로 전 세계적으로 주목 받고 있는 3D 프린터 시장의 급성장에 발맞춰 발전된 기술과 노하우를 가진 다양한 3D 프린터, 3D스캐너, 3D펜 등을 국내시장에 소개 및 유통하고 있다.

에이치디씨(HDC)

■ 문의 : 031-817-6210, www.hdcinfo.co.kr

■ 사업 분야 : 장비판매(3D 프린터)

■ 취급 제품명 : DWS사 SLA 방식 / EOS사 SLS, DMLS 방식

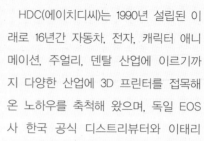

HDC(에이치디씨)는 1990년 설립된 이래로 16년간 자동차, 전자, 캐릭터 애니메이션, 주얼리, 덴탈 산업에 이르기까지 다양한 산업에 3D 프린터를 접목해 온 노하우를 축척해 왔으며, 독일 EOS사 한국 공식 디스트리뷰터와 이태리 DWS사 한국 총판으로 3D프린터를 공급해 오고 있다.

EOS사는 SLS(Selective Laser Sintering) 타입 장비로써 Plastic 및 Metal에서 독보적인 기술력을 보유하고 있으며, DWS사는 현존 가장 깨끗한 표면의 구현의 가능한 SLA(Stereo Lithography) 장비로써 HDC사는 장비의 판매 및 취급을 비롯한 장비 사용과 관련된 모델링 노하우와 후처리 프로세스에 대한 노하우를 보유하고 기술지원 및 교육 서비스까지 3D프린터를 사용한 전체 산업발전에 기여하고 있다.

XYZprinting 한국지사

■ 문의 : XYZprinting.com, http://kr.xyzprinting.com (Korea)

■ 사업 분야 : 3D 프린터, 컴퓨터 및 주변장치 판매

■ 취급 제품 : daVinci 1.0A, daVinci 2.0A Duo, da Vinci 1.0 AiO, Nobel 1.0, da Vinci JR

지난 2013년 설립된 XYZprinting은 전문성과 기술력, 그리고 뛰어난 사용자 경험을 바탕으로 전 세계에 사용하기 편리하고 합리적인 가격의 3D 프린팅 제품을 공급하기 위해 노력하고 있다. XYZprinting의 모회사인 킨포그룹(Kinpo Group)은 개인용 및 상업용 프린터, 스캐너 개발 및 제조분야에서 15년 이상의 경험을 갖고 있다.

XYZprinting의 첫 번째 프린터 dA vinci 1.0A는 3D 프린터 제품으로, 국제가전전시회(CES 2014)에서 '에디터스 초이스 어워드(Editor's Choice Award)'를 받았고, 같은 해에 톰스 가이드(Tom's Guide)에서 '리더스 초이스 어워드(Reader's Choice Award)'를 받았다. 본사는 대만에 있으며 현재 중국과 일본, 미국, 유럽 및 한국에 지사를 두고 있다.

엔터봇

■ 문의 : 070-8018-4119, www.enterbot.co.kr

■ 사업 분야 : 3D 프린팅 장비 판매

■ 취급 제품명 : E-universal

엔터봇은 국민보급형 교육용 3D 프린터 개발을 통하여 전 국민이 쉽고 친숙하게 3D 프린팅 세계를 접할 수 있는 환경을 제공한다. 누구나 쉽게 다가갈 수 있는 디자인과 이해하기 쉬운 프린터 구조, 쉽게 배우고 사용할 수 있는 교육 제공을 통하여 학생들의 창의력을 발산시키는 환경을 제공한다.

영일교육시스템

- 문의 : 02-2024-0077, www.yes01.co.kr
- 사업 분야 : 3D 프린터
- 취급 제품명 : 메이커봇

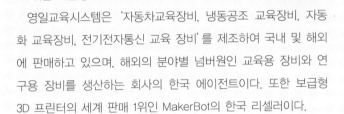

영일교육시스템은 '자동차교육장비, 냉동공조 교육장비, 자동화 교육장비, 전기전자통신 교육 장비'를 제조하여 국내 및 해외에 판매하고 있으며, 해외의 분야별 넘버원인 교육용 장비와 연구용 장비를 생산하는 회사의 한국 에이전트이다. 또한 보급형 3D 프린터의 세계 판매 1위인 MakerBot의 한국 리셀러이다.

오브젝트빌드

- 문의 : 031-421-7567, www.objectbuild.com
- 사업 분야 : 3D 프린터 개발 및 연구
- 취급 제품 : MONAMI, GOLIATH 300, GOLIATH DUAL, 골리앗300, 골리앗1000, 골리앗H200, MS GOV, 골리앗DLP

오브젝트빌드는 3D 프린터 연구 및 개발을 하는 업체이다. 국내 3D 프린터 분야를 더욱 활성화하기 위해 워크샵을 매주 진행하고 있다. 전국 13개 대리점(서울, 경기, 인천, 부산, 제주 등)망을 운영하고 있다.

오토데스크

- 문의 : https://spark.autodesk.com/, https://ember.autodesk.com/
- 사업 분야 : 3D 프린팅 솔루션 개발
- 취급 제품 : 스파크(Spark), 엠버(Ember), 오토데스크 123D

오토데스크는 3D 프린팅을 위한 오픈 소프트웨어 플랫폼인 스파크(Spark)와 이를 구현할 소프트웨어를 중심으로 3D 프린팅 사업을 진행하고 있다. 3D 프린터인 엠버(Ember)는 레퍼런스용으로 활용하고 있다. 이 프린터는 스파크의 파워를 보여주고, 3D 프린팅 사용자 경험에 대한 새로운 기준을 마련해 나갈 것이다.

또한 이 모든 것은 제품 디자이너와 하드웨어 제조사, 소프트웨어 개발자, 재료 과학자들이 3D 프린팅 기술의 한계에 도전하는 데 지속적으로 사용할 수 있는 중요한 요소로 작용할 것이다. 오토데스크는 스파크를 하드웨어 제조사를 비롯해 3D 프린팅에 관심을 갖고 있는 관계자들이 자유롭게 이용할 수 있도록 공개하고 무료로 라이선스를 제공하고 있다.

오티에스(OTS)

- 문의 : 1899-7973, www.3dthinker.com
- 사업 분야 : RP 장비 및 3D 프린터, 레이저 커팅기, CNC머신 등 제조 및 유통
- 취급 제품 : Deltabot-K-CU / Deltabot-K-IN

오티에스(OTS)는 각종 RP장비를 제조 및 유통하고 있다. 국내 최초로 델타타형 3D 프린터 상용화에 성공했다. 3D 프린터 분야에 많은 노력으로 기술을 축적했고, R&D를 통해 델타 방식의 FDM 3D프린터 뿐만 아니라 SLA, DLP, SLS 등 제품의 연구개발에 노력하고 있다. 뿐만 아니라 레이저 커팅기, CNC머신 등 기계 개발에 많은 노력과 투자를 통해 고품질의 기기 생산을 위해 최선을 다하고 있다.

오픈크리에이터즈 E

- 문의 : 070-8828-4812, www.opencreators.com
- 사업 분야 : 3D 프린터 제조 및 교육
- 취급 제품 : 아몬드(ALMOND), 마네킹(MANNEQUIN)

오픈크리에이터즈는 전작 NP-Mendel(멘델)을 통해 국내 3D 프린터 산업의 First Move로 알려져 있다. 더 많은 사람들이 3D 프린터를 즐길 수 있도록 워크숍 및 온라인 커뮤니티를 활성화했고 이를 통해 3D 프린터 유저 및 3D 프린터 제조사가 늘어나고 있다. 오픈크리에이터즈의 두 번째 모델인 아몬드(Almond)는 기계에 친숙하지 않은 사람들도 쉽게 쓸 수 있도록 기능을 업그레이드했다. 출력 면의 수평을 자동으로 맞춰주는 기능인 오토레벨링, 출력물의 질을 높일 수 있도록 급속 냉각이 가능한 노즐냉각기능을 반영하였다. 오픈크리에이터즈는 창작문화를 만들어 가기 위해 중고교 방과 후 프로그램을 운영하는 한편, 온라인 커뮤니티 및 용산 전자상가에 'Opencreators::Space'를 마련하여 3D 프린터와 다양한 공작기계를 이용하고 배울 수 있는 공간을 운영하고 있다.

월드PC정비학원 **E**

■ 문의 : 02-3141-1212,
www.worldpca.co.kr

■ 사업분야 : (평생직업교육학원, 고용노동부 국비지원(NCS) 과정 전문 훈련기관)

2000년 2월 교육청 인허가 학원 설립 후 PC정비 및 하드웨어, 네트워크, 3D프린팅 전문 실습 중심의 운영을 방침으로 하는 학원이다. 주요 훈련과정은 3D프린팅 활용실무, PC정비 A/S실무, 네트워크시스템 구축, 노트북 메인보드 수리, 데이터복구, 스마트폰 수리 과정 등이다.

교육과정에서 주로 사용하고 있는 3D 프린터는 3DISON Plus Single, 3DISON Multi Dual, MAKER BOX 2.0, TOAST 등이다.

▲ DIY 생활소품 머리 빗 제품기획 디자인 3D프린팅 (3D프린팅 활용실무 과정 4기 이정훈 수료생 작품)

인스텍

■ 문의 : 042-935-9646,
www.insstek.com

■ 사업 분야 : 양산용 금속 3D 프린터 제조 및 판매

■ 취급 제품 : MX-4, MX-3, MPC, LMX-1

국내 최초로 DMT(Laser aided Direct Metal Tooling) 금속 3D 프린팅 기술을 개발한 업체로 핵심 기술부터 소프트웨어, 장비에 이르기까지 전 과정을 독자적으로 개발해 생산하고 있다. DMT 금속 3D 프린팅 기술은 DED 방식의 프린팅으로, 단조재에 뒤지지 않는 뛰어난 물성치를 자랑하는 등 다른 방식의 프린팅과 차별화되는 특징들로 다양한 산업에 적용되고 있다. 자동차, 항공, 전자, 국방, 의료 및 제조산업의 양산에 적용되면서 탄탄한 기술력을 국내외 시장에서 인정받았다.

인텔리코리아 **E** **P**

■ 문의 : 070-4610-2340,
www.cadian.com,
www.cadian3d.com

■ 사업 분야 : 3D 프린팅 콘텐츠 제작 유통 서비스를 위한 플랫폼, 디자인 용역, 3D 프린팅 출력 대행, 3D 프린팅 교육, 3D 프린팅을 위한 3D모델러 개발 & 스마트 슬라이서(Smart Slicer) 개발

■ 취급 제품 : 3D 프린팅을 위한 3D 모델링 툴 CADian3D

2015, 3D 프린팅 인력 양성 교육

인텔리코리아는 오토캐드를 대체하는 토종 CAD인 CADian 개발사이다. 3ds Max, Maya, 라이노3D 등을 대체할 수 있는 CADian3D를 개발하여 국내 및 해외에 보급하고 있으며, 3D 프린팅 교육 사업, 3D콘텐츠 제작 플랫폼을 구축하여 용역 서비스를 하고 있다. 또한 정부의 3D 프린팅 메이커 1천만명 양성 사업을 위해 무료강좌, 기본강좌, 전문가 양성강좌 등 수준에 맞는 다양한 강좌를 진행하고 있다.

인하공방 **E**

■ 문의 : 010-7557-0449

■ 사업 분야 : 3D 모델링 교육 및 RP 장비 제작

인하공방은 제품설계 능력을 중심으로 학우들의 R&D 능력을 키워주고 젊은 개발자 양성을 목표로 하는 유일무이한 개발 동아리이다. 2D CAD/3D 모델링 교육 후, 3D 프린터 사용방법을 익혀 기술 혹은 아이디어 관련 공모전활동에 참여하거나 사업화 및 설계기술에 대한 지식들을 습득하여 한층 더 성숙하게 하는 기회를 제공한다.

주원

■ 문의 : 031-726-1585,
www.joowon3dprinter.com

■ 사업 분야 : 3D 프린팅 및 3D 스캐닝 장비 공급

■ 취급 제품 : EnvisionTEC 3D Printer, David Scanner (SLS-2), Creaform 3D Scanner

주원은 1975년 설립되어 약 40년간 자동차, 산업기기, 환경, 계측기기 분야에 첨단장비를 보급해 왔다. LCD 관련 자회사를 두고 있으며 2009년 발족한 기술연구소에서는 소프트웨 개발 뿐만 아니라 고객의 요청에 의한 다양한 신규 프로젝트에 참여하고 있다.

DLP(Digital Light Processing) 기술에 대한 원천특허를 보유하고 있는 독일 EnvisionTec의 장비와 금속파우더에 선택적으로 고출력 레이저를 조사, 소결하여 도포하는 공정의 Sintering 방식의 장비를 판매하고 있다. 뿐만 아니라, 고객이 필요로 하는 3D 스캐너 및 관련 소프트웨어 등 3D 프린팅 관련 토털 솔루션을 제공하고 있다. .

지멘스PLM소프트웨어코리아

■ 문의 : 02-3016-2000,
www.plm.automation.siemens.com/ko_kr

■ 사업 분야 : PLM, CAD, CAM, CAE 소프트웨어

■ 취급 제품 : NX, Solid Edge

지멘스 디지털 팩토리 디비전(Digital Factory Division)의 사업 부서인 Siemens PLM Software는 전 세계 약 900만 건 이상의 라이선스 시트를 공급했고, 7만 7000명 이상의 고객을 보유하고 있는 세계적인 PLM, 제조운영관리 소프트웨어(MOM; Manufacturing Operations Management), 시스템 및 서비스 공급업체.

미국 텍사스주 플라노에 본사를 두고 있는 Siemens PLM Software는 기업이 지속적으로 성장할 수 있도록 경쟁력을 강화하고 혁신 구현을 위해 고객들과 긴밀한 협력을 진행하고 있다.

지오시스템

■ 문의 : 02-702-7600, http://buildingsolution.geosys.co.kr

■ 사업 분야 : 공간데이터(2D&3D) 취득 솔루션, 건설산업 솔루션, Mapping & GIS 기기 판매 및 솔루션, GNSS기기 판매 및 측위 솔루션, 인프라 구축 및 S/W 개발

■ 취급 제품 : 스케치업, 3D 스캐너, MEP&Layout 기기, 토털 스테이션, MMS, 이미징 로버, GNSS 수신기, MGIS, 인프라, 조선&해양 등

지오시스템은 발전을 거듭하는 인공위성 측위 기술과 함께 트림블 GNSS 측위 솔루션 프로바이더로서 입지를 다져왔다. GNSS 소프트웨어 개발뿐 아니라 다양한 분야의 고객을 위한 여러 프로젝트에도 참여하고 있다. 이러한 오랜 경험을 바탕으로 한 발 더 나아가 전문화, 고도화 되어가는 현대 건설산업을 위한 트림블 빌딩 솔루션을 제공하고 있다. 특히 3D 스캐너의 경우 Static 타입과 Portable 타입을 공급하여 점차 확대되는 3D 프린팅 산업에 맞는 솔루션 라인을 갖추고 있다.

카미(KAMI)

■ 문의 : 02-6670-4114, www.kami.biz

■ 사업 분야 : 3D 프린팅 장비 렌탈, 출력

■ 취급 제품 : 금속 3D 프린터 레이저 큐징(Laser CUSING)

카미(KAMI)는 금속 3D 프린터인 독일 컨셉 레이저(Concept Laser) 국내 독점 대리점으로, 사내에 Mlab R, M2 장비를 보유하고 있다. 벤치마크 테스트 및 장비 교육, 애플리케이션을 지원한다.

캐논코리아 비즈니스 솔루션

■ 문의 : 02-3450-0700,
www.canon-bs.co.kr

■ 사업 분야 : 복합기/사무기기/프린터

■ 취급 제품명 : 마브(MARV) MW10

1985년 한국의 롯데그룹과 일본의 캐논사가 합작해 설립한 캐논코리아 비즈니스 솔루션은 앞선 기술력과 끊임없는 연구개발로 선진 오피스 환경을 리드하며 발전을 거듭해 오고 있다. 소형 계산기에서부터 복사기, 팩스, 잉크젯 프린터, 레이저 프린터, 복합기는 물론 디지털 상업인쇄, 리테일 포토 등 풀 라인업을 갖추고, 모든 사무기기에 있어 속도와 품질, 디자인과 성능의 혁신을 선보이고 있다. CKBS는 모든 첨단 디지털 사무기기의 제공으로 새로운 오피스 문화를 창조하고 있다.

캐리마

■ 전화 : 02-3283-8877,
www.carima.co.kr

■ 사업 분야 : 3D 프린터기 제조 및 수출

■ 취급 제품명 : Master Plus, Master EV

캐리마는 국내 3D 프린터기 제조 업체로, 자체 개발한 DLP 엔진 방식의 3D프린터를 국내 및 전 세계 수출하고 있는 기업이다. 이노비즈 및 ISO, CE, 프로그램 인증 등의 인증과 9개 이상의 특허와 실용신안을 보유, 전문 분야인 산업용 3D프린터 외에 곧 데스크톱용 소형 미니 3D프린터 출시를 앞둔 3D 프린터 전문 업체이다.

케이티씨(KTC) ⓟ

■ 문의 : 0505-874-5550,
www.ktcmet.co.kr, www.kvox.co.kr

■ 사업 분야 : 3D 프린터 판매, 3D 프린팅 서비스

■ 취급 제품 : ATOMm-4000, ATOMm-8000

케이티씨(KTC)는 고객의 아이디어 상품화 과정에 필요한 쾌속조형기의 판매에서부터 시제품 제작까지 토털 솔루션을 제공하는 전문 3D 프린팅 업체이다. 제조업의 치열한 경쟁 속에서 제품의 성공 여부는 개발기간 단축과 빠르고 정확한 오류 수정이라고 확

신하여 수년간 다져온 KTC만의 노하우로 고객의 어려움을 해결하고 있다. 최고보다는 늘 고객만족을 위해 최선을 다하고자 한다.

코보트

- 문의 : 070-4686-8868, www.kobot.co.kr

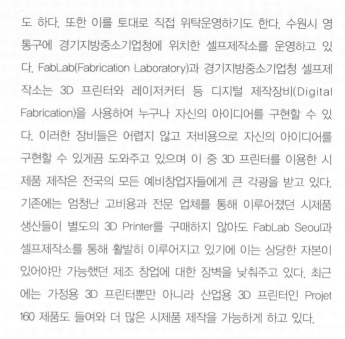

- 사업 분야 : 3D 프린터 및 자동 후처리기

- 취급 제품명 : 뽀샤시245, 뽀샤시250E, 뽀샤시500E, "뽀샤시액

코보트는 2014년 창업한 스타트업 회사로 전문가용 주문형 대형 FDM 3D 프린터 제작 및 출력물의 표면 적층을 부드럽게 표면처리 해주는 장비 '뽀샤시' 및 시약을 개발, 판매하고 있다. 25년 경력의 자동화기계관련 Engineer와 15년 경력의 생체재료 전공자가 공동 창업하였으며, 현재 생체용 고분자재료 및 광조형 방식의 3D 프린터 개발 중에 있다.

코스모스(COSMOS) C

- 문의 : 070-7530-3236, www.funnypoly.com

- 사업 분야 : 3D 모델 콘텐츠 오픈 마켓

- 서비스명 : 퍼니폴리

3D 모델 콘텐츠 오픈마켓으로서 3D 디자인 데이터를 팔고 사는 서비스에 프린팅 기능과 후가공을 접목하여 프린팅 제품 이외에도 주얼리, 실리콘 몰드 등 3D프린트로 보다 다양한 분야의 제품 제작이 가능하다.

타이드 인스티튜트(TIDE Institute) E P S

- 홈페이지 : http://tideinstitute.org

- 사업 분야 : 글로벌 창업 문화 획신과 신도형 기술창업 지원

TIDE Institute(타이드 인스디듀드)는 과학기술(Technology), 상상력(Imagination), 디자인(Design), 기업가 정신(Entrepreneurship) 네 가지 핵심요소의 최신 트렌드에 대한 정보를 한국사회에 공유하고 글로벌 창업 문화 확산과 선도형 기술창업을 지원한다.

현재 TIDE Institute에서는 전국 각지에 디지털 제작공방을 운영 중이며 대표적으로 서울 종로구 세운상가에 위치한 FabLab Seoul이 있다. FabLab Seoul은 전 세계에 300개가 넘는 네트워크를 형성하고 있으며 국내에선 최초이다. 이는 현재 전국 각지에 퍼져있는 무한상상실을 비롯해 기타 오픈 메이커 스페이스의 롤모델이기

도 하다. 또한 이를 토대로 직접 위탁운영하기도 한다. 수원시 영통구에 경기지방중소기업청에 위치한 셀프제작소를 운영하고 있다. FabLab(Fabrication Laboratory)과 경기지방중소기업청 셀프제작소는 3D 프린터와 레이저커터 등 디지털 제작장비(Digital Fabrication)을 사용하여 누구나 자신의 아이디어를 구현할 수 있다. 이러한 장비들은 어렵지 않고 저비용으로 자신의 아이디어를 구현할 수 있게끔 도와주고 있으며 이 중 3D 프린터를 이용한 시제품 제작은 전국의 모든 예비창업자들에게 큰 각광을 받고 있다. 기존에는 엄청난 고비용과 전문 업체를 통해 이루어졌던 시제품 생산들이 별도의 3D Printer를 구매하지 않아도 FabLab Seoul과 셀프제작소를 통해 활발히 이루어지고 있기에 이는 상당한 자본이 있어야만 가능했던 제조 창업에 대한 장벽을 낮춰주고 있다. 최근에는 가정용 3D 프린터뿐만 아니라 산업용 3D 프린터인 Projet 160 제품도 들여와 더 많은 시제품 제작을 가능하게 하고 있다.

탑쓰리디(TOP3D)

- 문의 : 070-8118-3230

- 홈페이지 : www.top3d.co.kr

- 사업 분야 : 3D 프린터 재료/ 원료, 3D PLA 필라멘트, 3D 기능성 PLA 필라멘트

- 취급 제품명 : PLA-Top/PLA-Ultra/PLA-Super/PLA-Normal Filament (색상: 반투명, natural, white, red, black, yellow 등 추가됨.)

탑쓰리디(TOP3D)는 다년간의 지속적인 연구개발을 통해 고품질의 3D 프린터 전용 필라멘트를 개발하였다.

개발된 TOP3D 필라멘트는 PLA의 입체이성질체를 활용한 최적의 분자조합과 탑쓰리디의 분자구조제어시스템 및 친환경 첨가제의 개발로 탄생한 세계적 수준의 3D 프린팅 원료로서, 소비자의 각종 요구를 반영하여 다양한 제품을 선보이고 있다..

티모스

- 문의 : 070-4010-5750, www.thymos.co.kr

- 사업분야 : 3D 프린터, 3D스캐너, 시제품 제작 서비스, 역설계/검사 서비스

- 취급 제품명 : Stratasys 3D 프린터, Solutionix 3D 스캐너

티모스는 3D 프린터와 3D 스캐너(Scanner) 판매 및 기술지

원, 제품 용역 서비스 등 제품 개발에서 검사까지 모든 영역에 걸친 서비스를 제공하고 있다.

티모스의 제품라인은 3D 프린터와 3D 스캐너로 구성되어 있다. 3D 프린터는 Stratasys사의 3D 프린터를 공급하고 있다. 기능성 Engineering Plastic인 ABS, PC, PC-ABS, Nylon, Ultem, PPSF 등을 사용할 수 있는 FDM 시리즈의 3D 프린터와 액상의 합성 폴리머 소재를 분사하여 적층 함으로써, 단일 소재 뿐만이 아닌, 두 소재를 혼합하여 적층할 수 있는 기능까지 탑재된 모델을 보유한 Polyjet 방식을 공급하고 있다.

또한 3가지 소재를 혼합 적층 할 수 있는 Connex 3장비가 출시됨에 따라, 아크릴 계열의 플라스틱을 이용하여, 직접 컬러 구현이 가능한 제품까지 라인업이 구축되어 있다.

3D 스캐너의 경우 솔루션닉스(SOLUTIONIX)사의 제품을 공급하고 있으며, 제품 라인업은 Rexcan 4, Rexcan CS plus, Rexcan DS² 로 구성되어 있다.

티엘씨(TLC)코리아

- 문의 : 033-732-9157, www.topleaf.co.kr
- 사업 분야 : PLA 관련 원료 컴파운딩, PLA 3D 필라멘트 원료 생산
- 취급 제품 : Ingreen PLA 3D Filament

티엘씨코리아는 미국 NatureWorks의 3D 필라멘트용 Ingeo PLA 국내 독점 수입업체이자 국내에서 유일하게 NatureWorks로부터 수개월 간의 테스트 과정을 거쳐 공식인증을 획득한 필라멘트 생산업체이다. 지난 10년 간의 PLA 관련 경험으로 자타가 인정하는 PLA에 관한 최고의 노하우를 소유하고 있으며 이를 바탕으로 현재 사용되고 있는 필라멘트는 물론 새로운 3D 프린팅 원료개발에 앞으로도 꾸준히 전념할 것이다.

TPC메카트로닉스

- 문의 : 032-580-0670, www.TPC3d.com, www.finebot.kr
- 사업 분야 : 제조, 디자인, 의료, 완구 등 다양한 분야에 적용 가능한 3D 프린터 개발
- 취급 제품 : FINEBOT 9600A, FINEBOT Z420A, FINEBOT Touch S, FINEBOT ACADEMY

1979년 설립된 TPC메카트로닉스(티피씨 메카트로닉스, 이하 약

칭 'TPC')는 자동화 핵심 부품인 공기압기기 생산업체로서, 2013년 10월, 3D 프린터 전문 제조기업인 애니웍스의 지분을 인수하면서 본격적인 3D 프린터 사업에 뛰어들었다. 애니웍스의 3D 프린터 관련 기술력에 더하여 TPC의 초정밀 제어 기술 및 핵심 부품인 모터 원천 기술 등을 결합해 '파인봇'을 판매하고 있다.

TPC는 인천 서구 단해창도클러스터 3D 프린터 전용 생산공장을 완공, 국내 3D 프린터 최대 제조라인을 보유, 월 500대에서 1,000대 가량의 3D 프린터를 생산할 수 있는 대량 생산 능력을 갖추었다. 또한 3D 프린터 하드웨어만이 아닌 엔지니어 전문 인터넷 포털사이트인 '메카피아닷컴'과 3D 프린터 포털사이트(www.3dhub.co.Kr)를 운영하여 3D 프린팅 서비스를 제공하고 있다. TPC는 현재 정부 자금을 지원받아 샤프트 리니어 모터를 개발 중이며, 이를 활용하여 금속 분야에 적용되는 새로운 방식의 고급형 3D 프린터 개발을 추진 중에 있다.

포디웰컴 🅔 🅟

- 문의 : 031-8069-8800
- 홈페이지 : www.4Dwel.com
- 사업 분야 : 3D 프린터 교육 아카데미, 3D 프린터 출력 서비스, 3D 모델링 도면 공유 플랫폼, 3D Studio Momento
- 취급 제품명 : 3D 피규어, 3D 스캐너

포디웰컴은 국내 3D 프린터 교육, 출력, 도면 공유 플랫폼, 스튜디오 네 가지 사업영역을 정하여 넓혀가고 있는 벤처기업이다. 특히 3D 출력서비스 사업으로는 인물 피규어(전신, 반신, 두상, 액자) 외에도 집약적인 기술력이 요구되는 애완동물 피규어(스탠드, 액자)를 비롯해 태아 및 아기, 유아 스케치, 주얼리, 메디컬, 건축지형 등의 서비스를 제공하고 있다.

연구개발 전담부시 인증, 벤치기업 인증, 특허출원 등 3D 프린터 관련 기술력을 보유하고 있고, 관련 업종의 전문 인력을 배치하여 타 3D 프린팅 업체 대비 풍부한 노하우를 가지고 있는 점이 차별화된 경쟁력이다.

또한, 후지필름과의 전략적 업무제휴를 통해 해피피규어(HAFi-Figure)라는 새로운 브랜드를 런칭하여 신촌 오프라인 매장에 안테나샵을 개장하였다. 이 외에도 백화점 내 3D Momento Studio가 입점 예정이며 이러한 성장 기류를 이어나가고자 신규 사업 진출 및 해외시장 개척을 추진하고 있다.

포머스팜 P E

■ 문의 : 070-4837-1137,
www.formersfarm.com

■ 사업 분야 : 3D 프린터 제조, 프린팅 서비스

■ 취급 제품 : Sprout, Sprout Mini

포머스팜은 국내 기술력을 바탕으로 PineTree, Sprout, Sprout Mini까지 보급형 FDM 방식의 3D 프린터를 개발 및 판매하고 있다. 우수한 제품 설계 및 기술력을 바탕으로 프린팅 품질에서 우수한 평가를 받고 있으며, 젊은 기업다운 성실한 AS로 고객만족을 최우선으로 하고 있다.

퓨전테크

■ 문의 : 031 782 1971,
www.fusiontech.co.kr

■ 사업 분야 : 3D 프린터 공급 / 메디컬 엔지니어링 소프트웨어 공급 및 기술지원

■ 취급 제품명 : 메탈 3D 프린터(SLM Solutions SLM-series metal printers), 플라스틱 3D 프린터(Farsoon SLS-series printers), 플라스틱 3D 프린터(Shanghai Union 3D Technology RS-series printers), 데스크톱 3D 프린터(ideaPrinter F-series & N-series printers), 메디컬 엔지니어링 소프트웨어(Materialise Mimics S/W)

국내 여러 산업 분야에 3D 프린터의 적극적 활용을 위하여 다양한 제품군의 3D 프린터를 국내에 공급하고 있으며, 지난 25년간 3D 프린터의 국내 공급 경험과 기술지원을 기반으로 고객 여러분들의 많은 응용에 도움을 주고자 정진하고 있다.

3D 프린터가 여러 산업분야에서 많이 적용되고 사용되고 있는 상황에서, 특히 의료분야의 기술지원에도 이비지하고자, 지난 10여년 전부터 메디컬 엔지니어링 소프트웨어를 이용한 의료분야 지원에도 솔루션 지원에 최선을 다하고 있다.

프로토텍 S P

■ 문의 : 02-6959-4113, www.prototech.co.kr

■ 사업 분야 : 3D 프린터 판매, 3D 스캐너 판매, 시제품 제작 서비스, 역설계 서비스

■ 취급 제품명 : Stratasys 3D 프린터, NextEngine, Geomagic, Breuckmann, FARO 3D 스캐너

프로토텍은 2005년 설립되었으며, 3D 프린터뿐만 아니라 3D 스캐너, 시제품 및 역설계 서비스까지 제공하는 3D 프린팅 토털 솔루션 기업이다.

스트라타시스(Stratasys)의 FDM 방식과 Polyjet 방식의 3D 프린터를 10년 넘게 판매하고 있는 국내 최대 공식 판매사로서, 오랜 경력과 노하우로 전문 컨설팅과 최고의 서비스를 제공하기 위해 노력하고 있다. 프로토텍은 기존 고객의 서비스 만족을 위해 최선을 다하며, 주 고객사로는 현대자동차, 삼성전자, LG전자 등이 있다.

시제품 제작 및 역설계 서비스는 전문 인력의 상담을 통해 고객맞춤형 서비스를 제공하고 있다. ABS플라스틱, PC, 고무계열 등 다양한 소재를 사용함으로써 자동차, 전자, 의료 분야 등 여러 분야에서 서비스를 이용하고 있다.

플러스플라스틱

■ 문의 : 02-6453-5575,
www.plusplastic.com, www.byrhino3d.com

■ 사업 분야 : 디지털 디자인 소프트웨어 공급, 개발

■ 취급 제품명 : Rhinoceros, KeyShot, Vray 등 디자인 소프트웨어 및 3차원 프린터

플러스플라스틱은 디지털 디자인 전문기업으로 제품디자인 및 설계, 건축설계, 역설계, 커스텀 툴 개발 등 다양한 분야에 특화된 디자인 서비스를 제공하고 있다. 또한 Rhinoceros를 디자인 플랫폼으로 3D모델링, 렌더링, 3D 제작을 위한 소프트웨어와 어도비(Adobe)의 그래픽 소프트웨어, 마이크로소프트의 OS, 사무용 소프트웨어 등 디자이너(제품, 건축, 주얼리, 기계 등)에게 필요한 디지털디자인 솔루션을 공급하며, 라이노를 기반으로 고객 요구에 따라 플러그인을 개발 및 공급하고 있다.

PTC코리아

■ 문의 : 02-3484-8000,
http://ko.ptc.com

■ 사업분야 : PLM, CAD, ALM, SCM, SLM, IoT

■ 취급 제품명 : PTC Creo, PTC Windchill, PTC Arbortext, PTC Servigistics, ThinWorx 등

PTC코리아는 스마트 커넥티드 프로덕트, 운영 및 시스템을 위한 기술 플랫폼 및 엔터프라이즈 애플리케이션을 개발 및 제공

하는 글로벌 선도기업이다. PTC의 엔터프라이즈 애플리케이션은 제조 업계 및 다른 산업군의 기업들이 제품을 생산하고, 운영하며, 분석하며, 서비스 할 수 있도록 지원한다. 특히, 업계 수상 경력에 빛나는 씽웍스(ThingWorx) 애플리케이션 플랫폼으로 대표되는 PTC의 플랫폼 기술들은 기업들이 IoT 시대에 새로운 가치를 창출할 수 있도록 지원하고 있다. 초기 CAD 소프트웨어 업계인 선도기업인 PTC는 이후 제품 수명주기 관리(PLM)와 서비스 수명주기 관리(SLM) 분야로 비즈니스를 확대한 바 있다.

하이비젼시스템

- 문의 : 031-735-1574
- 홈페이지 : www.3dcubicon.com
- 사업 분야 : 3D 프린터기 제조 및 수출
- 취급 제품명 : 큐비콘 싱글(cubicon single, 3DP-110F)

하이비젼시스템은 큐비콘을 통해 기존 3D 프린터 사용 업체의 효율적 활용을 제안함과 동시에 창조적 제조업을 꿈꾸는 사람들을 대상으로 다양한 마케팅 활동과 전략적 제휴를 병행해 나가고 있다. 또한 하이비젼시스템의 노하우를 바탕으로 한 기술과 특허 그리고 동급 성능의 3D 프린터 대비 합리적인 가격을 제공하면서 산업별로 특화된 모델을 지속적으로 개발하고 있다.

해외 진출과 관련하여 현재 하이비젼시스템의 해외 파트너사들이 큐비콘의 현지 판매에 관심을 보이고 있어, 이들과의 협력을 다각도로 협의 중이다. 1차로 아시아 시장을 기반으로 이어 북미, 유럽시장에도 진출할 예정이다.

향후에는 일반 기능 이외에도 의료장비, 특수부품 혹은 산업적 특성에 부합하는 제품 생산에 적합한 맞춤형 모델 개발에 주력할 예정이며 지역자치단체, 중소기업, 대학 등과 지속적인 협력과 교류를 통해 제품의 개발과 판매 이윤의 사회환원을 지속적으로 수행할 예정이다.

한국기술 S E

- 문의 : 031-478-4950, www.ktech21.com
- 사업분야 : 3D Systems 공식 지정 리셀러로 3D 프린터 및 3D 스캐너 판매 및 기술지원, Materialize Magic RP SW 공급 및 기술지원, 시제품 제작 서비스 사업, 3D 융합교육 사업
- 취급 제품명 : 3D Systems의 Production 3D 프린터(Metal, SLS, SLA), Professional 3D 프린터(Projet 5500x/3510 series), Personal 3D 프린터(Cube)

한국기술은 1990년 Rapid Prototyping 시스템의 선두 업체인 미국 3D systems사와 대리점계약을 체결하고 국내 최초로 SLA Rapid Prototyping(RP)을 공급한 이래로 각종 산업에 RP시스템 및 3D Printer를 공급하고 기술지원을 하며 시제품 제작 솔루션 전문업체로 성장하여 왔다.

고객의 아이디어가 제품으로 실현될 수 있는 시제품 제작 솔루션 전문업체로의 성장을 지향하며 3D 프린터 시스템의 공급에서 시제품 용역수행에 이르기까지 3D 프린터와 관련한 모든 영역에서 귀사와 긴밀한 관계를 맺을 수 있기를 희망하며 협력 파트너로서 최선을 다할 것이다.

한국아카이브 P

- 문의 : 02-558-8114, www.hankooka.com
- 사업 분야 : 3D분야 토털 솔루션 공급, 치기공 분야, IT 공공 사업분야
- 취급 제품명 : 3D Systems 3D 프린터, Actify, Artec, 3Dconnexion, Roland

한국아카이브는 오랜 경험을 바탕으로 고객이 요구하는 솔루션을 제공하는 전문업체로서 착실한 성장을 해오고 있으며, 각 관련분야 국내시장에서 선도적 위치를 점하고 있다.

3D Systems의 3D 프린터(쾌속 조형기, RP)뿐만 아니라 연관되는 3D Visualization을 위한 Actify의 제품, 3D Data의 Motion Control을 위한 3Dconnexion의 제품, Roland의 3D 밀링과 3D 스캐너 제품, 3Shape의 정밀 3D스캐너, SensAble의 촉각 모델링 시스템, 디지털 치기공솔루션까지 3D분야의 다양한 솔루션을 연구, 개발 및 제공하고 있다.

한국어도비시스템즈

- 문의 : 02-530-8000, www.adobe.com/kr
- 사업 분야 : 소프트웨어
- 취급 제품명 : 어도비 포토샵 CC(Adobe Photoshop CC)

어도비는 사용자의 디지털 경험을 통해 세상을 바꾼다. 한국어도비시스템즈에 대한 뉴스와 업데이트는 한국어도비시스템즈

의 공식 트위터(www.twitter.com/AdobeKorea)와 공식 페이스북(www.facebook.com/AdobeKorea)을 통해 확인할 수 있다. 사용자들은 클라우드 기반의 구독 서비스인 어도비 크리에이티브 클라우드를 통해 디바이스와 데스크톱, 웹을 넘나들며 자신의 작업을 창작하고 출판하며 공유할 수 있다.

한국ATC센터 **E**

■ 문의 : 1588-0163, www.eatc.co.kr

■ 사업 분야 : 민간자격증

한국ATC센터는 1995년 11월 17일 설립되어 ATC 자격시험(AutoCAD, 3dsMax, Inventor)을 매월 2, 4주 토요일에 시행하고 있다. 연간 3만 명 이상이 응시하고 있는 민간자격시험으로 다양한 분야에서 활용할 수 있는 3D 프린터 관련 기술자격을 시행하고 있다.

한국MI **S** **P**

■ 문의 : 042-935-3618, www.hkmi.co.kr

■ 사업 분야 : 제품설계, 3D 프린팅, 시제품 제작

■ 취급 제품명 : 실험장비 및 캐릭터 도장

한국MI는 제품개발 전문회사로 제품설계에서부터 특허지원과 시제품제작까지 이루어지는 통합솔루션을 제공하고 있다. 또한, 인근 학교 학생들의 창작의욕 상승을 위하여 재학생에 한하여 저렴하게 3D 프린팅 서비스를 제공하고 있다.

현우데이타시스템

■ 문의 : 02-545-6700, www.3dinus.co.kr

■ 사업 분야 : 3D 프린터

■ 취급 제품 : EOS P Series, M-Series

1987년 설립된 이래, 미국 데이티가드(DataCard)의 카느 시스템(Card System)으로 데이터 관리시스템 보급을 선도하며 고객의 신뢰를 쌓아오고 있다. 2013년 독일 EOS와 공식 파트너십을 체결하고 3DINUS의 브랜드명으로 국내 3D 산업시장에 진출했다. 30여년 간 쌓아온 시스템 기술 분야의 독자적인 노하우와 경험을 접목하여 소프트웨어와 기술지원을 하고 있다.

헵시바주식회사

■ 문의 : 032-509-5820,

www.veltz3d.com

■ 사업 분야 : 3D 프린터, 산업용 HVAC, 전력변환인버터(태양광/풍력), 전자컨트롤러

■ 취급 제품 : E1 Plus, Miicraft, Miicraft Plus 등

1986년 설립된 헵시바주식회사는 HVAC 부문과 신재생 분야 전력변환 인버터를 제조해온 30년 전통의 노하우를 겸비한 전문 제조기업이다. 2012년부터 지속성장을 위해 3D솔루션사업부를 설립했고, 3D솔루션 브랜드 'Veltz3D'를 론칭했다.

Veltz3D는 교육용 3D 프린터에서 산업용 스캐너를 공급하는 종합 3D솔루션 브랜드이다. 3D 프린팅 경쟁력 강화를 위해 재료를 포함한 원천기술에 대한 지속적인 연구개발을 진행하고 있으며, 소재부문에서는 광중합 소재를 특허를 개발했다. 3D프린터는 FDM, DLP 방식을 시작으로 현재 SLA, 3D스캐너까지 다양한 솔루션을 제공하고 있다. 앞으로도 3D 관련 콘텐츠 사업을 확대하여 융합이 중시되는 세계적인 산업 트렌드에 발맞춰 고객의 경쟁력을 높이는 창의적 파트너로 성장해 나갈 계획이다.

황금에스티 메트롤로지 사업부

■ 문의 : 02-850-9793, 02-850-9748, http://metro.hwangkum.com

■ 사업 분야 : 3D 스캐너, 검사자동화 장비, 면품질검사 장비, 갭단차측정 장비, 측정 서비스용역, 소프트웨어

■ 취급 제품 : T-SCAN CS, T-SCAN LV (자이스 옵토테크닉사의 레이저 주사식 3D스캐너), COMET 6 8M/16M, COMET L3D(자이스 옵토테크닉사의 패턴 주사식 3D스캐너), ABIS (자이스 옵토테크닉의 면품질검사 장비), COMET Automated, T-SCAN AUTOMATION(자이스 옵토테크닉사의 치수검사자동화 장비), CALIPRI(NEXTSENSE사의 갭단차측정 장비), 소프트웨어 (PolyWorks, Geomagic, InspectPlus).

■ 사용 장비 : T-SCAN CS, T-SCAN LV (자이스 옵토테크닉), COMET 6 8M/16M, COMET L3D

황금에스티 메트롤로지 사업부는 독일 스타인비클러(STEINBICHLER)와 자이스(ZEISS)가 합병해서 만든 후 자이스 옵토테크닉(Carl Zeiss Optotechnik GmbH)의 공식 인증공급 업체이다. 3D 스캐닝 데이터를 이용한 치수검사, 역설계, 품질관리를 위한 자동화 분야에서 독보적인 기술을 보유하고 있다. 또한 자동차, 우주항공, 전자, 중공업, 군수산업 분야의 개발단계에서 양산에 이르기까지 산업전반에 3D 솔루션을 제공하고 있다.

주요 3D 스캐너 제품군 리스트

제품명	개발사(홈페이지)	특징	적용 분야	정밀도	측정거리	컬러지원	가격	자료제공
5010X	Z+F www.zf-laser.com	Phase-shift 방식 지상라이다	건축, 플랜트, 조선, 등	±3~4mm (반경 50m 이내)	187.3m	지원	1억 2,000만원 ~ 1억 5,000만원	위프코, 031-719-6077, www.wipco.co.kr
Artec Eva	Artec 3D www.artec3d.com	Structured light	특수효과 제작, 의학, 생물학 연구, CG/애니메이션, 범죄 과학, 예술, 패션, 문화 유산 보존	0.1 mm	536×371	지원	문의	한국아카이브, 02-558-8114, www.hankooka.com
Artec Eva Lite				0.1 mm	536×371	업그레이드 가능	문의	
Artec L2	Artec 3D www.artec3d.com	Structured light	예술, 패션, 문화 유산 보존	0.25 mm	1268×952	지원	문의	
Artec Shapify Booth			예술, 패션	0.25 mm	1268×2000	지원	문의	
Artec Space Spider			역설계, 품질 관리, 제품 디자인	0.05 mm	180×140	지원	문의	
ATOS Core	GOM www.gom.co.kr	광학방식	자동차, 전자, 산업체, 사건 재구성	0.005 ~ 0.03mm		미지원	8,000만원 ~ 1억 5,000만원	아이디에스, 042-826-5272, www.idsbiz.co.kr
Cartesia	Space vision http://en.space-vision.jp	광원: 클래스 1 라인 레이저 3차원 인체 스캐너	인체측정	최소 ± 3mm	2m 이내	지원	문의	쓰리디시스템즈코리아, 02-6262-9942, www.3dscanning.co.kr
COMET 6	Steinbichler www.steinbichler.com	고출력 Blue LED Fringe Projection, 초 고해상도 : 8M ~ 16M, 능동 제어형 프로젝터	자동차, 항공, 전자, 공업, 방산 등 산업체	±7 미크론	81×54~ 1,300×830	미지원	1억 5,000만원 ~ 2억 5,000만원	황금에스티 메트롤로지 사업부, 02-850-9793, http://metro.hwangkum.com
COMET Automated	Steinbichler www.steinbichler.com	산업용로봇 전용 센서, 측정 자동화 센서, Photogrammetry 일체형 센서	자동차, 항공, 전자 등 산업체	±10 미크론	10m×10m	미지원	문의	
COMET L3D	Steinbichler www.steinbichler.com	1. Blue LED Fringe Projection 2. 다양한 해상도 : 1M~8M 3. FOV 변경시 프레임 교체 필요 없음	자동차, 항공, 전자, 중공업, 방산 등 산업체	±10 미크론	45×38 ~ 750×630	미지원	6,000만원 ~ 1억5천	이즈소프트, 031-436-1422, www.issoft.co.kr 황금에스티 메트롤로지 사업부, 02-850-9793, http://metro.hwangkum.com

모델	제조사	기술	용도	정밀도	측정범위	지원	가격	판매처
D1000	3Shape www.3shape.com	Blue LED Multi-line	덴탈	5μm	–	지원	문의	한국아카이브, 02-558-8114, www.hankooka.com
D2000		Blue LED Multi-line	덴탈	5μm	–	지원	문의	
D500		Red Laser	덴탈	10μm	–	–	문의	
D750		Blue LED	덴탈	10μm	–	–	문의	
D850		Blue LED	덴탈	7μm	–	–	문의	
D900L		Blue LED	덴탈	7μm	–	지원	문의	
Da vinci AIO	XYZprinting www.xyzprinting.com	스캐너: Silt Laser Triangulation 프린터: FFF (Fused Filament Fabrication)	교육용, 가정용, 소호산업용	0.25mm	150x150	스캐너: 미지원 프린터: 지원	1,199,000원	XYZprinting 한국지사, 02-555-9776, http://kr.xyzprinting.com
DPI-8	Dot Product LLC www.dotproduct3d.com	Primesense 3D 센서를 이용한 Kinect 핸드스캐너	건축, 선박 등	1m 이하, 99.8% 정확도 1m~2m, 99.5% 정확도 2m~3.3m, 99.0% 정확도	0.6m ~ 3.7m	지원	800만원 ~ 1,000만원	위프코, 031-719-6077, www.wipco.co.kr
FARO Edge ScanArm HD	Faro Technologies www.faro.com/kr	휴대용 3D 레이저 측정기(PCMM)- 고성능 스캐닝 기술을 통한 비접촉식 측정	항공우주산업, 자동차산업, 금속가공, 기계 및 조립, 몰딩/툴 및 금형	±25μm 2,000포인트/라인	Near field 80mm Far field 150mm	지원	문의	파로코리아, 051-662-3410, www.faro.com/kr
FARO Laser Scanner Focus3D	Faro Technologies www.faro.com/kr	휴대용 3D 레이저 스캐너 – 3D 문서화를 위한 완벽한 기구	항공, 조선, 건축 설계 등	±2mm	0.6 - 330m	지원	8,500만원 ~ 1억원 내외	파로코리아, 051-662-3410, www.faro.com/kr 쓰리디시스템즈코리아, 02-6262-9942, www.3dscanning.co.kr 이즈소프트, 031-436-1422, www.issoft.co.kr
FARO Scanner Freestyle3D	Faro Technologies www.faro.com/kr	능률적인 휴대용 레이저 스캔 - 손으로 잡고 사용하는 스캐너	해양, 법의학 & 사법 집행, 건축, 건설 & 엔지니어링, 석유 & 가스, 가상현실, 3D 스캐닝 서비스 제공업체	<1.5mm	0.5 - 3m	지원	2,200만원 ~ 2,500만원	파로코리아, 051-662-3410, www.faro.com/kr 쓰리디시스템즈코리아, 02-6262-9942, www.3dscanning.co.kr 프로토텍, 02-6959-4113, www.prototech.co.kr

제품명	제조사	특징	적용분야	정밀도	측정범위	지원	가격	판매처
Geomagic Capture	3D Systems www.3dsystems.com	광원: LED(blue) 역설계 소프트웨어 또는 품질검사 소프트웨어에서 스캐너 직접 제어	자동차, 전자 등 산업체	최소 ±60μm	300mm 이내	X	문의	쓰리디시스템즈코리아, 02-6262-9942, www.3dscanning. co.kr
Geomagic Capture mini			자동차, 전자 등 산업체	최소 ±34μm	157mm 이내	X	문의	
GO! SCAN	CREAFORM www.creaform3d.com/en/uk	광학방식. 휴대성 및 편리성. 빠른 스캔속도		최대 0.100mm	380~400mm	지원	4,000 ~ 5,000만원	주원, 031-726-1585, http://joowon3dprinter.com
HANDY SCAN		레이져방식. 휴대성 및 편리성. 빠른 스캔속도. 높은 정밀도	QC, 역설계, 자동차, 전자 등 산업체	최대 0.030mm	300mm	미지원	6,000 ~ 8,000만원	
Iscan	Imetric www.imetric.com	광원: White 라이트 저가형 광학 방식 스캐너	자동차, 전자 등 산업체	최대 ±8μm	70mm~400mm	X	문의	쓰리디시스템즈코리아, 02-6262-9942, www.3dscanning. co.kr
NextEngine	NextEngine www.nextengine.com	광원 : 클래스 1 라인 레이저 MLT(Multi Stripe Laser Triangulation) 방식 보급형 스캐너	자동차, 전자 등 산업체	최소 ±100μm	96mm~585mm	O	문의	
NextEngine HD Pro	NextEngine www.nextengine.com	가격대비 최고의 성능을 자랑하는 초저가 초소형 3차원 스캐너	자동차, 전자 등 산업체	100	129×96mm (Macro 모드) 343×256mm (Wide모드)	지원	635만원 ~ 1,200만원	프로토텍, 02-6959-4113, www.prototech. co.kr
NX-16	TC Square http://www.tc2.com/	광원 : White 라이트 3차원 인체 스캐너	인체측정	최소 ±3mm	2m 이내	X	문의	쓰리디시스템즈코리아, 02-6262-9942, www.3dscanning. co.kr
P40	Leica Geosystems www.leica-geosystems.com	TOF 방식 지상라이다	건축, 플랜트, 조선, 등	±3mm (50m 이내)	270m	지원	1억 8,000 ~ 2억	위프코, 031-719-6077, www.wipco.co.kr
Rexcan 4	메디트(MEDIT) www.solutionix.com	비접촉식 광학방식, Twin Camera, 최대 24개 영역 지원(렌즈 1 SET로 최대 4개 영역 지원), 카메라간 각도 10도 지원, 리모컨을 이용한 원격 스캔 가능	산업 전 분야 (자동차, 전자, 항공, 선박 등) ※ 대형 물체	±10~50μm	FOV 55~1545	미지원	9,000만원 ~ 1억 3천만원 (해상도, 영역별 상이)	메디트(MEDIT), 02-2193-9600, www.solutionix. com 티모스, 070-4010-5750, www.thymos.co.kr 제이엔텍 070-9668-9600, www.jntek.co.kr

제품명	제조사	방식/특징	적용분야	정밀도	측정범위	지원	가격	문의처
Rexcan CS+	메디트(MEDIT) www.solutionix.com	광학방식(Blue LED), 프로그램 설정으로 반복 사용 가능, 액티브 싱크(Active sync) 기능-사용자가 디스플레이 화면에서 클릭하면, 측정 대상물의 동일한 부분에 추가 스캔작업이 진행됨.	산업 전 분야 (자동차, 전자, 항공, 선박 등), 토이, 의료용(성형외과 등)	±10~30 μm	FOV 100~400	미지원	5,200만원 ~ 7,500만원 (해상도, 영역별 상이)	메디트(MEDIT), 02-2193-9600, www.solutionix.com

티모스, 070-4010-5750, www.thymos.co.kr

제이엔텍 070-9668-9600, www.jntek.co.kr |
Rexcan DS3	메디트(MEDIT) www.solutionix.com	비접촉식 광학방식, Twin Camera Blue LED, 2-Axis movement (자동스캔), 축정보를 이용한 자동정렬(No Target), Active sync 지원, Auto Calibration, Desktop Scanner	산업 전 분야 (자동차, 전자, 항공, 선박 등)- 소형 위주, 토이, 주얼리, 치과용	±10~15 μm	FOV 50~120	미지원	2,900만원 ~ 3,900만원 (해상도 별 가격 상이)	
RVScanner Advanced	RangeVision www.rangevision.com	광학방식	자동차, 전자 등 산업체	0.015mm	400~630		2,950만원	드림티엔에스, 031-713-8461, www.dreamtns.com
RVScanner STANDARD	RangeVision www.rangevision.com	광학방식	자동차, 전자 등 산업체	0.015mm	400~630		2,150만원	
SLS-2	DAVID Vision Systems GmbH www.david-3d.com/en/about-us	광학방식. 저렴한 가격대비 높은 정확도	조형, 오차 검사, 제품 시연, 문화재 복원, 예술산업, 애니메이션, 비디오 게임 등	최대 0.060mm	110-350mm	지원	500만원	주원, 031-726-1585, http://joowon3dprinter.com
SMART	RangeVision www.rangevision.com	광학방식	자동차, 전자 등 산업체	0.01mm		지원	730만원	드림티엔에스, 031-713-8461, www.dreamtns.com
smartSCAN	Aicon www.aicon3d.com	광원: LED(white, blue, green, red) MPT(Miniaturized Projection Technique) 방식 스테레오 카메라 방식	자동차, 전자 등 산업체	최소 ±6μm	60mm~ 1200mm	지원	8,000만원 ~ 1억원	쓰리디시스템즈고리아, 02-6262-9942, www.3dscanning.co.kr

프로토텍, 02-6959-4113, www.prototech.co.kr |
| streoSCAN | Aicon www.aicon3d.com | 광원: LED(white, blue, green, red) MPT(Miniaturized Projection Technique) 방식 스테레오 카메라 방식 | 자동차, 전자 등 산업체 | 최소 ±4μm | 48mm~ 1000mm | 지원 | 문의 | 쓰리디시스템즈코리아, 02-6262-9942, www.3dscanning.co.kr |

Trios 3	3Shape www.3shape.com	–	덴탈	–	–	지원	문의	한국아카이브, 02-558-8114, www.hankooka.com
T-SCAN Automated	Steinbichler www.steinbichler.com	T-SCAN 센서를 이용한 측정 자동 장비, 산업용 로봇 장착	자동차, 항공, 전자 등 산업체	±50 미크론	3,700× 2,600× 6,000	미지원	문의	황금에스티 메트롤로지 사업부, 02-850-9793, http://metro. hwangkum.com
T-SCAN CS+	Steinbichler www.steinbichler.com	hand held 레이저 스캐너, 터치 프루브, 표면광택 무관	자동차, 항공, 전자, 중공업, 방산 등 산업체	±50 미크론	2,500× 2,200× 2,000	미지원	1억원 ~ 1억 5천만원	황금에스티 메트롤로지 사업부, 02-850-9793, http://metro. hwangkum.com 이즈소프트, 031-436-1422, www.issoft.co.kr
T-SCAN LV	Steinbichler www.steinbichler.com	hand held 레이저 스캐너, 터치 프루브, 표면광택 무관	자동차, 항공, 전자 , 중공업, 방산 등 산업체	±50 미크론	3,700× 2,600× 6,000	미지원	2억원 ~ 2억5천	황금에스티 메트롤로지 사업부, 02-850-9793, http://metro. hwangkum.com
V3, V4, V5	Perceptron www.perceptron.com	laser line	자동차, 전자 등 산업체	±25	32mm~ 137mm	미지원	6,000만원 ~ 1억 2천만원	한국델켐, 02-2108-3800, www.delcam.co.kr
VZ-1000	RIEGL GmbH www.riegl.com	Time of Flight (레이저) 방식	토목, 지형 조사, 모니 터링, 도시 모델링 플랜 트, 야적장 볼륨 측정, 사면 분석	8mm	반경 1,400m	지원 외장형 DSLR	문의	드림티엔에스, 031-713-8461, www.dreamtns.com
VZ-2000		Time of Flight (레이저) 방식		8mm	반경 2,050m	지원 외장형 DSLR	문의	
VZ-400		Time of Flight (레이저) 방식		5mm	반경 600m	지원 외장형 DSLR	2억원 ~	
아인스캔	Shining3D http://en.shining3d.com	광학방식(빔프로젝 터), 3D프린팅 위한 자동보정기능	교보재, 역 설계, 3D프 린팅	<0.1mm	200×200 ×200, 700×700 ×700mm	X	160만원	휴스템, 02-6262-1093, www.hustem.com

■ 이 내용은 여러 업체에서 제공한 내용을 취합하여 작성하여 개별 업체의 내용과는 차이가 있을 수 있습니다. 공급처는 자료제공 업체를 기준으로 기재하였습니다.
이 자료는 지속적으로 업데이트 될 예정이므로 수정할 내용이나 추가할 사항이 있을 경우 본사로 연락주시기 바랍니다. (cadgraphpr@gmail.com)

주요 3D 스캐닝 관련 소프트웨어 리스트

제품명	개발사(홈페이지)	특징	적용 분야	가격	자료제공
3D Reshaper	Hexagon Group www.3dreshaper.com	정밀 및 광대역 스캔데이터 역설계, 3D 모델링, 3D Inspection 용 소프트웨어	자동차, 조선, 측량 등	2,000만원 ~ 2,500만원	위프코, 031-719-6077, www.wipco.co.kr
3Shape Dental System	3Shape www.3shape.com	최적화된 작업 과정, 향상된 사용자 편의성으로 직관적인 조작이 가능하고 더 많은 적응증에 대응하는 덴탈 CAD 플랫폼	치아 보철물 및 모형	문의	한국아카이브, 02-558-8114, www.hankooka.com
3Shape Implant Studio	3Shape www.3shape.com	환자의 진료 시간 및 방문 횟수 감소, 디지털 정확도 활용 및 수동 오류 감소, 최종 임플란트 위치와 복원 결과에 대한 예측 가능성 향상, 항상 일관된 수술 절차 지원 및 예기치 못한 합병증 방지, 절개 부분이 축소된 절차와 회복 시간 단축으로 환자의 진료 환경과 편의 향상	치아 임플란트 시술 계획 및 수술 가이드 제작	문의	
3Shape Orthodontics	3Shape www.3shape.com	완벽하게 통합된 디지털 워크플로를 통해 분석 및 치료 계획이 가능하고 CAD/CAM에 의한 장치 디자인 및 제조를 통해 생산성 향상	치아 교정 장치	문의	
AutoGEN	황금에스티 메트롤로지 사업부 http://metro.hwangkum.com	1. 치수검사 보고서를 자사고유양식의 엑셀보고서로 자동 변환 2. 불량품 경고 시스템 3. 검사자동화장비와 연동가능	양산품 치수검사	500만원 ~ 1,000만원	황금에스티 메트롤로지 사업부, 02-850-9793, metro.hwangkum.com
ClassNK-PEERLESS	ARMONICOS www.armonicos.co.jp	산업체 모델링 소프트웨어	3D SURVEY	4,500만원	이즈소프트(총판), 031-436-1422, www.issoft.co.kr
Cyclone	Leica Geosystems www.leica-geosystems.com	대용량 스캔데이터 정합, 모델링 및 실시간 스캔데이터 viewing 소프트웨어	역설계, BIM, 조선, 육/해상플랜트	2,000만원 ~ 5,000만원	위프코, 031-719-6077, www.wipco.co.kr
EdgeWise 5.0	ClearEdge3D www.clearedge3d.com	스캔데이터 기반 배관, 덕트, 구조물, 빌딩 자동화 모델링 소프트웨어	역설계, BIM, 조선, 육/해상플랜트	1,000만원 ~ 1,500만원	
ezScan 7	Medit www.solutionix.com	1. Rexcan 장비와 연동 (구동 소프트웨어) 2. 스캔 데이터 획득 (Phase shift optical triangulation 기술 활용 Align, Merge, Calibration) 3. 스캔 데이터 Editing 4. STL, ply 외 기타 포멧 지원 가능	1. 산업 전 분야 (자동차, 전자, 항공, 선박 등) 2. 토이 3. 주얼리 4. 치과용	800만원	메디트, 02-2193-9600, www.solutionix.com
Geomagic Control	3D Systems www.3dsystems.com	3D 스캔데이터 기반 품질검사 소프트웨어로서 CAD 데이터와 스캔데이터의 비교를 통한 품질검사 실시	자동차, 전자, 건축 등 다양한 산업 분야	문의	쓰리디시스템즈코리아, 02-6262-9942, www.rapidform.co.kr

Geomagic DesignX	3D Systems www.3dsystems.com	3D 스캔데이터 기반 역설계 소프트웨어로서 범용 CAD 제품과 호환	자동차, 전자, 건축 등 다양한 산업 분야	문의	쓰리디시스템즈코리아, 02-6262-9942, www.rapidform.co.kr
Geomagic Freeform	3D Systems www.3dsystems.com	3D 스캔데이터를 가상 클레이 모델로 변환해, 사용자가 원하는 다양한 형상으로 유기적인 모델링 가능	자동차, 전자, 건축, 의료, 소비재, 예술품 제작 등 다양한 산업 분야	문의	
Geomagic Sculpt	3D Systems www.3dsystems.com	Geomagic Freeform의 자주 활용되는 기능만 모아놓은 축소 버전	자동차, 전자, 건축, 의료, 소비재, 예술품 제작 등 다양한 산업 분야	문의	
Geomagic Wrap	3D Systems www.3dsystems.com	3D 스캔데이터 프로세싱 소프트웨어로서 3D 포인트 클라우드, 메시 데이터의 편집이나, CAD 서피스 데이터 생성 가능	자동차, 전자, 소비재, 아트 등 다양한 산업 분야	문의	
LFM Software	LFM http://web.lfm-software.com	대용량 스캔데이터 정합, 모델링 및 실시간 스캔데이터 viewing 소프트웨어	역설계, BIM, 조선, 육/해상플랜트	2천만원 ~ 5천만원	위프코, 031-719-6077, www.wipco.co.kr
PointShape	드림티엔에스 www.pointshape.com	대용량 Pointcloud 기반 3D 모델링 소프트웨어	플랜트엔지니어링, 도로 및 주변 시설물 모델링, 철도 모델링, 터널 측량	1천만원 ~	드림티엔에스, 031-713-8461, www.pointshape.com
PowerSHAPE	Delcam www.delcam.com	솔리드 모델링, 서피스 모델링, 트라이앵글 모델링이 통합된 다목적의 사용하기 쉬운 CAD 솔루션, 특히 금형제작의 제조관점에서 개발된 솔루션으로 부품가공 및 금형 제작업체의 모델링 도구로 최적의 기능 제공	금형산업, 항공산업, 제품디자인, 자동차산업, 주얼리 및 목공품산업, 교육, 패키지 디자인, 타이어산업, 완구산업, 신발산업, 해양산업, 생활자기 등	1,500만원	한국델켐, 02-2108-3800, www.delcam.co.kr
spGate	ARMONICOS www.armonicos.co.jp	변환 및 힐링 S/W	자동차, 전자 등 산업체	2,200만원	이즈소프트(총판), 031-436-1422, www.issoft.co.kr
spGauge	ARMONICOS www.armonicos.co.jp	치수분석 S/W	자동차, 전자 등 산업체	2,500만원	
spScan	ARMONICOS www.armonicos.co.jp	역설계 S/W	자동차, 전자 등 산업체	2,500만원	
XYZscan	XYZprinting www.xyzprinting.com	AIO를 통한 사물 스캔가능, 멀티스캔 지원	교육용, 가정용, 소호 산업용	무료	XYZprinting 한국지사, 02-555-9776, http://kr.xyzprinting.com
XYZware	XYZprinting www.xyzprinting.com	XYZ 제품을 통한 사물 출력 가능	교육용, 가정용, 소호 산업용	무료	

■ 이 내용은 여러 업체에서 제공한 내용을 취합하여 작성하여 개별 업체의 내용과는 차이가 있을 수 있습니다. 공급처는 자료제공 업체를 기준으로 기재하였습니다.
■ 이 자료는 지속적으로 업데이트 될 예정이므로 수정할 내용이나 추가할 사항이 있을 경우 본사로 연락주시기 바랍니다. (cadgraphpr@gmail.com)

주요 3D 프린터 제품 리스트

※ 개발사 가나다순

제조사 (홈페이지)	제조국	제품명	재료	출력물 크기 (가로×세로×높이, mm)	출력방식	출력색상	출력속도 (mm/s)	해상도 (미크론)	유지 보수	조립 유무	가격(원)	자료제공(업체명/전화/홈페이지)
3D BOX, www.3d-box.co.kr	한국	3D BOX	ABS, PLA, HIPS 나일론 목분 기타 플라스틸 소재	300×300×300	FDM	단색(20여 가지)	150	50	1년	완제품	300만원	3D BOX, 032-205-5934, www.3d-box.co.kr
3D Systems, www.3dsystems.com	미국	ProX300	금속, 세라믹 등 15 가지 이상	250×250×300	DMP	n/a	8 ~ 25cc m/hr	100×100×20 μm	1년	완제품	문의	3D시스템즈코리아, 02-6262-9900, www.3dsystems.com ■ 건수머 : 신도리코, 02-460-1244, www.sindoh.com / 제이씨현 ■ 퍼스널 : 제이씨현 ■ 프로페셔널 프로덕션 세중정보기술, 02-3420-1172, www.sjitrps.co.kr 씨이피테크, 02-749-9346, www.ceptech.co.kr 포텍마이크로시스템, 516-6123, www.foretek.co.kr 한국기술, 031-478-4950, www.ktech21.com 한국아카이브, 02-558-8114, www.hankooka.com
	미국	Cube 3 (건수머)	PLA/ABS	153×153×153	PJP	최대 2종류 색상		70	1년	완제품		
	미국	CubePro (건수머)	PLA/ABS/Nylon	285×270×230	PJP	최대 3종류 색상	15mm/s	70	1년	완제품		
	미국	iPro 8000 (프로덕션)	에폭시 수지	650×750×550	SLA	흰색, 검정, 반투명, 청색		50	1년	완제품		
	미국	ProJet 1200 (퍼스널)	플라스틱	43×27×150	SLA	짙은 녹색	14mm/hour	30	1년	완제품		
	미국	ProJet 1500 (퍼스널)	플라스틱	171×228×203	FTI	빨강, 흰색, 회색, 파랑, 검정, 노랑	12.7 mm/hour	102	1년	완제품		
	미국	ProJet 3500 시리즈 (프로페셔널)	다양한 플라스틱 및 왁스 재질	298×185×203	MJP	흰색, 회색, 검정		25	1년	완제품		
	미국	ProJet 4500 (프로페셔널)	플라스틱	203×254×203	CJP	풀컬러 지원	8mm/hour	100	1년	완제품		
	미국	ProJet 5000 (프로페셔널)	다양한 플라스틱 및 왁스 재질	533×381×300	MJP	검정, 흰색, 투명		25	1년	완제품		
	미국	ProJet 5500X (프로페셔널)	플라스틱, 고무 재질	553×381×300	MJP	흰색, 회색, 검정		29	1년	완제품		
	미국	ProJet 6000 & 7000 (프로페셔널)	광경화성 플라스틱	최대 380×380×250	SLA	검정, 투명, 흰색, 스톤		25	1년	완제품		
	미국	ProJet x60 시리즈 (프로페셔널)	석고 파우더	최대 508×381×229	CJP	단색/풀컬러 지원	28mm/hour	100	1년	완제품		
	미국	ProX 100, 200, 300 (프로덕션)	금속 파우더	최대 250×250×300	DMS	금속		20	1년	완제품		
	미국	ProX 500 (프로덕션)	플라스틱 파우더	381×330×457	SLS	흰색	2L/hour	80	1년	완제품		
	미국	ProX 950 (프로덕션)	광경화성 플라스틱	1500×750×750	SLA	검정, 투명, 흰색, 스톤		15	1년	완제품		
	미국	sPro 시리즈 (프로덕션)	플라스틱 파우더	최대 550×550×750	SLS	흰색	최대 5L/hour	80	1년	완제품		

※ 자료제공은 공급업체 중 자료를 제공해준 자료입니다. 이 자료는 지속적으로 업데이트 됩니다. 업데이트를 원하면 연락주시기 바랍니다. (이메일 : cadgraphpr@gmail.com)

제조사	국가	제품명	소재	출력크기	방식	색상	속도	적층두께	보증	완제품	가격	연락처
3D엔터	한국	Cross3.5	PETG, PC, PLA, ABS 등	500×500×500	FDM	단색	100	70~700	1년	완제품	1155만원	3D엔터, 070-7756-7757, www.3denter.co.kr
3D프린팅응합기술협동조합	한국	3DCOOP-1	PLA, ABS	200×200×200	FFF	단색(컬러)	60	50	별도	완제품	165만원	엔터봇, 070-8018-4119, www.enterbot.co.kr
Atto System, www.attosystem.co.kr	대한민국	Athos H1	Resin	8cm×6cm×20cm	DLP	color	약 10~40mm/hour	0.012	1년	완제품	1500만	Atto System 010-3225-2598 www.attosystem.co.kr
	대한민국	Athos F1	Resin	8cm×6cm×20cm	DLP	color	약 10~40mm/hour	0.012	1년	완제품	1200만	
	대한민국	Athos F2	Resin	16cm×9cm×20cm	DLP	color	약 10~40mm/hour	0.012	1년	완제품	900만	
	대한민국	Athos F3	Resin	22cm×12.3cm×20cm	DLP	color	약 10~40mm/hour	0.012	1년	완제품	600만	
	대한민국	Porthos I	Filament	1000×500×500	FDM	color		0.1~0.3	1년	완제품	1200만	
	대한민국	Porthos II	Filament	400×400×500	FDM	color		0.1~0.3	1년	완제품	900만	
	대한민국	Aramis	Filament	250×250×250	FDM	color		0.1~0.3	1년	완제품	150만	
botObject, www.botobjects.com	영국	ProDesk3D	PLA, PVA	275×275×300	FDM	컬러	175(익스트루더 속도)	25	12개월(유/무상)	완제품	860만원	에일리언테크놀로지아시아, 070-7012-1318, www.alien3d.co.kr
CEL, www.cel-robox.com	중국 OEM	ROBOX (RBX1)	ABS, PLA, Metallic, Wood, Nylon, Flexible 등	210×150×100	FDM	단색		최대 0.02mm	1년	완제품	195만원	소니콤퓨텅, 02-6212-9901, www.cel-robox.co.kr, www.m-one3d.co.kr
C-met, http://www.cmet.co.jp/eng	일본	ATOMm-4000		400×400×300	SLA	투명, 흰색	32,000mm/sec		1년	완제품	4억원	케이티씨(KTC), 0505-874-5550, www.ktcmet.co.kr, www.kvox.co.kr
Concept Laser	독일	M1	Metal	250×250×250	Laser CUSING (SLM)	Metal	700	15~20	1년	완제품	가격문의	카미(KAMI), 02-6670-4114, www.kami.biz
	독일	M2	Metal	250×250×280	Laser CUSING (SLM)	Metal	700	15~20	1년	완제품	가격문의	
	독일	Mlab	Metal	90×90×80	Laser CUSING (SLM)	Metal	700	15~20	1년	완제품	가격문의	
	독일	X line 1000R	Metal	630×400×500	Laser CUSING (SLM)	Metal	700	30~50	1년	완제품	가격문의	
	독일	X line 2000R	Metal	800×400×500	Laser CUSING (SLM)	Metal	700	30~50	1년	완제품	가격문의	

국가	모델	재료	지름180×높이180	방식	재료 단일색	대략 시간당 20mm	적층 10~100	별도 제어	완제품	업체
이태리	XFAB	ABS, Rubber 투명 등 10가지	지름180×높이180	SLA	단색					
이탈리아	008J		65×65×90	SLA	단색		10~100	1년	완제품	
이탈리아	009D		50×37×100	DLP	단색		10~100	1년	완제품	
이탈리아	009J		50×37×100	DLP	단색		10~100	1년	완제품	
이탈리아	020D		130×130×90	SLA	단색		10~100	1년	완제품	
이탈리아	020X		130×130×90	SLA	단색	5~20mm/h	10~100	1년	완제품	HDC, 031-817-6210, www.hdcinfo.co.kr
이탈리아	028D		90×90×90	SLA	단색		10~100	1년	완제품	
이탈리아	028J		65×65×90	SLA	단색		10~100	1년	완제품	
이탈리아	028J plus		90×90×90	SLA	단색		10~100	1년	완제품	
이탈리아	029D	ABS Rubber 세라믹, 왁스 투명재료 외	150×150×100	SLA	단색		10~100	1년	완제품	
이탈리아	029J		110×110×100	SLA	단색		10~100	1년	완제품	
이탈리아	029J plus		150×150×100	SLA	단색		10~100	1년	완제품	
이탈리아	029X		150×150×200	SLA	단색	10~25mm/h	10~100	1년	완제품	
이탈리아	030D		300×300×300	SLA	단색		10~100	1년	완제품	
이탈리아	030J		300×300×300	SLA	단색		10~100	1년	완제품	
이탈리아	030X		300×300×300	SLA	단색	10~25mm/h	10~100	1년	완제품	
독일	M270	메탈(Ti, Cocr)	250×250×215	DMLS	단색		20	1년	완제품	
독일	M290	메탈(Ti, Cocr, Ni)	250×250×325	SLS	Metal	장비마다 차등	20μm~	3년	완제품	문의
독일	M400	메탈(Ti, Cocr, Ni Stainlesssteel Maragngsteel)	400×400×400	SLS	Metal		20μm~	3년	완제품	문의
독일	P110	PA2200 외	200×250×330	SLS	Natural Black	장비마다 차등	60μm~	1년	완제품	문의
독일	P396	PA220C 외	340×340×600	SLS	Natural Black	장비마다 차등	60μm~	1년	완제품	문의
독일	P760	PA2200 외	700×380×580	SLS	Natural Black	장비마다 차등	60μm~	1년	완제품	문의
독일	P800	나일론,케일 PEEK	700×380×560	SLS	단색	7mm/h	120	1년	완제품	문의
독일	ULTRA 3SP	ABS 유사 성분, 고 경도·고탄성 WAX, 세라믹 재료 등	266×177×193	DLP	투명, 노랑, 화이 트 등	100~300	25~100 microns	1년	완제품	문의

DWS, www.dwssystems.com

EOS, www.eos.info
HDC, 031-817-6210, www.hdcinfo.co.kr /
한우데이터시스템, 02-545-6700, www.3dinus.co.kr

envisionTEC, www.envisiontec.com
주원, 031-726-5070, www.joowon.co.kr

업체	모델명	원산지	소재	출력크기	방식	컬러	속도	해상도	보증기간	구분	가격	연락처
FLASHFORGE	FINDER	중국	PLA	140×140×140	FDM	단색	40	0.4mm (Nozzle)	1년	완제품	99만원	랩C, 070-7502-7280, http://labc.kr
FLASHFORGE	Creator Pro	중국	ABS, PLA	230×150×140	FDM	듀얼	40	0.4mm (Nozzle)	1년	완제품	190만원	랩C, 070-7502-7280, http://labc.kr
FLASHFORGE	Dreamer	중국	ABS, PLA	230×150×140	FDM	듀얼	40	0.4mm (Nozzle)	1년	완제품	200만원	랩C, 070-7502-7280, http://labc.kr
Gooo3D	G PRINTER	한국	아크릴레진 캐스터블레진	126×78.5×145	UV-DLP	단색	60mm/hour	100 마이크론	1년	완제품	590만원	굿쓰리디, 070-4288-9003, www.Gooo3D.net
HVS 하이비전 시스템, www.3dcubicon.com	3DP-110F 큐비콘 싱글	한국	ABS, PLA	240×190×200	FFF	컬러 16색, 단색	300	100	1년 (6개월 무상)	완제품	290만원(부가세 별도)	하이비전시스템, 031-735-1574, www.3dcubicon.com
Kevvox, www.kevvox.com	SP4300	싱가포르	광경화성 액상수지	56×35×100	DLP	단색	출력모드에 따라 상이	10	12개월 (유/무상)	완제품	2400만원	에일리언테크놀로지아시아, 070-7012-1318, www.alien3d.co.kr
Kevvox, www.kevvox.com	SP6200	싱가포르	광경화성 액상수지	80×50×100	DLP	단색	출력모드에 따라 상이	10	12개월 (유/무상)	완제품	2400만원	에일리언테크놀로지아시아, 070-7012-1318, www.alien3d.co.kr
Lithoz, www.lithoz.com	CeraFab 7500	오스트리아	세라믹	76×43×150	DLP	단색		40	1년	완제품	업체문의	에이엠솔루션즈, 070-8811-0425, www.amsolutions.co.kr
MakeX, www.makex.com	M-ONE	중국	광경화성 Resin	145×110×170	DLP	단색		최대 0.015	1년	완제품	590만원	소니콤로봇, 02-6212-9901, www.cel-robox.co.kr, www.m-one3d.co.kr
Matsuura	LUMEx Avace-25	일본	금속류	250×250×185	SLS	금속			1년	완제품	8억~9억	야마젠코리아, 02-864-1755, www.yamazenkorea.co.kr
Mcor Technologies, www.mcortechnologies.com	IRIS	아일랜드	종이(일반 사무용지)	256×169×150	LOM	풀컬러	N/A	X,Y축 : 12미크론 / Y축 : 100미크론	1년	완제품	6,000만원	AJ Networks, 02-6363-9951, www.aj3d.co.kr
OPTOMEC, www.optomec.com	850-R (450,MR-7)	미국	금속	900×1500×900	Directed Energy Deposition		Up to 0.5kg/hr	250	1년	완제품	업체문의	에이엠솔루션즈, 070-8811-0425, www.amsolutions.co.kr
OTS, www.3dthinker.com	Deltabot-K-CU	한국	ABS, PLA, WOOD, PC, HIPS, Flexble	200×250	FDM	컬러	100	40	1년	완제품	268만원	오티에스, 1899-7973, www.3dthinker.com
OTS, www.3dthinker.com	Deltabot-K-IN	한국	ABS, PLA, WOOD, PC, HIPS, Flexble	300×350	FDM	컬러	100	40	1년	완제품	495만원	오티에스, 1899-7973, www.3dthinker.com
Owl Works, www.morpheus3dprinter.com	Morpheus	한국	Resin	330×180×300	LIPS	단색	10~35mm/h	~170um in plane, 25~100um z height	3개월	완제품	미정	랩C, 070-7502-7280, http://labc.kr
Pirate3D, www.pirate3d.com	Buccaneer	싱가포르	PLA	145×125×150	FDM	단색		85	12개월 (유/무상)	완제품	165만원	에일리언테크놀로지아시아, 070-7012-1318, www.alien3d.co.kr

국가	모델명	소재	크기	방식	색상/종류	속도	해상도	보증	완제품/반제품	가격	업체/연락처
독일	HA30	광경화성 수지	50×35×80		transparent clear, transparent blue, transparent red, tan opaque.	36mm/h	30μm (오차범위)		완제품		rapidshape, www.rapidshape.de / 알엠에스, 070-4010-7107, www.rmsolutions.co.kr
독일	HA50	광경화성 수지	70×52×90			18mm/h	50μm (오차범위)		완제품		
독일	HA60	광경화성 수지	105×59×90			36mm/h	54μm (오차범위)		완제품		
독일	HA90	광경화성 수지	153×96×150			12mm/h	75μm (오차범위)		완제품		
독일	S30	광경화성 수지	50×31×80	DLP	Red, Orange, Yellow, Tan	10mm/h	21μm (오차범위)	1년	완제품	문의 요망	
독일	S30 FFS	광경화성 수지	50×31×80			20mm/h	21μm (오차범위)		완제품		
독일	S30L	광경화성 수지	83×46×80			10mm/h	21μm (오차범위)		완제품		
독일	S30L FFS	광경화성 수지	83×46×80			20mm/h	21μm (오차범위)		완제품		
독일	S60	광경화성 수지	95×53×110			60mm/h	25μm (오차범위)		완제품		
독일	S90	광경화성 수지	153×86×155			40mm/h	20μm (오차범위)		완제품		
독일	S90L	광경화성 수지	192×108×155			40mm/h	25μm (오차범위)		완제품		
대만	MIICRAFT Plus	광경화성 레진	43×27×180(mm)	DLP	Blue, clear	시간당 20mm (40micron 셀 정사)	15,25,40 micron (Max, 0.015mm)	1년	완제품	770만원	Rays Optics / 헵시바주식회사 032-509-5820 www.veltz3d.com
대만	MIICRAFT Jewelry	광경화성(주얼리전용) 왁스레진	43×27×180(mm)	DLP	Orange	시간당 20mm (40micron 셀 정사)	15,25,40 micron (Max, 0.015mm)	1년	완제품	10,89만원	
독일	SLM 100	Tool Steel, Titanium, Titanium V4, Aluminum 등	125×125×100(200)mm	SLM	Metal				완제품	문의	Realizer GmbH / 에이엠코리아, 031-426-8265, www.amkorea21.com
독일	SLM 250	Tool Steel, Titanium, Titanium V4, Aluminum 등	250×250×300mm	SLM	Metal				완제품	문의	
독일	SLM 300	Tool Steel, Titanium, Titanium V4, Aluminum 등	300×300×300mm	SLM	Metal				완제품	문의	
독일	SLM 50	Tool Steel, Titanium, Titanium V4, Aluminum 등	직경 70×40mm	SLM	Metal				완제품	문의	

제조사	국가	제품명	재료	출력크기	방식	단색/컬러	다양하게 설정 가능	설정	(유/무상)	완제품	가격	연락처
Robo3D, www.robo3dprinter.com	미국	Robo3D R1	PLA, ABS	254×228×203	FDM	단색	300	100	12개월	완제품	195만원	에일리언테크놀로지[아시아], 070-7012-1318, www.alien3d.co.kr
ROBOGATES	한국	DS300	ABS, PLA, 외	250×300	FDM	단색컬러		시험중	6개월	완제품	250만원	로보게이트, 070-8796-0630, www.robonuri.com, www.robogates.com
Shanghai Union Technology, www.union-tek.com	중국	RS3500	광경화성수지	350×350×300	SLA	흰색	10000	50	1년	완제품	고객 문의 시 제공	에이엠코리아, 031-426-8265, www.amkorea21.com
	중국	RS4500	광경화성수지	450×450×300	SLA	투명	10000	50	1년	완제품	고객 문의 시 제공	
	중국	RS6000	광경화성수지	600×600×400	SLA		10000	50	1년	완제품	고객 문의 시 제공	
	미국	Replicator	PLA	252×99×150	FDM	32가지 컬러	150	100/200/300	무상 6개월	완제품	510만원	브룰코리아, 02-591-3866, http://www.brule.co.kr
Stratasys(Makerbot), www.makerbot.com	미국	Replicator 2	PLA, Flexible	285×153×155	FDM	32가지 컬러	150	100/200/300	무상 6개월	완제품	430만원	
	미국	Replicator 2X	ABS, Dissolvable	246×152×155	FDM	16가지 컬러	150	100/200/300	무상 6개월	완제품	460만원	영일교육시스템, 02-2024-0077, www.yrobot.com
	미국	Replicator Mini	PLA	100×100×125	FDM	32가지 컬러	150	200	무상 6개월	완제품	270만원	
	미국	Replicator Z18	PLA	305×305×457	FDM	32가지 컬러	150	100/200/300	무상 6개월	완제품	1240만원	
	미국	Dimension Elite(디자인시리즈/성능향)	ABS Plus-P430	203×203×305	FDM	총 9가지 색상(아이보리색, 흰색, 파란색, 형광노란색, 검은색, 빨간색, 주황색, 올리브 녹색, 회색)			1년	완제품	별도문의	스트라타시스코리아, 02-2046-2200, www.stratasys.co.kr
	미국	Dimension SST 1200es(디자인시리즈/성능향)	ABS Plus-P430	254×254×305	FDM				1년	완제품	별도문의	프로토텍, 02-6959-4413, www.prototech.co.kr
	미국	Dimension BST 1200es(디자인시리즈/성능향)	ABS Plus-P430	254×254×305	FDM				1년	완제품	별도문의	
Stratasys, www.stratasys.com	이스라엘	Eden 260VS	Vero Family(4가지), FullCure720, VeroClear, DurusWhite, Tango Family(4가지), MED610, VeroDent, Endur, HighTemp.	255×252×200	Polyjet	Vero Family: 흰색, 검은색, 파란색, 회색 FullCure720:반투명 VeroClear:투명 DurusWhite: 흰색 Tango Family:회색, 검은색, 반투명 MED610:투명 Rigur:흰색 HighTemp.:살구색			1년	완제품	별도문의	티모스, 070-4010-5750, www.thymos.co.kr

국가	모델명	사용재료	크기	방식	색상	보증		문의
미국	Fortus 250mc	ABS Plus-P430	254×254×305	FDM	총 9가지 색상(아이보리색, 흰색, 파란색, 형광 노란색, 검은색, 빨간색, 주황색, 올리브 녹색 그리고 회색)	1년	완제품	별도문의
미국	Fortus 380mc(프로덕션시리즈(성능형))	ABS-M30 PC, Nylon 12, ASA	355×305×305	FDM	ABS-M30: 아이보리, 흰색, 검은색, 회색, 빨간색, 청색 ASA : 아이보리, 검정, 진회색, 연회색, 녹색, 청색, 노랑, 흰색, 빨간색, 주황색 PC: 흰색(옵션) Nylon 12: 검은색	1년	완제품	별도문의
미국	Fortus 450mc(프로덕션시리즈(성능형))	ABS-M30, ASA, ABS-M30i (의료용), ABS-ESD7 (정전기 방지), ULTEM 9085 (화염, 연기, 유독성 인증), ULTE 1010, Nylon 12, PC, PC-ISO (의료용)	406×355×406	FDM	Fortus 380mc 색깔 + PC-ISO: 흰색, 반투명 / Ultem 9085: Tan, 검은색 / Ultem 1010: Natural / ESD7: 검은색 / M30i: 아이보리	1년	완제품	별도문의
미국	Fortus 900mc(프로덕션시리즈(성능형))	ABSi, ABS-M30, ASA, ABS-M30i (의료용), ABS-ESD7 (정전기 방지), ULTEM 9085 (화염, 연기, 유독성 인증), ULTE 1010, Nylon 12, PC, PPSF (내열성 / 내화학성), PC-ABS, PC-ISO (의료용)	914×610×914	FDM	Fortus 380mc 색깔 + ABSi: 반투명(주황, 빨강, 무색) / PC-ABS: 검은색 / PC-ISO: 흰색, 반투명 / Ultem 9085: Tan, 검은색 / Ultem 1010: Natural / PPSF: Tan / ESD7: 검은색 / M30i: 아이보리	1년	완제품	별도문의
미국	Mojo(아이디어 시리즈)	ABS Plus-P430	127×127×127	FDM	총 9가지 색상(아이보리색, 흰색, 파랑 형광 노란색, 검은색, 빨간색, 주황색, 올리브 녹색 또는 회색)	1년	완제품	별도문의
이스라엘	Objet24(디자인시리즈/정밀형)	VeroWhitePlus	240×200×150	Polyjet	VeroWhitePlus: 흰색	1년	완제품	별도문의

스트라타시스코리아, 02-2046-2200, www.stratasys.co.kr

프로토텍, www.prototech.co.kr

티모스, 070-4010-5750, www.thymos.co.kr

Stratasys, www.stratasys.com

제조사	제품명	크기	기술	재료	색상		보증		문의	연락처
이스라엘	Objet30(디자인 시리즈/정밀 포함)	300×200×150	Polyjet	VeroWhitePlus, VeroBlue, VeroGray, VeroBlackPlus, DurusWhite(PP-like),	Vero Family: 흰색, 검은색, 파란색, 회색, DurusWhite(PP-like):아이보리		1년	완제품	별도문의	스트라타시스코리아ㅣ, 02-2046-2200, www.stratasys.co.kr
이스라엘	Objet30 Pro(디자인 시리즈/정밀 포함)	300×200×150	Polyjet	VeroWhitePlus, VeroBlue, VeroGray, VeroBlackPlus, DurusWhite(PP-like), VeroClear(투명), HighTemp (고온재료), Rigur	Vero Family: 흰색, 검은색, 파란색, 회색, DurusWhite(PP-like):아이보리, VeroClear:투명, HighTemp:실구색, Rigur:흰색		1년	완제품	별도문의	프로토텍, 02-6959-4113, www.prototech.co.kr
이스라엘	Objet30 Prime(디자인 시리즈/정밀 포함)	300×200×150	Polyjet	VeroWhitePlus, VeroBlue, VeroGray, VeroBlackPlus, DurusWhite(PP-like), VeroClear(투명), HighTemp (고온재료), Endur, Tango Grey, Tango Black, MED610, Rigur	Vero Family: 흰색, 검은색, 파란색, 회색, DurusWhite(PP-like):아이보리, VeroClear:투명, HighTemp:실구색, Rigur:흰색, Tango Family : 회색, 검은색, MED610 : 투명		1년	완제품	별도문의	티모스, 070-4010-5750, www.thymos.co.kr
이스라엘	Objet30 OrthoDesk	300×200×100	Polyjet	VeroDentPlus(치과용), MED610(생체적합 재료, 투명), MEd620	VeroDentPlus:실구색 MED610:투명		1년	완제품	별도문의	
이스라엘	Objet30 Dental Prime	300×200×100	Polyjet	VeroDentPlus(치과용), MED610(생체적합 재료, 투명), MEd620	Vero Glaze (MED620) : 아이보리		1년	완제품	별도문의	
이스라엘	Objet Eden 260VS Dental Adv	255×255×200	Polyjet	Vero Dent, VeroDentPlus(치과용), MED610(생체적합 재료, 투명), MED620	VeroDent:실구색 VeroDentPlus:실구색 MED610:투명 Vero Glaze (MED620) : 아이보리		1년	완제품	별도문의	
이스라엘	Objet Eden 260 Dental Selection	255×255×200	Polyjet	VeroWhitePlus, Vero Magenta, Tango Plus, Tango Black Plus	VeroWhitePlus : 흰색 Vero Magenta : 작색 Tango Family : 반투명, 검은색		1년	완제품	별도문의	
이스라엘	Objet Eden 500 Dental Selection	490×390×200	Polyjet	Vero Dent, VeroDentPlus(치과용), MED610(생체적합 재료, 투명), MED620	VeroDent:실구색 VeroDentPlus:실구색 MED610:투명 Vero Glaze (MED620) : 아이보리		1년	완제품	별도문의	

Stratasys, www.stratasys.com

제조사 / 홈페이지	원산지	모델명	재료	출력크기	방식	색상	해상도	A/S	형태	가격	판매처
Stratasys, www.stratasys.com	이스라엘	Objet260 Connex1 (디자인시리즈/정밀형)	Vero Family(47가지), FullCure720, VeroClear, DurusWhite, Tango Family(47가지), High Temp, Rigur, Durus, MED610, VeroDent	255×252×200	Polyjet	Vero Family: 흰색, 파란색 회색 검 은색 / FullCure720:반투명 / VeroClear:투명 / DurusWhite: 흰색 / Tango Family:회색,검 은색, 반투명 / MED610: 투명 / VeroDent:살구 색 / Rigur:흰색 / HighTemp:살구색		1년	완제품	별도문의	스트라타시스코리아, 02-2046-2200, www.stratasys.co.kr
	이스라엘	Objet260 Connex2 (디자인시리즈/정밀형)	Vero Family(47가지), FullCure720, VeroClear, DurusWhite, Tango Family(47가지), High Temp, Rigur, Durus, MED610, VeroDent, Digital ABS	255×252×200	Polyjet			1년	완제품	별도문의	프로토텍, 02-6959-4113, www.prototech.co.kr
	이스라엘	Objet260 Connex3 (디자인시리즈/정밀형)	Vero Family(47가지), FullCure720, VeroClear, DurusWhite, Tango Family(47가지), High Temp, Rigur, Durus, MED610, VeroDent, Digital ABS	255×252×200	Polyjet	Objet260 Connex1 색깔 + Digital ABS: 연 두색, 아이보리		1년	완제품	별도문의	티모스, 070-4010-5750, www.thymos.co.kr
	이스라엘	Objet350/500 Connex 1/2/3	재료는 260 Connex 1/2/3 과 동일	340×340×200 / 490×390×200	Polyjet	재료는 260 Connex 1/2/3 과 동일		1년	완제품	별도문의	
	이스라엘	Objet 1000Plus(프로덕션시리즈(정밀형)	Vero Family(47가지), FullCure720, Vero Clear, Durus White, Tango Family(47가지), MED610, Vero Dent, High Temp.., Rigurr, Digital ABS	1000×800×500	Polyjet	Vero Family: 흰색, 검 은색, 파란색, 회색 / FullCure720:반투명 / VeroClear:투명 / DurusWhite: 흰색 / Tango Family:회색,검 은색, 반투명 / Rigur: 흰색 / HighTemp:살 구색 / Digital ABS: 연 두색, 아이보리		1년	완제품	별도문의	
	미국	uPrint SE(아이디어 시리즈)	ABS Plus-P430	203×152×152	FDM	아이보리		1년	완제품	별도문의	
	미국	uPrint SE Plus(아이디어 시리즈)	ABS Plus-P430	203×203×152	FDM	종 97가지 색상(아 이보리색, 흰색, 파란색, 흥광 노 란색, 검은색, 빨 간색, 주황색, 올 리브 녹색, 회색)		1년	완제품	별도문의	
Tiertime, www.tiertime.com	중국	UP BOX	ABS, PLA	255×205 ×205mm	FDM	흰색, 검정, 파랑, 빨강,노랑,초록	형상에 따라 자동 조절, 0.1 ~0.4mm	1년 무료	완제품	360만원	선도솔루션, 02.2082.7870, www.Sundosolution.co.kr
	중국	UP PLUS2	A3S, PLA	140×140 ×135mm	FDM	흰색, 검정, 파랑, 빨강,노랑,초록	형상에 따라 자동 조절, 0.15 ~0.4mm	1년 무료	완제품	137만원	
	중국	Inspire D255/ D290/A450	ABS, PLA	255×255×310	MEM	흰색, 검정, 파랑, 빨강,노랑,초록	소프트웨어 차등 조절, 0.15 ~0.4mm	1년 무료	완제품	문의바람	

모델	국가	소재	크기	방식	색상	속도	해상도	보증	형태	가격	제조사/연락처
FB-9600A	한국	PLA, ABS, TPU	265×200×180	FDM	12가지 단색	최대 150	—	1년	완제품	280만원	TPC메카트로닉스, 032-580-0670, www.TPC3d.com
FB-Z420A	한국	PLA, ABS, TPU	265×200×420	FDM	12가지 단색	최대 150	—	1년	완제품	450만원	
FB-Touch S	한국	PLA, ABS, TPU	150mm×165mm	FDM	12가지 단색	최대 150	—	1년	완제품	미정	
VX-1000	독일		1060×600×500	Inkjet	흰안색, 노란색	36 mm/h (=23 l/h)	600 dpi	1년	완제품	12억원	케이티씨(KTC), 0505-874-5550, www.ktcmet.co.kr, www.kvox.co.kr
VX-4000	독일		4000×2000×1000	Inkjet	흰안색, 노란색	15.4 mm/h (=123 l/h)	600 dpi	1년	완제품	35억원	
VXC-800	독일		850×500×1500/2000	Inkjet	흰안색, 노란색	35 mm/h (=18 l/h)	600 dpi	1년	완제품	12억원	
da Vinci 1.0	대만	ABS	200×200×200	FFF	컬러	300	100~400		완제품	66만원	XYZ Printing, 02-555-9776, http://kr.xyzprinting.com
Zim	미국	ABS, PLA, PVA	150×150×150	FDM	7가지 색상	110	50~400	1년	완제품	270만원 (부가세 별도)	아이위버, 031-323-7311, www.iweaver.co.kr
MyD P250	한국	PLA, PVA, ABS, Nylon, TPU	235×200×250	FFF	필라멘트 색상 별	30~200	100	1년	완제품	1000만원	상동
MyD S160	한국	PLA, PVA, ABS, Nylon, TPU	160×160×180	FFF	필라멘트 색상 별	30~150	200	1년	완제품	260만원	상동
MyD S140	한국	PLA, PVA, ABS, Nylon, TPU	140×140×160	FFF	필라멘트 색상 별	30~150	200	1년	완제품	180만원	대건테크, 055-250-8000, www.daeguntech.com, www.myd3d.co.kr
3DISON H700	한국	PLA, ABS, Nylon, Hips, PVA, Wood,Stone, 내열, PLA, Flexible, Engineering Plastic, Metal Paste(Silver, Bronze, Cooper), Chocolate, Laser Engraver(아크릴, 나무힘판)		FDM		1,000mm/sec	25microns	3년	완제품	850만원 (에코버전 825만원)	로킷, 02-867-0182, www.3dison.co.kr
3DISON Multi	한국	내열PLA, Flexible, Metal Paste(Silver, Bronze, Cooper), Chocolate, Laser Engraver(아크릴, 나무힘판)	270×148×180	FDM		700mm/sec	25microns	2년	완제품	285~345만원 (에코버전 :260만원)	
3DISON Plus	한국	PLA,Wood, Nylon, PVA, Stone, Hips, 내열PLA	225×145×150	FDM		200mm/sec	50microns	1년	완제품	175만원(상급) / 203만원(듀오)	
3DISON PRO	한국	PLA, ABS, Nylon, Hips, PVA, Wood, Stone, 내열 PLA, Flexible, Engineering Plastic,Metal Paste(Silver,Bronze,Cooper),Chocolate,Laser Engraver(아크릴,나무힘판)		FDM		1,000mm/sec	25microns	3년	완제품	550~650만원 (에코버전 :525만원)	

업체(웹사이트)	국가	제품명	사용재료	출력크기	방식	컬러	속도	해상도(um)	보증	형태	가격	제조사 연락처
룰즈봇(Lulzbot), www.lulzbot.com	네덜란드	룰즈봇 타즈 4(Lulzbot TAZ 4)	PLA, ABS, HIPS, PVA, Woodfill, Flexible 등	298×275×250	FDM	컬러	200	75	1년	완제품	390만원 (부가세 포함)	3Developer, 031-719-7372, www.3developer.co.kr
마리오 테크놀러지	한국	M-delta R1	ABS, PLA	200×200×300	FDM	단색	150	100	1년	완제품	250만원	배가솔루션, 032-342-7270, www.vegasol.co.kr
	한국	M-delta S1	ABS, PLA	120×120×180	FDM	단색	150	100	1년	완제품	150만원	
센트롤	한국	SENTROL 3D SS600	SAND	600×400×400	SLS	Sand	제작크기에 따라 다름	200um	1년	완제품	3억원	센트롤, 02-6299-5050, www.sentrol.net
스텔라무브, www.stellamove.com	한국	T5	ABS, PLA, 나일론 외	340×340×480	FDM		300	50	1년	완제품	589만원	스텔라무브, 031-935-5688, www.stellamove.com
시스템레이트, www.filamentist.co.kr	한국	Rostock Mini / Zero / ONE	PLA	100×100×100 / 200×200×200 / 270×270×300	FDM	싱글	60	40	1년 무상 a/s	완제품	100만원 /120만원 /150만원	시스템레이트, 010-2640-3661, www.filamentist.co.kr
쓰리디박스(3D BOX)	한국	NEW MEISTER	ABS, PLA, HIPS, WOOD	300×300××	FDM	18종	120	40	1년	완제품	390만원	쓰리디박스(3D BOX), 032-548-0128, www.3d-box.co.kr
쓰리디아이템즈, http://3ditems.net	한국	매직몬스터	ABS, PLA, SPLA	500×400×400	FDM	단일	150	20	6개월	완제품	600만원	쓰리디아이템즈, 02-466-5873, http://3ditems.net
아나츠, www.anatz.com	한국	CAX 150	ABS, PLA 외 블랙 스틸 루, Metal, Rubber, Wood 등	100×100× 120, 100,100 ×360, 200× 400×120, 200 ×400×360	FDM	컬러	500	20	1년	키트/ 완제품	100~400 만원대	아나츠, 02-2040-7707, www.anatz.com
얼티메이커(Ultimaker), www.ultimaker.com	네덜란드	얼티메이커2 (Ultimaker2)	PLA, ABS	230×225×205	FDM	컬러	300	25	1년	완제품	449만원 (부가세 포함)	3Developer, 031-719-7372, www.3developer.co.kr
엔터봇	한국	EB-500	PLA, ABS	500×500×500	FFF	단색(컬러)	60	50	별도	완제품	13,20만원	엔터봇, 070-8018-4119, www.enterbot.co.kr
	한국	E-유니버설	PLA,	180×200×200	FFF	단색(컬러)	60	100	별도	교육용 파트	880,000	엔터봇, 070-8018-4119, www.enterbot.co.kr
오브젝트빌드	한국	MS GOV	ABS, PLA	200×200×200	FDM	컬러	120	50	1년	완제품	문의	오브젝트빌드, 031-421-7567, www.objectbuild.com
	한국	쿨리앗1000	ABS, PLA	1000×1000 ×1000	FDM	컬러	300	50	1년	완제품	문의	
	한국	쿨리앗300	ABS, PLA	300×300×300	FDM	컬러	120	50	1년	완제품	문의	
	한국	쿨리앗DLP	레진	192×108×200	FDM	컬러		33~100	1년	완제품	문의	
	한국	쿨리앗H200	ABS, PLA	200×200×200	FDM	컬러	120	50	1년	완제품	문의	

업체	제품명	국가	재료	크기(mm)	출력방식	컬러	속도	해상도	A/S	KIT/제품	가격	연락처
오픈크리에이터즈 www.opencreators.com	마네킹 (MANNEQUIN)	한국	PLA	200×200×200	FDM	단색	300	40	1년	완제품	799,000원	오픈크리에이터즈, 070-8828-4812, www.opencreators.com
인스텍	아몬드 (ALMOND)	한국	ABS, PLA	161×171×161	FDM/FFF	단색	300	100~300	1년	완제품	192만5천원	인스텍, 042-935-9646, www.insstek.com
인스텍	LMX-1	한국	금속	4,000×1,000 ×1,000	DED	—	800, 1200, 1800	10~20	1년	완제품	문의	인스텍, 042-935-9646, www.insstek.com
캐논코리아 비즈니스 솔루션, www.canon-bs.co.kr	Marv	한국	PLA	140×140×145	FDM	16색		일반40 (X, Y : 10micron (0.01mm)), 고속110 (Z : 0.5 micron (0.0005mm))	1년 무상 보증	완제품	187만원	캐논코리아 비즈니스 솔루션, 02-3450-0700, www.canon-bs.co.kr
캐리마, www.carima.co.kr	마스터EV	한국	ABS, 왁스, 아크릴 등	200×112×200	DLP	노란색 계열(재료 색에 따라 상이함)	약 20mm~30mm/hrs	25~100 microns	1년	완제품	3500만원	캐리마, 02-3283-8877, www.carima.co.kr
캐리마	DP110	한국	ABS, 아크릴 등	110×82×190	DLP	재료 색에 따라 상이함	약 20mm~30mm/hrs	25~100 microns	1년	완제품	500만원	
캐리마	DP845	한국	ABS, 아크릴, 왁스 등	80×45×200	DLP	재료 색에 따라 상이함	약 20mm~30mm/hrs	25~100 microns	1년	완제품	1300만원	
포머스팜, www.formersfarm.com	SPROUT	한국	ABS, PLA, NYLON, PETT	235×200×200	FDM	Dual Color	최대 300mm/s (권장 60mm/s)	20미크론	1년	완제품	2,123,000원 (듀얼)	포머스팜, 070-4837-1137, www.formersfarm.com
포머스팜	Sprout Mini	한국	ABS, PLA, PETT, Wood Fill	100×100×100	FDM	단색	60mm/s (Max 300)	20~350㎛	6개월	완제품	99만원	
프린터봇(Printrbot), http://printrbot.com	프린터봇 뉴 심플 (printrbot new simple)	미국	PLA,	100×100×100	FDM	컬러	60~65	100	1개월/1년	완제품	69만원 /84만원 (부가세 포함)	3Developer, 031-719-7372, www.3developer.co.kr
프린터봇(Printrbot)	프린터봇 심플 메탈 (Printrbot Simple metal)	미국	PLA,	150×150×150	FDM	컬러	80	100	1년	완제품	107만원	3Developer, 031-719-7372, www.3developer.co.kr
하이비전시스템	CAX 150	한국	ABS, PLA, TPU	150×150×150	FFF	단색	300	100	1년	완제품	150만원	하이비전시스템, 070-4601-6378, www.3dcubicon.com
헬시바주식회사	E1 Plus	한국	ABS, PLA	200×150 ×150(mm)	FDM	10가지	100mm/s	최고해상도 ~0.15mm / 최적해상도 ~0.2mm	1년	플라멘트 받아 대	1,870만원	헬시바주식회사, 032-509-5820, www.veltz3d.com

3D 프린팅 가이드 V2

3D 프린팅 & 스캐닝 정보 총집합

엮은이	캐드앤그래픽스
펴낸곳	(주)비비미디어
펴낸이	김영석
전화	02-333-6900
팩스	02-774-6911
홈페이지	www.3dprintingguide.co.kr
E-Mail	mail@cadgraphics.co.kr
주소	서울 종로구 세종대로 23길 47 미도파광화문빌딩 607호(우 03182)
등록	제 300-2012-47호
등록일	2004년 8월 23일
기획	최경화, 박경수
디자인	김미희, 박선영
찍은곳	월계인쇄
초판 1쇄	2015년 12월 1일
ISBN	979-11-86450-09-3
정가	22,000원

■ 월 9,000원, 1년 정기구독 90,000원

전문적인 3D 프린팅 & 3D 스캐닝 정보 제공